ARBEITEN ÜBER STRAHLENCHEMIE

ÜBERSETZUNGEN AUSLÄNDISCHER FACHLITERATUR

HERAUSGEGEBEN VON DER

CHEMISCHEN GESELLSCHAFT

IN DER DEUTSCHEN DEMOKRATISCHEN REPUBLIK

HEFT 6

AKADEMIE-VERLAG · BERLIN

1960

NATALIE A. BACH

ARBEITEN ÜBER STRAHLENCHEMIE

In deutscher Sprache neu bearbeitet
herausgegeben von
Professor Dr. E. Rexer
Dr. H. Bartel
Dipl.-Chem. F. Engelhardt

Mit 161 Abbildungen im Text und 71 Tabellen

AKADEMIE-VERLAG · BERLIN
1960

Н. А. Бах
Сборник работ по радиационной химии

Erschienen im Verlag der
Akademie der Wissenschaften der UdSSR, Moskau, 1955

Erschienen im Akademie-Verlag GmbH, Berlin W 1, Leipziger Straße 3–4

Lizenz-Nr. 202 · 100/451/60
Satz, Druck und Einband: Druckhaus „Maxim Gorki“, Altenburg
Bestellnummer: 2073/6
Printed in Germany
ES 18 C 2

Vorwort zur deutschen Ausgabe

N. BACH gibt in dem vorliegenden Buch eine Zusammenstellung neuer Arbeiten sowjetischer Autoren über die Wirkung ionisierender Strahlungen auf wäßrige Lösungen und organische Stoffe mit Versuchen zur Deutung der erhaltenen Ergebnisse wieder. Eine kurze detaillierte Charakterisierung dieser Arbeiten ist dem Vorwort der sowjetischen Ausgabe zu entnehmen. N. BACH sagt in diesem Vorwort, daß die Zusammenstellung das Interesse der wissenschaftlichen Öffentlichkeit besitzt. Dies dürfte auch heute noch der Fall sein, obwohl das Erscheinen der sowjetischen Ausgabe des Buches einige Jahre zurückliegt. Trotz vieler theoretischer Ansätze zur Deutung aller Befunde bleiben noch manche Fragen offen und die zugrunde liegende Problemstellung ist insgesamt immer aktuell. Die Bearbeiter sind daher dem Wunsche des Verlages, diese Sammlung in deutscher Sprache wiederzugeben, gerne nachgekommen, um durch diesen Überblick die Zusammenarbeit der Wissenschaftler aller Sprachen auf diesem aktuellen und interessanten Arbeitsgebiet zu fördern.

Während die reine Übersetzung des Buches wenig reale Schwierigkeiten bereitete, mußte einige Mühe aufgewendet werden, um eine durch die verschiedenen Autoren bedingte Heterogenität der Darstellung des gesamten Stoffes unter Wahrung der Sachlichkeit in eine gewohnte, einheitliche und übersichliche Form zu bringen. Der Versuch, die Literaturzitate auf ihre Richtigkeit zu prüfen, gelang nur teilweise, da uns ein großer Teil der Originalliteratur nicht erreichbar war. Wir bitten die Leser, uns auf nicht berichtigte Druckfehler aufmerksam zu machen.

Prof. Dr. REXER
Dr. BARTEL
Dipl.-Chem. ENGELHARDT

Vorwort zur sowjetischen Ausgabe

Vorliegende der Aufmerksamkeit der Leser empfohlene Sammlung enthält Arbeiten, die in den letzten Jahren in der UdSSR durchgeführt wurden und den Ergebnissen experimenteller Forschungen über Strahlungschemie gewidmet sind.

Die unter Strahlungseinfluß verlaufenden Prozesse gewinnen, in Verbindung mit der Anwendung der Atomenergie für friedliche Zwecke immer größere Bedeutung und sind naturgemäß von Interesse für die wissenschaftliche Öffentlichkeit.

Die Arbeiten dieses Sammelwerkes behandeln zwei Hauptrichtungen der modernen Forschung über die Wirkung ionisierender Strahlungen, nämlich die Veränderungen in wäßrigen Lösungen und die Veränderungen in organischen Stoffen. Das Sammelwerk wurde deshalb in zwei Teile gegliedert.

Teil A enthält Untersuchungen über den Mechanismus der Radiolyse des Wassers, über Redoxprozesse in anorganischen Salzlösungen, über Prozesse der Sensibilisation und Schutzwirkung in Lösungen mit organischen und anorganischen Verbindungen und über die Wirkung der Strahlung auf kolloide Lösungen. Diesem Teil wurde ein Artikel über die Wirkung der Strahlung auf flüssigen Sauerstoff beigegeben.

Im Teil B sind Arbeiten über die radiolytische Oxydation individueller organischer Verbindungen, über die Strahlungspolymerisation, über die Wirkung der Strahlung auf Polymere und Gemische organischer Verbindungen sowie auch massenspektroskopische Untersuchungen zusammengefaßt.

In den Arbeiten werden ein weiter Kreis strahlungschemischer Prozesse erfaßt und verschiedene wissenschaftliche Richtungen dargestellt. Neben den Untersuchungen, die eine Unterdrückung unerwünschter Effekte der Radiolyse zum Ziel haben, wird der Erhöhung der Energieausnutzung der Strahlung für chemische Umwandlungen und dem Studium der Prozesse zur Herstellung wertvoller Produkte große Aufmerksamkeit gewidmet.

Das Sammelwerk gibt im großen und ganzen die Möglichkeit, sich mit der heutigen Entwicklung der verschiedenen Gebiete der Strahlungschemie in unserem Land bekannt zu machen.

N. Bach

Inhaltsverzeichnis

Teil B

TEIL A

Die Wirkung von Strahlung auf Wasser und wäßrige Lösungen

1. P. I. DOLIN

Der Einfluß von gelöstem Sauerstoff auf die Radiolyse des Wassers unter der Einwirkung von Röntgenstrahlen

Der Einfluß von in Wasser gelöster Luft auf die Radiolyse des Wassers wurde bei den ersten diesbezüglichen Untersuchungen festgestellt. RISSE [1-1] und danach FRICKE und BROWNSCOMBE [1-2] bemerkten nach Bestrahlung von reinem, entgastem Wasser mit Röntgenstrahlen keine Zerlegung, während sich Wasser bei Anwesenheit von gelöster Luft unter Bildung von H_2, H_2O_2 und O_2 zersetzte. Später zeigte ALLEN [1-3], daß schnelle Elektronen, deren strahlungschemische Wirkung sich nicht von der Wirkung der Röntgenstrahlung unterschied, reines entgastes Wasser zerlegen, doch ist die Menge des sich dabei bildenden H_2 und H_2O_2 sehr gering. So beträgt der stationäre Druck des Wasserstoffs nach Angaben von ALLEN für 1 MeV-Elektronen 10 bis 20 Torr.

Die Bildung von H_2O_2 in gelösten Sauerstoff enthaltendem Wasser untersuchten FRICKE [1-2], [1-4], [1-5] bei Einwirkung von Röntgenstrahlen, LEFORT [1-6] bei Einwirkung von α-Teilchen und Röntgenstrahlen, JOHNSON und ALLEN [1-7] bei Einwirkung weicher Röntgenstrahlen, EBERT und BOAG [1-8] bei Einwirkung von Elektronen und Röntgenstrahlen, HOCHANADEL [1-9] bei Einwirkung der γ-Strahlen von ^{60}Co und JOHNSON [1-10] bei Einwirkung von Röntgenstrahlen mit einer Energie von 2 MeV. Bei der Mehrzahl dieser Arbeiten wurde die Kinetik der Bildung des Wasserstoffs überhaupt nicht untersucht, nur in einigen [1-7], 1-9], [1-11] wurden einzelne kinetische Daten über die Bildung von H_2 aus den Lösungen von H_2O_2 und O_2 bei deren Bestrahlung erhalten.

In der vorliegenden Arbeit sollten experimentelle Ergebnisse über die Kinetik der Wasserstoffbildung und über die Anreicherung von Wasserstoffperoxyd in Anwesenheit von gelöstem Sauerstoff in einem größeren Konzentrationsintervall gewonnen werden, der Einfluß der Acidität der Lösung auf die Kinetik der Wasserstoffbildung geklärt werden und die erhaltenen Ergebnisse mit den nach der kinetischen Gleichung berechneten, die sich auf Annahmen über die Bildung der Radikale OH, H und HO_2 bei der Radiolyse des Wassers und der Molekularprodukte H_2 und H_2O_2 gründen, verglichen werden.

1. Die Methodik

Vor der Bestrahlung wurde das Wasser zweimal destilliert; vor der zweiten Destillation wurde es längere Zeit mit alkalischem Permanganat gekocht. Der Destillationsapparat bestand aus Pyrexglas.

Als Strahlungsquelle diente eine zerlegbare Röntgenröhre mit einer Wolframanode von zylindrischer Form und einem Durchmesser von 30 mm. Die Richtung des Strahlenbündels war horizontal. Die Röhre arbeitete mit einer Spannung von 65 kV und 200 mA Anodenstrom. Die Größe der Dosis in der Zelle wurde nach der Ferrosulfat-Methode ermittelt; die Ausbeute der Oxydation des Eisens bei Anwesenheit von gelöster Luft wird nach Miller [1–12] zu 20,5 Molekel/100 eV angenommen.

Die Zelle, in der das gelösten Sauerstoff enthaltende Wasser bestrahlt wurde, diente gleichzeitig zur Ermittlung der Menge des ausgeschiedenen Gases (Abb. 1–1). Der Lösungsdruck überstieg dabei 2 atm nicht. Die Zelle war ein kurzer Zylinder aus Glas mit einem Durchmesser von 30 bis 35 mm und einer Höhe von 6 bis 8 mm.

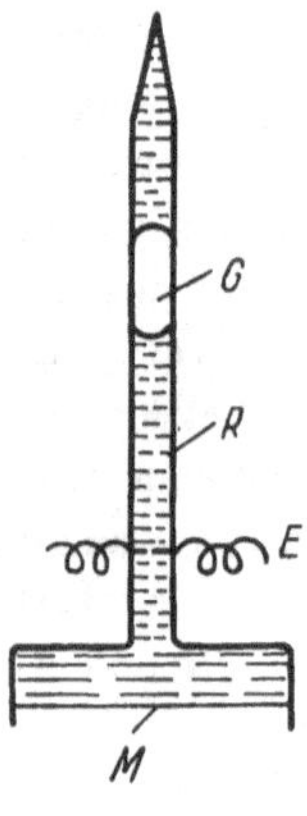

Abb. 1–1. Membranzelle

M: Membran; *R*: Meßrohr; *E*: Platinelektroden; *G*: Gasblase

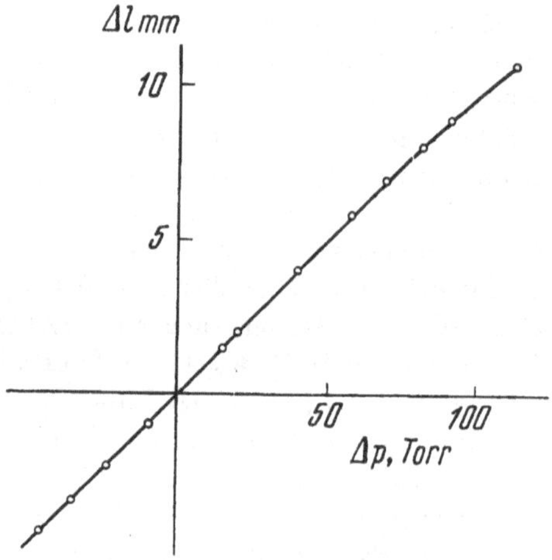

Abb. 1–2. Eichkurve der Membranzelle

Δp: Überdruck in der Zelle im Vergleich mit dem Atmosphärendruck; Δl: Verschiebung des Meniskus im Meßrohr

Ihre vordere Wand bestand aus einer gut gespannten, etwa 0,1 mm dicken Membran, die sich unter dem Einfluß der Druckänderung in beiden Richtungen durchbiegen konnte. Durch diese Membran wurde das Bündel der Röntgenstrahlen auf die Lösung gerichtet. In der Mitte der gegenüberliegenden Zellenwand war ein Meßrohr mit einem Durchmesser von 2,5 bis 3,5 mm und einem gleichmäßigen Querschnitt eingeschmolzen. Die Zelle wurde mit der zu untersuchenden Lösung so weit gefüllt, daß nur eine Gasblase von 10 bis 12 mm Länge im Meßrohr übrigblieb. Nach Gassättigung des Wassers in der Zelle wurde sie zugeschmolzen.

Bei der Gasausscheidung infolge Bestrahlung bog sich die Membran nach außen, bei Gasabsorption nach innen, was sich durch Längenänderung der Gasblase feststellen ließ. Die Zelle wurde vorher auf die Verschiebung des Flüssigkeitsmeniskus entsprechend der jeweiligen Druckänderung kalibriert. Als Beispiel zeigt Abb. 1–2 eine Kalibrierungskurve. Die Messung der Menge des ausgeschiedenen oder absorbierten Gases beruht auf der Messung der Länge der Blase. Aus den Maßen der Blase wurde der Rauminhalt des Gases ermittelt und bei Änderung ihrer Länge im Vergleich zur anfänglichen wurde die Änderung des Gasdruckes festgestellt. Zur Messung diente ein Kathetometer in einem Thermostaten, dessen Temperatur mit einer Genauigkeit von 0,1° festgelegt und nahe an der Außentemperatur gehalten wurde. Die Meßgenauigkeit betrug 2 bis 3%. Bei einer Änderung des Atmosphärendruckes während des Versuchs um eine die Meßgenauigkeit übersteigende Größe wurden die entsprechenden Berichtigungen vorgenommen.

Bei der Bestrahlung von gelösten Sauerstoff enthaltendem reinem Wasser konnte das sich ausscheidende Gas nur aus einem Gemisch von Sauerstoff, Wasserstoff und Wasserdampf bestehen. Darum wurde seine Analyse in der Zelle selbst durch Explosion mittels eines Funkens aus einer Induktionsspule durchgeführt. Der Funke entlud sich zwischen zwei Platinelektroden, die im unteren Teil der Röhre eingeschmolzen waren. Das sich bei der Bestrahlung ausscheidende Gas blieb bei Zimmertemperatur im allgemeinen in der Flüssigkeit im Zustand der Übersättigung. Um es ins Gleichgewicht mit der Gasphase zu bringen, wurde die Zelle nach der Bestrahlung energisch auf einem Gerät mit 600 Stößen/Minute durchgeschüttelt.

Da die vorher bis auf eine gewisse Sauerstoffkonzentration gesättigten Lösungen nach der Bestrahlung im Vergleich zur Zusammensetzung des explosiblen Gemisches Sauerstoff im Überschuß enthielten, war es günstiger, die Berechnung auf der Grundlage des Wasserstoffs ($^2/_3$ der verschwindenden Menge) vorzunehmen. Dabei wurde sein Gehalt in der gasförmigen und der flüssigen Phase berücksichtigt.

Die beschriebene Methode gestattet es also, in Zellen mit Membranen die Menge des ausgeschiedenen Gases und seine Zusammensetzung im Verlaufe der Bestrahlung ohne Öffnung der Zelle zu ermitteln. Sie ist daher brauchbar für die Erforschung der Kinetik der Wasserstoffausscheidung, in dieser Art jedoch nur bei einem Druck bis zu 2 atm, da oberhalb dieses Druckes im allgemeinen die Membranen zerreißen.

Bei höherem Druck wurde eine andere Methodik angewandt. Die Bestrahlung der Lösung wurde in gläsernen Kugeln von ungefähr 20 mm Durchmesser durchgeführt, bei denen ein Rohr wie eine Art Auswuchs angeschmolzen wurde. Die mit der Lösung gefüllte Zelle[1]) wurde so verschmolzen, daß das Ende des Auswuchses einen spitzen Konus bildete. Nach der Bestrahlung wurde die Kugel in eine analytische Vakuumanlage gebracht, der Konus des Rohres mit einem magnetischen Zerbrecher zerschlagen, das Gas abgesaugt und durch Verbrennen an einem Platinkontakt analysiert.

Die Analyse der Lösung auf ihren Wasserstoffperoxyd-Gehalt wurde durch potentiometrische Titration mit Kaliumpermanganat durchgeführt. Die Lösungen des Sauerstoffs in Wasser mit einer dem Druck des Sauerstoffs bis zu einer Atmosphäre entsprechenden Konzentration wurden durch Verdünnung mit Stickstoff bereitet. In besonderen Versuchen wurde festgestellt, daß sich in mit reinem Stickstoff gesättigtem Wasser nur sehr wenig Wasserstoff ausscheidet. Verbunden ist dies mit

[1]) Wie auch in den Membranzellen blieb Platz für eine Gasblase, deren Rauminhalt <1 bis 2% des Rauminhaltes der Lösung betrug.

der Bildung geringer Mengen von Oxydationsprodukten des Stickstoffs (NO_2^-) in der Lösung und mit der Anwesenheit von Spuren von Beimischungen, die bei der Sättigung mit Stickstoff hineingebracht wurden, obwohl der letztere vorher gründlich gereinigt wurde.

Die Bildung von Wasserstoffperoxyd in mit Stickstoff gesättigtem Wasser wurde nicht beachtet. Daher kann man den Stickstoff als annähernd inertes Verdünnungsmittel bezeichnen, da sein Einfluß auf die Radiolyse des Wassers bedeutend geringer ist als der des Sauerstoffs.

Die einem Druck über eine Atmosphäre entsprechenden Sauerstoffkonzentrationen wurden aus Sauerstoff gesättigten Wasserstoffperoxydlösungen dargestellt. Später wird gezeigt werden, daß sich die Lösungen von Sauerstoff und Wasserstoffperoxyd bezüglich ihres Einflusses auf die Kinetik der Wasserstoffausscheidung bis auf eine kleine Anfangsperiode der Bestrahlung gleich verhalten.

Für die Wasserstoffausscheidung ist die Gesamtkonzentration des Sauerstoffs wesentlich, die durch die Gleichung

$$C_{O_2} = [O_2] + \tfrac{1}{2}[H_2O_2] \qquad (1-1)$$

ausgedrückt wird.

Der gleichartige Einfluß von O_2 und H_2O_2 erklärt sich daraus, daß sich zwischen beiden bei Bestrahlung ziemlich rasch ein Zustand herausbildet, der dem stationären nahekommt.

2. Die Ergebnisse und ihre Beurteilung

a) Lösungen von Sauerstoff in Wasser

Wenn eine Lösung von Sauerstoff in Wasser mit Unterbrechungen bestrahlt und nach jeder Bestrahlung das gebildete explosive Gemisch aus der Gasphase entfernt wird (bei unseren Versuchen wurde dies durch eine Explosion erreicht), so kann man den Prozeß der Ausscheidung des explosiven Gemisches unbegrenzt fortsetzen; die ausgeschiedene Menge ist, angefangen von einer verhältnismäßig geringen Dosis, proportional der Dosis der Bestrahlung.

Abb. 1–3 zeigt die Ergebnisse eines solchen Versuches in mit Sauerstoff unter Atmosphärendruck gesättigtem Wasser. Auf dieser Abbildung, wie auch auf den entsprechenden folgenden, ist auf der Ordinate die Menge des ausgeschiedenen Wasserstoffs ($^2/_3$ des explosiven Gemisches) aufgetragen.

Die Bestrahlungsabschnitte entsprechen einer Dosis von $1{,}46 \cdot 10^{18}$ eV/ml (15 Minuten Bestrahlung bei einem Anodenstrom von 200 mA und einer Spannung von 65 kV). Von einer Dosis von etwa $5 \cdot 10^{19}$ eV/ml an wurde eine streng konstante Geschwindigkeit der Wasserstoffausscheidung festgestellt. Der Partialdruck des Wasserstoffs veränderte sich dabei im Laufe eines jeden Bestrahlungsabschnitts von 145 auf 190 Torr, d. h. er betrug im Mittel 167 Torr. Bei Verkürzung der Bestrahlungszeiten wächst die Wasserstoffausbeute, bei Verlängerung sinkt sie. Das hängt damit zusammen, daß im ersten Falle der Prozeß bei einem niedrigerem Partialdruck verläuft als im zweiten.

Wenn man bei der Bestrahlung der Lösung das sich bildende explosive Gemisch nicht aus der Zelle entfernt, wird die Wasserstoffausscheidung nur bis zur Erreichung eines gewissen Partialdruckes gehen, wonach alle sichtbaren Prozesse aufhören. Diesen Wasserstoffdruck nennen wir den Sättigungsdruck. Er hängt von der Konzentration des gelösten Sauerstoffs oder von der damit verbundenen stationären Konzentration des Wasserstoffperoxyds ab. Abb. 1-4 zeigt die Sättigungskurve, wenn das explosive Gemisch nicht durch Explosion entfernt wird. Die Lösung wurde, wie auch im vorhergehenden Falle, mit Sauerstoff unter Atmosphärendruck gesättigt. Die Verminderung des Druckes am Anfang der Bestrahlung hängt damit zusammen, daß die Absorption des zur Bildung von H_2O_2 verbrauchten O_2 größer ist als die Ausscheidung von H_2. Der Sättigungsdruck wurde aus der Menge des explosiven Gemisches bestimmt, das am Schlusse des Versuchs, als die Wasserstoffausscheidung beendet war, gezündet wurde. In dieser Lösung ergab er sich zu 226 Torr. In Abb. 1-5 wird die Wasserstoffperoxyd-Anreicherung der gleichen Lösung gezeigt. Jedem einzelnen Versuch entspricht in diesem Falle ein bestimmter Punkt auf der graphischen Darstellung. Die Bestrahlung geschah, wie auch im vorigen Falle, in einzelnen Zeitabschnitten, worauf die Lösung im Gerät durchschüttelt wurde. Das explosive Gemisch wurde während des Versuchs nicht gezündet. Die Grenzkonzentration des Wasserstoffperoxyds war $0{,}93 \cdot 10^{-3}$ molar.

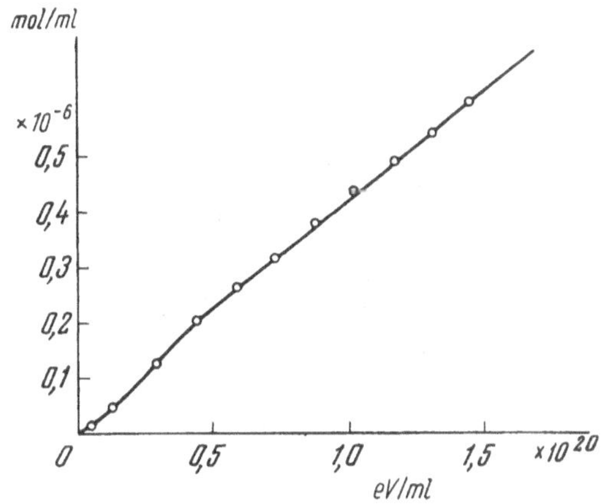

Abb. 1–3. Abhängigkeit der freigesetzten Wasserstoffmenge aus mit Sauerstoff gesättigtem Wasser von der Dosis der Röntgenbestrahlung

Versuche mit in Wasser gelöstem Sauerstoff bei einem Konzentrationsbereich von $0{,}23 \cdot 10^{-3}$ bis $1{,}88 \cdot 10^{-3}$ molar wurden auf folgende Weise in Membranzellen durchgeführt: Im Anfangsstadium der Versuche (fünf Bestrahlungsabschnitte von je 15 Min.) wurde das explosive Gemisch gezündet, danach wurden die Versuche ohne Zündung der explosiven Gemische bis zur Erreichung des Sättigungsdruckes fortgesetzt. Die Resultate dieser in Abb. 1-6[2]) und 1-7 wiedergegebenen Versuche gestatten, die Anfangsausbeute des Wasserstoffs wie auch seinen Sättigungsdruck für jede Sauerstoffkonzentration zu bestimmen. Am Schluß des Versuches wurde die Grenzkonzentration des Wasserstoffperoxyds ermittelt. Versuche mit einer

[2]) In Abb. 1—6 sind auch Ergebnisse enthalten, die unter der Wirkung von γ-Strahlung des ^{60}Co bei einer Sauerstoffkonzentration von $1{,}34 \cdot 10^{-3}$ molar erhalten wurden. Sie sind mit Kreuzen gekennzeichnet und stimmen mit den Ergebnissen für Röntgenstrahlen überein, obwohl die Energie der γ-Quanten etwa 20mal größer und die Dosisleistung 15mal geringer ist als die der Quanten der von uns verwendeten Röntgenstrahlung.

Lösung von $8{,}84 \cdot 10^{-3}$ molarem H_2O_2, die mit Sauerstoff, dessen Gesamtkonzentration gleich $5{,}76 \cdot 10^{-3}$ molar gesättigt war (der Sauerstoff-Gleichgewichtsdruck ist 4,24 atm), wurden in kugelförmigen Zellen durchgeführt. In diesem Falle erforderte jeder Bestrahlungsabschnitt einen besonderen Versuch, da die Analyse des Gases

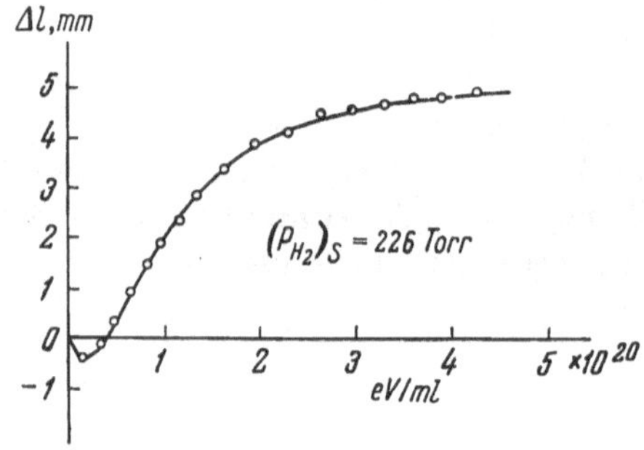

Abb. 1-4. Abhängigkeit der Veränderung der Gasblasenlänge Δl von der Bestrahlungsdosis von mit Sauerstoff gesättigtem Wasser. Die Veränderung der Gasblase charakterisiert die Veränderung des Gasdruckes in der Zelle. Die horizontale Lage der Kurve charakterisiert den Sättigungsdruck des Wasserstoffs

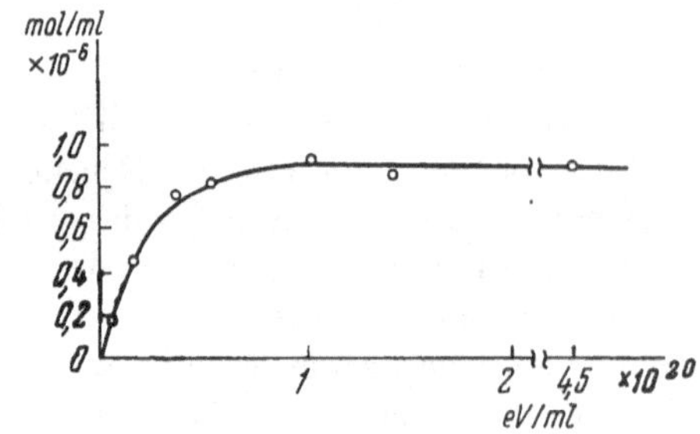

Abb. 1-5. Anreicherung von Wasserstoffperoxyd bei Bestrahlung von mit Sauerstoff gesättigtem Wasser

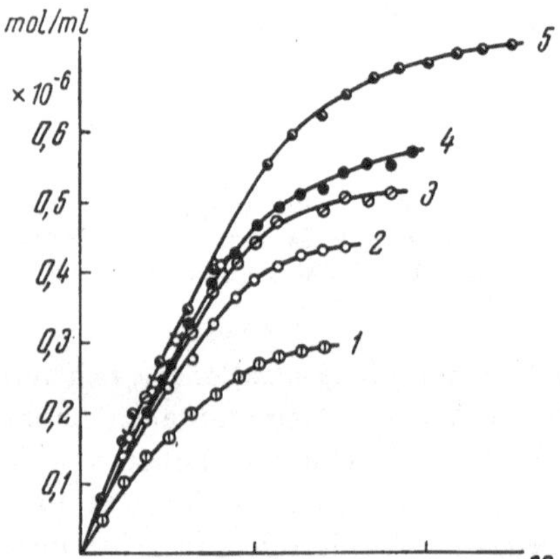

Abb. 1-6. Abhängigkeit der Menge des ausgeschiedenen Wasserstoffs von der Dosis. Mit Kreuzen sind die Resultate bezeichnet, die unter Einwirkung von γ-Strahlen des ^{60}Co erhalten wurden. Die Konzentration des Sauerstoffs ist:

1: $0{,}23 \cdot 10^{-3}$ mol/l; *2*: $0{,}53 \cdot 10^{-3}$ mol/l; *3*: $0{,}98 \cdot 10^{-3}$ mol/l; *4*: $1{,}34 \cdot 10^{-3}$ mol/l; *5*: $1{,}88 \cdot 10^{-3}$ mol/l

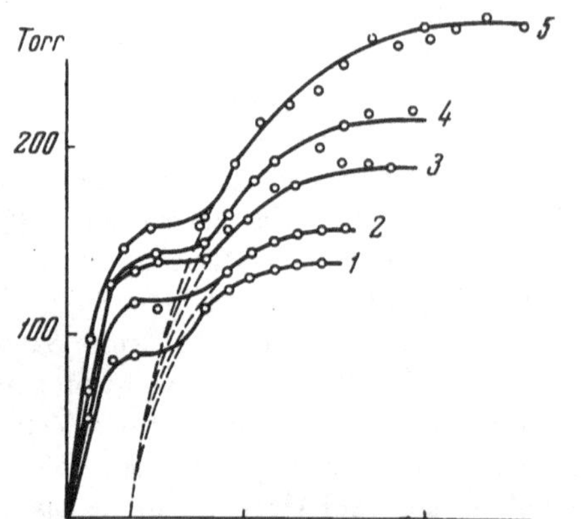

Abb. 1-7. Abhängigkeit des Drucks des ausgeschiedenen Wasserstoffs von der Dosis. Die Kreise bezeichnen die experimentellen Ergebnisse. Die punktierten Kurven und ihre Fortsetzung — die glatten Kurven — sind nach der Gleichung (1-17) berechnet.

Die Konzentration des Sauerstoffs ist:

1: $0{,}23 \cdot 10^{-3}$ mol/l; *2*: $0{,}53 \cdot 10^{-3}$ mol/l; *3*: $0{,}98 \cdot 10^{-3}$ mol/l; *4*: $1{,}34 \cdot 10^{-3}$ mol/l; *5*: $1{,}88 \cdot 10^{-3}$ mol/l

nicht in der Zelle, sondern in einem speziellen analytischen Gerät durchgeführt werden mußte.

In Tabelle 1–1 sind die Werte für die Anfangsausbeute an Wasserstoff, der Sättigungsdruck des Wasserstoffs und die stationäre Wasserstoffperoxyd-Konzentration im Konzentrationsbereich von $0{,}23 \cdot 10^{-3}$ bis $5{,}76 \cdot 10^{-3}$ molar wiedergegeben.

Tabelle 1–1

Abhängigkeit der H_2-Ausbeute, des H_2-Sättigungsdrucks und der stationären H_2O_2-Konzentration von der O_2-Anfangskonzentration

O_2-Gesamtkonzentration in 10^{-3} mol/l	O_2-Gleichgewichtsdruck in atm	H_2-Anfangsausbeute in Molekeln/100 eV	H_2-Sättigungsdruck in Torr	Stationäre O_2-Konzentration in 10^{-3} mol/l
0,23	0,20	0,26	138	0,28
0,53	0,41	0,31	160	0,408
0,98	0,70	von 0,32	190	0,70
1,34	1,00		220	0,93
1,88	1,39	bis 0,35	270	1,14
5,76	4,24		370	1,40

Der Sättigungsdruck des Wasserstoffs und die stationäre Wasserstoffperoxyd-Konzentration wurden ebenso auch bei hoher Gesamtkonzentration des Sauerstoffs gemessen. Solche Lösungen wurden aus Wasserstoffperoxyd-Lösungen hergestellt, die mit Sauerstoff gesättigt wurden. Die Gesamtdosis in jedem Versuch betrug $4{,}2 \cdot 10^{20}$ eV/cm³; sie genügte zur Erreichung des Sättigungsdruckes des Wasserstoffs und der stationären Konzentration des Wasserstoffperoxyds. Die Ergebnisse dieser Versuche sind in Tabelle 1–2 angeführt.

Die Abhängigkeit des Sättigungsdruckes des Wasserstoffs von der Sauerstoff-Gesamtkonzentration im ganzen Konzentrationsbereich ist in Abb. 1–8 dargestellt. Der Sättigungsdruck wächst zuerst mit der Erhöhung der Sauerstoffkonzen-

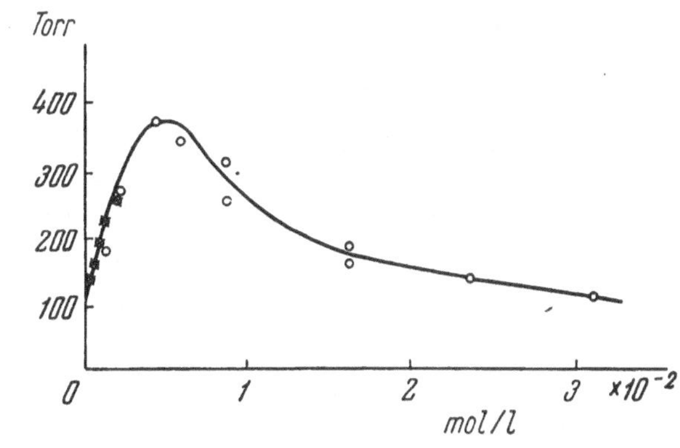

Abb. 1–8. Abhängigkeit des Wasserstoff-Sättigungsdruckes von der Sauerstoffkonzentration in mit Sauerstoff gesättigten Wasserstoffsuperoxyd-Lösungen. Mit Kreisen sind die Versuchsergebnisse in Kugel-, mit Quadraten die in Membranzellen bezeichnet

tration, geht durch ein Maximum und fällt dann langsam, erreicht jedoch bei einem Druck von etwa 23 atm entsprechenden Sauerstoffkonzentration noch nicht Null. Die Beurteilung dieser Kurve erfolgt im nächsten Kapitel.

In Abb. 1–9 ist die Abhängigkeit der stationären Wasserstoffperoxyd-Konzentration von der Gesamtanfangskonzentration des Sauerstoffs gegeben.

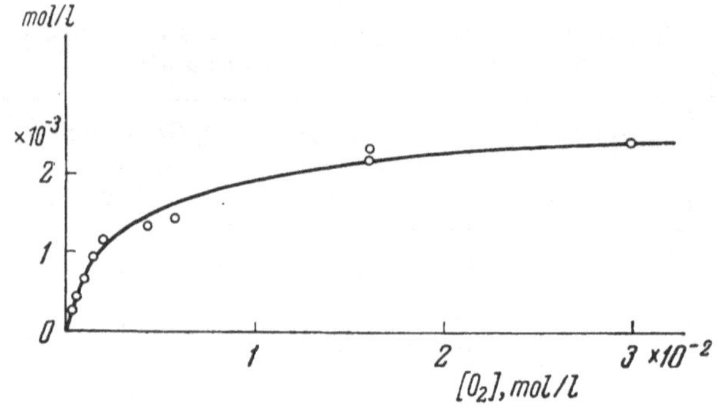

Abb. 1–9. Abhängigkeit der stationären Wasserstoffperoxyd-Konzentration von der Sauerstoffkonzentration

Die Angaben in Tabelle 1–1 und 1–2 zeigen anschaulich, daß Lösungen von Sauerstoff und Wasserstoffperoxyd den gleichen Einfluß auf die Bildung von Wasserstoff bei Bestrahlung haben. So ist bei den drei unteren Zeilen der Tabelle 1–1 das Verhältnis der Anfangskonzentration von H_2O_2 zur Sauerstoffkonzentration gleich 0, $^1/_3$ und 3; die Wasserstoffausbeute bleibt jedoch konstant. Der Sättigungsdruck des Wasserstoffs und die stationäre Konzentration des Wasserstoffperoxyds ändern sich dabei gesetzmäßig.

Tabelle 1–2*)

Abhängigkeit des H_2-Sättigungsdrucks und der stationären H_2O_2-Konzentration von der O_2-Anfangskonzentration

H_2O_2-Anfangskonzentration in 10^{-3} mol/l	O_2-Gesamtkonzentration in 10^{-3} mol/l	O_2-Druck in atm	H_2-Sättigungsdruck in Torr	Stationäre H_2O_2-Konzentration in 10^{-3} mol/l
0,0	1,34	1,0	174	0,93
1,7	2,2	1,62	269	1,12
5,9	4,3	3,16	379	1,29
8,9	5,8	4,28	342	—
14,9	8,8	6,46	312	—
14,9	8,8	6,46	258	1,20
29,6	16,1	11,8	188	2,13
29,6	16,1	11,8	160	2,32
59,2	30,9	22,8	111	2,45

*) Die Resultate der Tabelle 1–2 und der Abb. 1–8 sind von S. A. Brussenzewa.

Obwohl sich in den in Tabelle 1–2 wiedergegebenen Versuchen das Verhältnis der Wasserstoffperoxyd- zur Sauerstoffkonzentration von 0 bis 44 ändert, hat die Änderung des Sättigungsdrucks des Wasserstoffs und der stationären Wasserstoffperoxyd-Konzentration auch hier einen gesetzmäßigen Charakter. Dadurch wird es verständlich, daß die Abhängigkeit der Menge des ausgeschiedenen Wasserstoffs von der Dosis bei einem Wasserstoffpartialdruck, der niedriger ist als der Sättigungsdruck (Abb. 1–3), praktisch vom Beginn der Bestrahlung bis zu beliebig großen Dosen einen linearen Charakter hat, obwohl die Wasserstoffperoxyd-Konzentration zu Beginn des Versuches gleich Null ist, am Ende jedoch etwa 30% der Sauerstoffkonzentration beträgt. Das hängt damit zusammen, daß bei der Bestrahlung zwischen dem Sauerstoff und dem Wasserstoffperoxyd ziemlich schnell ein dem stationären naheliegender Zustand hergestellt wird, während sich die Anreicherung des Wasserstoffs bedeutend langsamer vollzieht.

Als Voraussetzung einer Ableitung der kinetischen Gleichung für die Reaktion der Ausscheidung von Wasserstoff bei Bestrahlung von gelösten Sauerstoff enthaltendem Wasser nehmen wir den Mechanismus der Radiolyse des Wassers an, bei dem gleichzeitig zwei Primärreaktionen verlaufen, die zur Bildung von OH-Radikalen und H-Atomen und zu den Molekularprodukten H_2O_2 und H_2 führen:

$$2\,H_2O \rightsquigarrow H_2O_2 + H_2 \qquad (1\text{–}2)$$

$$H_2O \rightsquigarrow OH + H. \qquad (1\text{–}3)$$

Die Radikale und Molekularprodukte werden gleichmäßig in der Flüssigkeit verteilt angenommen, obwohl sie wahrscheinlich anfangs an einzelnen Stellen des Volumens auf den Spuren der ionisierenden Teilchen entstehen. Dieser Mechanismus wurde zuerst von Allen, Hochanadel [1–11] u. a. vorgeschlagen. Er wird heutzutage viel in der Strahlungschemie angewendet.

Zwischen den Molekularprodukten und den Radikalen werden sogenannte rückläufige Reaktionen vor sich gehen:

$$H_2O_2 + H \rightarrow H_2O + OH \qquad (1\text{–}4)$$

$$H_2 + OH \rightarrow H_2O + H. \qquad (1\text{–}5)$$

Bei Vorhandensein einer genügenden Menge von Sauerstoff und Wasserstoffperoxyd in der Lösung werden sich wahrscheinlich auch folgende Reaktionen vollziehen:

$$H + O_2 \rightarrow HO_2 \qquad (1\text{–}6)$$

$$OH + H_2O_2 \rightarrow H_2O + HO_2 \qquad (1\text{–}7)$$

$$HO_2 + HO_2 \rightarrow H_2O_2 + O_2. \qquad (1\text{–}8)$$

Die letzteren Reaktionen setzen die Konzentration der Radikale im Volumen herab und unterdrücken dadurch die rückläufigen Reaktionen. Zugleich ermöglichen sie den Übergang von O_2 in H_2O_2 und umgekehrt. Bei einer größeren Konzentration von O_2 und H_2O_2 vernachlässigen wir die Reaktionen der HO_2-Radikale mit dem H-Atom und dem OH-Radikal.

Auf Grund obiger Reaktionen ist die Bildungsgeschwindigkeit des Wasserstoffs gleich

$$\frac{d[H_2]}{dt} = K_2 J - K_5[OH][H_2], \qquad (1\text{-}9)$$

wobei J die Stärke der Bestrahlungsdosis, K_2 und K_5 die Konstanten der entsprechenden Reaktionen sind. Die Konzentration der H-Atome und der OH-Radikale wird bei Bestrahlung sehr schnell stationär, d. h. ihre Bildungsgeschwindigkeit ist gleich Null. In diesem Fall ergibt sich:

$$\frac{d[H]}{dt} = 0 = K_3 J - K_4[H][H_2O_2] + K_5[OH][H_2] - K_6[H][O_2] \qquad (1\text{-}10)$$

und

$$\frac{d[OH]}{dt} = 0 = K_3 J + K_4[H][H_2O_2] - K_5[OH][H_2] - K_7[OH][H_2O_2], \qquad (1\text{-}11)$$

wobei K_3, K_4 usw. die Konstanten der entsprechenden Reaktionen sind. Summieren wir die Gleichungen (1–5) und (1–6), so erhalten wir

$$2K_3 J = K_6[H][O_2] + K_7[OH][H_2O_2]. \qquad (1\text{-}12)$$

Es ist zu beachten, daß sich zwischen O_2 und H_2O_2 infolge der Reaktionen (1–6, (1–7) und (1–8) ziemlich schnell ein dem stationären naheliegendes Gleichgewicht bildet, weil die Reaktionen (1–6), (1–7) und (1–8) schneller verlaufen als die Reaktionen der Wasserstoffbildung (1–2), wie aus einem Vergleich der Anfangsgeschwindigkeit der Anreicherung von H_2 und H_2O_2 in Anwesenheit von gelöstem Sauerstoff hervorgeht. Die Geschwindigkeit der ersten Reaktion ist gleich 0,33 $\frac{\text{Molekel}}{100\text{ eV}}$, die der zweiten ist etwa, wie noch weiter unten gezeigt werden wird, gleich 3,2 $\frac{\text{Molekel}}{100\text{ eV}}$, d. h. fast zehnmal größer als die erste. Deshalb kann man die Gleichung (1–9) für stationäre Bedingungen zwischen O_2 und H_2O_2 angenähert ableiten. Dabei wurde zwischen den Reaktionsgeschwindigkeiten (1–6) und (1–7) folgende Abhängigkeit festgestellt:

$$K_3[H][O_2] = K_7[OH][H_2O_2]_0, \qquad (1\text{-}13)$$

wobei $(H_2O_2)_0$ die stationäre Konzentration des Wasserstoffperoxyds ist. Wenn wir (1–12) und (1–13) benutzen, erhalten wir aus dem Ausdruck (1–9) die Gleichung der Geschwindigkeit der Ausscheidung des Wasserstoffs, in welcher wir durch Versuche alle Konzentrationen feststellen können:

$$\frac{d[H_2]}{dt} = K_2 J - \frac{K_3 K_5 J[H_2]}{K_7[H_2O_2]_0}. \qquad (1\text{-}14)$$

Integrieren wir die Gleichung, so erhalten wir

$$[H_2] = \frac{K_2 K_7 [H_2O_2]_0}{K_3 K_5}\left(1 - e^{-\frac{K_3 K_5 J t}{K_7 [H_2O_2]_0}}\right). \qquad (1\text{-}15)$$

Aus der Gleichung (1–15) folgt, daß mit dem Anwachsen der Dosis Jt die Konzentration des Wasserstoffs oder dessen Druck zum folgenden Sättigungswert strebt:

$$(p_{H_2})_S \simeq [H_2]_S = \frac{K_2 K_7 [H_2O_2]_0}{K_3 K_5} . \qquad (1\text{–}16)$$

Die experimentelle Nachprüfung der Gleichung (1–15) ist leichter durchzuführen, wenn man in folgender Form schreibt:

$$p_{H_2} = (p_{H_2})_S \cdot (1 - e^{-KJt}), \qquad (1\text{–}17)$$

wobei $K = \frac{K_3 K_5}{K_7 [H_2O_2]_0}$ ist. Die für die Berechnung der Werte $(p_{H_2})_S$ nötigen Angaben sind in Tabelle 1–1 angeführt. Die Konstanten K, die aus einem der Punkte der Kurve und der Größe von $(p_{H_2})_S$ berechnet sind, haben folgende Werte: 4,4; 3,4; 2,76; 2,5 und $1{,}98 \cdot 10^{-20}$ ml/eV bei einer entsprechenden O_2-Konzentration von 0,23; 0,53; 0,98; 1,34 und $1{,}88 \cdot 10^{-3}$ molar.

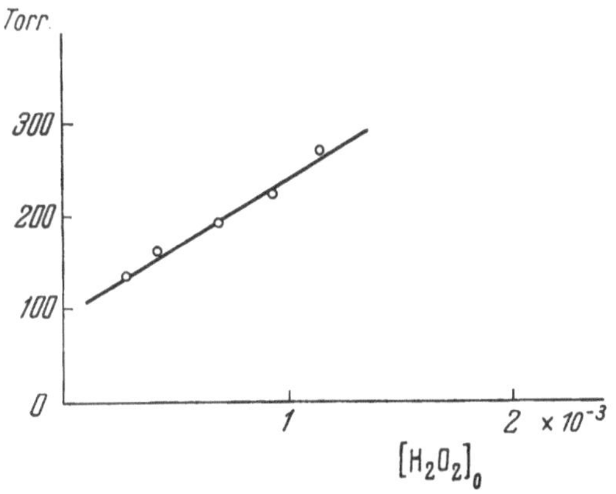

Abb. 1–10. Abhängigkeit des Wasserstoff-Sättigungsdruckes von der stationären Wasserstoffperoxyd-Konzentration

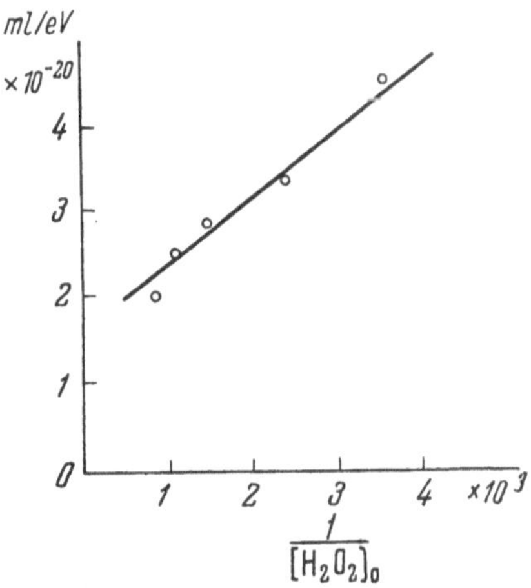

Abb. 1–11. Abhängigkeit der Konstante K in Gleichung (1–17) von der stationären Wasserstoffperoxyd-Konzentration

Die nach der Gleichung (1–17) berechneten Kurven sind in Abb. 1–7 in Form glatter Linien im oberen Teil und in Form punktierter Linien im unteren Teil der Zeichnung eingetragen. Wenn man den unteren Teil der experimentellen Kurven in der Richtung der Abszissenachse um die Größe $3{,}6 \cdot 10^{19}$ eV/ml verschiebt, die der Dosis entspricht, bei welcher der Druck des Wasserstoffs infolge seines Abzugs aus dem System nahezu konstant blieb, so fallen die berechneten Kurven mit guter Genauigkeit mit den experimentell ermittelten im ganzen Bereich der Strahlungsstärken zusammen.

Aus dem Ausdruck für $(p_{H_2})_S$ und K ist ersichtlich, daß die erste Größe proportional, die zweite dagegen umgekehrt proportional der stationären Konzentration des Wasserstoffperoxyds ist. In Abb. 1–10 läßt sich die Abhängigkeit $(p_{H_2})_S$ von $[H_2O_2]_0$ und auf Abb. 1–11 die Abhängigkeit K von $\frac{1}{[H_2O_2]_0}$ genügend durch gerade Linien ausdrücken[3]). Wenn man diese Abhängigkeiten und den Zusammenhang zwischen den Konzentrationen der $[O_2]$ und $[H_2O_2]_0$ (Abb. 1–9) kennt, so kann man allein durch die Kurve des Druckanstiegs des Wasserstoffs in Abhängigkeit von der Dosis ein ganzes System solcher Kurven im Bereich der Sauerstoffkonzentration von 0,23 bis $1{,}88 \cdot 10^{-3}$ molar berechnen.

b) Lösung eines Gemisches von Sauerstoff mit Wasserstoff

Wie HOCHANADEL [1–9] zeigte, ist die Anfangsausbeute der Wasserstoffperoxyd-Bildung bei Bestrahlung von mit einem Gemisch von Sauerstoff und Wasserstoff gesättigtem Wasser größer als bei nur mit Sauerstoff gesättigtem Wasser; im ersten Falle nähern wir uns der Summe der Ausbeute der Reaktionen (1–2) und (1–3).

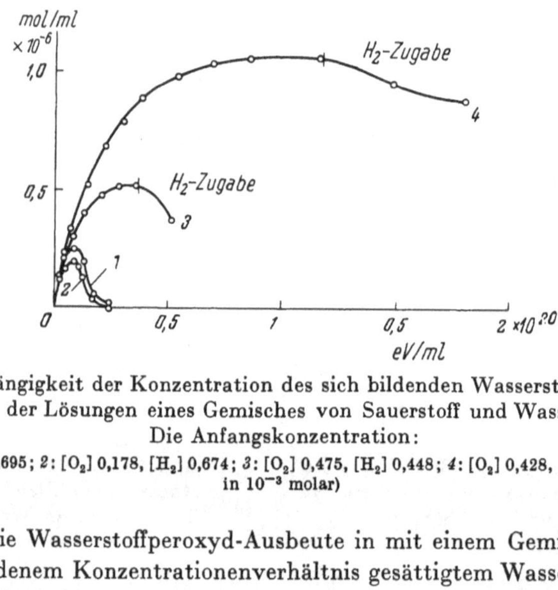

Abb. 1–12. Abhängigkeit der Konzentration des sich bildenden Wasserstoffs von der Dosis bei Bestrahlung der Lösungen eines Gemisches von Sauerstoff und Wasserstoff in Wasser. Die Anfangskonzentration:
1: $[O_2]$ 0,135, $[H_2]$ 0,695; 2: $[O_2]$ 0,178, $[H_2]$ 0,674; 3: $[O_2]$ 0,475, $[H_2]$ 0,448; 4: $[O_2]$ 0,428, $[H_2]$ 0,296. (Alle Werte in 10^{-3} molar)

Wir haben die Wasserstoffperoxyd-Ausbeute in mit einem Gemisch von H_2 und O_2 bei verschiedenem Konzentrationenverhältnis gesättigtem Wasser gemessen. Die Ergebnisse (Abb. 1–12) zeigen, daß die Anfangsausbeute an Wasserstoffperoxyd nicht vom Verhältnis der Konzentrationen von O_2 zu H_2 abhängt. Für alle Versuche beträgt die Ausbeute 3,5 Molekel/100 eV. Das bedeutet, daß zur Bildung des Wasserstoffperoxyds eine maximale Menge der Radikale OH und der Atome H im jeweiligen System benötigt wird.

---

[3]) Die Gerade $(p_{H_2})_S$ von $[H_2O_2]_0$ verläuft nicht durch den Koordinatenursprung. Der Grenzdruck bei einer H_2O_2-Konzentration von Null setzt sich augenscheinlich aus mehreren Effekten zusammen: aus dem Grenzdruck für das reine Wasser, dem Einfluß zufälliger Beimischungen und der unbedeutenden Konzentration von Oxydationsprodukten des Stickstoffs.

Da die Ausbeute der Reaktion (1-2) in diesen Lösungen gleich 0,3 Molekel/100 eV ist, so setzt sich die Ausbeute der Reaktion (1-3) zusammen aus

$$K_3 = 3{,}5 - 0{,}3 = 3{,}2\ \frac{\text{Radikalpaare}}{100\ \text{eV}}. \qquad (1\text{-}18)$$

Diese Größe kommt der von HOCHANADEL ermittelten sehr nahe.

c) *Lösungen von* H_2SO_4 *und* KOH

Wenn die Radikale HO_2 und OH die Möglichkeit haben, in Ionen zu dissoziieren, so ist klar, daß die Wasserstoff-Ionen-Konzentration auf die Kinetik der Wasserstoffausscheidung bei der Bestrahlung des Wassers Einfluß haben muß. In Verbindung damit wurde die Kinetik der Wasserstoffausscheidung in mit Sauerstoff und Stickstoff gesättigten Lösungen von H_2SO_4 und KOH untersucht. Die Versuche wurden, wie bei den Lösungen von Sauerstoff in Wasser, in Membranzellen durchgeführt. In Abb. 1-13 ist die Abhängigkeit der ausgeschiedenen Wasserstoffmenge von der Dosis in einer mit Sauerstoff gesättigten H_2SO_4-Lösung angegeben, in Abb. 1-14 die Abhängigkeit des Wasserstoffdrucks von der Dosis in derselben Lösung. Abb. 1-15 bringt Daten über die Menge des ausgeschiedenen Wasserstoffs in einer mit Stickstoff gesättigten H_2SO_4-Lösung. Analoge Angaben für mit Sauerstoff und Stickstoff gesättigte KOH-Lösungen zeigen Abb. 1-16 und 1-17.

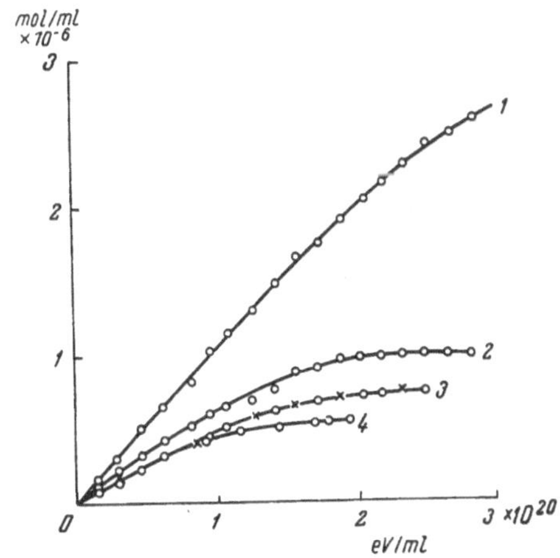

Abb. 1-13. Abhängigkeit der Menge des ausgeschiedenen Wasserstoffs bei der Bestrahlung von mit Sauerstoff gesättigten H_2SO_4-Lösungen

1: 1 n; *2*: 10^{-1} n; *3*: 10^{-5} bis 10^{-3} n H_2SO_4; *4*: Wasser

In den H_2SO_4-Lösungen ist ein bemerkbarer, im Vergleich zu Wasser zusätzlicher Effekt zu beobachten, der erst bei einer Konzentration von 10^{-1} n beginnt. In verdünnteren Lösungen unterscheidet sich die Kinetik der Wasserstoffausscheidung praktisch nicht von der in reinem Wasser.

In KOH-Lösungen erhöht sich bei einer Konzentration von 10^{-3} n an die Wasserstoffausscheidung stark. In Tabelle 1-3 und 1-4 sind die Werte der Anfangsausbeute des Wasserstoffs und der Konzentration des Wasserstoffperoxyds enthalten, außerdem wird die Materialbilanz an der Menge des absorbierten Sauerstoffs, des sich bildenden Wasserstoffperoxyds und des sich ausscheidenden Wasserstoffs in den H_2SO_4- und KOH-Lösungen an Hand von Daten aus Abb. 1-13 bis 1-17 gezeigt.

In mit Sauerstoff gesättigten Lösungen läßt sich die Materialbilanz nur bei 10^{-1} und 1 n H_2SO_4 zufriedenstellend darstellen. In anderen Fällen wird ein Überschuß

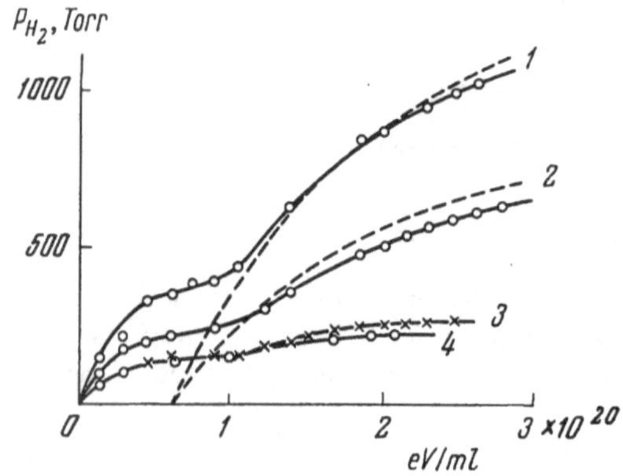

Abb. 1–14. Abhängigkeit des Druckes des ausgeschiedenen Wasserstoffs von der Dosis bei Bestrahlung von mit Sauerstoff gesättigten H_2SO_4-Lösungen

1: 1 n; *2*: 10^{-1} n; *3*: 10^{-5} bis 10^{-3} n H_2SO_4; *4*: Wasser. Die glatten Kurven stellen die experimentellen Ergebnisse dar, die punktierten wurden nach Gleichung (1–17) berechnet

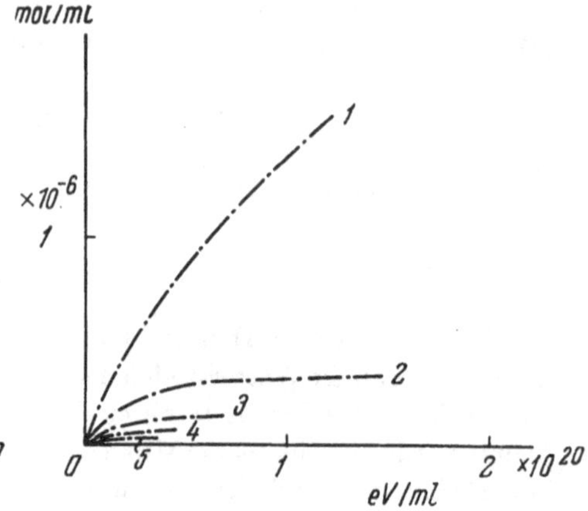

Abb. 1–15. Abhängigkeit der Menge des ausgeschiedenen Wasserstoffs von der Dosis bei Bestrahlung von mit Stickstoff gesättigten H_2SO_4-Lösungen

1: 1 n; *2*: 10^{-1} n; *3*: 10^{-2} n; *4*: 10^{-3} n; *5*: 10^{-4} n

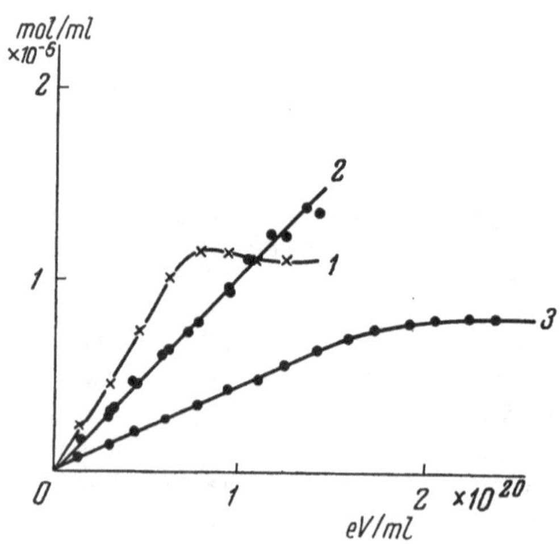

Abb. 1–16. Abhängigkeit der Menge des ausgeschiedenen Wasserstoffs von der Dosis bei Bestrahlung von mit Sauerstoff gesättigten KOH-Lösungen

1: 1 n; *2*: 10^{-1} bis 10^{-3} n; *3*: 10^{-4} n

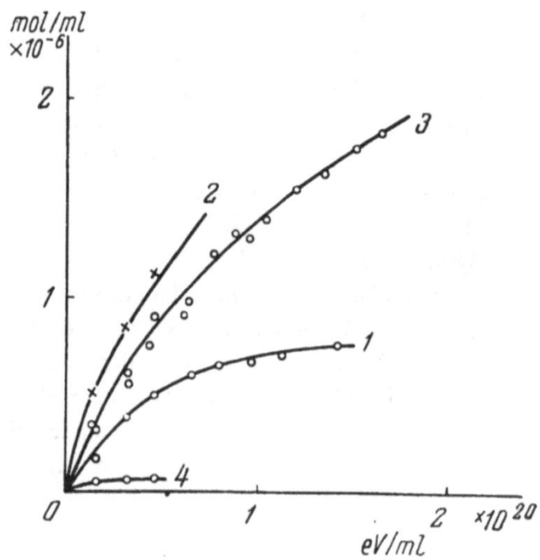

Abb. 1–17. Abhängigkeit der Menge des ausgeschiedenen Wasserstoffs von der Dosis bei Bestrahlung von mit Stickstoff gesättigten KOH-Lösungen

1: 1 n; *2*: 10^{-1} n; *3*: 10^{-2} bis 10^{-3} n; *4*: 10^{-4} n

Tabelle 1–3

Materialbilanz der Radiolyseprodukte in mit Sauerstoff gesättigten H_2SO_4- *und* KOH-*Lösungen*

Lösung	Konzentration in Normalitäten	H_2-Anfangsausbeute in Molekeln/100 eV	Stationäre H_2O_2-Konzentration in 10^{-3} mol/l	$[-2O_2 + H_2]$ in 10^{-3} mol/l	Überschuß der O_2-Absorption in 10^{-3} mol/l
Wasser	—	0,33	0,93	1,59	0,66
H_2SO_4	10^{-5}	0,33	1,08	1,79	0,71
,,	10^{-3}	0,33	1,25	1,97	0,72
,,	10^{-1}	0,47	4,16	4,32	0,16
,,	1,0	0,67	5,00	5,24	0,24
,,	10^{-4}	0,27	1,00	2,04	1,04
KOH	10^{-3}	0,58	1,02	2,10	1,08
,,	10^{-2}	0,58	0,99	2,28	1,29
,,	10^{-1}	0,58	1,02	2,56	1,54
,,	1,0	0,78	0,93	4,12	3,19

Tabelle 1–4

Materialbilanz der Radiolyseprodukte in mit Stickstoff gesättigten H_2SO_4- *und* KOH-*Lösungen*

Lösung	Konzentration in Normalitäten	H_2-Anfangsausbeute in Molekeln/100 eV	Stationäre H_2O_2-Konzentration in 10^{-3}mol/l	Ausgeschiedene H_2-Menge in 10^{-3}mol/l	Ausgeschiedene O_2-Menge in 10^{-3}mol/l	Überschuß an ausgeschiedenem H_2 in 10^{-3}mol/l
H_2SO_4	10^{-5}	0,06	0,0	0,024	0,0	0,024
,,	10^{-4}	0,06	0,0	0,026	0,0	0,026
,,	10^{-3}	0,10	0,0	0,045	0,0	0,045
,,	10^{-2}	0,18	0,04	0,10	0,0	0,060
,,	10^{-1}	0,51	0,11	0,31	0,0	0,20
,,	1,0	1,14	1,09	1,47	0,0	0,37
KOH	10^{-4}	0,15	0,0	0,05	0,0	0,05
,,	10^{-3}	1,15	0,16	1,29	0,65	0,48
,,	10^{-2}	1,15	0,17	0,91	0,27	0,47
,,	10^{-1}	1,45	0,73	1,10	0,09	0,28
,,	1,0	0,71	0,83	0,76	0,0	−0,07

der Summe von absorbiertem O_2 und ausgeschiedenem H_2 über das sich bildende H_2O_2 beobachtet.

Die stärkste Abweichung der Bilanz wurde in Laugenlösungen festgestellt; sie vergrößert sich mit steigender Laugenkonzentration. Wir nehmen an, daß diese Abweichung teilweise mit der Oxydation zufälliger, in der Lösung vorhandener Beimischungen zusammenhängt. Jedoch zeigten die Versuche, daß die beobachtete Abhängigkeit der Abweichung der Materialbilanz von der Säuren- bzw. Laugenkonzentration, nicht nur durch Beimischungen verursacht wird.

Nach H. M. EMANUEL und K. B. KRUGLIKOWA [1–13] ist beim thermischen Zerfall von Wasserstoffperoxyd anfangs ein Defizit an Sauerstoff im Vergleich zum zerlegten Peroxyd und am Ende der Zersetzung ein Überschuß zu beobachten. Sie nahmen an, daß sich in der Lösung bei beginnender Zersetzung solche Verbindungen ansammeln, die Sauerstoff in größerem Maße enthalten als Wasserstoff, und zwar die Radikale HO_2 oder „Wasserstoffsuperoxyd" (H_2O_4), auf dessen mögliche Bildung zuerst A. N. BACH hingewiesen hat. Solche Verbindungen oder Komplexe der Radikale HO_2 mit H_2O_2 können sich bei Bestrahlung von Sauerstoff gesättigten Lösungen anreichern. Die Beständigkeit solcher Verbindungen muß in alkalischen Lösungen größer sein als in sauren. Dieser Einfluß auf die Kinetik der Wasserstoffabscheidung wird weiter unten behandelt.

Die Erhöhung der Anfangsausbeute und des Sättigungsdruckes des Wasserstoffs in 10^{-1} und 1 n Lösungen von H_2SO_4 im Vergleich zu verdünnten H_2SO_4-Lösungen und Wasser kann man durch eine weitere Unterdrückung der rückläufigen Reaktionen durch HSO_4^--Ionen erklären:

$$HSO_4^- + OH \rightarrow H_2SO_5^- \qquad (1\text{–}19)$$

$$H_2SO_5^- + H \rightarrow H_2O + HSO_4^-. \qquad (1\text{–}20)$$

Im übrigen ergibt sich für diese Reaktionen derselbe Mechanismus der Radiolyse wie in Wasser mit gelöstem Sauerstoff. Es ist darum anzunehmen, daß die Kinetik der Wasserstoffausscheidung in diesem Falle durch dieselbe Gleichung (1–17) beschrieben wird, aber mit anderer Bedeutung für K_2 und $[H_2O_2]_0$, die für die gegebene Lösung charakteristisch sind.

Die Größe

$$\frac{K_3K_5}{K_7} = \frac{K_2[H_2O_2]_0}{[H_2]_S}, \qquad (1\text{–}21)$$

die zur Bestimmung von $(p_{H_2})_S$ und K notwendig ist, kann man leicht aus den Versuchen mit gelösten Sauerstoff enthaltendem Wasser finden. Der Wert K_2 ist in diesem Falle gleich 0,33 Molekel/100 eV, und das Verhältnis $\frac{[H_2O_2]_0}{[H_2]_S}$ ergibt sich aus der Steigung der Kurve der Abhängigkeit des Sättigungsdruckes des Wasserstoffs von der stationären Konzentration des Wasserstoffperoxyds (Abb. 1–10) zu 6,5. Folglich ist

$$\frac{K_3K_5}{K_7} = 0{,}33 \cdot 6{,}5 = 2{,}2\,\frac{\text{Radikalpaare}}{100\ \text{eV}}. \qquad (1\text{–}22)$$

Daraus wird der Sättigungsdruck in 10^{-1} und 1 n H_2SO_4-Lösungen, gemessen in Torr, durch die Formel

$$(p_{H_2})_S = \frac{K_2'[H_2O_2]_0'}{2{,}2 \cdot 0{,}84 \cdot 10^{-3}} \cdot 760 \qquad (1\text{–}23)$$

bestimmt, wobei K_2' und $[H_2O_2]_0'$ die Anfangsausbeute des Wasserstoffs und die stationäre Konzentration des Wasserstoffperoxyds in der entsprechenden Lösung von H_2SO_4 und die Größe $0{,}84 \cdot 10^{-3}$ molar die Löslichkeit des Wasserstoffs bei Atmosphärendruck ist. In den 10^{-1} und 1 n H_2SO_4-Lösungen erweist sich $(p_{H_2})_S$ gleich 805 bzw. 1380 Torr.

Die Konstante K wird, entsprechend Gleichung (1-17), durch den Ausdruck

$$K = \frac{2{,}2 \cdot 10^{-2}}{[H_2O_2]_0' \cdot 10^{-3} \cdot 6 \cdot 10^{23}} (\mathrm{eV})^{-1} \tag{1-24}$$

bestimmt, wobei wir die Ausbeute in Molekeln pro 1 eV und die Konzentration in Molekeln pro 1 cm^3 ausdrücken. In den 10^{-1} und 1 n H_2SO_4-Lösungen ist die Größe K gleich $8{,}9 \cdot 10^{-21}$ $(eV)^{-1}$ bzw. $7{,}3 \cdot 10^{-21}$ $(eV)^{-1}$. Die nach der Gleichung (1-17) mit den angegebenen Werten $(p_{H_2})_S$ und K berechneten Kurven sind in Abb. 1-14 in Form punktierter Linien wiedergegeben. Wenn man die möglichen Versuchsfehler und den Annäherungscharakter der Theorie berücksichtigt, kann man die Übereinstimmung der errechneten und der experimentell ermittelten Kurven als zufriedenstellend bezeichnen.

In mit Stickstoff gesättigten Lösungen von 10^{-1} und 1 n H_2SO_4 hängt die Wasserstoffausscheidung nicht mit der Bildung des Wasserstoffperoxyds zusammen, sondern wahrscheinlich auch mit der teilweisen Oxydation des Stickstoffs.

Die Besonderheiten der Kinetik der Wasserstoffausscheidung bei der Radiolyse von alkalischen Lösungen hängen augenscheinlich mit der elektrolytischen Dissoziation der Radikale HO_2 und OH unter diesen Bedingungen und mit der verschiedenen Reaktionsfähigkeit der dissoziierten und nichtdissoziierten Form zusammen.

Bei der Dissoziation bildet sich zwischen nichtdissoziierten und Ionenformen ein Gleichgewicht, welches sich bei Zunahme des p_H-Wertes der Lösung nach der Seite der Dissoziation verlagert:

$$HO_2 \rightleftarrows H^+ + O_2^- \tag{1-25}$$

$$OH \rightleftarrows H^+ + O^-. \tag{1-26}$$

Selbstverständlich sind die Radikale HO_2 und OH in der Ionenform beständiger; mit H_2, H_2O_2 und anderen Molekeln treten sie leichter in nichtdissoziiertem Zustand in Reaktion. Daraus folgt, daß die Unterdrückung der rückläufigen Reaktionen in alkalischen Lösungen und das damit verbundene Anwachsen der H_2-Ausbeute nicht auf die Verminderung der Konzentration der Radikale im Volumen zurückzuführen ist, sondern auf ihre Dissoziation, d. h. den Übergang in eine stabilere Form. Daraus erklärt sich auch die beträchtlichere Abweichung der Materialbilanz in alkalischen, mit Sauerstoff gesättigten Lösungen von der in sauren und neutralen Lösungen. In den mit Stickstoff gesättigten KOH-Lösungen können die Radikale HO_2 nur nach der Reaktion (1-7) entstehen. Solange die KOH-Konzentration nicht bedeutend und das Gleichgewicht nur wenig nach der Seite der Dissoziation verschoben ist, kann die Bildung der Radikale HO_2 und des molekularen Sauerstoffs nach den Reaktionen (1-7 und 1-8) vor sich gehen.

Mit Anwachsen der KOH-Konzentration verlangsamen sich diese Reaktionen, und schließlich hört die Bildung der Radikale HO_2 und des molekularen Sauerstoffs auf. Die Versuchsdaten (Tabelle 1-4) bestätigen diese Ausführungen: In mit Stickstoff gesättigten Lösungen verringert sich die Sauerstoffausbeute mit dem Anwachsen der KOH-Konzentration im Bereich 10^{-3} bis 1 n Lösungen, sie erreicht Null in einer 1 n Lösung; die Materialbilanz verbessert sich dabei und wird in 1 n Lösungen praktisch gleich dem theoretischen Wert.

3. Bemerkungen zum Mechanismus der Radiolyse des Wassers

Die besprochenen experimentellen Daten über die Wasserstoffausscheidung bei Bestrahlung von wäßrigen Lösungen des Sauerstoffs, des Wasserstoffperoxyds, von H_2SO_4 und KOH mit Röntgenstrahlen sind eine überzeugende Bestätigung des Mechanismus der Radiolyse des Wassers, der durch die zwei gleichzeitig verlaufenden Reaktionen (1–2) und (1–3) und die Folgereaktionen der Radikale mit den gelösten Stoffen beschrieben werden kann. Vermutlich ermöglicht es dieser Mechanismus, die quantitative Abhängigkeit des Verlaufs chemischer Reaktionen auch bei Bestrahlung anderer Lösungen zu finden. Ungeachtet dessen weist eine Gegenüberstellung der Resultate für verschiedene Lösungen darauf hin, daß die Reaktionen (1–2) und (1–3) nicht ganz unabhängig sind. Anscheinend verlaufen sie beide infolge der Bildung von Radikalen OH und Atomen H beim allerersten Zusammenwirken eines ionisierten Teilchens mit den Molekeln des Wassers. Bei der Wirkung von Röntgenstrahlen oder Elektronen auf das Wasser sind die Radikale OH und Atome H schon im Moment der Bildung nicht nur in den engen Strahlenbahnen der Teilchen konzentriert, sondern auch mehr oder weniger diffus verteilt. In dem zentralen Teil der Kanäle erreicht ihre Konzentration nach den Berechnungen GRAYs [1–15] etwa 10^{-2} molar, beim Übergang in die Tiefe der Lösung verringert sie sich allmählich. Der Prozeß der Diffusion gleicht die Konzentrationsunterschiede noch mehr aus. Im Zentrum der Strahlenbahnen sind folgende Reaktionen wahrscheinlich:

$$OH + OH \rightarrow H_2O_2 \qquad (1\text{–}27)$$

$$H + H \rightarrow H_2. \qquad (1\text{–}28)$$

Außerhalb der Spur erfolgen die Reaktionen mit den gelösten Stoffen, darunter auch mit den molekularen Produkten der Radiolyse des Wassers. Der Unterschied der Aktivierungsenergie der Reaktionen zwischen Radikalen und denen zwischen Radikalen mit gesättigten Molekeln, den man nach den vorliegenden Daten auf 5 bis 20 kcal schätzt, gewährleistet bei gewöhnlicher Temperatur solche starke Verschiedenheit im Verhalten der Radikale im Zentrum der Strahlenbahnen und in der Tiefe der Lösung. Doch können die Radikale in den Zwischenbereichen an den Reaktionen in beiden Richtungen beteiligt sein. Durch die Wechselwirkung dieser Radikale mit dem gelösten Stoff wird sich auch in allererster Linie der Einfluß der Art und der Konzentration des gelösten Stoffes auf die Ausscheidung der Radiolyseprodukte des Wassers auswirken. Für Röntgenstrahlen ist der Anteil der Radikale, die nach der Reaktion (1–2) entstehen, wesentlich geringer als nach Reaktion (1–3). Es werden sich darum die Art und die Konzentration des gelösten Stoffes entsprechend mehr bei der Konstanten K_2 als bei der Konstanten K_3 äußern.

4. Zusammenfassung

a) Die Bildung von Wasserstoff und Wasserstoffperoxyd sowie die Zerlegung des letzteren wurde in Wasser mit darin gelöstem Sauerstoff, Wasserstoffperoxyd und einem Gemisch von Sauerstoff und Wasserstoff unter Einwirkung von Röntgenstrahlen untersucht. Dabei wurde eine Abhängigkeit der Wasserstoffbildung von der Strahlungsdosis und der Konzentration des Sauerstoffs festgestellt, die es gestattet, die Anfangsausbeute und den Sättigungsdruck des Wasserstoffs in Abhängigkeit von der Sauerstoffkonzentration zu ermitteln. Gemessen wurde die stationäre Konzentration des Wasserstoffperoxyds bei verschiedenen Sauerstoffkonzentrationen.

b) Untersucht wurde der Einfluß der Konzentration von H_2SO_4 und KOH auf die Kinetik der Wasserstoffausscheidung und auf die stationäre Konzentration des Wasserstoffperoxyds in gelösten Sauerstoff und Stickstoff enthaltendem Wasser bei Bestrahlung durch Röntgenstrahlen.

c) Auf Grund des mutmaßlichen Mechanismus der Radiolyse des Wassers und des Einflusses der gelösten Substanzen darauf wurde eine Gleichung für die Kinetik der Wasserstoffausscheidung in sauren und neutralen Lösungen aufgestellt. Diese Gleichung steht im Einklang mit den experimentellen Resultaten.

LITERATURVERZEICHNIS

[1-1] RISSE, O., Z. physik. Chem., Abt. A, **140**, 133 (1929).

[1-2] FRICKE, H. und BROWNSCOMBE, E. R., Physic. Re., **44**, 240 (1933).

[1-3] ALLEN, A. O., J. physic. Colloid Chem., **52**, 479 (1948).

[1-4] FRICKE, H., J. chem. Physics, **2**, 349 (1934).

[1-5] FRICKE, H., J. chem. Physics, **3**, 556 (1934).

[1-6] BONET-MAURY, P. und LEFORT, M., J. Chim. physique Physico-Chim. biol., **47**, 179 (1950); C., **1952**, 1618; LEFORT, M., J. Chim. physique Physico-Chim. biol., **47**, 624 (1950); C., **1956**, 1216.

[1-7] JOHNSON, E. R. und ALLEN, A. O., J. Amer. chem. Soc., **74**, 4147 (1952); C., **1953**, 5995.

[1-8] EBERT, M. und BOAG, J. W., Discuss. Faraday Soc., Nr. 12, 189 (1952); C., **1954**, 2575.

[1-9] HOCHANADEL, C. J., J. physic. Chem., **56**, 587 (1952); C., **1953**, 1302.

[1-10] JOHNSON, E. R., J. chem. Physics, **19**, 1204 (1951); C., **1952**, 4737.

[1-11] ALLEN, A. O., HOCHANADEL, C. J., GHORMLEY, J. A. und DAVIS, T. W., J. physic. Chem., **56**, 575 (1952); C., **1953**, 1301.

[1-12] MILLER, N. und WILKINSON, J., Discuss. Faraday Soc., Nr. 12, 50 (1952); C., **1953**, 5788.

[1-13] Кругликова К. Е. и Эмануэль Н. М., Доклады Академии Наук СССР. (KRUGLIKOWA, K. E. und EMANUEL, N. M., Ber. Akad. Wiss. UdSSR), N. S., **83**, 593 (1952); C., **1955**, 3576.

[1-14] Бах А. Н., Журнал Русского Физико-Химического Общества. (BACH, A. N., J. russ. physik. chem. Ges.), **29**, 373 (1897).

[1-15] GRAY, L. H., J. Chim. physique. Physico-Chim. biol., **48**, 172 (1951); 6, **1952**, 968.

[1-16] Семенов, Н. Н., Усп. хим. (SEMENOW, N. N., Fortschr. Chem.), **20**, 673 (1951); C. **1952**, 4432.

2. P. I. DOLIN

Die Kinetik der Reaktion von Wasserstoffperoxyd mit Wasserstoff in wäßriger Lösung unter der Einwirkung von Röntgenstrahlen

Die Gesamtreaktion der Wechselwirkung von H_2O_2 mit H_2 in wäßriger Lösung unter Einwirkung von Strahlung ist die Umkehrung der Reaktion der Bildung dieser Produkte bei der Radiolyse des Wassers. Anscheinend steht die Kinetik der Hin- und Rückreaktion im gegenseitigen Zusammenhang, der für verdünnte Lösungen durch den Mechanismus der Radiolyse des Wassers verwirklicht wird. Die Kinetik der Rückreaktion unter der Einwirkung der Strahlung eines Kernreaktors und der γ-Strahlung von ^{60}Co untersuchten ALLEN und HOCHANADEL [2-1, 2-2] und andere. Sie leiteten die kinetische Gleichung der Reaktion ab unter Zugrundelegung des Mechanismus der Radiolyse des Wassers, der durch die beiden gleichzeitig verlaufenden Reaktionen

$$2\,H_2O \rightsquigarrow H_2O_2 + H_2 \qquad (2\text{-}2)$$

$$H_2O \rightsquigarrow OH + H \qquad (2\text{-}3)$$

ausgedrückt wird und durch die nachfolgenden Reaktionen der Radikale mit den gelösten Molekeln. Da ihre Messungen in einem geschlossenen System durchgeführt wurden, änderte sich im Laufe des Versuchs trotz des H_2-Überschusses im Vergleich zum H_2O_2 nicht nur die H_2O_2-Konzentration, sondern auch die von H_2 wesentlich. Die Kinetik der Hinreaktion in Wasser mit gelöstem Sauerstoff oder Wasserstoffperoxyd wurde von den Autoren nicht quantitativ untersucht. Untersuchungen, wie sie im vorhergehenden Kapitel beschrieben wurden, fehlen überhaupt in der Literatur.

Die obengenannten Autoren konnten darum die Kinetik der Hin- und Rückreaktion nicht miteinander vergleichen.

In der vorliegenden Arbeit soll die Kinetik der Rückreaktion in einem weiten H_2O_2-Konzentrationsbereich unter Einwirkung von Röntgenstrahlen untersucht, der Einfluß von Säure und Lauge darauf geklärt und die Kinetik der Hin- und Rückreaktion verglichen werden.

1. Die Methodik

Bei den Versuchen wurden pausenlos Wasserstoffbläschen durch die Lösung geleitet[1]). Es wurde dadurch eine konstante Wasserstoffkonzentration während des

[1]) In konzentrierten H_2O_2-Lösungen kann man statt Wasserstoff auch Luft durchblasen; dies ist ohne Einfluß auf die Kinetik der H_2O_2-Zerlegung.

ganzen Versuchs und eine dauernde Durchmischung erzielt. Ein Schema der Apparatur ist in Abb. 2-1 angegeben, alle ihre Teile sind aus Glas angefertigt.

Die Zelle hatte die Form einer Scheibe mit einem Durchmesser von 60 mm, einer Dicke von 10 mm und einer Vorderwand, die etwa 0,25 mm dick war. Als Strahlungsquelle diente eine zerlegbare Röntgenröhre, wie sie im vorigen Kapitel beschrieben wurde. Die Probeentnahme für die Bestimmung des H_2O_2-Gehaltes erfolgte durch Hinausdrücken der Lösung mit Wasserstoffgas. Zu diesem Zweck wurde ein Teil desselben in einem Gasometer gesammelt und das übrige Gas während des Versuchs ins Freie abgeblasen. Bei der systematischen Probeentnahme nahm das Volumen der Lösung in der Zelle gegen Ende des Versuchs merklich ab. In speziellen Versuchen wurde nachgeprüft, ob die Dosisleistung dabei nicht verändert wurde.

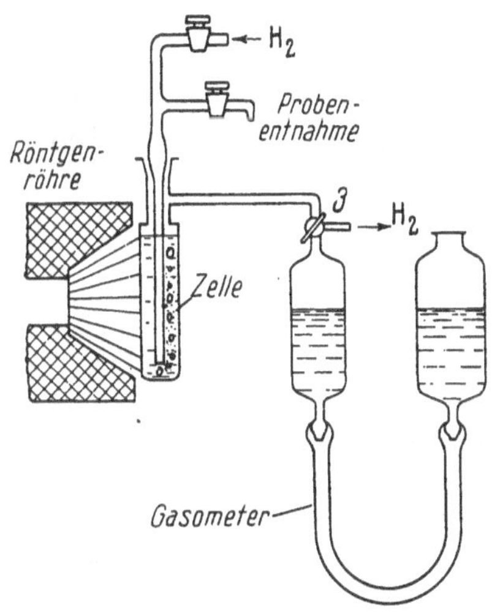

Abb. 2-1. Schema der Versuchsanordnung zur Untersuchung der Reaktionsgeschwindigkeit zwischen H_2O_2 und H_2 in Lösungen unter Einwirkung von Röntgenstrahlen

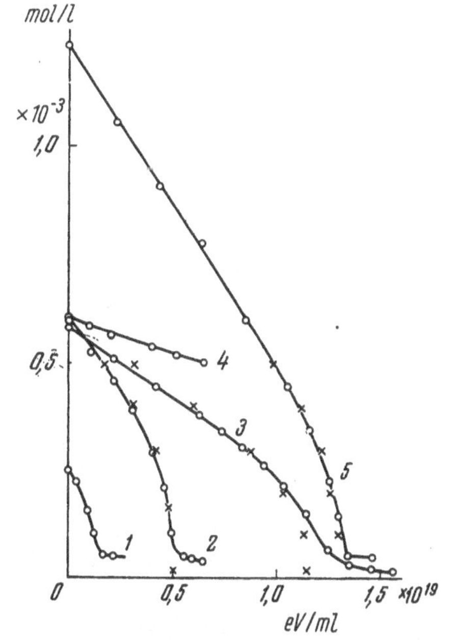

Abb. 2-2. Abhängigkeit der H_2O_2-Konzentration von der Strahlungsdosis bei Bestrahlung von (H_2O_2)-Lösungen

1, 2 u. *5*: Lösung mit H_2 gesättigt; *3*: mit einem äquimolekularen Gemisch von H_2 und N_2 gesättigt; *4*: mit Luft gesättigt

2. Die Ergebnisse und ihre Beurteilung

In Abb. 2-2, 2-3 und 2-4 ist die Abhängigkeit der H_2O_2-Konzentration von der Strahlungsdosis aufgezeichnet. Diese Resultate umfassen einen Bereich der H_2O_2-Ausgangskonzentration von $2{,}5 \cdot 10^{-4}$ bis 1,15 molar, d. h. vier Größenordnungen. In diesem Bereich werden vier Gebiete mit verschiedener Reaktionskinetik unterschieden. In Abb. 2–2 umfaßt die Konzentrationsänderung den Bereich von 1,2 bis 0,05 · 10^{-3} molar. Die Kurven *1*, *2*, und *5* wurden durch Sättigung der Lösung mit Wasserstoff, die Kurve *3* durch Sättigung mit einem äquimolekularen Gemisch von H_2 und N_2 und die Kurve *4* durch Sättigung mit Luft erhalten. Für alle Kurven, außer *4*, nimmt bei einer Konzentration unter 0,5 · 10^{-3} molar die Ausbeute der Reaktion (Steigung der Kurve) mit dem Abfall der H_2O_2-Konzentration zu. Wenn man aus den Kurven *2* und *5* die Ausbeute der Reaktion bei verschiedener H_2O_2-Konzentration berechnet und sie als Funktion des reziproken Wertes der Konzentration aufträgt, so hat diese Abhängigkeit in einem Bereich von etwa 0,05 bis 0,4 · 10^{-3} molar die Form einer Geraden (Abb. 2–5). Das bedeutet, daß die Reaktionsgeschwindigkeit umgekehrt proportional der H_2O_2-Konzentration ist. Unterhalb einer Konzentration von 0,05 · 10^{-3} molar fällt die Geschwindigkeit schroff ab, und die H_2O_2-Konzentration wird fast konstant. Da aber bei so niedrigen Konzentrationen die experimentellen Resultate unzuverlässig werden, wurde dieses Gebiet von uns nicht weiter untersucht.

Den Konzentrationsbereich, in dem eine reziproke Abhängigkeit der Reaktionsgeschwindigkeit von der H_2O_2-Konzentration zu beobachten ist, nennen wir das erste Gebiet; hier ist die Konzentration an H_2O_2 niedriger als die von H_2. Die Kinetik der Reaktion in diesem Gebiet wird durch die Gleichung

$$-\frac{d[H_2O_2]}{dt} = -K'J + \frac{K''J}{[H_2O_2]} \qquad (2-1)$$

ausgedrückt, wobei K' und K'' Konstanten bedeuten und J die Leistung der Dosis der Röntgenstrahlen ist. Das zweite Gebiet umfaßt den H_2O_2-Konzentrationsbereich von 0,5 bis 2 · 10^{-3} molar; hier sind die Konzentrationen von H_2O_2 und H_2 einander verhältnismäßig gleich. In diesem Gebiet wird eine lineare Abhängigkeit der Konzentration von der Strahlungsdosis (oberer Teil der Kurve *5*, Abb. 2–2, und Kurve *1*, Abb. 2–3), d. h. eine konstante Reaktionsgeschwindigkeit beobachtet. Oberhalb einer Konzentration von 2 · 10^{-3} molar liegen das dritte und vierte Gebiet, die beide durch das Anwachsen der Reaktionsgeschwindigkeit mit der Zunahme der H_2O_2-Konzentration charakterisiert werden. In Abb. 2–3 und 2–4 ist das Anwachsen der Reaktionsgeschwindigkeit nur im Bereich von 2,5 bis 3 · 10^{-2} molar bemerkbar. Bei noch höheren Konzentrationen kommt die Abhängigkeit der Konzentration äußerlich in Form von gradlinigen Abschnitten zum Ausdruck. Dieses scheinbare Resultat erklärt sich daraus, daß diese Abschnitte nur ein unbedeutender Teil der ganzen Kurve sind. Wenn man die Ausbeute der Reaktion aus der Anfangsneigung der Kurve berechnet und sie als Funktion der H_2O_2-Anfangskonzentration abträgt, so findet man zwei Teilstücke: ein angenähert lineares (Abb. 2–6) und ein parabolisches (Abb. 2–7). Das lineare Teilstück liegt im Konzentrationsbereich 0,2 bis 1 · 10^{-2} molar. Das ist das dritte Gebiet, in welchem die Reaktionsgeschwindigkeit linear von der H_2O_2-Konzentration abhängt. Das vierte Gebiet umfaßt den Konzentrationsbereich 1 · 10^{-2} bis 1,15 molar, in dem die Reaktionsgeschwindigkeit von der Wurzel aus der H_2O_2-Konzentration abhängt.

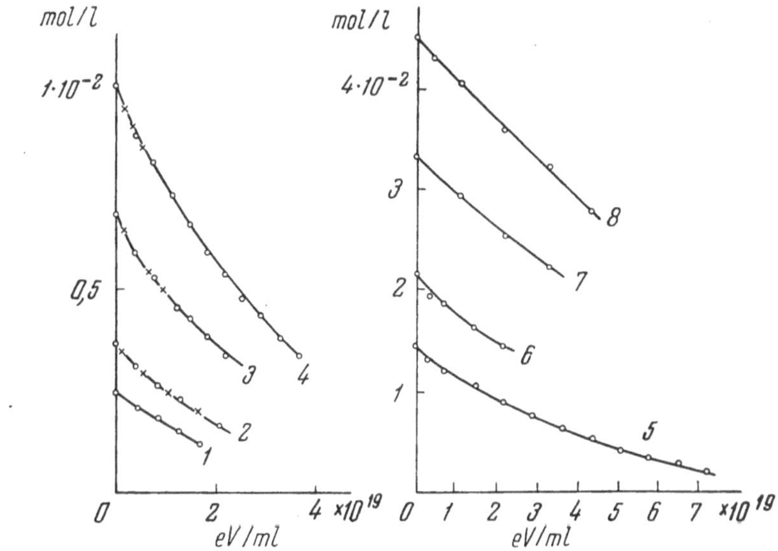

Abb. 2-3. Abhängigkeit der H_2O_2-Konzentration von der Strahlungsdosis bei Bestrahlung von $(H_2O_2 + H_2)$-Lösungen. Alle Lösungen sind mit H_2 gesättigt

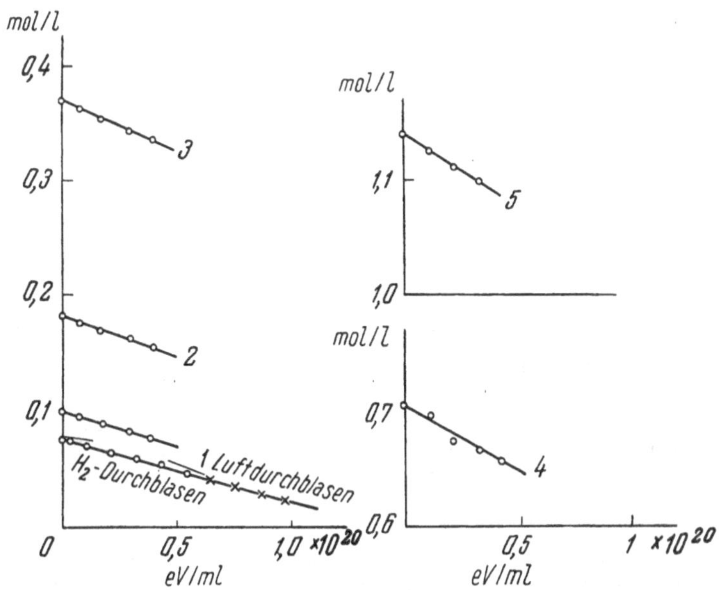

Abb. 2-4. Abhängigkeit der H_2O_2-Konzentration von der Strahlungsdosis. Alle Lösungen (außer *1*) sind mit Luft gesättigt

Dieselbe Abhängigkeit fanden FRICKE [2–3], JOHNSON [2–4], HART und MATHESON [2–5] bei der Zerlegung des H_2O_2 durch Strahlung in Abwesenheit von Wasserstoff. Bei hoher Konzentration (über 10^{-2} molar) hat die Anwesenheit von Sauer-

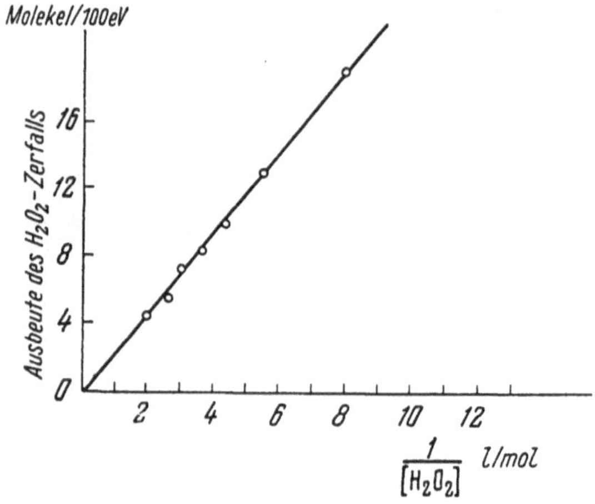

Abb. 2–5. Kinetik des H_2O_2-Zerfalls bei Bestrahlung der $(H_2O_2 + H_2)$-Lösungen im ersten Gebiet

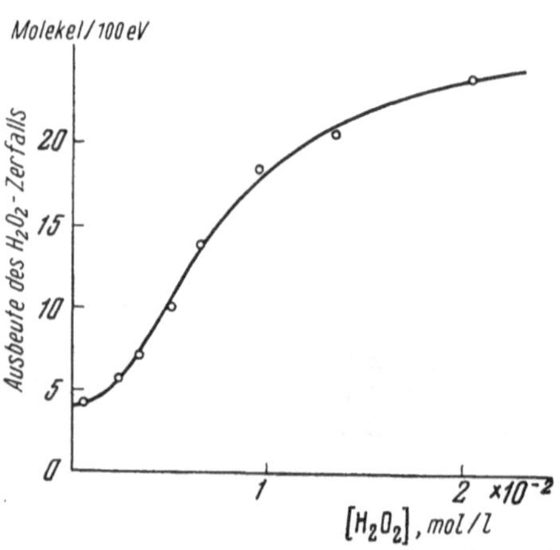

Abb. 2–6. Kinetik des H_2O_2-Zerfalls bei Bestrahlung der $(H_2O_2 + H_2)$-Lösungen im H_2O_2-Konzentrationsbereich 0,5 bis $2 \cdot 10^{-2}$ mol/l

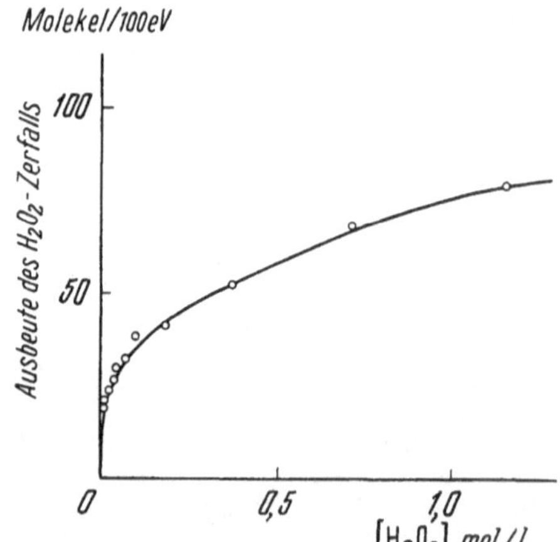

Abb. 2–7. Kinetik des H_2O_2-Zerfalls im H_2O_2-Konzentrationsbereich $2 \cdot 10^{-2}$ bis 1,15 mol/l

stoff in der Lösung wenig Einfluß auf die Kinetik der H_2O_2-Zerlegung. Das H_2O_2 zerfällt hauptsächlich unter Ausscheidung von Sauerstoff. Im ersten Gebiet wird dagegen überhaupt kein Sauerstoff ausgeschieden, und die H_2-Absorption ist dem H_2O_2-Zerfall äquivalent. Vom zweiten Gebiet an verläuft der H_2O_2-Zerfall teilweise schon unter Sauerstoffabscheidung. In Tabelle 2–1 ist die Formel der kinetischen Gleichung für jedes Gebiet und der Wert der nach der obigen graphischen Methode ermittelten Konstanten angegeben.

Tabelle 2–1

Kinetische Gleichungen der H_2O_2*-Zersetzungsreaktion*

Kinetischer Bereich	H_2O_2-Konzentrationsgebiet in mol/l	Kinetische Gleichung	K' in Molekeln/eV	K''
I	$0{,}05-0{,}5\cdot10^{-3}$	$-\frac{d[H_2O_2]}{d(tJ)} = -K' + \frac{K''}{[H_2O_2]}$	$0{,}33\cdot10^{-2}$	$\frac{1{,}3\cdot10^{16}\,(\text{Molekel})^2}{\text{eV}}$
II	$0{,}5-2\cdot10^{-3}$	$-\frac{d[H_2O_2]}{d(tJ)} = K = 4{,}26\,\frac{\text{Molekel}}{100\text{ eV}}$	—	—
III	$2{,}10^{-3}-1\cdot10^{-2}$	$-\frac{d[H_2O_2]}{d(tJ)} = K' + K''[H_2O_2]$	1,5	$\frac{1{,}8\cdot10^{3}\text{ Molekel}}{100\text{ eV/mol}}$
IV	$1\cdot10^{-2}-1{,}15$	$-\frac{d[H_2O_2]}{d(tJ)} = K' + K''[H_2O_2]^{1/2}$	17	$\frac{60\text{ Molekel}}{100\text{ eV/(mol)}^{1/2}}$.

Im ersten Gebiet kann das den Mechanismus des Bruttoprozesses beschreibende Reaktionsschema nicht Reaktionen in sich einschließen, bei denen der H_2O_2-Zerfall unter Sauerstoffbildung vonstatten geht, da dessen Abscheidung nicht beobachtet wird. Darum mag das einfachste Schema der Reaktionen in diesem Gebiet das folgende sein:

$$2H_2O \rightsquigarrow H_2O_2 + H_2 \tag{2-2}$$

$$H_2O \rightsquigarrow OH + H \tag{2-3}$$

$$H_2O_2 + H \rightarrow H_2O + OH \tag{2-4}$$

$$H_2 + OH \rightarrow H_2O + H \tag{2-5}$$

$$H_2O_2 + OH \rightarrow H_2O + HO_2 \tag{2-7}$$

$$HO_2 + H \rightarrow H_2O_2. \tag{2-8}$$

Auf Grund dieses Schemas leiteten ALLEN und HOCHANADEL durch die Methode des stationären Zustandes die kinetische Gleichung dieses Prozesses

$$-\frac{d[H_2O_2]}{dt} = -K_2J + \frac{K_3K_5J[H_2]}{K_7[H_2O_2]} \tag{2-9}$$

ab, die mit der empirischen Gleichung (2–1) zusammenfällt, wenn die Wasserstoffkonzentration konstant bleibt. In unseren Versuchen wurde diese Bedingung für das erste Gebiet streng durchgeführt, während bei den Versuchen der obigen Autoren die H_2-Konzentration variabel war. Aus diesem Grund unterscheidet sich die Rechnung der Gleichung (2–9) in unserem Falle etwas von der ALLENs. Aus dem

Vergleich der empirischen Gleichung (2–1) und Gleichung (2–9) ergibt sich, daß $K' = K_2$ und $K'' = \frac{K_3 K_5 [H_2]}{K_7}$ ist.

Soweit die Zerfallsgeschwindigkeit des Wasserstoffperoxyds und die Geschwindigkeit des Wasserstoffverbrauchs für das erste Gebiet gleich sind, drückt die Gleichung (2–9) auch die Geschwindigkeit der Wasserstoffabsorption aus. Diese Gleichung unterscheidet sich von der der Wasserstoffabscheidung bei Bestrahlung von gelösten Sauerstoff enthaltendem Wasser nur durch das Vorzeichen — s. Gleichung (1–14) — im vorigen Kapitel. Darum kann man die Konstante K_2 und das Verhältnis der Konstanten $\frac{K_3 K_5}{K_7}$, die zu beiden Gleichungen gehören, vergleichen und damit die Kinetik der Hin- und der Rückreaktion gegenüberstellen. Die Konstante K_2 ist in beiden Meßserien (Hin- und Rückreaktion) gleich 0,33 Molekel/100 eV. Das Konstantenverhältnis $\frac{K_3 K_5}{K_7}$ aus Daten der Hinreaktion ist gleich 2,2 Radikalenpaaren/100 eV. Dasselbe Verhältnis findet man aus den Daten der Rückreaktion auf folgende Weise:

$$\frac{K_3 K_5}{K_7} = \left(-\frac{d[H_2O_2]}{d(tJ)} + K_2\right) \cdot \frac{[H_2O_2]}{[H_2]_S}. \qquad (2\text{–}10)$$

Die Größe in der runden Klammer mit $[H_2O_2]$ multipliziert ist gleich der Steigung der Geraden (Abb. 2–5), die die Abhängigkeit der Ausbeute der Zerfallsreaktion des Wasserstoffperoxyds von der reziproken Größe der H_2O_2-Konzentration ausdrückt. Sie ist gleich $2{,}3 \cdot 10^{-3}$ Molekeln · mol/l · 100 eV. Die Wasserstoffkonzentration im Wasser ist gleich $0{,}84 \cdot 10^{-3}$ molar. Folglich ist

$$\frac{K_3 K_5}{K_7} = \frac{2{,}3 \cdot 10^{-3}}{0{,}84 \cdot 10^{-3}} \cdot 2{,}7 \,\frac{\text{Molekeln}}{100\,\text{eV}}. \qquad (2\text{–}11)$$

Die Abweichung der Größe $\frac{K_3 K_5}{K_7}$ überschreitet für beide Meßserien nicht 20%. Wenn man die Kompliziertheit und den Annäherungscharakter der Theorie in Betracht zieht, kann man eine solche Übereinstimmung als eine gute Unterstützung des hier angenommenen Mechanismus der Radiolyse des Wassers betrachten. Die Verbindung der Hin- mit der Rückreaktion gibt die Möglichkeit, die Geschwindigkeit der Hinreaktion aus der Geschwindigkeit der Rückreaktion und umgekehrt aus der Hinreaktion die Geschwindigkeit der rückläufigen zu berechnen. So kann man, nachdem man die Konstanten K_2 und $\frac{K_3 K_5}{K_7}$ aus den Messungen in der $(H_2O_2 + H_2)$-Lösung ermittelt hat und die Abhängigkeit der stationären Konzentration des Wasserstoffperoxyds von der Sauerstoffkonzentration kennt, nach der Gleichung (1–17) des vorigen Kapitels jede beliebige Kurve der Wasserstoffausscheidung errechnen.

Aus der Gleichung (2–9) folgt, daß bei einer Konzentration nahe Null das Wasserstoffperoxyd mit einer erheblichen Geschwindigkeit zerfallen muß. Es wurde schon darauf hingewiesen, daß in der Praxis bei einer Konzentration unter $0{,}05 \cdot 10^{-3}$ molar die Geschwindigkeit schroff abfällt, wodurch die H_2O_2-Konzentration nicht Null erreicht. Allen erklärt diesen Effekt mit der Rekombination der H-Atome.

Um die kinetische Gleichung der Rückreaktion mit den experimentellen Ergebnissen zu vergleichen, ist es unbedingt nötig, die Gleichung (2–9) zu integrieren. Wenn wir, wie auch bei der empirischen Gleichung, die Größe $\frac{K_3 K_5 [H_2]}{K_7}$ durch K'' bezeichnen, erhalten wir nach der Integration der Gleichung (2–9)

$$\frac{K''}{K_2^2} \cdot \ln \frac{K_2 [H_2O_2] - K''}{K_2 [H_2O_2]_0 - K''} + \frac{[H_2O_2] - [H_2O_2]_0}{K_2} = (tJ)_0 - (tJ), \qquad (2\text{–}12)$$

wobei $[H_2O_2]_0$ die Anfangskonzentration des Wasserstoffperoxyds ist. Die Konstanten K_2 und K'' sind leicht durch zwei Punkte der Kurven *2* und *5* (Abb. 2–2) zu finden. Ihre Werte sind in der oberen Zeile der Tabelle 2–1 und die Berechnungsergebnisse nach der Gleichung (2–12) auf den Kurven *2* und *5* (Abb. 2–2) angeführt. Die experimentell ermittelten und die berechneten Resultate decken sich in einer Kurve bis auf ein Teilgebiet unterhalb der Konzentration $0{,}05 \cdot 10^{-3}$ molar. In einer durch ein äquimolekulares Gemisch von H_2 und N_2 gesättigten Lösung sind die entsprechenden Konstanten K_2 und K'' gleich $0{,}35 \cdot 10^{-2}$ Molekeln/eV bzw. $4{,}85 \cdot 10^{15}$ (Molekel)^2/eV. Die Übereinstimmung der berechneten mit der experimentell ermittelten Kurve ist bei den genannten Werten der Konstanten in diesem Falle ebenfalls befriedigend (Kurve *3*, Abb. 2–2).

Das Reaktionsschema des rückläufigen Prozesses im ersten Gebiet, das aus den Reaktionen (2–2, 2–3, 2–4, 2–5, 2–7 und 2–8) besteht, kann man als einen Kettenprozeß besonderer Art betrachten. Die Geschwindigkeit der Reaktion (2–2) spielt in diesem Prozeß keine wesentliche Rolle, da sie im Vergleich zu den Geschwindigkeiten der anderen Reaktionen gering ist; sie bildet eine konstante Korrektur, die gleich $K_2 J$ ist. Die Reaktion (2–3) kann man als den Kettenbeginn betrachten; ihre Geschwindigkeit ist bei konstanter Strahlungsdosis ebenfalls konstant. Die Reaktionen (2–4) und (2–5) bilden die Kette, in der H_2O_2 und H_2 verbraucht wird. Die beiden Reaktionen (2–7) und (2–8) stellen den Kettenabbruch dar, da in ihnen die Radikale OH und H verbraucht werden, das Wasserstoffperoxyd jedoch neu entsteht. Mit der Zunahme der H_2O_2-Konzentration (bei konstanter H_2-Konzentration) wächst die Reaktionsgeschwindigkeit von (2–7) und entsprechend auch die von (2–8), d. h., die Geschwindigkeit des Kettenabbruchs wächst. Es ist bekannt, daß die Geschwindigkeit einer Kettenreaktion proportional der Entstehungsgeschwindigkeit und umgekehrt proportional der Abbruchsgeschwindigkeit ist. Folglich wird in dem Gebiet, in dem dieses Reaktionsschema anwendbar ist, mit dem Anwachsen der H_2O_2-Konzentration die Geschwindigkeit seines Zerfalls infolge der Kettenverkürzung abnehmen. Man muß daher beachten, daß wir es in diesem Falle mit einer kurzen Kette mit nicht mehr als zehn Gliedern zu tun haben. Dies ist aus dem Vergleich der Ausbeute der Rückreaktion im ersten Gebiet ersichtlich, wo sie manchmal 25 Molekel erreicht, mit der Größe K_3, die etwa gleich 3,2 Radikalenpaare/100 eV ist.

Wenn mit dem Anwachsen der H_2O_2-Konzentration die Reaktionsgeschwindigkeit von (2–7) die von (2–4) erreicht, so ist die Gliederzahl gleich Eins, d. h. die Reaktion hat als Kettenreaktion zu existieren aufgehört. Daher werden die Reaktionsgeschwindigkeiten von (2–3, 2–4, 2–5, 2–7 und 2–8) untereinander gleich. Die Ausbeute des H_2O_2-Zerfalls mit einer Korrektur auf die Reaktion (2–2) wird gleich der Ausbeute der Reaktion (2–3) sein. Dieser Schluß folgt ebenso aus der Gleichung (2–9), da man durch Multiplizieren von Zähler und Nenner im zweiten Glied der rechten Seite der Gleichung mit [OH] unter Berücksichtigung der Gleichheit der Reaktionsgeschwindigkeit von (2–5) und (2–7) nach Kürzung folgenden Ausdruck erhält:

$$-\frac{d[H_2O_2]}{d(tJ)} = K_2 + K_3. \qquad (2-13)$$

Das Ende der Kettenzerlegung ist natürlich dem Konzentrationsgebiet zuzuschreiben, in welchem die Geschwindigkeit von der Konzentration unabhängig wird, d. h. dem Ende des ersten und dem Anfang des zweiten Gebietes. Die Ausbeute des H_2O_2-Zerfalls in diesem Gebiet ist, wie schon gesagt, gleich 4,26 Molekel/100 eV. Nach der Formel (2–13) finden wir

$$K_3 = 4{,}26 + 0{,}33 = 4{,}59 \text{ Molekel/100 eV}. \qquad (2-14)$$

Das ist fast anderthalb mal mehr als die Größe K_3, die bei den Versuchen in Lösungen, die mit einem Gemisch von O_2 und H_2 gesättigt waren, gefunden wurde. Wenn außerdem im zweiten Gebiet der Prozeß nach denselben Reaktionen wie im ersten verläuft, so muß mit dem weiteren Anwachsen der H_2O_2-Konzentration die Zerfallsausbeute gemäß Gleichung (2–9) sinken. In der Praxis bleibt die Ausbeute im Bereich von 0,5 bis $2{,}0 \cdot 10^{-3}$ molar konstant, dann beginnt sie mit dem Anwachsen der H_2O_2-Konzentration zu steigen. Dies läßt sich mit dem Einsetzen einer neuen Reaktion schon im zweiten Gebiet erklären, die zur Unterbrechung der Kette führt. Eine solche Reaktion kann bei einer erhöhten H_2O_2-Konzentration und folglich auch erhöhten Konzentration der Radikale HO_2 die Bildung und der darauffolgende Zerfall des „Wasserstoffsuperoxyds“ H_2O_4 sein.

$$HO_2 + HO_2 \rightarrow H_2O_4 \rightarrow H_2O_2 + O_2. \qquad (2-15)$$

Die Ableitung der kinetischen Gleichung, die den gleichzeitigen Verbrauch der Radikale HO_2 nach den Reaktionen (2–8) und (2–15) berücksichtigt, ist kompliziert. Begnügen wir uns mit dem Grenzfall, daß man die Reaktion (2–8) vernachlässigen darf. Das kann man bei einem H_2O_2-Überschuß im Vergleich zum H_2 tun, wenn die Konzentration der H-Atome gering wird. Sonst bleibt das Reaktionsschema wie vorher. Die Ableitung der kinetischen Gleichung mit der Methode der stationären Zustände ist vollkommen analog der vorhergehenden, nur sind hier zwei Umstände zu berücksichtigen. Erstens: Der H_2O_2-Zerfall ist nicht gleich der H_2-Absorption, da ein Teil des H_2O_2 unter O_2-Abscheidung zerfällt; darum wird die Gleichung

$$-\frac{d[H_2O_2]}{dt} = \frac{d[H_2]}{dt} + 2\,\frac{d[O_2]}{dt} \qquad (2-16)$$

richtig sein. Zweitens: Die Geschwindigkeit der H_2O_2-Bildung nach der Reaktion (2–15) ist halb so groß wie die Geschwindigkeit seines Zerfalls nach der Reaktion (2–7). Die endgültige Gleichung ist dann die folgende:

$$-\frac{d[H_2O_2]}{dt} = -K_2J + \frac{2K_3K_5J[H_2]}{K_7[H_2O_2]} + 2K_3J. \qquad (2\text{–}17)$$

Wenn die Kettenreaktion wiederum nur aus einem Glied besteht, so wird die Reaktionsgeschwindigkeit von (2–5) halb so groß wie die von (2–7) sein. Durch Multiplizieren des Zählers und Nenners des zweiten Gliedes auf der rechten Seite der Gleichung (2–17) mit [OH] erhalten wir nach Kürzen:

$$-\frac{d[H_2O_2]}{d(tJ)} = -K_2 + 3K_3. \qquad (2\text{–}18)$$

Mit dem weiteren Anwachsen der H_2O_2-Konzentration muß, wenn die Reaktionen die gleichen bleiben, wieder eine Verringerung der Ausbeute des H_2O_2-Zerfalls zu beobachten sein. Beim Grenzübergang kann man im rechten Teil der Gleichung (2–17) das zweite Glied vernachlässigen und wir erhalten dann:

$$-\frac{d[H_2O_2]}{d(tJ)} = -K_2 + 2K_3. \qquad (2\text{–}19)$$

Wenn wir die Ausbeute des H_2O_2-Zerfalls nach der Gleichung (2–18) und (2–19) der Ausbeute des H_2O_2-Zerfalls im zweiten Gebiet, die gleich 4,26 Molekel/100 eV ist, gegenüberstellen, so erhalten wir den Wert K_3 entsprechend gleich 1,58 und 2,3 Molekeln/100 eV. Beide Werte sind bedeutend geringer als die Größe K_3, die den Versuchen in der Lösung mit gelöstem $O_2 + H_2$ erhalten wurde. Ohne Abzug der Reaktion (2–15) jedoch ist jener Wert, wie wir sahen, bedeutend größer als die Größe K_3. Darum ist es wahrscheinlich, daß im zweiten Gebiet beide Reaktionen (2–8) und (2–15) an dem Kettenabbruch teilhaben.

Im dritten und vierten Gebiet wächst die Geschwindigkeit des H_2O_2-Zerfalls mit der Erhöhung der H_2O_2-Konzentration bis zu Werten, die darauf hinweisen, daß der Prozeß wieder einen Kettencharakter annimmt. Da hier die Konzentration von H_2O_2 wesentlich größer ist als die von H_2, liegt es nahe anzunehmen, daß der H_2O_2-Zerfall hauptsächlich unter O_2-Abscheidung vonstatten geht. Dann wird man, entsprechend dem Mechanismus des Strahlungs- und Photozerfalls des H_2O_2, in den Kettenprozeß des Zerfalls außer den Reaktionen (2–4) und (2–5) auch noch die Reaktionen

$$H_2O_2 + OH \rightarrow H_2O + HO_2 \qquad (2\text{–}7)$$

und

$$H_2O_2 + HO_2 \rightarrow H_2O + OH + O_2 \qquad (2\text{–}20)$$

einbeziehen; der Kettenabbruch dagegen könnte nach der Reaktion

$$HO_2 + HO_2 \rightarrow H_2O_2 + O_2 \qquad (2\text{–}15)$$

verlaufen. Ein wesentlicher Unterschied zwischen diesem Ablauf der Reaktionen und dem vorhergehenden besteht darin, daß mit dem Anwachsen der H_2O_2-Konzentration die Radikale OH nicht nur zugunsten der Reaktion (2–7) verbraucht, sondern auch auf Grund der Reaktion (2–20) neu erzeugt werden. Wenn wir dieses Gleichungsschema anwenden, erhalten wir durch die Methode der stationären Zustände folgende Gleichung der Zerfallsgeschwindigkeit des H_2O_2:

$$-\frac{d[H_2O_2]}{dt} = -K_2J + 2K_3J + \frac{2K_3K_5J[H_2]}{K_7[H_2O_2]} + \\ + \frac{K_5K_{20}\left(\frac{2K_3J}{K_{15}}\right)^{1/2}\cdot[H_2]}{K_7} + 2K_{20}\left(\frac{2K_3J}{K_{15}}\right)^{1/2}\cdot[H_2O_2]. \qquad (2\text{–}21)$$

Bei genügend hoher H_2O_2-Konzentration kann man das dritte Glied auf der rechten Seite der Gleichung (2–21) vernachlässigen. Die übrigen Glieder sind bis auf das letzte bei konstanter H_2-Konzentration konstante Größen. Bezeichnet man alle konstanten Glieder durch K', den Koeffizient vor H_2O_2 im letzten Glied aber durch K'', so erhält man aus Gleichung (2–21)

$$-\frac{d[H_2O_2]}{d(tJ)} = K' + K''[H_2O_2]. \qquad (2\text{–}22)$$

Diese Gleichung entspricht der empirischen Gleichung für das dritte Gebiet.

Wenn man nach HART und MATHESON [2–5], annimmt, daß in der Reaktion (2–15) nicht die beiden Radikale HO_2, sondern der Komplex $H_2O_2 \cdot HO_2$ mit HO_2 reagiert, so führt eine analoge Ableitung zu folgender Gleichung:

$$-\frac{d[H_2O_2]}{d(tJ)} = K' + K''[H_2O_2]^{1/2}, \qquad (2\text{–}23)$$

die der empirischen Gleichung für das vierte Gebiet entspricht.

Wie am Anfang gezeigt wurde, besteht die Verbindung der Kinetik der H_2O_2- und H_2-Reaktion im ersten Gebiet mit der Kinetik der H_2-Ausscheidung in Lösungen von Sauerstoff in Wasser bei deren Bestrahlung mit Röntgenstrahlen darin, daß diese Prozesse einander entgegengesetzt sind. Dieser Befund gestattet es, mit den kinetischen Ergebnissen des einen Prozesses die Geschwindigkeit des anderen zu berechnen. Anders liegen die Verhältnisse bei H_2O_2-Konzentrationen, die wesentlich höher als die H_2-Konzentration sind, wobei der H_2O_2-Zerfall nicht nur nach der Reaktion mit H_2-Absorption, sondern auch nach der Reaktion mit O_2-Ausscheidung vonstatten geht. Um zu erfahren, welche Resultate für die Kinetik der H_2-Ausscheidung auf Grund der Untersuchungsergebnisse der Kinetik des H_2O_2-Zerfalls bei einer Konzentration, die wesentlich höher als die von H_2 liegt, zu erwarten sind, stellen wir die kinetische Gleichung der H_2-Absorption auf Grund der von uns für das dritte Gebiet angewandten Reaktionen auf. Anders gesagt, wir wollen die Abhängigkeit der Kinetik der H_2-Absorption von der H_2O_2-Konzentration in dem Konzentrationsgebiet klären, in dem die H_2-Ausscheidung mit dem Anwachsen der O_2- oder H_2O_2-Konzentration sinkt (Abb. 1–8 des vorigen Kapitels). Unter Anwendung der in den vorhergehenden Fällen angewandten Methode erhalten wir:

$$-\frac{d[H_2]}{dt} = -K_2J + \frac{2K_3K_5J[H_2]}{K_7[H_2O_2]} + K_5K_{20}\left(\frac{2K_3J}{K_{15}}\right)^{1/2}[H_2]. \qquad (2\text{–}24)$$

Diese Gleichung unterscheidet sich von der analogen Gleichung (2–9) für das erste Gebiet nur durch ein nicht von der Konzentration $[H_2O_2]$ abhängiges Glied und durch einen Koeffizienten im zweiten Glied des rechten Teils des Ausdrucks. Die Abhängigkeit von $[H_2O_2]$ bleibt dieselbe wie in Gleichung (2–9). Folglich muß mit dem Anwachsen der Konzentration $[H_2O_2]$ die Absorptionsgeschwindigkeit von H_2 sinken. Bei genügend hoher H_2O_2-Konzentration kann man schreiben:

$$-\frac{d[H_2]}{d(tJ)} = -K_2 + K^* \cdot [H_2], \tag{2-25}$$

wobei $K^* = K_5 K_{20} \left(\frac{2 K_3 J}{K_{15}}\right)^{1/2}$ ist.

Beim Sättigungsdruck des Wasserstoffs wird seine Ausscheidungs- und Absorptionsgeschwindigkeit gleich Null, und folglich wird dann die Gleichung (2–25) zu:

$$(p_{H_2})_S \simeq [H_2]_S = \frac{K_2}{K^*}. \tag{2-26}$$

Der Ausdruck (2–26) zeigt, daß der Sättigungsdruck mit dem Anwachsen der H_2O_2-Konzentration einen konstanten Wert erreichen muß. In Wirklichkeit geht der Sättigungsdruck mit dem Anwachsen der O_2-Konzentration und folglich auch der stationären H_2O_2-Konzentration (s. Abb. 1–8 und 1–9 des vorigen Kapitels) durch ein Maximum, wonach er langsam abnimmt. Letzteres hängt damit zusammen, daß die Geschwindigkeit der H_2-Absorption mit dem Anwachsen der H_2O_2-Konzentration wachsen muß. Eine solche Abhängigkeit aber, wie sie von uns beobachtet wurde, kann man nicht auf Grund der von uns betrachteten Reaktionen ableiten. Die Verringerung des Sättigungsdruckes des Wasserstoffs bei einer erhöhten O_2- oder H_2O_2-Konzentration hängt augenscheinlich mit dem Anwachsen der Konzentration der OH-Radikale auf Grund anderer unbekannter Reaktionen zusammen, z. B. der Reaktion des unmittelbaren Zerfalls des H_2O_2 unter der Einwirkung der Strahlung und mit der Gegenwart zufällig in der Lösung als feinste Beimengungen vorhandener Katalysatoren.

Entsprechend dem Zerfallsmechanismus des Wassers unter der Einwirkung von Röntgenstrahlen und dem Einfluß von H_2SO_4 und KOH auf diesen Prozeß muß die Anwesenheit dieser Stoffe in der Lösung ebenfalls Einfluß auf die Kinetik der Rückreaktion haben. In Abb. 2–8 sind die Ergebnisse der Untersuchung der Reaktionskinetik von H_2O_2 mit H_2 in einer H_2SO_4-Lösung im Bereich 10^{-3} bis 1 n, und in Abb. 2–9 dieselben Resultate für eine KOH-Lösung im Bereich 10^{-3} bis 10^{-1} n angeführt. Die Resultate gehören zum ersten Gebiet der H_2O_2-Konzentration.

In den 10^{-3} und 10^{-2} n H_2SO_4-Lösungen ist die Kinetik der Rückreaktion im allgemeinen dieselbe wie in einer neutralen Lösung. Beim Übergang zu 10^{-1} und 1 n Lösungen sank die Reaktionsgeschwindigkeit stark. Die Ausbeute des Zerfalls ist 0,25 und 0,04 Molekel/100 eV; sie bleibt im untersuchten H_2O_2-Konzentrationsbereich (0,25 bis $0{,}47 \cdot 10^{-3}$ molar), in den Grenzen der H_2SO_4-Konzentration, konstant. Diese Ergebnisse stützen die Vorstellung, daß H_2SO_4 die Konzentration der

Radikale im Volumen herabsetzt und bei einer Konzentration um 1 n die rückläufige Reaktion fast gänzlich unterdrückt.

In 10^{-3} bis 10^{-1} n KOH-Lösungen ist die Geschwindigkeit der Rückreaktion annähernd konstant, aber wesentlich geringer als im Wasser. Diese Resultate stehen im Einklang mit der Kinetik der Hinreaktionen, da in diesen Lösungen ein starkes Anwachsen der Wasserstoffausbeute zu beobachten ist. Die Verringerung der Geschwindigkeit der Rückreaktion in den KOH-Lösungen steht ebenfalls in voller Übereinstimmung mit der Vorstellung über die Dissoziation der HO_2 und OH-

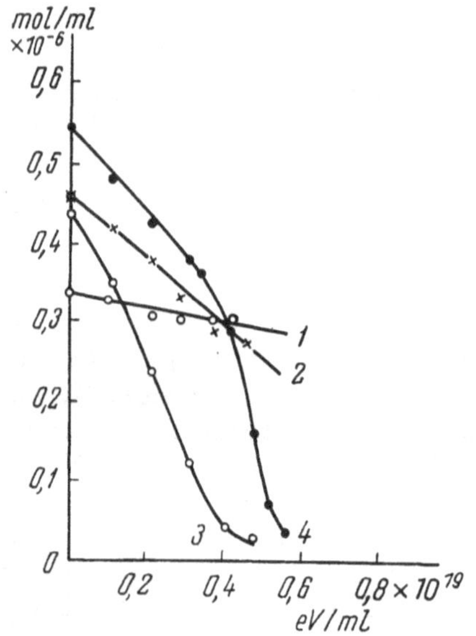

Abb. 2-8. Veränderung der H_2O_2-Konzentration in Abhängigkeit von der Strahlungsdosis bei Bestrahlung von $(H_2O_2 + H_2)$-Lösungen in Schwefelsäure bei folgenden Konzentrationen:

1: 1 n; *2*: 10^{-1} n; *3*: 10^{-2} n; *4*: 10^{-3} n

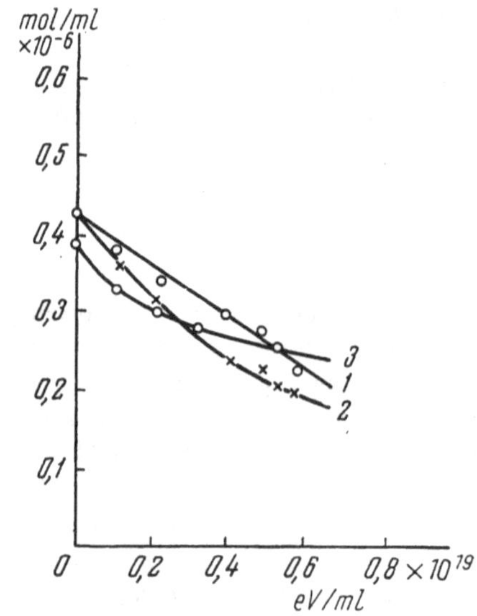

Abb. 2-9. Änderung der H_2O_2-Konzentration in Abhängigkeit von der Strahlungsdosis bei Bestrahlung der $(H_2O_2 + H_2)$-Lösungen in KOH bei folgenden Konzentrationen:

1: 10^{-1} n; *2*: 10^{-2} n; *3*: 10^{-3} n

Radikale und über die geringen Reaktionsfähigkeiten der dissoziierten Form dieser Radikale.

Der weitgehende Zusammenhang der Kinetik der Hin- und Rückreaktionen bei der Radiolyse der Sauerstoff- und Wasserstoffperoxyd-Lösungen im Wasser und ebenso in H_2SO_4- und KOH-Lösungen unter der Einwirkung von Röntgenstrahlung ist eine überzeugende Stütze des hier betrachteten Mechanismus des Wasserzerfalls selbst. Das berechtigt zu der Annahme, daß die in der Arbeit erhaltenen quantitativen Abhängigkeiten, die auf diesem Mechanismus beruhen dürften, auch für einige andere Lösungen angewandt werden können.

3. Zusammenfassung

a) Es wurde die Wechselwirkung von H_2O_2 mit H_2 in wäßriger Lösung unter der Einwirkung von Röntgenstrahlen im H_2O_2-Konzentrationsbereich von $5 \cdot 10^{-5}$ bis 1,15 molar untersucht.

b) In diesem Konzentrationsbereich wurden vier Gebiete verschiedener Kinetik festgelegt. Auf Grund angenommener Mechanismen wurden kinetische Gleichungen für jedes Gebiet abgeleitet. Für das erste Gebiet (Konzentration $\leq 0{,}5 \cdot 10^{-3}$ molar) fällt die abgeleitete Gleichung mit der von ALLEN und HOCHANADEL, für das dritte und vierte Gebiet (Konzentration $\geq 10^{-2}$ molar) mit der von HART und MATHESON zusammen. Alle vier Gleichungen fallen mit den empirischen Gleichungen zusammen, die aus den erhaltenen experimentellen Daten abgeleitet wurden.

c) Es wurde eine quantitative Beziehung der Konstanten der Gleichung für das erste Gebiet mit den Konstanten der kinetischen Gleichung der Wasserstoffausscheidung bei der Radiolyse von gelösten Sauerstoff enthaltendem Wasser festgestellt. Hierdurch ist es möglich, die Ergebnisse der Reaktion der Wechselwirkung von H_2O_2 mit H_2 zur Berechnung der Geschwindigkeit der Wasserstoffausscheidung bei der Radiolyse des Wassers bis zu den Sättigungsdrücken anzuwenden. Es wurde festgestellt, daß die Kinetik der Hin- und Rückreaktion in sauren und alkalischen Lösungen die gleiche ist.

LITERATURVERZEICHNIS

[2-1] HOCHANADEL, C. J., J. physic. Chem., **56**, 587 (1952); C. **1953**, 1302.

[2-2] ALLEN, A. O., HOCHANADEL, C. J., CHORMLEY, J. A. und DAVIS, T. W., J. physic. Chem., **56**, 575 (1952); C. **1953**, 1301.

[2-3] FRICKE, H., J. chem. Physics, **3**, 363 (1935).

[2-4] JOHNSON, E. R., J. chem. Physics, **19**, 1204 (1951); C. **1952**, 4737.

[2-5] HART, E. J. und MATHESON, M. S., Discuss. Faraday Soc., **12**, 169 (1952); C. **1954**, 2575.

3. W. I. WESSELOWSKI, Z. I. SALKIND, N. B. MILLER
und N. A. ALADSHALOWA

Der Mechanismus und die Kinetik von Redoxreaktionen in wäßrigen Lösungen unter Wirkung radioaktiver Strahlen

Das Studium der Wirkung radioaktiver Strahlung auf elektrochemische Systeme ist von großem theoretischen und praktischen Interesse. Die Lösung einer Reihe wichtiger praktischer Fragen — die Transformation der Energie der radioaktiven Strahlung in elektrochemische, die Korrosionsbeständigkeit der sich unter der Einwirkung von Strahlung befindenden Metalle und andere Probleme — fordert die Kenntnis der Änderung der elektrochemischen Parameter des Systems, die von der Bestrahlungseinwirkung herrühren. Die Änderung der elektrochemischen Parameter solcher Systeme wird möglicherweise sowohl durch Änderungen in der Lösungszusammensetzung als auch durch Änderung des Oberflächenzustandes der Elektrode hervorgerufen, was besonders für die Elektrochemie von Bedeutung ist.

In vorliegender Arbeit wurde in der Hauptsache die Wirkung der Strahlung auf elektrodenlose Redoxsysteme untersucht. Die Einwirkung der radioaktiven Strahlung auf die Elektrode wird der Gegenstand einer weiteren Untersuchung sein.

Ausgewählt wurden folgende Redoxsysteme mit hohem Oxydationspotential: das Sulfat und Perchlorat des drei- oder vierwertigen Cers, Kaliumbichromat-Chrom(III)-sulfat und Kaliumpermanganat-Mangan(II)-sulfat in sauren Lösungen. Die Auswahl gerade dieser Systeme war nicht zufällig, sondern sie erfolgte, da man erwarten konnte, daß ihr hohes Oxydationspotential die Möglichkeit des Ablaufs der Rückreaktionen zwischen den Radiolyseprodukten des Wassers ausschließt oder auf ein Minimum herabsetzt. Dies gibt die Möglichkeit, die Primärausbeute der Radiolyseprodukte zu bestimmen. Die Untersuchung der Strahlungswirkung wurde mit diesem Ziel in genügend verdünnten Lösungen durchgeführt, damit als Primärprozeß nur die Radiolyse stattfand.

Obgleich sich Arbeiten [3-1] bis [3-5] mit dem Studium der Strahlungseinwirkung auf diese Systeme beschäftigen, sind die in ihnen gebrachten Resultate nicht vollständig genug und widersprechen sich. Die Beurteilung der Ergebnisse durch die Autoren ist verschieden.

Zum Verständnis des Mechanismus der Strahlungseinwirkung auf solche Systeme hielten wir es für das wesentlichste, den Einfluß der Art des die Lösung sättigenden Gases (Luft, Wasserstoff, Sauerstoff, Stickstoff) auf die vor sich gehenden strahlungschemischen Prozesse zu untersuchen.

1. Der Aufbau und die Durchführung der Versuche

Als γ-Strahlungsquelle diente radioaktives Kobalt (^{60}Co) mit einer Aktivität von $\approx$ 80 Curie (Halbwertzeit 5,3 a, γ-Quantenenergie 1,17 und 1,34 MeV). Die Quelle befand sich in einem runden Bleicontainer mit einer Wandstärke von $\approx$ 18 cm. Das Gerät mit der zu bestrahlenden Lösung wurde eine bestimmte Zeit in den Container eingesetzt. Die Lösungen wurden nach der Bestrahlung durch oxydimetrische Titration analysiert (s. unten). Das Volumen der Lösung in allen Versuchen betrug 10 cm³. Die schematische Darstellung der von uns angewendeten Geräte zeigt Abb. 3-1. Gerät *A* wurde bei Versuchen in einer Luftatmosphäre oder in entgasten

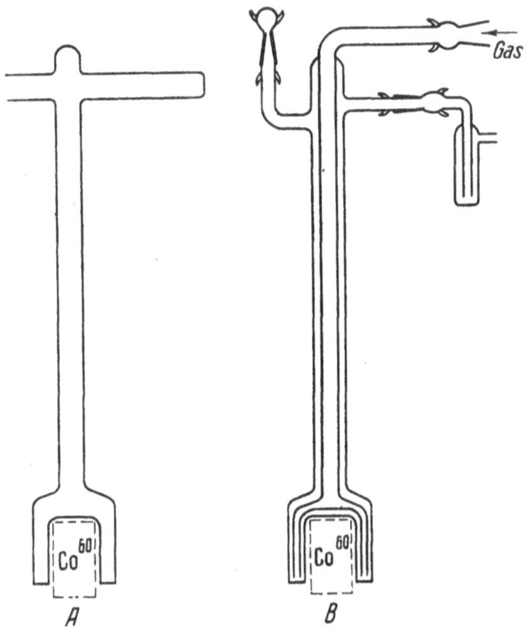

Abb. 3-1. Bestrahlungsgefäße

A: für entgaste Lösungen; *B*: für dauernde Sättigung der Lösung mit Gas. Punktiert die Strahlungsquelle

Lösungen verwendet. Im Gerät *B* wurde die Lösung bei der Bestrahlung ununterbrochen mit Sauerstoff, Stickstoff oder Wasserstoff gesättigt. Die Form der Gefäße erlaubt es, die Strahlung der Quelle maximal auszunutzen.

Bei Entgasung der Lösungen wurde das Gefäß *A* mit einem Kolben verschmolzen, der mit Lösung gefüllt und mit der Vakuumanlage verbunden war. Die Entgasung der Lösung wurde durch mehrmaliges Einfrierenlassen mit nachfolgender Absaugung der Gase über der Lösung (bis 10^{-5} Torr) mit Hilfe einer Quecksilberpumpe durchgeführt. Zwischen Pumpe und Kolben mit Lösung war zur Vermeidung von Quecksilberdämpfen eine Falle mit flüssiger Luft angebracht. Nach der Entgasung wurde die Flüssigkeit in das Gerät *A* gegossen, das dann abgeschmolzen und in den Container mit der Quelle eingesetzt wurde.

Bei Versuchen an mit Sauerstoff, Wasserstoff oder Stickstoff gesättigten Lösungen wurde das Gerät *B* durch einen Schliff mit der Gasquelle verbunden; Wasserstoff und Sauerstoff wurden durch Elektrolyse erhalten und sorgfältig gereinigt. Der Ballonstickstoff wurde zur Reinigung von Beimengungen durch eine Lösung von Natriumplumbit geleitet, über Chlorcalcium getrocknet und zur Entfernung des Sauerstoffs durch eine Schicht auf Kieselgur aufgetragenes und bis 200° erhitztes Kupfer geschickt. Alle verwendeten Gase durchliefen vor dem Einlaß in das Gerät eine Falle mit flüssiger Luft. Das Gas durchströmte die Lösung eine Stunde lang vor Beginn des Versuchs und während des ganzen Versuchs. Die in der Versuchszeit von der Lösung absorbierte Energiemenge wurde mit Hilfe einer Ferrosulfat-Dosimeterlösung bestimmt (Eisen[II]-sulfatlösung in 0,8 n H_2SO_4), welche in denselben Gefäßen und unter denselben Bestrahlungsbedingungen wie die Lösungen bestrahlt wurde. Die Konzentration des zweiwertigen Eisens in der Lösung wurde vor und nach der Bestrahlung durch potentiometrische Titration mit einer Cersulfatlösung gemessen. Die Ausgangskonzentration des zweiwertigen Eisens war $\leq 10^{-3}$ molar. Zur Berechnung der Menge der absorbierten Energie benutzten wir die Daten von HOCHANADEL [3–6], welche für die Oxydation von $Fe^{2+} \rightarrow Fe^{3+}$ eine Ausbeute von 15,5 ± 0,3 Ionen auf 100 eV absorbierter Energie erhielten.

2. Die Wirkung der γ-Strahlung auf Lösungen von Cersulfat und Cerperchlorat

Die Redoxsysteme des Cersulfats und Cerperchlorats unterscheiden sich erheblich in ihren Eigenschaften. Das normale Redoxpotential des drei- und vierwertigen Cerperchlorats beträgt 1,700 V, während das Potential des drei- und vierwertigen Cersulfats 1,48 V ist. Der Unterschied in der Potentialgröße rührt daher, daß die Cer(IV)-Ionen in den Sulfat-Ionen enthaltenden Lösungen nach Literaturangaben [3–7] stark komplex sind, was zur Verminderung der freien Cer(IV)-Ionen in der Lösung führt. Es ist deshalb sehr aufschlußreich, die Wirkung der Bestrahlung auf beide Systeme zu untersuchen.

Die Lösungen des Cer(IV)-perchlorats wurden aus chemisch reinem Cer(III)-nitrat mit Chlorsäure gewonnen. Cernitrat wurde in 30%iger Chlorsäure gelöst, und die Lösung mehrmals zur Vertreibung von Salpetersäurespuren auf kleinstes Volumen eingedampft. Die erhaltene Lösung von $Ce(ClO_3)_3$ wurde dann mit zweimal destilliertem Wasser auf die benötigte Konzentration verdünnt und an einer Platinelektrode durch anodische Polarisation zu $Ce(ClO_4)_4$ oxydiert. Die Cersulfatlösungen wurden in analoger Weise aus Cer(III)-nitrat und dreifach destillierter Schwefelsäure oder auch aus chemisch reinem, vorher getrocknetem Cer(IV)-sulfat hergestellt.

Der Gehalt an vierwertigem Cer in der Lösung wurde durch oxydimetrische Titration bestimmt. Ce(IV) wurde durch MOHRsches Salz bestimmter Konzentration reduziert, dessen Überschuß mit Permanganatlösung zurücktitriert wurde. Die Genauigkeit der Gehaltsbestimmung des vierwertigen Cers betrug 3 bis 5%.

Die Einwirkung der γ-Strahlung auf Cerperchlorat- und Cersulfatlösungen wurde in Lösungen des entsprechenden Salzes in 0,8 n Chlorsäure- oder Schwefelsäurelösungen untersucht. Die Ausgangskonzentration des vierwertigen Cers in den Lösungen war $\approx 2{,}5$ bis $3 \cdot 10^{-3}$ molar. Bei der Einwirkung von γ-Strahlen auf Lösungen des Cerperchlorats und Cersulfats geht eine Reduktion des vierwertigen in dreiwertiges Cer vor sich. Dabei beobachtet man eine lineare Abhängigkeit der Menge des reduzierten Ce(IV) von der Zeit der Einwirkung der Bestrahlung, d. h. von der Menge der absorbierten Energie. Bei genügend langer Bestrahlung wird praktisch das gesamte Ce(IV) zu Ce(III) reduziert. Im folgenden wurde die Abhängigkeit der Ausbeute der strahlungschemischen Reduktion des vierwertigen Cerperchlorats von der Art des die Lösung sättigenden Gases untersucht.

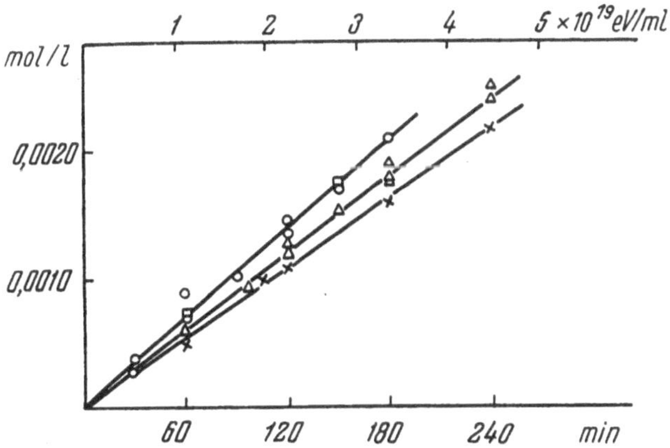

Abb. 3-2. Einfluß der gelösten Gase auf die Reaktionsausbeute der Cer(IV)-perchlorat-Reduktion

○ Wasserstoff; △ Luft; × Sauerstoff; □ Stickstoff

Die Kurven in Abb. 3-2 wurden bei der γ-Bestrahlung einer $2{,}5 \cdot 10^{-3}$ molaren Lösung von Cerperchlorat in 0,8 n Chlorsäure erhalten, die mit Wasserstoff, Stickstoff, Luft oder Sauerstoff gesättigt war. Auf der Abszisse wurde die Zeit der Bestrahlungseinwirkung in Minuten (die Menge der absorbierten Energie) aufgetragen; auf der Ordinate die Menge des reduzierten Cers in Molen pro Liter. Die von der Lösung absorbierte Energiemenge betrug bei dieser Versuchsserie $3{,}1 \cdot 10^{15}$ eV/ml · sec. Beim Vergleich der erhaltenen Kurven erkennt man, daß die Ausbeute in den mit Wasserstoff oder Stickstoff gesättigten Lösungen größer ist als in den mit Luft oder Sauerstoff gesättigten Lösungen.

Nach Literaturangaben [3-3, 3-6] könnte man erwarten, daß die Anwesenheit von gelöstem Wasserstoff die Reaktionsausbeute der Reduktion vergrößert. Der Vergleich dieser Literaturwerte mit Resultaten, die bei mit Stickstoff gesättigter und bei entgaster Lösung erhalten wurden, zeigte indessen, daß dieser Ausbeuteunterschied nur mit einer bei Anwesenheit von Sauerstoff verminderten Reaktionsausbeute der Cer-Reduktion zusammenhängt. Dies zeigt sich gut bei den Kurven in

Abb. 3–3. Die untere Kurve in dieser Abbildung bezieht sich auf Versuche in luftgesättigten Lösungen, die obere Kurve auf Versuche in entgasten Lösungen. Auf der gleichen Abbildung wurden die Punkte der Abb. 3–2, die einer wasserstoffgesättigten Lösung entsprechen, aufgetragen. Wie man aus Abb. 3–3 ersieht, liegen diese Punkte gut auf der oberen Kurve, was darauf hinweist, daß die Anwesenheit von gelöstem Wasserstoff keinen Einfluß auf die Ausbeute der Reduktionsreaktion hat. Die auf Grund der erhaltenen Daten errechneten Ausbeutewerte der Reduktion des vierwertigen Cersulfats ergaben für die entgasten Lösungen und die mit Wasserstoff und Stickstoff gesättigten Lösungen $\approx$ 4 Ionen auf 100 eV absorbierter Energie und für mit Sauerstoff gesättigte Lösungen 3,3 Ionen.

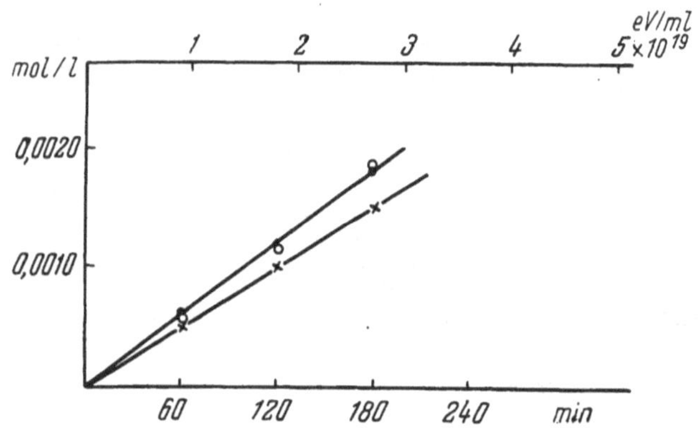

Abb. 3–3. Einfluß des gelösten Sauerstoffs auf die Reaktionsausbeute der Cer(IV)-perchlorat-Reduktion

o Lösung mit Wasserstoff gesättigt; • entgaste Lösung; × Lösung mit Luft gesättigt

Die in Abb. 3–4 gezeigten Kurven wurden bei der Einwirkung von γ-Bestrahlung auf eine $2{,}5 \cdot 10^{-3}$ n Cersulfatlösung in 0,8 n Schwefelsäure ermittelt. Diese Werte ergaben sich für luftgesättigte und entgaste Lösungen. Im Gegensatz zu den Cerperchloratlösungen waren die Ausbeuten für beide Lösungen praktisch gleich groß und ergaben ungefähr 3,6 Ionen auf 100 eV absorbierter Energie. Dieser Ausbeutewert stimmt befriedigend mit dem von HARDWICK [3–3] gefundenen überein und ist fast zweimal kleiner als der von HAISSINSKY [3–2] angegebene.

Bei der Durchführung der Versuche über die Einwirkung der γ-Bestrahlung auf Cerperchloratlösungen machte sich bei gelösten Sauerstoff enthaltenden Lösungen nach der Bestrahlung Ozongeruch bemerkbar. Es wurde deshalb ein von KONSTANTINOWA-SCHLESINGER [3–8] für die Bestimmung von Ozon in der Atmosphäre angewendetes Reagenz benutzt; dieses bestand aus einer alkoholischen Lösung von Dihydroacridin. Wie KONSTANTINOWA-SCHLESINGER zeigte, wird beim Durchleiten von Ozon durch diese Lösung das Dihydroacridin zu Acridin oxydiert, was bei Ultraviolettbestrahlung zu einer Fluoreszenz der Lösung führt. In unseren Versuchen diente als Ultraviolettquelle die Lampe ПРК-2, deren sichtbarer

Anteil durch ein Uviolfilter und eine ammonakalische Kupfervitriollösung ausgefiltert wurde. Nach dem Durchleiten der gasförmigen, sich in Gegenwart von Sauerstoff bildenden Produkte der strahlungschemischen Reaktion durch die Lösung des Dihydroacridins, fluoreszierte die Lösung bei Beleuchtung mit Ultraviolett in hellblauem Licht, was auf die Entstehung von Acridin in der Lösung hinweist. Bei Versuchen in Abwesenheit von Sauerstoff wurde keine Fluoreszenz beobachtet. Diese Versuche führen also zu der Feststellung, daß bei γ-Bestrahlung von Sauerstoff enthaltenden Cerperchloratlösungen zugleich mit der Reduktion des vierwertigen zum dreiwertigen Cer Ozonentwicklung vor sich geht. Bei Einwirkung der γ-Strahlung auf Cersulfatlösungen und auf Schwefel- und Chlorsäurelösungen

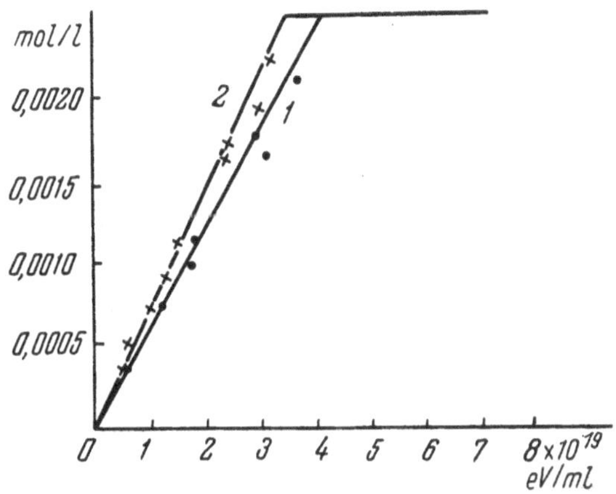

Abb. 3-4. Einfluß von Platin auf die Reaktionsausbeute der Cersulfat-Reduktion

1: ● ohne Platin: *2*: × mit Platin in Lösung

wurde keine Ozonentwicklung beobachtet. Von besonderem Interesse ist die Einwirkung der γ-Strahlung auf Lösungen von Cersulfat und Cerperchlorat bei Anwesenheit von Platin in der Lösung, das gewöhnlich als Elektrode zur Bestimmung der Größe des Redoxpotentials in diesen Lösungen benutzt wird. Wenn man von den Größen der normalen Redoxpotentiale des Cersulfats und Cerperchlorats und den diesen Potentialen entsprechenden Geschwindigkeiten der Sauerstoffabscheidung am Platin ausgeht, so könnte man erwarten, daß sogar ohne Bestrahlung die Einbringung des Platins in die Lösung zu einer Verschiebung des Redoxgleichgewichts im System führt, da ja die Sauerstoffabscheidung unter den gegebenen Bedingungen mit der Reduktion des vierwertigen in das dreiwertige Cer verbunden ist. Besonders hierzu angestellte Versuche zeigten jedoch, daß die Cersulfat- und Cerperchloratlösungen auch in Anwesenheit von Platin genügend stabil sind, was darauf beruht, daß bei Anwesenheit von Cer-Ionen in der Lösung die Überspannung des Sauerstoffs am Platin ansteigt, wie aus den in Abb. 3–5 und 3–6 gebrachten Kurven der Überspannung hervorgeht.

Kurve *2* in Abb. 3-4 zeigt die Abhängigkeit der durch die Bestrahlung reduzierten Ce(IV)-Menge von der absorbierten Energie bei Anwesenheit von Platin (es wurden ≈ 2 g Platin mit ≈ 20 cm^2 Oberfläche zugesetzt). Wie ein Vergleich der Kurven *1* und *2* zeigt, wächst die Ausbeute der Ce(IV)-Reduktion in Gegenwart von Platin um ungefähr 15 %. Etwa in gleichem Maße wächst die Ausbeute der Ce(IV)-

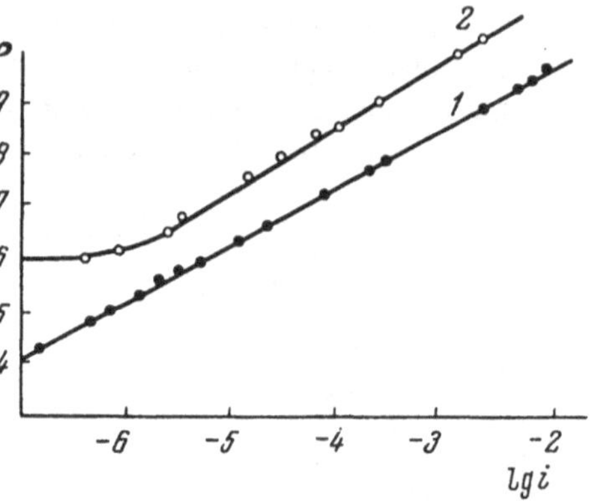

Abb. 3-5. Polarisationskurven einer Platinelektrode
1: in 0,8 n H_2SO_4 und *2*: in 0,8 n H_2SO_4 + 0,1 molarem $Ce(So_4)_2$. *i*: Stromdichte; *φ*: Elektrodenpotential

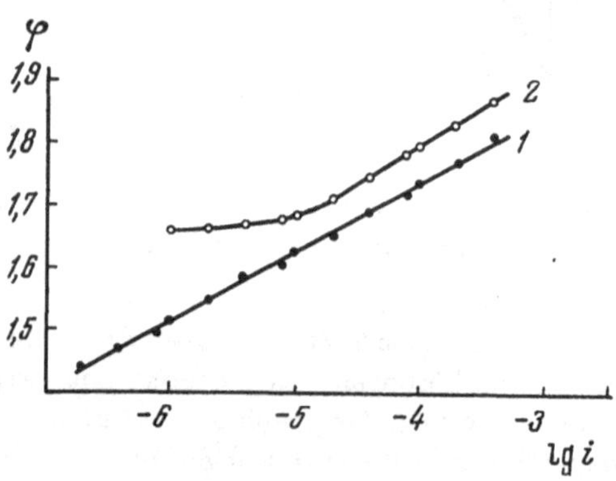

Abb. 3-6. Polarisationskurven einer Platinelektrode
1: in 0,8 n $HClO_4$; *2*: in 0,8 n $HClO_4$ + 0,8 molarer $Ce(ClO_4)_4$. *i*: Stromdichte; *φ*: Elektrodenpotential

Reduktion in Lösungen von Cerperchlorat, wenn man den Prozeß in Gegenwart von Platin durchführt. Entsprechende Ergebnisse zeigt Abb. 3-7. Kurve *1* wurde für luftgesättigte Lösungen von Cerperchlorat in Abwesenheit von Platin erhalten, die Kurven *2* und *3* für die gleiche Lösung in Gegenwart von Platin, wobei dessen Menge in den Versuchen der Kurve *3* zweimal größer war als in den Versuchen der Kurve *2*. Der Vergleich der Kurven *2* und *3* mit Kurve *1* zeigt vor allem, daß die Kurven *2* und *3* nicht durch den Koordinatenanfang gehen, sondern auf der Ordinate Abschnitte bilden, deren Größe von der Menge des Platins in der Lösung abhängt

(Kurve *2* und *3*) und mit der Abnahme der Ce(IV)-Konzentration bei der Zugabe von Platin zu der Lösung ohne Strahlungseinwirkung (siehe Kurve *4*) übereinstimmt. Diese Konzentrationsabnahme des vierwertigen Cers hängt höchstwahrscheinlich mit der Entladung der Platinoberfläche bis zum Potential des gegebenen Redoxsystems (1,730) auf Kosten des Übergangs $Ce^{4+} \rightarrow Ce^{3+}$ zusammen. Die unter Zugrundelegung der Kurven für die Platinelektrode durchgeführte Berechnung zeigte, daß die zur Beladung der Platinelektrode nötige Elektrizitätsmenge bei der gegebenen Größe der Oberfläche größenordnungsmäßig mit der Menge des reduzierten Ce(IV) übereinstimmt. Korrigiert man bei den Kurven *2* und 3 die Reduktion wegen der Beladung des Platins, dann fällt die erhaltene Kurve (punktiert) nicht mit Kurve *1* zusammen. Die Reduktionsausbeute des vierwertigen Cers dieser punktierten Kurve ist etwa 15 % größer als für Kurve *1*. Diese Ausbeute-

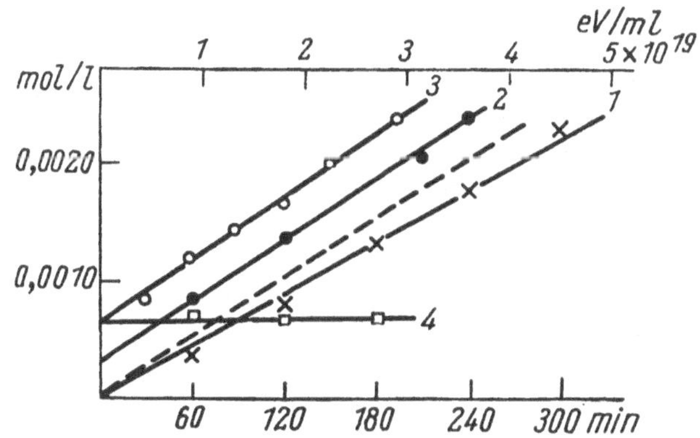

Abb. 3-7. Einfluß von Platin auf die Reaktionsausbeute der Cer(IV)-perchlorat-Reduktion
1: × ohne pT; *2* u. *3*: ● ○ mit Pt; *4*: □ mit Pt ohne Bestrahlung

erhöhung könnte durch eine höhere Absorption der γ-Strahlung entstanden sein. Bei Anwesenheit von Platin könnte die von diesem absorbierte γ-Strahlung im gewissen Umfang Elektronen liefern, welche die Reduktionsausbeute des Cers erhöhen. Das Gewicht des eingebrachten Platins betrug 1,1 g (Oberfläche $\approx$ 35 cm^2), d. h. ungefähr 10 % des Gewichtes der Lösung, so daß durch die Erhöhung der Absorption allein der beobachtete Effekt der Ausbeutezunahme schwer zu erklären ist. Sehr wahrscheinlich hängt dieser Effekt mit der Verkleinerung der Überspannung durch Sauerstoffausscheidung am Platin bei Bestrahlungseinwirkung — wie schon oben gezeigt — zusammen. Dies sollte ja zur Verschiebung des Gleichgewichtes in dem System auf die Seite der Cer(III)-Bildung führen. Die Erniedrigung der Überspannung ist vielleicht hervorgerufen durch Einwirkung der Bestrahlung auf eine Oxydschicht auf dem Platin, analog der von einem von uns [3-9] untersuchten Einwirkung der optischen Bestrahlung auf eine anodisch polarisierte Platinelektrode. Die Wirkung radioaktiver Bestrahlung von Oxydschichten auf Metallen, die als Elektroden dienen, ist von großem Interesse und Gegenstand der weiteren Untersuchung.

3. Der Mechanismus der strahlungschemischen Reduktion der Cer-Ionen

Wie schon bemerkt, waren die Versuchsbedingungen derart, daß eine unmittelbare Strahlungseinwirkung auf die gelösten Stoffe praktisch ausgeschlossen war. Die Reduktion der Cer-Ionen erfolgte daher als Sekundärprozeß der Wechselwirkung mit den Primärprodukten der Wasserradiolyse. Nach Literaturangaben kann man als sicher annehmen, daß die wesentlichen Produkte der Wasserradiolyse die Radikale H und OH und die molekularen Produkte H_2 und H_2O_2 sind. Das entstandene Wasserstoffperoxyd führt durch Wechselwirkung mit den Cer(IV)-Ionen zweifellos zu deren Reduktion. Indessen ist die Reduktionsausbeute des Cersulfats und des Cerperchlorats erheblich größer als die Wasserstoffperoxyd-Ausbeute bei Einwirkung von γ-Strahlen, die von verschiedenen Autoren [3–11] bestimmt wurde. Der Prozeß der Reduktion der Ce(IV)-Ionen geht also im wesentlichen auf die Rechnung der bei der Radiolyse gebildeten Radikale.

Es gibt eine Reihe von Arbeiten, die sich mit der Einwirkung von γ- und Röntgenstrahlung auf Cersulfatlösungen beschäftigen, und es finden sich auch Hinweise auf die Einwirkung von γ-Bestrahlung auf Lösungen von Cerperchlorat [3–12, 3–13]. Ein ausführlicher Überblick über die Ergebnisse verschiedener Forscher findet sich in einer Veröffentlichung von Hardwick [3–13], in der auch die möglichen Ursachen der auseinandergehenden Ergebnisse einiger Autoren erörtert wurden. Hardwick nimmt an, daß die Reduktionsausbeute des Cer(IV)-sulfats von der Größe der Anfangsenergie der ionisierenden Elektronen abhängt. Bei Energien unter 50 keV wächst die Reduktionsausbeute des Cer(IV), womit auch die erhöhten Ausbeuten bei Versuchen von Clark und Coe [3–1] bzw. Haissinsky [3–2] erklärt werden. Die in der Literatur angegebenen Ausbeuten schwanken von 3,2 bis 5,5 Ionen Ce(IV) auf 100 eV Energie; es wurden auch verschiedene Reduktionsmechanismen des Ce(IV) vorgeschlagen.

Nach Haissinsky verläuft die Reduktion über die Radikale OH nach folgendem Schema:

$$Ce^{4+} + OH + H_2O \rightarrow Ce^{3+} + H_2O_2 + H^+ \qquad (3\text{–}1)$$

$$2Ce^{4+} + H_2O_2 \rightarrow 2Ce^{3+} + O_2 + 2H^+. \qquad (3\text{–}2)$$

Hardwick kommt auf Grund seiner Versuchsergebnisse zu der Auffassung, daß die Ce(IV)-Reduktion über H-Radikale geht:

$$Ce^{4+} + H \rightarrow Ce^{3+} + H^+. \qquad (3\text{–}3)$$

Entsprechende Meinungen finden sich auch bei anderen Autoren [3–12]. In seiner letzten Arbeit kommt Sworski [3–14] zur Schlußfolgerung, daß die Cer-Ionenreduktion über eine Wasserstoffperoxyd-Entwicklung geht.

Wie oben gezeigt wurde, kommen die in der vorliegenden Arbeit erhaltenen Ausbeuten den Ergebnissen von Hardwick nahe. Die von uns gefundene Abhängigkeit der Ausbeuten von der Art der sättigenden Gase ließe sich vielleicht mit der Annahme erklären, daß die Cer(IV)-Reduktion durch die H-Radikale erfolgt. Wäre die Reduktion durch OH-Radikale verursacht, was weniger wahrscheinlich ist, dann sollte die Ausbeute der Cer(IV)-Reduktion bei Gegenwart von Sauerstoff in der Lösung zunehmen. In der Tat ist bekannt, daß die H-Radikale mit Sauerstoff unter Bildung von HO_2-Radikalen in Wechselwirkung treten, die ihrerseits durch weitere Wechselwirkung mit Wasser oder H-Radikalen Wasserstoffperoxyd bilden können, das auf Cer(IV) als Reduktionsmittel wirkt oder auch direkt mit Ce(IV) reagiert nach der Reaktion

$$Ce^{4+} + HO_2 \rightarrow Ce^{3+} + H^+ + O_2 . \qquad (3\text{-}4)$$

Wie aus den obigen experimentellen Resultaten ersichtlich ist, erhöht die Gegenwart von Sauerstoff jedoch nicht nur die Ausbeute der Cerperchlorat-Reduktion nicht, sondern vermindert sie sogar etwas. Die Ausbeuteverminderung der Reduktion in Anwesenheit von Sauerstoff könnte mit zwei Umständen zusammenhängen. Ein Teil der H-Radikale kann mit Sauerstoff reagieren und über die HO_2-Radikale Wasserstoffperoxyd bilden, das teilweise in bekannter Weise [3–14] Cerperchlorat reduziert und sich zum anderen Teil unter Sauerstoffausscheidung katalytisch zersetzt. Der zweite Grund für die geringe Ausbeute in Gegenwart von Sauerstoff könnte die Wechselwirkung der Cer(III)-Ionen mit Ozon sein, das sich bei der Reaktion bildet.

Es muß darauf hingewiesen werden, daß wir, abweichend von HARDWICK [3–3], eine Verdoppelung der Ausbeute der Reduktionsreaktion bei Anwesenheit von Wasserstoff in der Lösung, dessen Gegenwart nach Meinung dieses Autors mit der Reaktion $H_2 + OH \rightarrow H_2O + H$ verknüpft ist, nicht beobachtet haben. Es ist möglich, daß der von HARDWICK benutzte Wasserstoff Sauerstoff als Beimischung enthielt; dies könnte, nach Ergebnissen von HOCHANADEL [3–6] zu urteilen, zur Entstehung von Wasserstoffperoxyd und damit zu der beobachteten Erhöhung der Ausbeute der Cer-Ionenreduktion führen.

4. Die Einwirkung von γ-Bestrahlung auf Kaliumbichromatlösungen

Untersucht wurde die Einwirkung von γ-Strahlen auf $3 \cdot 10^{-3}$ n Kaliumbichromatlösungen in 0,8 n Schwefelsäure. Die Lösungen wurden aus umkristallisiertem, chemisch reinem Kaliumbichromat und dreifach destillierter Schwefelsäure bereitet. Der Gehalt an Bichromat-Ionen in der Lösung wurde durch jodometrische Titration bestimmt. Die Genauigkeit der Bestimmung lag bei 3 bis 5%.

Die Versuche wurden in entgasten und in mit Luft, Wasserstoff und Sauerstoff gesättigten Lösungen durchgeführt.

Unter der Einwirkung der γ-Bestrahlung auf die Kaliumbichromat-Lösungen erfolgt Reduktion des Bichromat-Ions zum Cer(III)-Ion. Die Abhängigkeit der Menge des reduzierten Kaliumbichromats von der Dauer der Bestrahlung zeigen die Kurven der Abb. 3–8. Für die mit Sauerstoff und Luft gesättigten und die entgasten Lösungen beobachtet man eine lineare Abhängigkeit der Menge des reduzierten Bichromats von der Dauer der Bestrahlung. Die Ausbeuten der Reduktion der Bichromat-Ionen sind, wie aus den Kurven ersichtlich ist, für mit Luft gesättigte und entgaste Lösungen gleich. Die aus den Werten für die luftgesättigten und die entgasten Lösungen berechnete Ausbeute beträgt 0,8 Ionen auf 100 eV beim Übergang $Cr^{6+} \rightarrow Cr^{3+}$ oder 2,4 Äquivalente. Bei der Bestrahlung von gelösten Sauerstoff enthaltenden Kaliumbichromatlösungen beobachtet man Ozonentwicklung. Die Gegenwart von Ozon in den Reaktionsprodukten wurde mittels Dihydroacridin — wie oben beschrieben — nachgewiesen.

In mit Wasserstoff gesättigten Lösungen wird keine lineare Abhängigkeit der Menge des reduzierten Bichromats von der Dauer der Bestrahlung beobachtet. In den ersten zwei Stunden (Dosis $\leq 1{,}6 \cdot 10^{19}$ eV/ml) ist die Reduktionsausbeute des Bichromats ungefähr anderthalbmal größer als in luftgesättigten Lösungen. Bei

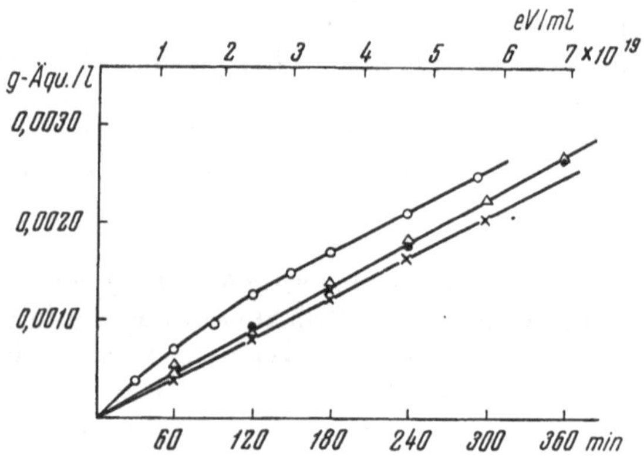

Abb. 3-8. Einfluß der gelösten Gase auf die Reaktionsausbeute der Kaliumbichromat-Reduktion

○ Wasserstoff; △ Luft; ● entgaste Lösung; × Sauerstoff

weiterer Bestrahlung vermindert sich die Ausbeute und wird die gleiche wie bei luftgesättigten Lösungen. Der Grund für diesen Kurvenverlauf ist unklar.

Der von uns erhaltene Ausbeutewert der Reduktion der Bichromat-Ionen stimmt nicht mit den von anderen Autoren gefundenen Werten überein.

Nach FRICKE und BROWNSCOMBE [3-4], welche die Reduktion von Bichromat unter der Einwirkung von Röntgenstrahlen untersuchten, beträgt die Ausbeute 3,8, nach HAISSINSKY und Mitarbeitern unter den gleichen Bedingungen 3,9 Äquivalente auf 100 eV. FRICKE und BROWNSCOMBE nahmen als Mechanismus für die Reduktion der Bichromat-Ionen die Teilnahme von gebildetem Wasserstoffperoxyd an, welches mit den Bichromat-Ionen in Wechselwirkung tritt. Dieser Mechanismus ist wenig wahrscheinlich, da die Ausbeute an Wasserstoffperoxyd in Anwesenheit von Sauerstoff sehr gering ist und nur etwa 0,7 bis 0,8 Ionen auf 100 eV beträgt.

Nach HAISSINSKY und Mitarbeitern soll die $Cr_2O_7^{=}$-Reduktion durch Hydroxyl-Radikale, die bei der Strahlungseinwirkung auf Wasser entstehen, erfolgen:

$$Cr_2O_7^{2-} + 6OH + 8H^+ \rightarrow 2Cr^{3+} + 3O_2 + 7H_2O. \qquad (3-5)$$

Dieser Mechanismus entspräche dem der Reduktion von Cersulfat. Es muß darauf hingewiesen werden, daß in diesem Falle die reduzierende Wirkung der OH-Radikale noch unwahrscheinlicher ist, da das Potential des Systems Cr^{6+}/Cr^{3+} 1,360 V beträgt, d. h. Kaliumbichromat ist ein schwächeres Oxydationsmittel als Cersulfat oder Cerperchlorat.

Aus den oben bei der Analyse der strahlungschemischen Reduktion der Cersalze angeführten Gründen nehmen wir an, daß der Prozeß der Bichromat-Ionen-Reduktion über H-Radikale geht. Als Bruttoreaktion dieses Prozesses kann man die folgende aufstellen:

$$Cr_2O_7^{2-} + 6H + 8H^+ \rightarrow 2Cr^{3+} + 7H_2O. \qquad (3\text{-}6)$$

Die Reduktion verläuft wahrscheinlich über eine Reihe aufeinanderfolgender Stufen von Zwischenprodukten, die sowohl mit H-Radikalen wie auch mit OH-Radikalen reagieren können. Es ist möglich, daß in einigen Stufen der Reduktionsreaktion eine Oxydation der Zwischenprodukte der OH-Radikale vor sich geht, welche zur Verminderung der Ausbeute der Bichromat-Ionen-Reduktion führt.

5. Die Einwirkung von γ-Bestrahlung auf Kaliumpermanganatlösungen

Dieses System ist ein ziemlich kompliziertes Untersuchungsobjekt, da Mangan, mit seiner wechselnden Wertigkeit, je nach den Reduktionsbedingungen bis zu verschiedenen Oxydationsstufen reduziert werden kann. Es ist anzunehmen, daß der Übergang von der höchstoxydierten Form in die des zweiwertigen Mangans nicht direkt durch gleichzeitigen Übergang von fünf Elektronen, sondern über Oxydationszwischenstufen erfolgt. In der Literatur gibt es einen Hinweis, daß die strahlungschemische Reduktion des siebenwertigen Mangans über Mangandioxyd als Zwischenstufe vor sich geht, wobei die Reduktionsstufe vom p_H-Wert der Lösung abhängt. Im Zusammenhang damit wurde die Reduktionsreaktion des Kaliumpermanganats unter der Einwirkung von γ-Bestrahlung bei verschiedenen Säurekonzentrationen in Lösungen von 0,0025 n $KMnO_4$ in 0,8 und 2 n H_2SO_4 untersucht. Gleichzeitig damit wurde der Einfluß der Gasatmosphäre untersucht. Die Versuche wurden in Gegenwart von Luft, Sauerstoff und Wasserstoff und auch in entgasten Lösungen (im Vakuum) durchgeführt. Die Kaliumpermanganatlösung wurde aus chemisch reinem $KMnO_4$ und dreimal destillierter Schwefelsäure hergestellt; letztere wurde mit zweifach destilliertem Wasser verdünnt. Zur analytischen Bestimmung diente die Methode der oxydimetrischen Titration mit zweiwertigem Eisen (MOHRsches Salz); der Überschuß wurde mit Permanganat zurücktitriert.

Die Untersuchung der Reduktionsreaktion von 0,0025 n $KMnO_4$ in 0,8 n H_2SO_4 ergab, daß die Reduktion des siebenwertigen Mangans bei diesen Bedingungen gleichzeitig bis zum MnO_2 und $MnSO_4$ führt. In Lösungen mit einer Säurekonzentration ≥ 2 n wurde die Bildung von MnO_2 nicht beobachtet; die Reduktion geht bis zum $MnSO_4$. Es ist indessen möglich, daß bei geringerem p_H-Wert die Reduktionsgeschwindigkeit des sich anfangs bildenden Mangandioxyds beträchtlich größer ist, so daß es nicht gelingt, diesen Zwischenübergang festzustellen. Diese Frage wurde nicht weiter untersucht.

In Abb. 3–9 sind die Daten für die Reduktion von 0,0025 n $KMnO_4$ in 0,8 n H_2SO_4 wiedergegeben. Angegeben sind in den Koordinaten die Bestrahlungszeit der Lösungen und die Menge des reduzierten $KMnO_4$ (Grammäquivalent pro Liter). Die Abbildung zeigt außerdem den Verlauf der $KMnO_4$-Reduktion in luft- und wasserstoffgesättigten sowie in entgasten Lösungen (Vakuum). Wie aus der Abbildung ersichtlich ist, wird in allen geprüften Fällen (Wasserstoff-, Sauerstoff-, Luft-Atmosphäre, ent-

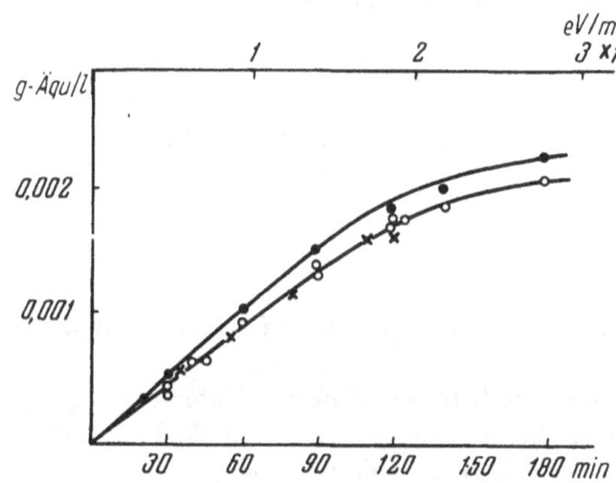

Abb. 3–9. Einfluß der gelösten Gase auf die Reaktionsausbeute der Kaliumpermanganat-Reduktion in 0,8 n H_2SO_4

o Luft; • Wasserstoff; × entgaste Lösung

gaste Lösung) eine Proportionalität der Reduktion bis zu einer gewissen Grenze (absorbierte Energie $\leq 1{,}4 \cdot 10^{20}$ eV) beobachtet, wonach die Proportionalität aufhört und eine Verminderung der Reaktionsgeschwindigkeit eintritt.

Abb. 3–10 zeigt die Verhältnisse für eine 0,0025 n $KMnO_4$-Lösung in 2 n H_2SO_4. In diesem Falle bleibt, wie aus der Abbildung folgt, die lineare Abhängigkeit bis zum Ende der Bestrahlung erhalten. Den Unterschied im Reduktionsprozeß für Lösungen mit verschiedenen Säurekonzentrationen kann man durch die Annahme erklären, daß das in der 0,8 n H_2SO_4-Lösung sich abscheidende MnO_2 eine andere, augenscheinlich geringere Reduktionsgeschwindigkeit hat, was auch zur Abweichung von der Proportionalität führt. In stärker sauren Lösungen wird eine Bildung des MnO_2-Niederschlags nicht beobachtet und in Übereinstimmung damit der lineare Verlauf der Kurve bis zum Ende erhalten.

Aus den Abb. 3–9 und 3–10 folgt weiter, daß Entfernung der gelösten Luft keinen Einfluß auf die Reaktionsgeschwindigkeit hat; bei Sättigung der Lösung mit gasförmigem Sauerstoff ist dagegen eine gewisse Tendenz zur Verminderung der Reduktionsgeschwindigkeit zu bemerken. Im Gegensatz dazu wird in Wasserstoffatmosphäre eine geringe Erhöhung der Geschwindigkeit beobachtet. Die Analyse dieser Beobachtungen führt zu dem Schluß, daß die Reduktion des Kaliumpermanganats, wie im Falle des Kaliumbichromats, durch H-Radikale vonstatten geht, die sich bei der Radiolyse des Wassers unter dem Einfluß der γ-Strahlung bilden.

Die aus diesen Angaben für die Luftatmosphäre in 2 n H_2SO_4 berechnete Reaktionsausbeute beträgt 1 Ion auf 100 eV absorbierter Energie oder 5 Äquivalente auf 100 eV. In Wasserstoffatmosphäre ist die Ausbeute etwas höher und beträgt 5,5 Äquivalente auf 100 eV; in Sauerstoffatmosphäre liegt sie entsprechend niedriger und beträgt ungefähr 4,3 Äquivalente auf 100 eV.

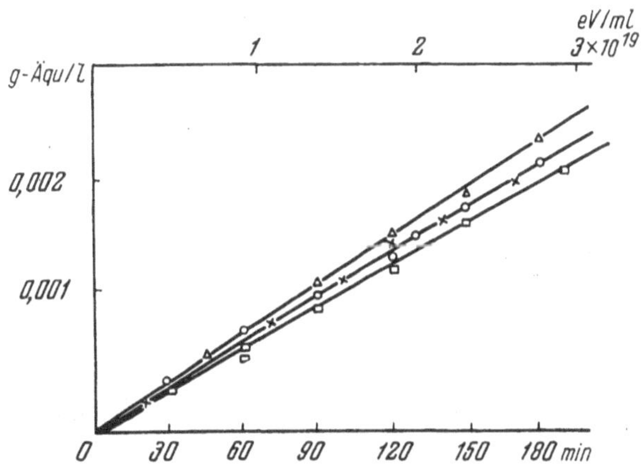

Abb. 3-10. Einfluß der gelösten Gase auf die Reaktionsausbeute der Kaliumpermanganat-Reduktion in 2 n H_2SO_4

△ Wasserstoff; ○ Luft; □ Sauerstoff; × entgaste Lösung

Hierzu ist noch zu bemerken, daß nach CLARK und COE [3-1] die Ausbeute dieser Reaktion unter Einwirkung von Röntgenstrahlen wesentlich höher ist und $\approx$ 12,5 Äquivalente auf 100 eV beträgt. Der Unterschied läßt sich aus dem Unterschied in der Teilchenenergie der verwandten Quellen erklären.

6. Zusammenfassung

Die Untersuchung über die Einwirkung von γ-Strahlung auf die Redoxsysteme Cersulfat und Cerperchlorat, Kaliumbichromat und Kaliumpermanganat, die ein hohes Oxydationspotential aufweisen, zeigte, daß bei Einwirkung von γ-Strahlung eine Verschiebung des Redoxgleichgewichtes nach der Seite der Bildung reduzierter Formen vor sich geht. Bei lang andauernder Strahlungseinwirkung geht die gesamte oxydierte Form in die reduzierte über, d. h., es stellt sich kein Gleichgewicht zwischen dem Redoxsystem und den Radiolyseprodukten des Wassers ein. Die Resultate über die Abhängigkeit der Ausbeuten der Reduktionsreaktionen von der Art der die Lösung sättigenden Gase lassen den Schluß zu, daß in allen untersuchten

Systemen die Reduktion durch H-Radikale vonstatten geht, die sich im Prozeß der Radiolyse des Wassers bilden.

In Tabelle 3-1 sind die Ausbeuten in luftgesättigten Lösungen für alle untersuchten Systeme und ihre Normal-Redoxpotentiale angeführt.

Tabelle 3-1

System	Normal-Redox-Potential	Ausbeute in Äquivalent/100 eV	Bemerkung
$Ce(ClO_4)_4/Ce(ClO_4)_3$ . . .	1,70	3,3	Ozonentwicklung
$Ce(ClO_4)_4/Ce(ClO_4)_3$ . . .	—	4,0 *)	—
$Ce(SO_4)_2/Ce_2(SO_4)_3$ . . .	1,44	3,6	—
$K_2Cr_2O_7/Cr_2(SO_4)_3$ . . .	1,36	2,5	Ozonentwicklung
$KMnO_4/MnSO_4$	1,51	5,0	—

*) Für nichtangesäuerte Lösung.

Aus der Tabelle ist ersichtlich, daß keine direkte Abhängigkeit zwischen den Potentialen des Systems und der Reaktionsausbeute der strahlungschemischen Reduktion besteht.

In zwei der von uns untersuchten Systeme wurde in sauerstoffhaltigen Lösungen die Bildung von Ozon beobachtet. Die Bildung des Ozons in diesen Systemen und seine Abwesenheit in den beiden anderen ist, wie aus der Tabelle ersichtlich ist, nicht von dem Wert des Redoxpotentials abhängig. Wahrscheinlich hängt sie mit anderen Eigenschaften dieser Systeme zusammen, und zwar mit der Fähigkeit der Bichromat-Ionen und des Cerperchlorats, Peroxydverbindungen zu bilden, jedoch erfordert diese Annahme noch zusätzliche Beweise. Die Tatsache der Ozonbildung in Lösungen unter Strahlungseinwirkung selbst hilft zweifellos bei der weiteren Untersuchung, nähere Aufschlüsse über den Mechanismus der strahlungschemischen Reaktionen zu gewinnen.

LITERATURVERZEICHNIS

[3-1] CLARK, G. Z. und COE, W. S., J. chem. Physics, **5**, 97 (1937).

[3-2] HAISSINSKY, M., LEFORT, M. und LE BAIL, H., J. Chim. physique, Physico-Chim. biol., **48**, 208 (1951); C. **1953**, 982.

LEFORT, M. und HAISSINSKY, M., J. Chim. physique, Physico-Chim. biol., **48**, 368 (1951); C. **1953**, 4340.

[3-3] HARDWICK, T. J., Canad. J. Chem., **30**, 23 (1952); C. **1954**, 9474.

[3-4] FRICKE, H. und BROWNSCOMBE, E., J. Amer. chem. Soc., **55**, 2358 (1933).

[3-5] LEFORT, M., RADHAKRISHNA, P. und HAISSINSKY, M., J. Chim. physique, Physico-Chim. biol., **48**, 485 (1951); C. **1953**, 1452.

[3-6] HOCHANADEL, C. J., J. physic. Chem., **56**, 587 (1952); C. **1953**, 1302.

[3-7] Hardwick, T. J. und Robertson, E., Canad. J. Chem., **29**, 828 (1951); C. **1952**, 4272.

[3-8] Константинова-Шлезингер, М. А. (Konstantinowa-Schlesinger, M. A.), Acta physicochim. URSS, **3**, 435 (1935).

[3-9] Гинзбург В. И. и Веселовский В. И., Журнал физической Химии. (Ginsburg, W. I. und Wesselowski, W. I.), J. physik. Chem., **24**, 366 (1950); C. **1951 II**, 3416.

[3-10] Weiss, J. und Porret, D., Nature (London), **139**, 1019 (1937).
Heidt, L. J. und Smith, M. E., J. Amer. chem. Soc., **70**, 2476 (1948).

[3-11] Allen, A. O., Ann. Rev. of Phys. Chem., **3**, 57 (1952).

[3-12] Stein, G., Discuss. Faraday Soc., Nr. 12, 227 (1952); C. **1954**, 2595.

[3-13] Hardwick, T. J., Discuss. Faraday Soc., Nr. 12, 203 (1952); C. **1954**, 2575.

[3-14] Sworski, J., J. chem. Physics, **21**, 375 (1953); C. **1954**, 266.

[3-15] Baer, S. und Stein, G., J. chem. Soc. (London), **1953**, 3176; C. **1954**, 3884.

4. W. I. WESSELOWSKI, N. B. MILLER und D. M. SCHUB

Die Gesetzmäßigkeiten der strahlungschemischen, homogenen und heterogenen Bildung von Wasserstoffperoxyd

In der Strahlungschemie beschäftigt sich eine bedeutende Anzahl von Arbeiten mit Reaktionen, die unter Einwirkung von ionisierender Strahlung auf Wasser und wäßrige Lösungen verlaufen. Beim Studium der strahlungschemischen Prozesse nimmt in solchen Systemen die Frage über den Nutzeffekt der Bildungs- und Zerfallsreaktionen der Produkte der Radiolyse einen zentralen Platz ein. Die hauptsächlichsten molekularen Produkte bei der Radiolyse des Wassers und wäßriger Lösungen sind bekanntlich Wasserstoff und Wasserstoffperoxyd [4-1, 4-2]. Verständlicherweise bietet die Erforschung der Bildungsreaktionen dieser Produkte, besonders des Wasserstoffperoxyds insofern ein besonderes Interesse, als Wasserstoffperoxyd selbst einen Einfluß auf den Verlauf strahlungschemischer Prozesse ausüben kann.

Zweck der vorliegenden Arbeit war die Untersuchung der Bildungsreaktion von Wasserstoffperoxyd unter der Einwirkung von γ-Bestrahlung mit dem Ziel, die Bedingungen für eine Ausbeuteerhöhung dieses Produktes aufzufinden, als ein Teil der allgemeinen Aufgabe, die mit der wichtigen Frage der Erhöhung des Nutzeffekts bei der Ausnutzung der Strahlungsenergie zu chemischen Zwecken zusammenhängt.

Bekanntlich ist die Ausbeute an Wasserstoffperoxyd unter der Einwirkung von γ-Bestrahlung sehr gering; die gemessenen Gleichgewichtskonzentrationen des Wasserstoffperoxyds bleiben in reinem Wasser unterhalb 10^{18} Molekeln auf 1 Liter [4-2]. Man nimmt an, daß die rückläufigen Reaktionen zwischen den Produkten der Radiolyse des Wassers und den freien Radikalen die Hauptursache für die geringe Ausbeute an Wasserstoffperoxyd sind. Im Zusammenhang damit verbindet man im allgemeinen die Möglichkeit der Erhöhung der stationären Konzentrationen der Zerfallsprodukte des Wassers mit der Möglichkeit, Bedingungen für eine Drosselung der rückläufigen Reaktion zu schaffen. Der übliche Weg zur Realisierung eines solchen Prozesses ist die Anwendung wäßriger Lösungen, in denen einzelne Komponenten die Eigenschaft besitzen, freie Radikale auf Grund einer Redoxreaktion zu binden.

Wir waren der Ansicht, daß eine Erhöhung des Nutzeffekts der γ-Bestrahlung bezüglich des Wasserstoffperoxyds auf andere Weise erreicht werden kann. Einer davon kann in der Anwendung einer geeigneten chemischen Reaktion erblickt werden, die die Trennung der Radiolyseprodukte des Wassers durch Entfernen einer oxydierenden oder reduzierenden Komponente aus der Reaktionszone ermöglicht. Ein Beispiel einer solchen Reaktion ist die Bildung eines schwerlöslichen Niederschlags von Bariumperoxyd-Wasserstoffperoxyd der Zusammensetzung $BaO_2 \cdot 2H_2O_2$, der sich leicht bei Einwirkung von Wasserstoffperoxyd auf schwach alkalische Lösungen von Bariumsalzen oder von Bariumhydroxyd bildet [4-3].

Die Anwendung dieser Reaktion in der vorliegenden Arbeit bot eine außerordentlich einfache und bequeme Methode zur Verminderung der Rolle der rückläufigen Reaktionen und damit zur Trennung der Radiolysekomponenten des Wassers, und zwar in einem kontinuierlich zu führenden Prozeß.

Ein zweiter Weg bestand in der Untersuchung der sensibilisierten Zinkoxydreaktion der Oxydation des Wassers und der Reduktion des Sauerstoffs unter der Einwirkung der γ-Strahlung.

Die Ergebnisse der photoelektrochemischen Untersuchungen in unserem Laboratorium [4-4] zeigten, daß bei Einwirkung von optischer Strahlung auf eine wäßrige Zinkoxyd-Suspension in Anwesenheit von Sauerstoff eine durch Zinkoxyd photosensibilisierte Reaktion einer Oxydation des Wassers und Reduktion des Sauerstoffs unter gleichzeitiger Bildung bedeutender Mengen Wasserstoffperoxyd vor sich geht. Der Reaktionsmechanismus ist auf eine Anregung von Halbleiterelektronen durch optische Strahlung zurückzuführen, die an der Phasengrenze des Zinkoxyds gegen eine Lösung mit adsorbierten Sauerstoffmolekeln aufgenommen werden und nun ihrerseits durch Reaktion mit Wasser Wasserstoffperoxyd bilden. Auf Grund der photoelektrochemischen Ergebnisse war zu erwarten, daß bei Einwirkung von γ-Strahlung auf eine Zinkoxyd-Suspension eine analoge, sensibilisierte ZnO-Reaktion verlaufen kann, bei welcher Wasserstoffperoxyd entsteht.

Die heterogenen, strahlungschemischen Reaktionen sind von großem Interesse, da an der Phasengrenze fester Körper (Metall, Halbleiter) gegen Lösung chemische Reaktionen durch Strahlung wesentlich wirksamer angeregt werden. Ein Halbleiter, der sich in der Lösung befindet, erhöht nicht nur die Strahlungsabsorption, sondern wirkt auch als Transformator, der γ-Quanten hoher Energie in Energie angeregter Elektronen umformt. Dadurch werden solche angeregten Halbleiterelektronen der Reaktionszone (die Oberfläche der Phasengrenze) mit einer Energie in der Größenordnung einiger Elektronenvolt zugeführt. Die sensibilisierende Wirkung der Halbleiter in strahlungschemischen Prozessen ist von wesentlicher Bedeutung als Weg zur Erhöhung des Nutzeffektes der chemischen und elektrochemischen Wirkung von Strahlung hoher Energie.

1. Der Prozeß der strahlungschemischen Wasserstoffperoxyd-Bildung mit Überführung der oxydierenden Komponente in eine andere Phase

a) *Die strahlungschemische Wasserstoffperoxyd-Bildung in einer* NaOH-*Lösung*

Die Bildung eines Bariumperoxyd-Wasserstoffperoxyd-Niederschlags ($BaO_2 \cdot 2H_2O_2$) erfolgt im alkalischen Medium. Es erschien darum zur Beurteilung des Nutzeffekts des untersuchten Prozesses unumgänglich nötig zu sein, die Kinetik der

Wasserstoffperoxyd-Bildung in einer Alkalihydroxydlösung (NaOH) zu untersuchen, deren Konzentration etwa der Alkalität einer gesättigten Bariumhydroxyd-Lösung entspricht. Es wurden daher Untersuchungen über die Wasserstoffperoxyd-Bildung in 0,3 n NaOH bei Einwirkung von γ-Strahlung durchgeführt. Die Natriumhydroxyd-Lösung wurde mit chemisch reinem NaOH in zweimal destilliertem Wasser hergestellt.

Die analytische Bestimmung des gebildeten Wasserstoffperoxyds erfolgte durch oxydimetrische Titration mit Permanganat. Dabei wurde die zu untersuchende Lösung anfangs vorsichtig mit 0,1 n H_2SO_4 neutralisiert, dann im Überschuß Salzsäure zugegeben und titriert.

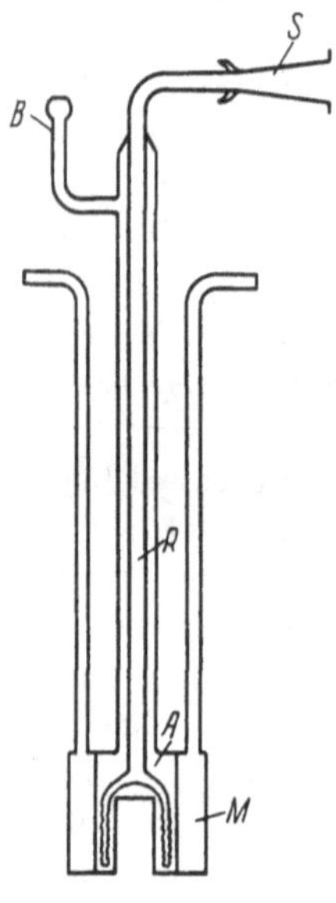

Abb. 4-1. Gläsernes Reaktionsgefäß

Bekanntlich ist die Wasserstoffperoxyd-Ausbeute (besonders in alkalischen Lösungen) unter der Einwirkung von γ-Strahlung äußerst gering. Durch besondere Versuche wurde festgestellt, daß sich erstens in Anwesenheit von Luftsauerstoff nur eine unbedeutende Menge Wasserstoffperoxyd bildet, und zweitens in sauerstofffreier Atmosphäre (Sättigung der Lösung mit Stickstoff), mit der von uns angewandten analytischen Methode keine Wasserstoffperoxyd-Bildung nachgewiesen werden konnte.

Zur Erhöhung der Wasserstoffperoxyd-Ausbeute wurde die Lösung während des Versuchs mit vorher sorgfältig gereinigtem gasförmigem Sauerstoff gesättigt.

Das für die Versuche benutzte Reaktionsgefäß ist in Abb. 4-1 schematisch wiedergegeben. Der untere Teil A, dessen Volumen etwa 10 ml betrug, wurde mit der Lösung gefüllt und durch das Rohr R und Schliff S Sauerstoff zugeführt. Der Mantel M diente zur Konstanthaltung der Temperatur mittels eines Ultrathermostaten. Über die mit dem hydraulischen Verschluß verbundene Röhre B wurde das Gas entfernt.

Als γ-Strahlungsquelle wurde radioaktives Kobalt (^{60}Co) mit einer Aktivität von ≈ 80 Curie verwendet. Die zylindrische Quelle befand sich in einem runden Bleicontainer mit einer Wandstärke von etwa 18 cm. Durch eine Öffnung im Container umhüllte das Reaktionsgefäß den (^{60}Co)-„Zylinder".

Die Bestimmung der absorbierten Energie erfolgte durch Dosimetrie mit Ferrosulfat. Zur Berechnung der von der Lösung absorbierten Energiemenge wurden die Angaben [4-5] verwendet, wonach auf 100 eV absorbierter Energie 15,5 Molekeln zweiwertigen Eisens oxydiert werden.

Die Bestimmungen der gebildeten Mengen Wasserstoffperoxyd erfolgten unter den angegebenen Temperaturbedingungen nach der jeweiligen Bestrahlungszeit.

In Abb. 4-2 sind die Ergebnisse der Wasserstoffperoxyd-Bildung in 0,3 n NaOH-Lösung angegeben. Aus der Abbildung ergibt sich, daß zwischen absorbierter Energie und gebildetem Wasserstoffperoxyd im Laufe einer ein- bis zweistündigen Bestrahlung Proportionalität besteht. Im weiteren Verlauf tritt die rückläufige Reaktion in den

Vordergrund, so daß die Geschwindigkeit der Wasserstoffperoxyd-Anreicherung abnimmt, und nach 7 bis 8 Stunden erreicht die H_2O_2-Konzentration ihren stationären Wert. Die stationäre Konzentration des Wasserstoffperoxyds ist etwa $\approx 9 \cdot 10^{-4}$ n, entsprechend $2{,}7 \cdot 10^{20}$ Molekeln in 1 Liter. Analoge Versuche wurden mit schnellen Elektronen durchgeführt, wobei als Strahlungsquelle eine Elektronenröhre diente. In unseren Versuchen wurden Elektronen mit einer Energie von ≈ 300 kV nach Austritt aus der Röhre benutzt; der Strom in der Lösung betrug dabei $20\,\mu$A. Um Mengenangaben bezüglich der Reaktionsausbeute zu erhalten, wurde die Dosisleistung durch chemische Dosimetrie ermittelt. Hierzu diente die Reduktionsreaktion des vierwertigen Cers in 0,8 n H_2SO_4, deren Ausbeute nach den Literaturangaben $\approx 3{,}3$ Ionen auf 100 eV beträgt und in breiten Energiebereichen wenig von der Teilchenenergie [4–8] abhängt. Im Gegensatz zu den Untersuchungen mit

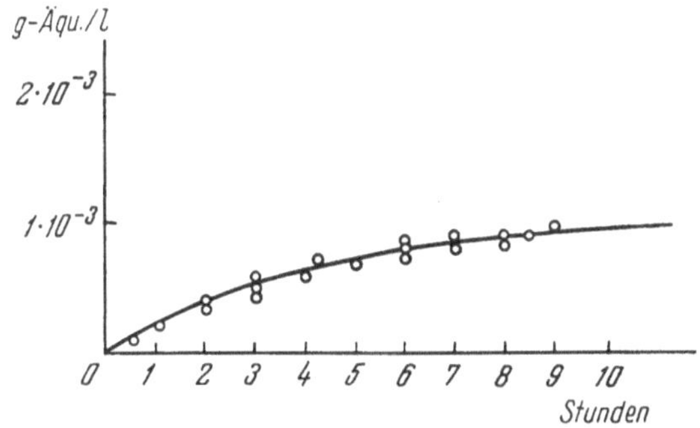

Abb. 4-2. Kinetik der Wasserstoffperoxyd-Bildung in 0,3 n NaOH-Lösung unter der Einwirkung von γ-Strahlung

γ-Strahlung wurden diese Versuche in Luftatmosphäre ohne Sättigung der Lösung mit Sauerstoff durchgeführt.

Die experimentellen Versuchergebnisse zeigen einen analogen Reaktionsverlauf. Die stationäre Konzentration des sich bildenden Wasserstoffperoxyds erreicht im Falle des angegebenen Elektronenstromes einen Wert von 10^{20} Molekel pro Liter.

Die Ausbeute der Wasserstoffperoxyd-Bildung kann aus dem geraden Teil der kinetischen Kurve ermittelt werden, welche die Geschwindigkeit der Hinreaktion charakterisiert und für die γ-Strahlung $\approx 1{,}7$ Äquivalente auf 100 eV beträgt.

Die H_2O_2-Ausbeute für den Elektronenstrom, bezogen auf das Cersulfat-Dosimeter, beträgt ebenfalls $\approx 1{,}7$ Äquivalente auf 100 eV.

b) *Die strahlungschemische Wasserstoffperoxyd-Bildung in einer* $Ba(OH)_2$-*Lösung*

Wie bereits erwähnt, ist der Nutzeffekt der Strahlungsausnutzung beim Prozeß der Wasserradiolyse sehr gering. In letzter Zeit erschien eine größere Anzahl von Arbeiten über Versuche, die Ausbeute der primären Produkte der Wasserradiolyse unter der Einwirkung von γ-Strahlung zu bestimmen. Da verschiedene Methoden der experimentellen Forschung und verschiedene theoretische Voraussetzungen zugrunde gelegt wurden, ergaben sich sehr unterschiedliche Ergebnisse. Die Angaben über die Zahl der zerlegten Wassermolekeln bei der Radiolyse schwanken von 12,6 [4–9] bis 4,1 und 3,66 [4–1] auf 100 eV absorbierter Energie.

Zur Trennung der Radiolyseprodukte des Wassers durch Ausfällung der oxydierenden Komponente wurde die Bildung des schwerlöslichen Niederschlags $BaO_2 \cdot 2\,H_2O_2$ angewandt. Als Ausgangslösung diente eine gesättigte Bariumhydroxydlösung, die aus chemisch reinem $Ba(OH)_2$ in zweimal destilliertem Wasser hergestellt wurde. Um die Löslichkeit des sich bildenden Niederschlags möglichst herabzusetzen, wurden die Versuche bei einer Temperatur von 0° durchgeführt. Die Lösung wurde mit Sauerstoff gesättigt. Die analytische Bestimmung erfolgte durch Titration

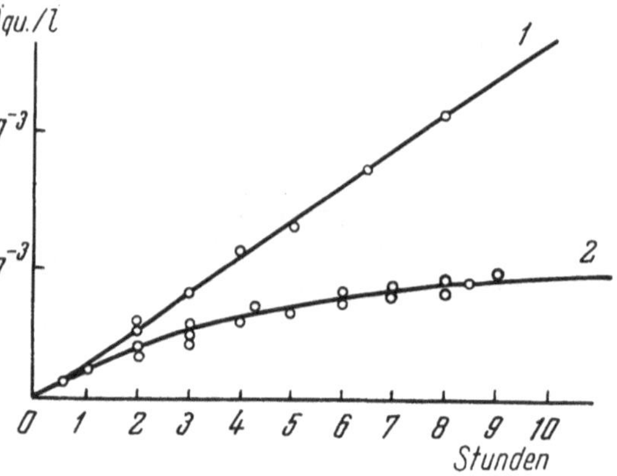

Abb. 4–3. Kinetik der Wasserstoffperoxyd-Bildung unter der Einwirkung von γ-Strahlung

1: $Ba(OH)_2$-Lösung; *2*: NaOH-Lösung

mit Permanganat, wobei der bei der Bestrahlung gebildete Bariumperoxyd-Niederschlag in 0,1 n HCl gelöst und die Titration nach Zugabe von 1 bis 2 Tropfen einer $MnCl_2$-Lösung durchgeführt wurde.

Die Kinetik der Wasserstoffperoxyd-Bildung in einer Bariumhydroxydlösung unter der Einwirkung von γ-Strahlung von ^{60}Co in Anwesenheit von Sauerstoff zeigt in Abb. 4–3 auf Grund der experimentellen Ergebnisse. Zum Vergleich ist in derselben Abbildung der Prozeß der Wasserstoffperoxyd-Bildung in einer 0,3 n NaOH-Lösung kurvenmäßig dargestellt.

Nach Abb. 4–3 besteht für die Bariumhydroxydlösung Proportionalität zwischen der Bestrahlungszeit (der Dosis) und der Menge des gebildeten Wasserstoffperoxyds. Dies zeugt von der ununterbrochenen Anreicherung des Wasserstoffperoxyds, das als $BaO_2 \cdot 2\,H_2O_2$ abgeschieden wird. Im Gegensatz hierzu tritt in der Laugenlösung ziemlich rasch ein stationärer Verlauf des Prozesses ein.

Die Wasserstoffperoxyd-Ausbeute beträgt $\approx$ 1,7 Äquivalente auf 100 eV.

Analoge Versuche wurden mit Elektronenstrahlung durchgeführt; die Ergebnisse zeigt Abb. 4–4. Zum Vergleich enthält diese Abbildung zusätzlich Angaben über die Wasserstoffperoxyd-Bildung in einer 0,3 n NaOH-Lösung sowie die Dosimeterkurve der Cer-Reduktion in Abhängigkeit von der Bestrahlungszeit.

Ein Vergleich der für den Elektronenstrom und die γ-Strahlung erhaltenen Ergebnisse zeigt, daß die allgemeinen Gesetzmäßigkeiten, die die Kinetik der Bildung eines Bariumperoxyd-Niederschlags charakterisieren, in diesem Falle erhalten bleiben.

Die Wasserstoffperoxyd-Ausbeute beträgt $\approx$ 1,7 Äquivalente auf 100 eV.

Im vorigen Teil wurde gezeigt, daß die in einer Alkalilösung (NaOH) erhaltene Wasserstoffperoxyd-Ausbeute, die aus dem geraden Teil der Kurve berechnet wurde und der Geschwindigkeit der Hinreaktion entsprach, ebenfalls $\approx$ 1,7 Äquivalente auf 100 eV beträgt.

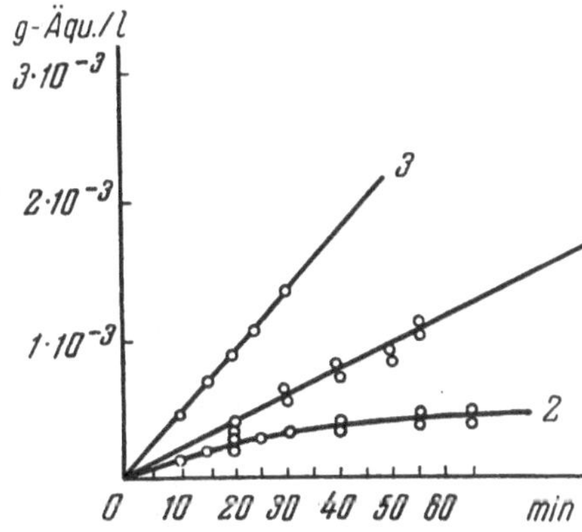

Abb. 4–4. Kinetik der Wasserstoffperoxyd-Bildung unter Einwirkung eines Elektronenstromes

1: $Ba(OH)_2$-Lösung; *2*: NaOH-Lösung; *3*: Dosimeterkurve

Die experimentellen Ergebnisse zeigen, daß die von uns untersuchte Reaktion der Bariumperoxyd-Niederschlagsbildung die Trennung der Radiolyseprodukte des Wassers ermöglicht.

Die Entfernung des Wasserstoffperoxyds aus der Lösung verhindert rückläufige Reaktionen, die im allgemeinen den Nutzeffekt eines Prozesses herabsetzen, und gestattet, den stationären Prozeß der chemischen Synthese eines Produktes auf Grund der Ausnutzung der Strahlungsenergie zu verwirklichen.

Es bleibt jedoch zu bemerken, daß der Nutzeffekt dieser Reaktion nicht besonders groß ist.

2. Die heterogene, strahlungschemische Wasserstoffperoxyd-Bildung in Anwesenheit einer Zinkoxyd-Suspension

Die Untersuchung dieses Prozesses unter Einwirkung der γ-Strahlung wurde dadurch erschwert, daß eine gewisse Menge von Wasserstoffperoxyd infolge der Strahlungseinwirkung auf die wäßrige alkalische Lösung entsteht und einen Nulleffekt erzeugt. Deshalb war es auch hier erforderlich, die Untersuchung der Wasserstoffperoxyd-Bildung in verdünnten wäßrigen NaOH-Lösungen durchzuführen. Der Einfluß des zugesetzten Zinkoxyds auf die Wasserstoffperoxyd-Ausbeute ergab sich aus dem Vergleich der Ergebnisse, die in Laugenlösung allein und in Gegenwart von Zinkoxyd erhalten wurden.

a) *Die Untersuchung der strahlungschemischen Bildung von Wasserstoffperoxyd in einer* NaOH-*Lösung durch anodische Polarographie*

In einer Reihe von Fällen, im besonderen bei dem System ZnO/NaOH-Lösung, ist es notwendig, Messungen unmittelbar während der Bestrahlung des Systems durchzuführen, da die übliche Titration der bestrahlten Lösungen nicht genügend zuverlässige Werte gibt. Während eines verhältnismäßig langen Zeitraumes (5—10 Minuten) zwischen der Entnahme der bestrahlten Lösung aus dem Container und dem Beginn der Titration, die mit der Herstellung der Lösung (Abtrennung des Zinkoxyds) verbunden ist, kann eine beträchtliche Menge Wasserstoffperoxyd zerfallen. Außerdem sind in den ersten Augenblicken der Bestrahlung, die die wahre Geschwindigkeit der Hinreaktion charakterisieren, die gebildeten Mengen Wasserstoffperoxyd sehr gering. Das stellte uns vor die Aufgabe, eine feinere und empfindlichere Methode auszuarbeiten, die es gestattet, unmittelbar während der Bestrahlung der Lösung die kleinen Mengen des gebildeten Wasserstoffperoxyds zu bestimmen.

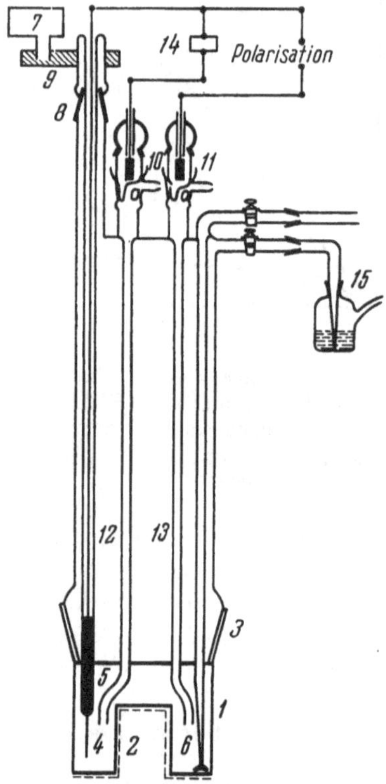

Abb. 4–5. Gläsernes Reaktionsgefäß
1: Gefäß mit Lösung; *2*: γ-Quelle; *3*: Schliff; *4*: drehbare Pt-Elektrode; *5*: Öffnung; *6*: Gaszuführungsrohr (Sauerstoff); *7*: Motor; *8*: drehbarer Schliff; *9*: Getriebe; *10*: Vergleichselektrode; *11*: Polarisationselektrode; *12* u. *13*: Rohre; *14*: Kathodenvoltmeter; *15*: Wasserverschluß

Zu diesem Zweck wurde versucht, eine der Varianten einer schon früher im Laboratorium [4–6, 4–7] ausgearbeiteten Methode der anodischen Polarographie mit einer sich drehenden Platinelektrode anzuwenden. Diese Methode wurde auch bei der Untersuchung der Reaktion der photoelektrischen Bildung von Wasserstoffperoxyd im System ZnO/NaOH-Lösung unter der Einwirkung optischer Strahlung [4–4] angewandt. Sie erwies sich nicht nur für analytische Bestimmungen als brauchbar, sondern auch zur Kenntnis der kinetischen Verhältnisse des photoelektrochemischen Prozesses. Dabei ist die polarographische Methode von großer Empfindlichkeit, was von großer Bedeutung für die Bestimmung der Ausbeute an Wasserstoffperoxyd in den Anfangsstadien der Bestrahlung der Lösungen ist.

Die polarographische Zelle, in welcher die Messungen unter der Einwirkung der γ-Strahlung durchgeführt wurden, ist in Abb. 4–5 zu sehen. Das die zu untersuchende Lösung enthaltene Glasgefäß *1* wurde auf die γ-Strahlungsquelle *2* gestülpt und mit dem übrigen Teil der Apparatur durch Schliff *3* verbunden. Die sich drehende

Platinelektrode *4* bestand aus einem dünnen Drähtchen von 0,5 mm Durchmesser mit einer Oberfläche von 10 bis 15 mm^2. Diese Elektrode wurde durch die Öffnung *5*, die auch gleichzeitig für den Austritt des durch die Röhre *6* zufließenden Gases diente, in das die Lösung enthaltende Gefäß *1* geführt. Die Drehung der Elektrode *4* bewirkte der Motor *7*, der den Schliff 8 mit Hilfe des Getriebes *9* in Umdrehung versetzte. Die Umdrehungsgeschwindigkeit erreichte 300 bis 400 Umdrehungen/Minute.

Damit wurde die unbedingt nötige Durchmischung der zu bestrahlenden Lösung sichergestellt und die Diffusion des Stoffes zur Elektrode gewährleistet. Zwei Hilfselektroden *10* und *11* wurden in Gefäßen mit derselben Lösung untergebracht und befanden sich außerhalb der Reichweite des Containers mit der γ-Quelle. Durch die mit einer Elektrolytlösung gefüllten Röhren *12* und *13* erfolgte der Kontakt mit der bestrahlten Lösung. Die Vergleichselektrode *10* bestand aus einem luftoxydierten platinierten Platinnetz, dessen stationäres Potential genügend beständig ist und den Wert $U \simeq 0{,}9$ V gegenüber dem Wasserstoffpotential hat. Die Hilfselektrode für die Polarisation *11* besteht aus Platinnetz. Zur Messung des Potentials diente das Kathodenvoltmeter *14*.

Die Polarisation wurde in der früher (4–4) beschriebenen Weise verwirklicht, wobei als hochohmiger variabler Widerstand die Radiotriode УБ–110 mit einem mit der Anode verbundenen Gitter benutzt wurde. Der aus einem Ballon durch die Lösung strömende Sauerstoff wurde vorher in einer Spezialapparatur sorgfältig gereinigt und durchlief dann eine mit flüssiger Luft gekühlte Falle. Das Durchleiten des Sauerstoffs durch die Lösung gewährleistete gleichzeitig ihre Durchmischung. Der Sauerstoff trat durch den Wasserverschluß *15* aus.

Vor der Bestrahlung der zu untersuchenden Lösung wurde die sogenannte Dunkelkurve aufgenommen, d. h. das Verhältnis $I_T = f(U)$, wobei I_T der Anodenstrom der äußeren Polarisation, der an die Hauptelektrode *4* und an die Nebenelektrode *11* gelegt wird, und U das Potential der Elektrode *4* in Beziehung zur Vergleichselektrode *10* ist. Die typische Kurve $I_T = f(U)$ für eine 0,1 n NaOH-Lösung ist in Abb. 4–6 (Kurve *1*) dargestellt. Die Kurve fällt mit der Abszissenachse zusammen, ihr plötzlicher steiler Anstieg entspricht dem Gebiet, in dem die elektrochemische Sauerstoffausscheidung beginnt. Entsprechende Dunkelkurven wurden jedesmal vor der Bestrahlung der Lösung, zum Teil auch von wäßrigen ZnO-Suspensionen aufgenommen. Für verschiedene Lösungen haben alle diese Kurven das gleiche Aussehen und fallen praktisch zusammen.

Nach dem Aufnehmen der Dunkelkurve wurde das Gerät in den Container mit der γ-Quelle gesetzt. In gewissen Zeitabständen, vom Anfang der Bestrahlung der Lösung an gerechnet, wurden die Kurven $I_\gamma = f(U)$ aufgenommen, wobei I_γ der Anodenstrom der äußeren Polarisation ist, der benötigt wird, um die sich drehende Elektrode auf dem vorgegebenen Potential zu halten. Die in Abb. 4–6 abgebildeten Kurven *2*, *3* und *4* wurden 15, 30 und 60 Minuten nach Beginn der Bestrahlung aufgenommen. Sie unterscheiden sich von der Dunkelkurve durch das Vorhandensein einer polarographischen Welle. Das Halbwellenpotential dieser Kurven entspricht dem Potential der anodischen Oxydation des Wasserstoffperoxyds. Der die Menge des gebildeten H_2O_2 und seine Anreicherungsgeschwindigkeit charakterisierende

Sättigungsstrom i ändert sich in Abhängigkeit von der Dauer der Strahlungseinwirkung. Bei einer Bestrahlungsdauer bis zu 60 Minuten wird eine lineare Abhängigkeit zwischen der Größe i und der Bestrahlungszeit oder Dosis j beobachtet. Diese Abhängigkeit $i = f(t)$ oder $i = (j)$ ist für einige NaOH-Konzentrationen (von

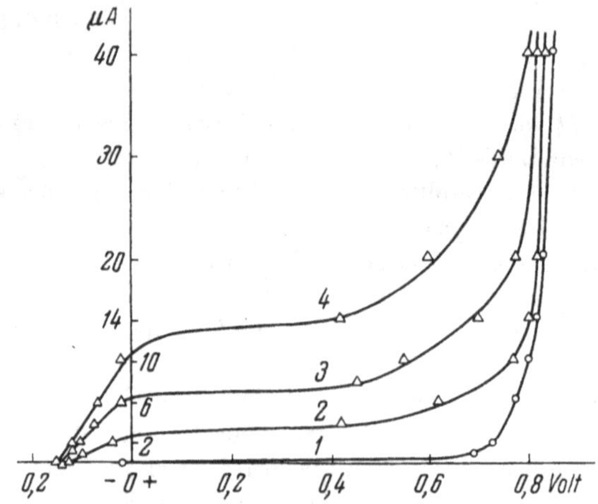

Abb. 4–6. Kurven der Abhängigkeit des Stromes vom Potential

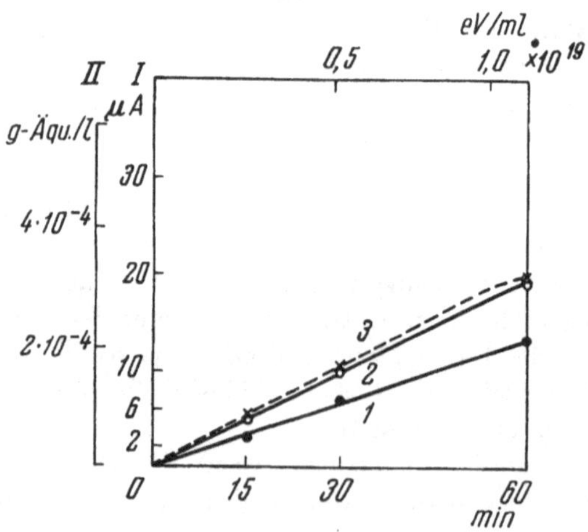

Abb. 4–7. Kinetik der Wasserstoffperoxyd-Bildung
1: 0,01 n NaOH; *2*: 0,05 n NaOH; *3*: 0,1 n NaOH

0,01 bis 0,1 n) in Abb. 4–7 dargestellt. Es folgt daraus, daß beim Übergang von 0,01 zu 0,05 n NaOH eine geringe Erhöhung der Anreicherungsgeschwindigkeit des Wasserstoffperoxyds eintritt. Bei weiterer Konzentrationserhöhung der NaOH auf 0,1 bis 0,3 n wird eine merkliche Erhöhung der Steigerung der kinetischen Kurven nicht mehr beobachtet; die Sättigungsströme haben fast denselben Wert wie für

0,05 n NaOH. Die Geschwindigkeiten der Anreicherung von H_2O_2 fallen praktisch zusammen.

Die Werte für die absoluten Konzentrationen des gebildeten Wasserstoffperoxyds, sowie die ihnen entsprechenden Sättigungsströme findet man aus der Eichkurve, die entweder durch die Aufnahme der Polarogramme für verschiedene Wasserstoffperoxyd-Konzentrationen oder durch H_2O_2-Bestimmung in verhältnismäßig lange (60 Minuten) bestrahlten Lösungen ermittelt wurde. In Abb. 4–6 sind neben der Größe des Sättigungsstromes auch die entsprechenden Wasserstoffperoxyd-Konzentrationen aufgetragen.

b) Die strahlungschemische Wasserstoffperoxyd-Bildung in Anwesenheit einer Zinkoxyd-Suspension

Auf Grund der photoelektrochemischen Untersuchungen [4–4] über die Einwirkung der Energie optischer Frequenzen auf das System ZnO/NaOH-Lösung könnte man vermuten, daß der größere Teil der absorbierten Energie der γ-Strahlung, die zur Elektronenanregung des Halbleiters (ZnO) führt, zur Anregung einer chemischen Reaktion benutzt werden kann. Dies muß zu einer Erhöhung der Ausbeute der Radiolyseprodukte des Wassers, insbesondere des Wasserstoffperoxyds, führen.

Im Zusammenhang damit wurde der Einfluß des Zusatzes von Zinkoxyd zu einer verdünnten wäßrigen Laugenlösung auf die Wasserstoffperoxyd-Ausbeute durch Vergleich mit der Ausbeute in einer alkalischen, kein ZnO enthaltenden Lösung untersucht.

Die Versuche wurden hauptsächlich in einer 0,01 n NaOH-Lösung durchgeführt, der Zinkoxyd zugesetzt wurde (2 g auf 100 ml der Lösung); die Lösung wurde mit Sauerstoff gesättigt. Es wurde Zinkoxyd für Luminophore und Muffel-ZnO benutzt. Die Meßmethodik und die Versuchsbedingungen waren die gleichen wie im Falle der reinen NaOH-Lösungen. Zur Bestimmung der Anreicherungsgeschwindigkeit und der Menge des gebildeten Wasserstoffperoxyds diente die oben beschriebene Methode der anodischen Polarographie. In einigen Fällen wurde zum Vergleich das Wasserstoffperoxyd auch noch titriert; beide Methoden führten zu einigermaßen übereinstimmenden Ergebnissen.

Das Drehen der Platinelektrode und das dauernde Durchleiten von Sauerstoff garantieren eine wirksame Durchmischung der Suspension. Ein solches Durchmischen war jedoch bei verhältnismäßig lange (30 Minuten) dauernden Versuchen unzureichend, da der größere Teil der Suspension sich auf den Boden und an den Wänden des Reaktionsgefäßes absetzte. Das verminderte den Nutzeffekt der Strahlungseinwirkung und mußte zu einer niedrigen Geschwindigkeit der Hinreaktion der Wasserstoffperoxyd-Bildung führen. Daher versuchten wir bei diesen Versuchen nicht, stationäre Konzentrationen des Wasserstoffperoxyds zu erreichen, sondern beschränkten uns auf den linearen Teil der kinetischen Kurve, der die Geschwindigkeit der Wasserstoffperoxyd-Bildung wiedergibt. Eine Störung der Linearität der kinetischen Kurve hängt in unserem System von vielen in der Rechnung schwer erfaßbaren Faktoren ab, die zur Rückreaktion des Wasserstoffperoxyd-Zerfalls führen.

Die für 0,01 n NaOH-Lösungen in Anwesenheit der Zinkoxyd-Suspension erhaltenen Ergebnisse sind in Abb. 4–8 und 4–9 dargestellt. Abb. 4–8 zeigt die Abhängigkeiten $I_T = f(U)$ und $I_\gamma = f(U)$, die bei 15 und 30 Minuten langer Bestrahlung des Muffel-ZnO erhalten wurden. Die Dunkelkurve *1*, die die Abhängigkeit $I_T = f(U)$ darstellt, fällt mit der entsprechenden Kurve für 0,01 n NaOH-Lösung ohne Zinkoxyd (Abb. 4–6) zusammen. Die Kurven *2* und *3*, die die Abhängigkeit $I_\gamma = f(U)$ ausdrücken, unterscheiden sich in ihrem Äußeren ebenfalls nicht von den entsprechenden Kurven der Abb. 4–6 für 0,01 n NaOH und stellen gewöhnliche Polarogramme dar. Die für die Wasserstoffperoxyd-Konzen-

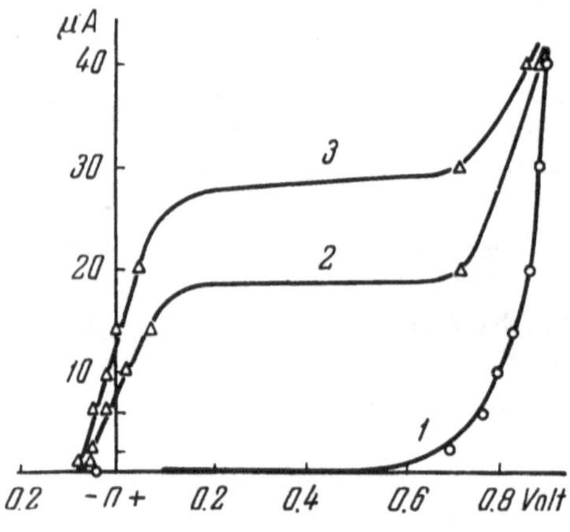

Abb. 4–8. Kurven der Abhängigkeit des Stromes vom Potential bei Bestrahlung einer ZnO-Suspension in NaOH-Lösung

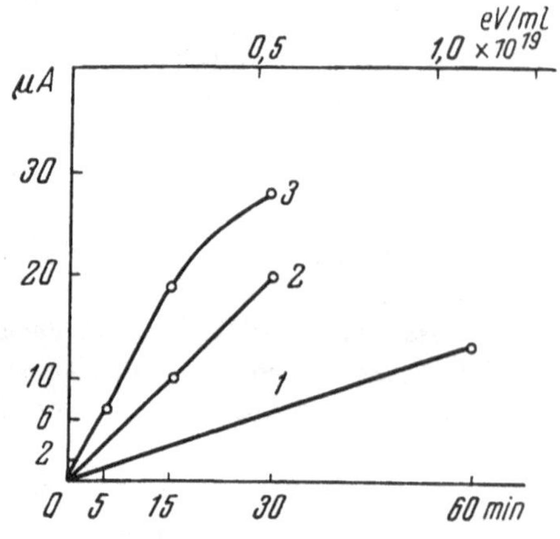

Abb. 4–9. Kinetik der Wasserstoffperoxyd-Bildung in Anwesenheit von Zinkoxyd

tration charakteristischen Sättigungsströme i jedoch werden in Gegenwart einer Zinkoxyd-Suspension stark erhöht.

Bei sonst gleichen Bedingungen ist der Wert i bei Einwirkung von γ-Strahlung auf das System 0,01 n NaOH + ZnO-Suspension 3- bis 5mal höher als bei 0,01 n NaOH in Abwesenheit von Zinkoxyd.

In Abb. 4–9 sind die der Anreicherungsgeschwindigkeit des Wasserstoffperoxyds entsprechenden reaktions-kinetischen Kurven dargestellt, und zwar für zwei verschiedene Proben Zinkoxyd, Luminophor- und Muffel-Zinkoxyd.

Zur Gegenüberstellung wurde die entsprechende Kurve *1* für 0,01 n NaOH gebracht. Wie aus Abb. 4–9 folgt, erhöht sich bei Vorhandensein von Zinkoxyd die Anreicherungsgeschwindigkeit des Wasserstoffperoxyds stark, und in einigen Fällen beginnt die Störung des linearen Ganges der kinetischen Kurve schon nach verhältnismäßig kurzer Bestrahlungszeit (< 15 Minuten). Im Falle des Muffel-Zinkoxyds betrug die Wasserstoffperoxyd-Ausbeute nach Abzug der für die reine Lösung absorbierten Strahlungsenergie etwa 5 bis 6 Äquivalente auf 100 eV. Diese Ausbeute ist annähernd 4- bis 5mal größer als die in einer reinen NaOH-Lösung bei sonst gleichen Bedingungen.

Bei Einwirkung der γ-Strahlung von ^{60}Co auf eine wäßrig-alkalische Zinkoxyd-Suspension in Anwesenheit von Sauerstoff beobachtet man ein schroffes Ansteigen der Wasserstoffperoxyd-Ausbeute im Vergleich zu der in einer reinen alkalischen Lösung, was auf die Möglichkeit einer durch Zinkoxyd sensibilisierten Reaktion zur Wasserstoffperoxyd-Bildung hinweist.

Bei Betrachtungen über den Mechanismus der sensibilisierenden Wirkung des Halbleiters (Zinkoxyd) müssen folgende, infolge der γ-Quantenabsorption durch den Halbleiter auftretende Prozesse berücksichtigt werden.

Die Anregung eines chemischen Prozesses an der Trennungsgrenze Halbleiter (ZnO) gegen reaktionsfähiges Medium kann durch die ionisierende Wirkung der Strahlung hervorgerufen werden. Hierdurch treten in der Lösung positiv geladene Zinkoxydkriställchen und sekundäre Elektronen auf, die von dem wäßrigen Medium absorbiert werden und damit zum Zerfall einer zusätzlichen Menge von Wassermolekülen unter Bildung von Wasserstoffperoxyd führen können. Eine Rechnung zeigt jedoch, daß der Nutzeffekt dieses Prozesses gering ist, da die Anwesenheit von 2 g Zinkoxyd in 100 ml Lösung nur zu einer Erhöhung der Ausbeute an Wasserstoffperoxyd von etwa 10% führen sollte. In unseren Versuchen wurde jedoch eine Erhöhung der Wasserstoffperoxyd-Ausbeute um das Mehrfache, d. h. um einige 100%, beobachtet.

Neben diesem Ionisationsprozeß kann die absorbierte Energie zu einer Elektronenanregung des Halbleiters (ZnO), wie sie auch bei der optischen Strahlung erfolgt, führen. In diesem Falle sind die Übergänge der angeregten Elektronen, die zum Leuchten des Zinkoxyds führen, und nichtstrahlende Übergänge der Photoelektronen möglich.

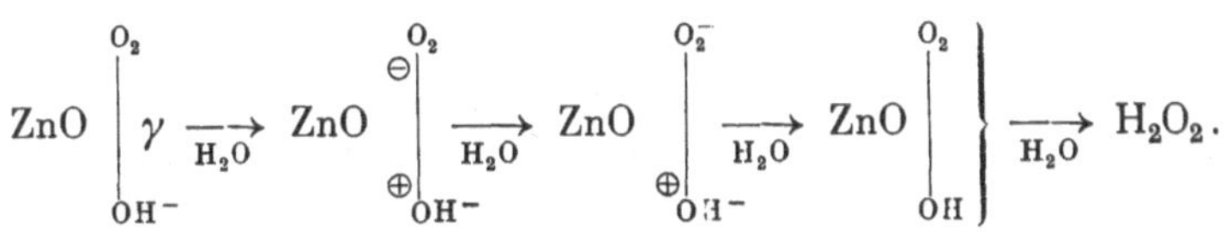

(4–1)

Bei Anwesenheit eines Elektronenakzeptors (O_2; H_2O) an der Oberfläche des Zinkoxyds empfängt dieser die Energie der Elektronenanregung des Halbleiters, was zur Entstehung eines chemischen Prozesses nach obigem Schema führt.

Die Besonderheit der Strahleneinwirkung hoher Energien (α-, β-, γ-Strahlung) besteht bei der Anregung von durch Halbleiter (ZnO) sensibilisierten Prozessen vor allem in der Möglichkeit der Umwandlung (Transformation) der absorbierten Energie der ionisierenden Strahlungen in Elektronenenergie der Halbleiteranregung. Ein von dem Halbleiter absorbiertes γ-Quant (oder α-, β-Teilchen) bewirkt das Auftreten einer großen Menge angeregter Elektronen. Folglich besteht der elementare Akt der Wirkung des γ-Quants auf das Zinkoxyd in der Bildung einer großen Menge Ladungspaare von Elektronen und Löchern.

Den Nutzeffekt der Energietransformation des durch den Halbleiter absorbierten γ-Quants kann man durch die Einführung der Konstante des „Multiplikationskoeffizienten" (M. K.) charakterisieren, dessen Wert theoretisch auch aus unseren Versuchergebnissen zu erhalten wäre. Nimmt man als Einheit die Wahrscheinlichkeit der Umwandlung eines absorbierten γ-Quants mit der Energie $\approx$ 1,25 MeV in die Energie der Elektronenanregung des Zinkoxyds, zu dessen Elektronenüberführung in die Leitungsfähigkeitszone $\approx$ 3,0 eV benötigt werden, so ist der Wert M. K. gleich $\frac{1,25 \cdot 10^6}{3} \approx 4 \cdot 10^5$.

Der M. K.-Wert für das Zinkoxyd läßt sich ebenso aus den Versuchsergebnissen errechnen, die bei der Untersuchung der Reaktion der Wasserstoffperoxyd-Bildung unter der Einwirkung der γ-Strahlung von ^{60}Co erhalten wurden. Zu diesem Zweck stellen wir folgende Berechnung für den Fall an, daß die wäßrige, Zinkoxyd (2 g auf 100 ml Lösung) enthaltende NaOH-Lösung, 15 Minuten lang bestrahlt wurde. Die von dem ganzen System absorbierte Energie ist, wie aus Abb. 4–7 und 4–9 folgt, gleich $7,5 \cdot 10^{19}$ eV; das in der Lösung vorhandene Zinkoxyd absorbiert $1,59 \cdot 10^{18}$ eV, d. h. ungefähr fünfzigmal weniger. Die Konzentration des sich bildenden Wasserstoffperoxyds ist bei Abwesenheit von Zinkoxyd (während 15 Minuten Bestrahlung) $0,3 \cdot 10^{-4}$ n und bei Anwesenheit von Zinkoxyd $1,6 \cdot 10^{-4}$ n, d. h. der Zuwachs an Wasserstoffperoxyd beträgt $1,3 \cdot 10^{-4}$ n. Dann berechnet sich die zur Bildung eines Molekels Wasserstoffperoxyd in 30 ml bestrahlter Suspension benötigte Elektronenvoltmenge zu $\frac{1,59 \cdot 10}{1,5} \approx 1,5$ eV. Den Multiplikationskoeffizienten erhält man dann zu $\frac{1,25 \cdot 10^6}{1,5} \approx 8 \cdot 10^5$, d. h. er ist höher als der theoretische Wert von $\approx 4 \cdot 10^5$. Dies deutet auf die Teilnahme von angeregten Elektronen mit einer geringeren Energie als 3,0 eV in der durch Zinkoxyd sensibilisierten Reaktion der Bildung von Wasserstoffperoxyd hin.

Es wird also in völliger Übereinstimmung mit photoelektrochemischen Untersuchungen angenommen, daß gerade die zu einer Elektronenanregung des Halbleiters (ZnO) führenden Prozesse für die Wasserstoffperoxyd-Bildung in diesem System (Zinkoxyd in einem Redoxmittel) unter Einwirkung ionisierender Strahlung verantwortlich sind. Augenscheinlich unterscheidet sich der Mechanismus des Verlaufes der Reaktion prinzipiell nicht von dem für den photoelektrochemischen Prozeß vorgeschlagenen. Der auf dem Zinkoxyd absorbierte Elektronenakzeptor (O_2; H_2O) nimmt die Energie der Elektronenanregung des Halbleiters (ZnO) auf und tritt weiterhin mit einzelnen Komponenten des Redoxmittels in Wechselwirkung. Am wahrscheinlichsten sind der Einfang des angeregten Zinkoxydelektrons durch die Sauerstoffmolekel und die Bildung von O_2^-. Möglicherweise bewirkt auch das Molekel H_2O den Einfang des Elektrons, indem es sich in H_2O^- umwandelt mit darauffolgendem Zerfall in H und OH^-. Alle diese Prozesse müssen zu einer Bildung von Wasserstoffperoxyd führen, dessen starke Zunahme der Ausbeute experimentell tatsächlich beobachtet wurde.

Die erhaltenen Resultate haben also gezeigt, daß unter der Einwirkung von γ-Strahlung von ^{60}Co auf eine Zinkoxyd-Suspension in wäßriger NaOH-Lösung eine durch das Zinkoxyd sensibilisierte Reaktion der Wasserstoffperoxyd-Bildung verläuft. Die Bildung des letzteren in dem mikro-heterogenen System MeO/Lösung oder bei Anwesenheit einer Trennungsoberfläche Me·MeO/Lösung bei Einwirkung ionisierender Strahlungen verläuft anscheinend nach einem sensibilisierten Mechanismus, wie beim photoelektrochemischen Prozeß.

Zusammenfassung

a) Untersucht wurde die Reaktion der Wasserstoffperoxyd-Bildung in verdünnten wäßrigen alkalischen Lösungen unter der Einwirkung der γ-Strahlung, wobei dem Einfluß der Oberfläche von Halbleitern (ZnO) auf die Anregung eines heterogenen strahlungschemischen Prozesses besondere Beachtung geschenkt wurde.

b) Es wurde gezeigt, daß bei der Untersuchung der Wasserstoffperoxyd-Bildung die Methode der anodischen Polarographie anwendbar ist. Dadurch ist es möglich, Messungen unmittelbar während der Bestrahlung des Systems ohne Eingriff in den Prozeßverlauf vorzunehmen.

c) Die Wasserstoffperoxyd-Ausbeute in wäßrigen NaOH-Lösungen in Anwesenheit von Sauerstoff ist gering und beträgt $\approx 1{,}7$ Äquivalente auf 100 eV. Bis zu einer Dosisgröße von $\approx 10^{20}$ eV/ml war für die angewandte Dosisleistung ein linearer Verlauf der kinetischen Kurven zu beobachten. Die stationären Konzentrationen des sich bildenden Wasserstoffperoxyds ($\approx 4 \cdot 10^{-4}$ molar) wurden bei verhältnismäßig langdauernder Bestrahlung der Lösungen (8 bis 10 Stunden) erreicht.

d) Die Ergebnisse zeigen, daß die Bildung eines Bariumperoxyd-Niederschlags in einer wäßrigen Laugenlösung unter Einwirkung von β- und γ-Strahlung die Trennung der Radiolyseprodukte des Wassers ermöglicht. Die Fixierung des Wasserstoffperoxyds im Niederschlag hemmt den Verlauf der Rückreaktionen, die im allgemeinen den Nutzeffekt der Hinreaktion herabsetzen, und bewirkt damit die stationäre Bildung des Wasserstoffperoxyds.

e) Die experimentellen Ergebnisse über den Einfluß von suspendiertem Zinkoxyd auf die Ausbeute der Radiolyseprodukte des Wassers zeigen, daß in diesem Falle eine durch ZnO sensibilisierte Reaktion verläuft, die zur Bildung von Wasserstoffperoxyd führt. Bei Einwirkung von γ-Strahlung auf solche Systeme ist bei Anwesenheit von Sauerstoff ein starkes Ansteigen der Ausbeute an Wasserstoffperoxyd um das Drei- bis Fünffache gegenüber Versuchen in Lösungen ohne Zusatz von ZnO zu beobachten. Es wird angenommen, daß die Zunahme der Wasserstoffperoxyd-Ausbeute durch die effektive Teilnahme desjenigen Teils der absorbierten Energie der γ-Strahlung bedingt ist, der zur Elektronenanregung des Halbleiters (ZnO) führt.

LITERATURVERZEICHNIS

[4-1] JOHNSON, G. R. A., SCHOLER, G. und WEISS, J., J. chem. Soc. (London), **1953**, 3091; C. **1954**, 7845.

[4-2] HOCHANADEL, C. J., J. physic. Chem., **56**, 587 (1952); C. **1953**, 1302.

[4-3] Перекись водорода и перекисные соединения. (Wasserstoffperoxyd und Peroxydverbindungen), Госхимиздат, Moskau-Leningrad 1951.

[4-4] Веселовский, В. И. и Шуб Д. М., Журнал физической химии. (WESSELOWSKI, W. I. und SCHUB, D. M., J. physik. Chem.), **26**, 509 (1952); C. **1956**, 2945.

[4-5] ALLEN, A. O., HOCHANADEL, C. J., GHORMLEY, J. A. und DAVIS, T. W., J. physic. Chem., **56**, 575 (1952); C. **1953**, 1301.

[4-6] Раков А. А. и Розенталь К. И., Заводская Лаборатория. (RAKOW, A. A. und ROSENTAL, K. I., Betriebs-Lab.), **4**, 495 (1953).

[4-7] Розенталь К. И. и Веселовский В. И., Журнал физической Химии. (ROSENTAL, K. I. und WESSELOWSKI, W. I., J. physik. Chem.), **27**, 1163 (1953); C. **1955**, 11511.

[4-8] HARDWICK, T., Canad. J. Chem., **30**, 39 (1952); C. **1954**, 9474.

[4-9] DAINTON, F. S. und ROWBOTTOM, J., Trans. Faraday Soc., **49**, 1160 (1953); C. **1956**, 7735.

5. W. I. WESSELOWSKI und G. S. TJURIKOW

Die Gesetzmäßigkeiten des strahlungschemischen, homogenen und heterogenen Wasserstoffperoxyd-Zerfalls

Eine große Anzahl von Arbeiten beschäftigt sich mit dem katalytischen und photochemischen Zerfall von Wasserstoffperoxyd, der auch unter der Einwirkung von Röntgenstrahlen untersucht wurde. Während der letzten Zeit erschienen die Arbeiten [5-1] bis [5-4] über die Wirkung von Co-γ-Strahlen auf die Zerfallsgeschwindigkeit und über den Mechanismus des Zerfalls von Wasserstoffperoxyd. Trotzdem fehlen jedoch bisher Untersuchungen über die Strahlungseinwirkung auf konzentrierte Wasserstoffperoxyd-Lösungen und über den Einfluß von Metall- und Halbleiteroberflächen auf diesen strahlungschemischen Prozeß.

Ziel der vorliegenden Arbeit war die Untersuchung der Wirkung von γ-Strahlung auf die Zerfallsgeschwindigkeit von konzentriertem, nicht stabilisiertem Wasserstoffperoxyd. Darüber hinaus wurde der spezifische Einfluß eines Metalls (Eisen) und des an seiner Oberfläche vorhandenen Oxyds (Fe_2O_3) auf die Zerfallsgeschwindigkeit derselben Wasserstoffperoxyd-Lösungen bei Einwirkung von γ-Strahlung untersucht.

Auf Grund der Ergebnisse photoelektrochemischer Untersuchungen eines der Autoren [5-5], der den Nachweis führte, daß an der Oberfläche des Eisens der Wasserstoffperoxyd-Zerfall unter Einwirkung optischer Strahlen beschleunigt wird, war ein analoger Effekt auch bei Einwirkung von γ-Strahlung zu erwarten.

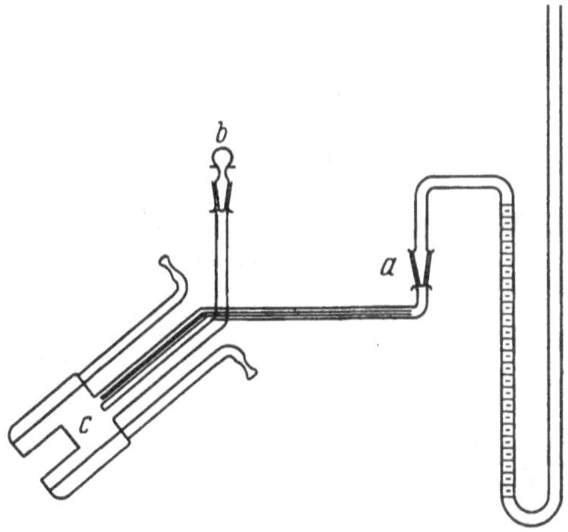

Abb. 5-1. Gerät zum Messen der bei Bestrahlung der H_2O_2-Lösungen ausgeschiedenen Gasmenge

Als Quelle diente radioaktives ^{60}Co mit einer Aktivität von $\approx$ 90 Curie. Abb. 5-1 zeigt das Gerät, in dem die Messungen durchgeführt wurden. Das Rohr *a* verbindet das Gerät mit einem Manometer und dient als Austritt für das infolge der H_2O_2- Zerfallsreaktion unter Einwirkung der γ-Strahlung ausgeschiedene Gas. Die Röhre *b* wird zum Eingießen der zu untersuchenden Lösung in das Gefäß *c* benutzt. Das Gefäß *c* hat einen Wassermantel zur Konstanthaltung der Temperatur der Lösung mit Wasser bestimmter Temperatur Der Boden des Gefäßes hat eine Vertiefung, in welche die zylindrische γ-Quelle eingepaßt wird. Die Geschwindigkeit des H_2O_2-Zerfalls wurde manometrisch aus der Volumenzunahme des ausgeschiedenen Gases bestimmt. Als Ausgangslösung diente 83%iges, nicht stabilisiertes Wasserstoffperoxyd. Alle Versuche wurden in einem Temperaturbereich von 10 bis 40° bei konstantem Lösungsvolumen von 20 ml durchgeführt. Das verwendete Eisen (Marke „Hilger“) hatte die Form kleiner Ringe mit 3 g Gewicht und 40 cm² Oberfläche.

Vor Beginn der Arbeit wurden dosimetrische Messungen im Gerät vorgenommen, die bei entsprechenden Lagen des Gerätes zur Quelle folgende Werte der Dosisleistung ergaben: $3{,}2 \cdot 10^{15}$; $1{,}15 \cdot 10^{14}$ und $7{,}3 \cdot 10^{13}$ eV/ml · s.

1. Die Versuchsergebnisse

Zweck der Arbeit war die Untersuchung des Einflusses der Temperatur und der Dosisleistung auf die Kinetik des Zerfalls von 83%igem, nicht stabilisierten H_2O_2 unter Einwirkung von γ-Strahlung in heterogenen und homogenen Medien.

Tabelle 5-1

Zerfallsgeschwindigkeit von H_2O_2 in homogenen und heterogenen Medien bei einer γ-Intensität, entsprechend $3{,}2 \cdot 10^{15}$ eV/ml · s

Temperatur in °C	H_2O_2-Zerfallsgeschwindigkeit (Menge des aus 1 ml H_2O_2 ausgeschiedenen Gases in 1 sec) in cm³/sec	Reaktionsausbeute des H_2O_2-Zerfalls pro 100 eV absorbierter Energie in Molekelanzahl	H_2O_2-Zerfallsgeschwindigkeit in Gegenwart von 3 g Eisen (Menge des aus 1 ml H_2O_2 ausgeschiedenen Gases in 1 sec) in cm³/sec	Reaktionsausbeute des H_2O_2-Zerfalls pro 100 eV absorbierter Energie in Molekelanzahl
10	$1{,}1 \cdot 10^{-4}$	185	$1{,}6 \cdot 10^{-4}$	275
25	$2 \cdot 10^{-4}$	335	$5 \cdot 10^{-4}$	840
40	$2{,}2 \cdot 10^{-4}$	370	$5 \cdot 10^{-4}$	840

Die Versuchsergebnisse sind in Tabelle 5-1 und Abb. 5-2 angeführt. Von den in Abb. 5-2 wiedergegebenen Werten (Kurven *1*, *2*, und *3*) ist der beträchtliche Einfluß der Temperatur auf die Zerfallsgeschwindigkeit von H_2O_2 bei konstanter Intensität bemerkenswert. Die Reaktionsausbeute wächst von 185 Molekeln auf 100 eV bei 10° bis zu 335 Molekeln auf 100 eV bei 25°. Bei weiterer Temperaturerhöhung bis auf 40° erhöht sich die Zerfallsgeschwindigkeit nur unbedeutend, und die Reaktionsausbeute beträgt 370 Molekeln auf 100 eV absorbierter Energie.

Ein entsprechender Einfluß der Temperatur auf die Zerfallsgeschwindigkeit von H_2O_2 wird bei Anwesenheit von 3 g Eisen beobachtet. Wie aus Abb. 5-2 (Kurven *4*, *5* und *6*) und Tabelle 5-1 ersichtlich ist, steigt die Zerfallsgeschwindigkeit des H_2O_2 bei Anwesenheit von Eisen steil an. Bei 10° steigt die Zerfallsgeschwindigkeit auf das

1,5fache, und die Reaktionsausbeute beträgt 275 Molekeln auf 100 eV; bei 25 und 40° erhöht sich die Zerfallsgeschwindigkeit entsprechend auf das ≈ 2,5fache, und dementsprechend beträgt die Reaktionsausbeute 840 Molekeln auf 100 eV absorbierter Energie.

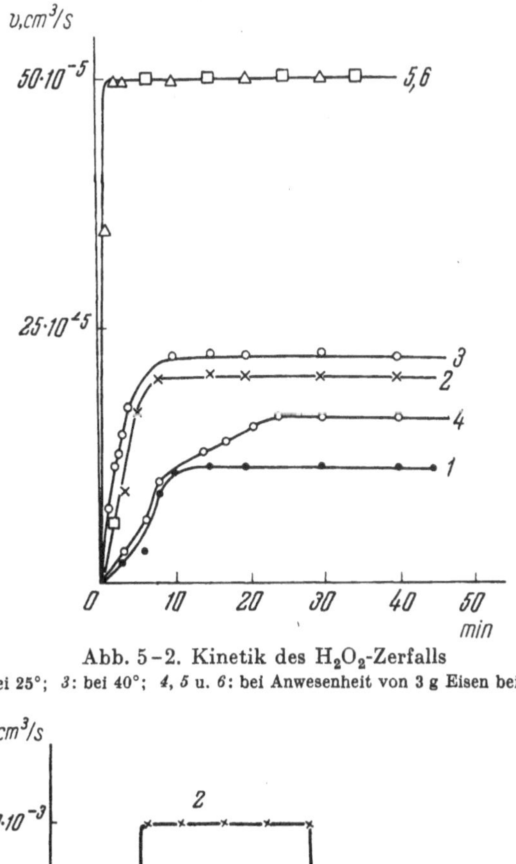

Abb. 5-2. Kinetik des H_2O_2-Zerfalls

1: bei 10°; *2*: bei 25°; *3*: bei 40°; *4*, *5* u. *6*: bei Anwesenheit von 3 g Eisen bei 10°, 25° und 40°

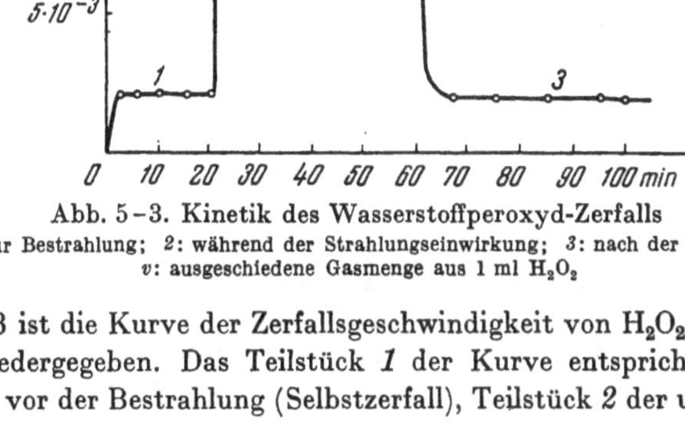

Abb. 5-3. Kinetik des Wasserstoffperoxyd-Zerfalls

1: bis zur Bestrahlung; *2*: während der Strahlungseinwirkung; *3*: nach der Bestrahlung. *v*: ausgeschiedene Gasmenge aus 1 ml H_2O_2

In Abb. 5-3 ist die Kurve der Zerfallsgeschwindigkeit von H_2O_2 bei Anwesenheit von Eisen wiedergegeben. Das Teilstück *1* der Kurve entspricht der Zerfallsgeschwindigkeit vor der Bestrahlung (Selbstzerfall), Teilstück *2* der unter Einwirkung der γ-Strahlung und Teilstück *3* der nach Beendigung einer langdauernden Bestrahlung.

Wie die Abbildung zeigt, geht die Zerfallsgeschwindigkeit von H_2O_2 bei Anwesenheit von Eisen nach Beendigung der langdauernden Bestrahlung auf den Ausgangswert zurück.

Die starke Änderung der Zerfallsgeschwindigkeit von H_2O_2 bei Änderung der Temperatur und bei Einwirkung von γ-Strahlung ist aus der Temperaturabhängigkeit der Viskosität von H_2O_2 zu erklären. In Übereinstimmung mit anderen Autoren kann man für den Zerfall des konzentrierten H_2O_2 folgenden Kettenmechanismus zugrunde legen:

$$H_2O_2 \rightsquigarrow 2OH \qquad \text{Kettenbeginn} \qquad (5\text{-}1)$$

$$OH + H_2O_2 \rightarrow HO_2 + H_2O \qquad (5\text{-}2)$$

Kettenablauf

$$HO_2 + H_2O_2 \rightarrow OH + H_2O + O_2 \qquad (5\text{-}3)$$

$$HO_2 + HO_2 \rightarrow H_2O_2 + O_2 \qquad \text{Kettenabbruch} \qquad (5\text{-}4)$$

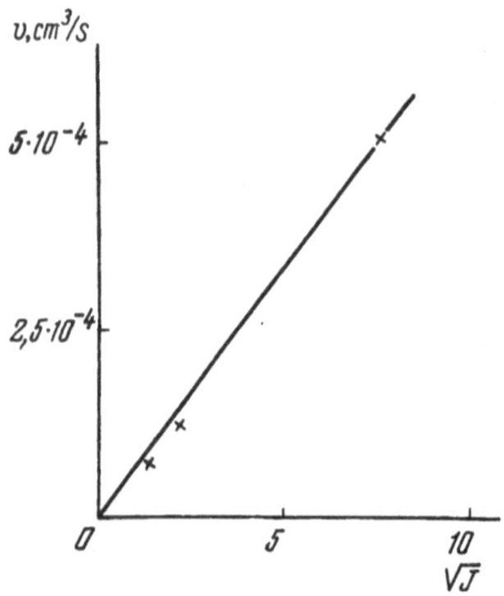

Abb. 5-4. Abhängigkeit der Zerfallsgeschwindigkeit von Wasserstoffperoxyd von der Strahlungsintensität

v: ausgeschiedene Gasmenge aus 1 ml H_2O_2

Wenn man nun von einem Diffusionskoeffizienten der OH-Radikale in schwachen H_2O_2-Lösungen bei 25° von $2 \cdot 10^{-5}$ cm/s ausgeht und eine gleichmäßige Verteilung der durch Absorption der γ-Strahlung im Radiolyseprozeß gebildeten Radikale annimmt, so muß eine Erhöhung der Viskosität bei niedrigen Temperaturen in dem Diffusionskoeffizienten der OH-Radikale und folglich auch in der Ausbeute der H_2O_2-Zerfallsreaktion in Erscheinung treten.

Die aus den experimentellen Daten errechnete Aktivierungsenergie beträgt 6 bis 7 kcal/mol für die homogene und 4 bis 5 kcal/mol für die heterogene H_2O_2-Zerfallsreaktion. Die Zerfallsgeschwindigkeit von H_2O_2 ist der Quadratwurzel aus der Dosisleistung proportional (Abb. 5-4).

2. Beurteilung der Ergebnisse

In einer Reihe von Arbeiten über die Einwirkung von optischer und γ-Strahlung auf H_2O_2 wurde die Abhängigkeit der Zerfallsgeschwindigkeit von der Strahlungsintensität und der H_2O_2-Konzentration untersucht und der mögliche Mechanismus der Zerfallsreaktion erörtert. In diesen Arbeiten wurde bei einer H_2O_2-Konzentration von 10^{-2} bis 1 molar für die Bildung freier Radikale eine Ausbeute von 5 bis 6 Molekeln auf 100 eV absorbierter Energie erhalten. Bei höheren H_2O_2-Konzentrationen (bis 18 molar) beträgt die Ausbeute des Wasserstoffperoxyd-Zerfalls nach DAINTON [5-1], [5-2] 114—5400 Atome Sauerstoff auf 100 eV. In der vorliegenden Arbeit wurden Versuche bei hohen H_2O_2-Konzentrationen, d. h. in Lösungen mit geringem Wassergehalt, angestellt. Unter diesen Bedingungen ist der Mechanismus der Radikalbildung ein anderer und vollzieht sich augenscheinlich unter Strahleneinwirkung durch eine direkte Anregung und Ionisation von H_2O_2-Molekeln. Aus den erhaltenen Ergebnissen ist ersichtlich, daß die Zerfallsgeschwindigkeit des H_2O_2 unter Einwirkung der γ-Strahlung sehr groß ist. Die Reaktionsausbeute, die bei 25° C 335 Molekeln auf 100 eV absorbierter Energie erreicht, kann anscheinend nur für einen Kettenmechanismus des Prozesses sprechen.

Bei Einführung von 3 g Eisen in die H_2O_2-Lösung steigt die Ausbeute der Zerfallsreaktion steil an.

Wesentlich zur Aufklärung des Wesens dieses Effektes ist die Frage nach dem Mechanismus der Strahlungsabsorption und der Weiterleitung der Energie zum reagierenden Stoff. Prinzipiell ist folgender Prozeß möglich:

$$Fe/Fe_2O_3 \xrightarrow{\sim\sim} Fe/Fe_2O_3^+ + e^-. \qquad (5-5)$$

Infolge der Absorption der Strahlungsenergie erscheinen positiv geladenes Eisenoxyd und ein sekundäres Elektron, die beide zum Zerfall einer weiteren Menge H_2O_2 führen können. Die Berechnung zeigt jedoch, daß der Nutzeffekt dieses Prozesses nur gering ist, da eine Zugabe von 3 g Eisen auf 20 ml H_2O_2-Lösung nur zu einer Erhöhung der Zerfallsausbeute des H_2O_2 um 20 bis 25 % führen kann. In den Versuchen über den Zerfall unter Einwirkung von γ-Strahlung steigt die Ausbeute aber auf 200 bis 250 %.

Der zweite mögliche Prozeß besteht darin, daß der in der Lösung befindliche Sauerstoff an der Eisenoberfläche adsorbiert wird und dabei eine Verbindung vom Typ $Fe/Fe_2O_3\cdot[O]$ bildet; die Einwirkung der γ-Strahlung auf diesen Komplex führt über die Anregung der Elektronen des Halbleiters Fe_2O_3 zur Aktivierung des adsorbierten Sauerstoffs:

$$Fe/Fe_2O_3\cdot[O] \xrightarrow{\sim} Fe/Fe_2O_3\cdot[O]^*. \qquad (5-6)$$

Der angeregte Komplex reagiert mit einer Wasserstoffperoxyd-Molekel, indem er an der Oberfläche eine Kettenreaktion anregt, die auf das Flüssigkeitsvolumen übergreift.

$$Fe/Fe_2O_3\cdot[O]^* + H_2O_2 \rightarrow Fe/Fe_2O_3 + OH + HO_2 \quad \text{Kettenbeginn} \qquad (5-7)$$

$$\left.\begin{array}{l} OH + H_2O_2 \rightarrow HO_2 + H_2O \qquad (5-8) \\ HO_2 + H_2O_2 \rightarrow OH + H_2O + O_2 \qquad (5-9) \end{array}\right\} \text{Kettenablauf}$$

$$HO_2 + OH \rightarrow H_2O + O_2 \quad \text{Kettenabbruch} \qquad (5-10)$$

Eine mögliche Variante der heterogenen Sensibilisierung des strahlungschemischen Prozesses ist der Übergang eines Elektrons zum absorbierten Sauerstoff (atomarer oder molekularer), was zur Entstehung eines Zentrums für den Anstoß eines Kettenzerfalls des Wasserstoffperoxyds an der Oberfläche des bestrahlten Halbleiters führt:

$$Fe/Fe_2O_3 \cdot [O] \rightsquigarrow Fe/Fe_2\overset{\oplus e}{O_3}[O] \rightarrow \overset{+}{Fe}/Fe_2O_3 \cdot [O]^-. \qquad (5\text{-}11)$$

Schließlich kann die Einwirkung der γ-Strahlung auf den Halbleiter zu einer Photodissoziation der Sauerstoffverbindung an der Oberfläche und zu einer Desorption des Sauerstoffs, analog dem Mechanismus des heterogenen photoelektrochemischen Peroxydzerfalls bei Einwirkung einer optischen Strahlung [5-5] führen, was wiederum zum Anstoß eines H_2O_2-Kettenzerfalls an der Oberfläche des Halbleiters führt. An dem an der Eisenoberfläche infolge der Zusammenwirkung des angeregten Sauerstoffatoms mit dem H_2O_2-Molekel frei gemachten Platz wird aus der Lösung molekularer Sauerstoff adsorbiert, der dann durch die absorbierte Strahlungsenergie angeregt werden kann. Das führt zu einer Erhöhung der Ausbeute der H_2O_2-Zerfallsreaktion. Die Ausbeute der H_2O_2-Zerfallsreaktion ist bei 10° bei Anwesenheit von Eisen unter Einwirkung von γ-Strahlung wesentlich geringer als bei 25° und 40°. Das kann auch damit zusammenhängen, daß H_2O_2 bei 10° eine wesentlich größere Viskosität hat, die die Annäherung des H_2O_2 an das Metall verlangsamt und den Austritt von Radikalen, die sich infolge Bestrahlung gebildet haben, in der Lösung hemmt.

Zusammenfassung

Es wurde die Zerfallsreaktion des Wasserstoffperoxyds in konzentrierten ($\approx$ 80%igen) Lösungen unter Einwirkung von γ-Strahlung untersucht. Besondere Beachtung wurde dem Einfluß der Oberfläche des Halbleiters (Fe_2O_3) auf die Anregung eines heterogenen, strahlungschemischen Prozesses geschenkt.

Die beim homogenen Wasserstoffperoxyd-Zerfall unter Einwirkung von γ-Strahlung erhaltenen Ergebnisse zeigten, daß die Ausbeute dieser Reaktion hundertmal größer als die Ausbeute normaler Reaktionen ist. Das zwingt zur Annahme eines Kettenmechanismus des strahlungschemischen Zerfalls der konzentrierten Wasserstoffperoxyd-Lösungen. Die Zerfallsgeschwindigkeit des Wasserstoffperoxyds nimmt bei Anwesenheit einer Oberfläche von oxydiertem Eisen (Fe/Fe_2O_3) in der Lösung wesentlich zu. Die Abhängigkeit der Zerfallsgeschwindigkeit des Wasserstoffperoxyds wurde von der Temperatur bestimmt.

Die Ausbeute des homogenen Zerfalls von nicht stabilisiertem Wasserstoffperoxyd unter Einwirkung von γ-Strahlung bei 25° beträgt $\approx$ 300 Molekeln pro 100 eV. Bei Anwesenheit einer Oberfläche von oxydiertem Eisen nimmt die Ausbeute dieser Reaktion unter Einwirkung von γ-Strahlung um das 2,5fache zu.

Es wurde festgestellt, daß sich die Abhängigkeit der Zerfallsgeschwindigkeit von nicht stabilisiertem Wasserstoffperoxyd unter Einwirkung von γ-Strahlung von der Strahlungsintensität relativ gut durch die Formel $v = k\sqrt{I}$ beschreiben läßt.

Zur Erklärung der festgestellten Effekte über den Einfluß von Halbleiteroberflächen auf die Anregung heterogener, strahlungschemischer Reaktionen wurde der Mechanismus einer Sensibilisierung vorgeschlagen.

LITERATURVERZEICHNIS

[5-1] DAINTON, F. S. und ROWBOTTOM, J., Trans Faraday Soc., **49**, 1160 (1953); C. **1956**, 7735.

[5-2] DAINTON, F. S. und ROWBOTTOM, J., Nature (London), **169**, 370 (1952); C. **1953**, 5146.

[5-3] WEISS, J., Discuss. Faraday Soc., Nr. 12, 161 (1952); C. **1954**, 2574.

[5-4] HART, E. J. und MATHESON, M. S., Discuss. Faraday Soc., Nr. 12, 169 (1952); C. **1954**, 2575.

[5-5] Веселовский В. И., Журнал физической Химии. (WESSELOWSKI, W. I., J. physik. Chem.), **23**, 1095 (1949).

6. Z. I. SALKIND und W. I. WESSELOWSKI

Die Erzeugung eines Wasserstoffpotentials auf einer Platinelektrode unter Einwirkung von γ-Strahlung

Die Anregung eines elektrochemischen Prozesses bei Einwirkung von Strahlungen auf ein elektrochemisches System könnte entweder durch direkte Strahlungseinwirkung auf die Elektrode und auf die potentialbestimmende Oberflächenverbindung an der Trenngrenze zwischen Elektrode und Lösung hervorgerufen werden oder durch Einwirkung auf die Lösung und dadurch bedingte strahlungschemische Veränderungen [6–1].

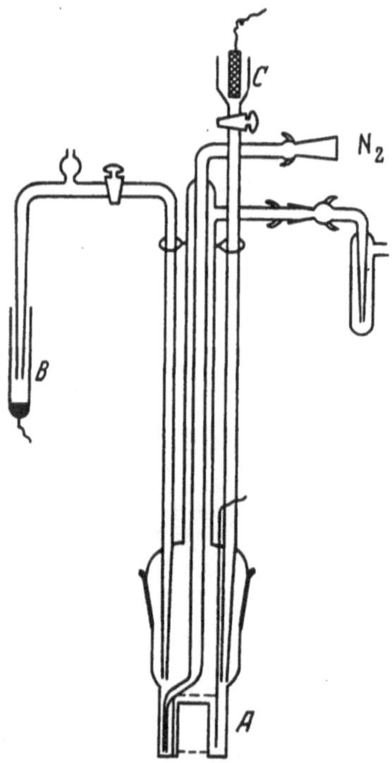

Abb. 6–1. Gerät für elektrische Messungen während der Bestrahlung

Im zweiten Fall wirken die infolge des Primäraktes der Radiolyse entstandenen oxydierenden und reduzierenden Komponenten auf die Elektrode ein und erzeugen an ihr einen elektrochemischen Prozeß, der den elektrochemischen Parametern der Komponenten der Radiolyse entspricht.

Die Angaben der Literatur über die Wirkung radioaktiver Strahlung auf wäßrige Lösungen sind erklärbar, wenn man annimmt, daß die Atome des Wasserstoffs und die Hydroxylradikale primäre Produkte der Radiolyse [6–2] sind. Das Auftreten dieser Produkte in der Lösung bei Strahlungseinwirkung auf elektrochemische Systeme vom Typ Me/Elektrolyt-Lösung muß zweifellos zu einer Veränderung der elektrochemischen Parameter des Systems führen. Dabei könnte das Elektrodenpotential jeden beliebigen Wert zwischen den Potentialen der Wasserstoff- und Sauerstoffelektrode annehmen in Abhängigkeit von den Eigenschaften des Metalls selbst, von der Geschwindigkeit seiner Wechselwirkung mit den Radiolyse-Produkten und seiner Fähigkeit, sie zu absorbieren. Auf Grund der Eigenschaften einer Elektrode z. B. aus Platin, d. h. ihrer Fähigkeit, Wasserstoff gut zu adsorbieren [6–3] und leicht zu ionisieren [6–4], wäre zu erwarten, daß das Potential des Platins in einer bestrahlten Lösung einen dem Wasserstoffpotential näherliegenden Wert annimmt. Die vorliegende Arbeit ist der experimentellen Prüfung dieser Fragen gewidmet.

Die elektrochemischen Parameter einer in einer 0,8 n Schwefelsäurelösung befindlichen Platinelektrode, auf die γ-Strahlen einwirkten, wurden in dem in Abb. 6–1 wiedergegebenen Gerät untersucht. Die zu prüfende Elektrode A, welche die Form eines Zylinders mit einer Gesamtoberfläche von $\approx 10\ cm^2$ hatte, wurde im unteren Teil des Gerätes angebracht, der unmittelbar über die γ-Quelle gestülpt werden

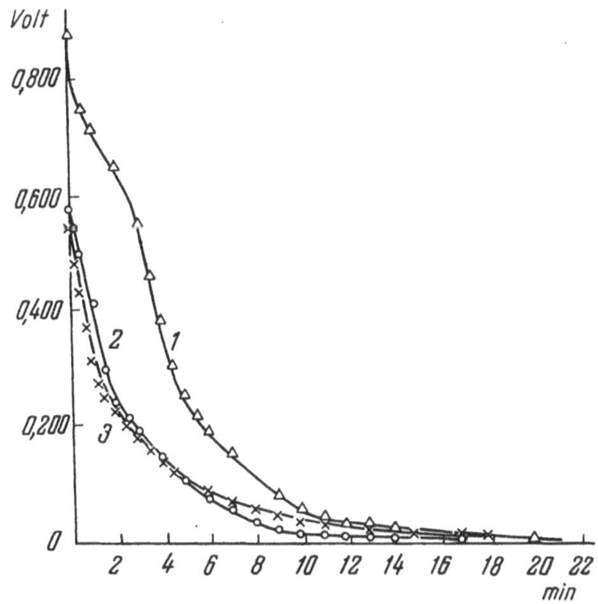

Abb. 6–2. Abhängigkeit des Elektrodenpotentials von der Dauer der Strahlungseinwirkung (Kurven *1* u. *2*) und von der Zeit der Elektrodenaufladung mit einem Strom von 10 μA (Kurve 3)

konnte. Die Vergleichselektrode B und die Polarisationshilfselektrode C waren von der Quelle weiter entfernt. Als Vergleichselektrode diente eine Quecksilbersulfat-Elektrode in derselben Lösung. Die Lösungen wurden mit dreimal destillierter, chemisch reiner Schwefelsäure hergestellt. Die Elektrode wurde vor Versuchsbeginn 20 bis 25 Sekunden lang in kochendem Königswasser gebeizt, dann sorgfältig in kochendem, zweimal destilliertem Wasser abgewaschen und dann bis zu einem Potential von 0,5 bis 0,6 V im gleichen Gerät oder auch in einer besonderen Zelle reduziert; im letzteren Falle wurde die Elektrode allerdings bei Einbringung in das Gerät durch den Luftsauerstoff wieder oxydiert. Die Versuche fanden in einer Stickstoffatmosphäre statt. Der Stickstoff wurde sorgfältig von allen Sauerstoffspuren gereinigt und passierte vor Eintritt in das Gerät eine Kühlfalle mit flüssiger

Luft. Bis zum Bestrahlungsbeginn wurde die Lösung 3 bis 4 Stunden mit Stickstoff gesättigt. Während der Bestrahlung strömte kein Stickstoff durch die Lösung. Als Strahlungsquelle diente radioaktives Kobalt (^{60}Co) mit einer Aktivität von $\approx$ 80 Curie. Die von 1 ml Lösung während 1 Sekunde absorbierte Energiemenge betrug im Durchschnitt $2{,}5 \cdot 10^{15}$ eV.

Abb. 6–2 bringt Kurven (*1* und *2*) über die Abhängigkeit des Potentials der Platinelektrode von der Dauer der Strahlungseinwirkung. Kurve *1* gehört zu einer Elektrode, die vorher durch kathodische Polarisation in einem besonderen Gefäß reduziert und dann mit Luft in Berührung gekommen war, Kurve *2* zu einer Elektrode, die im Gerät selbst reduziert wurde. Wie die Kurve zeigt, strebt das Potential der Elektrode bei der Einwirkung von γ-Strahlung auf das vorliegende elektro-

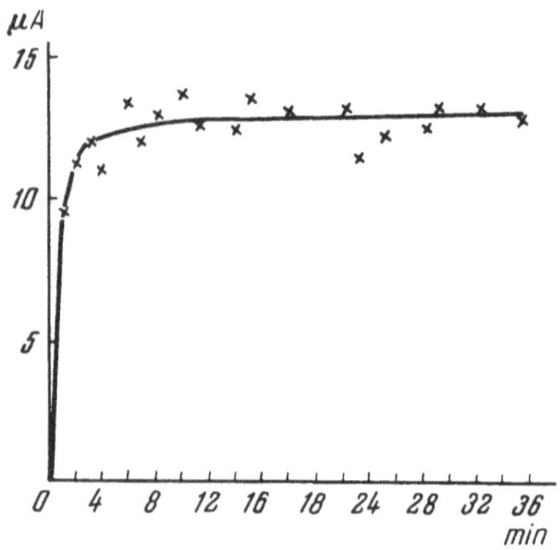

Abb. 6–3. Abhängigkeit des polarisierenden Stromes ($U = 0{,}400$ V) von der Zeit der Strahlungseinwirkung

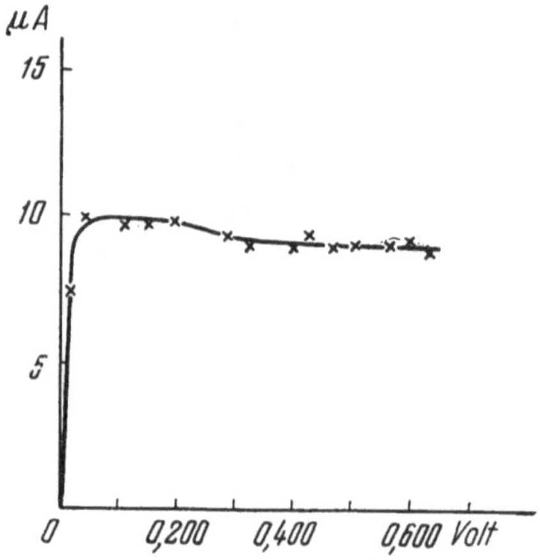

Abb. 6–4. Abhängigkeit des polarisierenden Stromes vom Potential bei Strahlungseinwirkung

chemische System negativen Werten zu und nimmt nach 15 bis 20 Minuten langer Bestrahlung den Wert des Wasserstoffelektroden-Potentials an. Dieser Wert bleibt 2 Stunden erhalten, und nur bei länger andauernder Bestrahlung verschiebt sich das Potential ($\approx$ 10 mV) etwas zur positiven Seite. Die erhaltenen Kurven ähneln in ihrer Form den Kurven der kathodischen Aufladung der Platinelektrode. Zum Vergleich wurde in dieselbe Abbildung die Kurve der kathodischen Aufladung der Platinelektrode bei einem Strom von 10 μA (Kurve *3*) eingezeichnet. Wie ersichtlich, ist diese Kurve nahezu mit Kurve *2* identisch.

Die Einstellung des Potentials der Wasserstoffelektrode auf Platin bei Einwirkung von Strahlung hängt höchstwahrscheinlich mit der überwiegenden Absorption der sich bei der Wasserradiolyse in der Lösung bildenden Wasserstoffatome an der Oberfläche zusammen. Neben atomarem Wasserstoff könnte die Einstellung des Wasserstoffpotentials auf Platin auch durch molekularen Wasserstoff erfolgen, der sich im Prozeß der Radiolyse des Wassers bildet. Es ist jedoch in Gegenwart der durch Radiolyse gebildeten Radikale und des Wasserstoffperoxyds, die starke Oxydationsmittel darstellen, wenig wahrscheinlich, daß das Wasserstoffpotential auf dem Platin nur durch molekularen Wasserstoff zustande kommt.

Wenn man bei der Einwirkung der Strahlung auf das gegebene System die Elektrode gleichzeitig anodisch polarisiert, so kann man das Elektrodenpotential mit einem bestimmten Wert des polarisierenden Stromes beim Ausgangswert oder einem beliebigen Potential, das positiver als das Potential der Wasserstoffelektrode ist, aufrechterhalten.

Abb. 6-3 zeigt die Kurve der Abhängigkeit der polarisierenden Stromstärke, die das Potential bei einem Wert von 0,400 V aufrechterhält, von der Dauer der Strahlungseinwirkung. Diese Stromstärke wächst anfangs sehr rasch mit der Zeit, nimmt aber dann einen fast konstanten Wert an. Die zur Aufrechterhaltung des gegebenen Potentials erforderliche Stromstärke hängt bei einer Änderung von 0,020 bis 0,700 V wenig vom Elektrodenpotential ab. Die Änderung des Stromes mit dem Potential überstieg dabei 10% nicht. Die Stromstärkenwerte schwankten von Versuch zu Versuch zwischen 9,5 und 13,5 μA. Die gleiche Unabhängigkeit des Stroms vom Potential in einem bestimmten Potentialbereich wurde auch an den Polarisierungskurven beobachtet, besonders an der Kurve in Abb. 6-4. Ein solcher Kurvenverlauf weist darauf hin, daß die begrenzende Ursache bei dem von uns untersuchten Prozeß die Diffusion des Reduktionsmittels zur Elektrode ist. Die Diffusionsgeschwindigkeit bei den Versuchsbedingungen, in elektrischen Einheiten ausgedrückt, betrug für bestimmte Versuche 9,5 bis 13,5 μA, bei den meisten Versuchen jedoch 10 bis 11 μA. Hierdurch war auch die Wahl der Werte für den polarisierenden Strom bei der Aufnahme der Kurve *3* (Abb. 6-2) bestimmt. Das Zusammenfallen der Kurven *2* und *3* (Abb. 6-2) zeugt von der guten Umkehrbarkeit der Adsorptions- und Ionisationsprozesse des Wasserstoffs, was als Bestätigung für die Adsorption von atomarem Wasserstoff dienen mag.

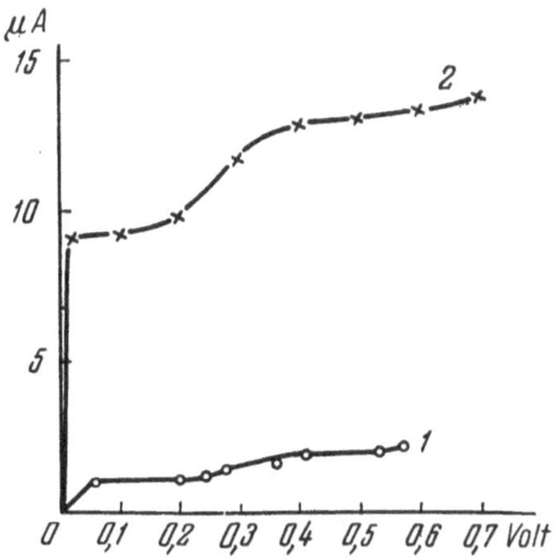

Abb. 6-5. Abhängigkeit des polarisierenden Stromes vom Potential bei Strahlungseinwirkung
1: unbewegliche Elektrode; *2*: sich drehende Elektrode

Um den möglichen sensibilisierenden Einfluß des Platins auf den Verlauf des strahlungschemischen Prozesses zu verringern, wurden Versuche mit einer Mikroplatinelektrode von 0,37 cm² Oberfläche durchgeführt. Bei γ-Bestrahlung nimmt das Potential einer solchen Elektrode ebenfalls den Wert des Potentials der Wasserstoffelektrode an, was bestätigt, daß die Bildung eines Wasserstoffpotentials auf dem Platin bei Einwirkung von Strahlung nicht von der sensibilisierenden Wirkung der Platinoberfläche bestimmt wird.

In Abb. 6-5 sind Polarisationskurven angeführt, die an einer ruhenden und einer sich drehenden Mikroplatinelektrode aufgenommen wurden. Aus dem Vergleich dieser Kurven geht hervor, daß bei einer durch die sich drehende Elektrode verursachten Durchmischung der Lösung der Wert der polarisierenden Ströme um das 6- bis 9fache ansteigt. Das ist ein Beweis mehr dafür, daß eine Änderung der elektrochemischen Parameter des Systems bei Bestrahlung mit Veränderungen zusammenhängt, die im Volumen der Lösung vor sich gehen. Die Kurven in Abb. 6–5 zeigen eine charakteristische Zunahme der Sättigungs-Stromwerte der Diffusion bei einem Elektrodenpotential von 0,2 bis 0,3 V. Die Ursache dieser Stromzunahme ist nicht völlig klar. Wenn man mögliche, zufällige Ursachen ausschließen will, so kann diese Zunahme des Sättigungsstroms mit der Teilnahme zweier Stoffe mit verschiedener elektrochemischer Wirksamkeit, etwa von Wasserstoffatomen und Wasserstoffmolekülen, beim Ionisationsprozeß an der Pt-Elektrode zusammenhängen.

Durch Vergleich der Sättigungsströme dieser Polarisationskurven mit den Sättigungsströmen der Wasserstoffoxydation, in demselben Gerät gemessen, kann man die Ausbeute des sich bildenden Reduktionsmittels abschätzen. Die Menge der sich bildenden Wasserstoffatome beträgt $\approx$ 4 bis 5 auf 100 eV absorbierter Energie. Diese Schätzung trägt Näherungscharakter, da bei der Berechnung angenommen wurde, daß der Diffusionskoeffizient des atomaren gleich dem des molekularen Wasserstoffs ist. Ein so hoher Ausbeutewert kann aber auch als Beweis dafür gelten, daß für die Bildung des Wasserstoffpotentials auf dem Platin unter der Einwirkung von γ-Strahlung nicht molekularer Wasserstoff verantwortlich ist. Zur Berechnung der Ausbeutewerte für eine bestimmte, von der Lösung absorbierte Energie, benutzen wir die Kurve in Abb. 6–3, da diese Kurve die Möglichkeit bietet, die Zeit, in der die stationäre Wasserstoffatom-Konzentration in der Lösung eintrat, zu berechnen. Diese Zeit beträgt, nach Abb. 6–3, ungefähr 3 Minuten.

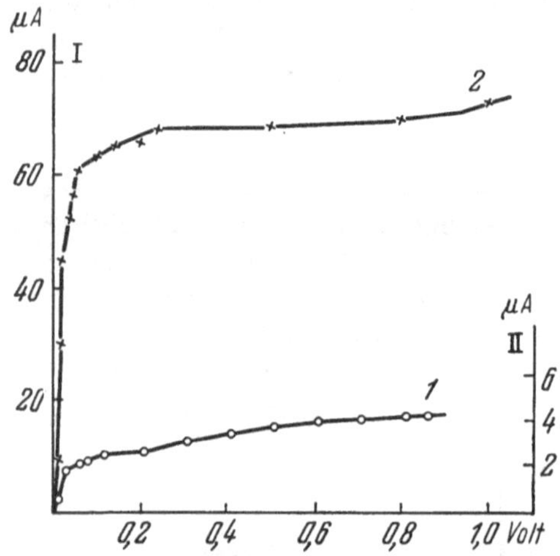

Abb. 6–6. Abhängigkeit des polarisierenden Stromes vom Potential bei Strahlungseinwirkung auf eine Lösung von 0,8 n $H_2SO_4 + 0{,}003$ n $C_2H_2O_4$
1: unbewegliche Elektrode (Ordinate II); *2*: sich drehende Elektrode (Ordinate I)

Das Eintreten einer stationären Konzentration hängt damit zusammen, daß neben der Bildung von H- und OH-Radikalen bei Anwesenheit von Stoffen, die mit ihnen reagieren können, auch Rückreaktionen möglich sind, die zum Verschwinden der Radikale führen. Eine solche Reaktion kann z. B. die Wechselwirkung der H-Atome mit den OH-Radikalen sein. Man könnte erwarten, daß die Zugabe von Stoffen, die mit OH-Radikalen zu reagieren vermögen, zu einer Erhöhung der stationären Konzentration der H-Atome in der Lösung führen würde. Versuche mit Zusatz von $3 \cdot 10^{-3}$ n Oxalsäure zur Lösung stützten diese Annahme. In Abb. 6–6 sind Polarisationskurven angeführt, die in 0,8 n H_2SO_4 + 0,003 n Oxalsäure an einer sich drehenden Platinelektrode unter Einwirkung von γ-Strahlung aufgenommen wurden. Wie ein Vergleich der Kurven in Abb. 6-5 und in Abb. 6-6 zeigt, wird bei Anwesenheit von Oxalsäure in der Lösung der Wert des Sättigungsstromes etwa um das 5fache erhöht und erreicht $\approx 65\,\mu A$. Entsprechend länger wird auch die Zeitdauer, während der sich die stationäre Konzentration der H-Atome in der Lösung einstellt.

Unsere Untersuchung zeigte, daß bei Einwirkung von γ-Strahlung auf das System Pt/Schwefelsäure infolge der überwiegenden Adsorption von Wasserstoffatomen an der Elektrodenoberfläche das Elektrodenpotential des Pt den Wert des Potentials der Wasserstoffelektrode annimmt. Dies hat prinzipielle Bedeutung für die Lösung von Fragen, die in Zusammenhang mit einer direkten Energietransformation von radioaktiver Strahlung in elektrochemische Energie stehen.

LITERATURVERZEICHNIS

[6-1] Весоловский В. И., Журнал физической Химии. (WESSELOWSKI, W. I., J. physik. Chem.), **15**, 145 (1941); **20**, 270 (1946); **21**, 983 (1947); **22**, 1302 (1948); **22**, 1427 (1948); Гинзбург В. И. и Веселовский В. И., Журнал физической Химии. (GINSBURG, W. I. und WESSELOWSKI, W. I., J. physik. Chem.), **24**, 906 (1950).

[6-2] ALLEN, A. O., Ann. Rev. of Phys. Chem., **3**, 57 (1952).

[6-3] Фрумкин А. Н. и Шлыгин А. И., Доклады Академии Наук СССР. (FRUMKIN, A. N. und SCHLYGIN, A. I., Ber. Akad. Wiss. UdSSR), **2**, 3, 113 (1934).

[6-4] Айказян Э. А. и Федорова А. И., Доклады Академии Наук СССР. (AIKASJAN, E. A. und FEDOROWA, A. I., Ber. Akad. Wiss. UdSSR), **86**, 1137 (1952); C. **1953**, 4978.

7. W. I. MEDWEDOWSKI, N. A. BACH und E. W. SHURAWSKAJA

Die Messung des Redoxpotentials eines Systems während der Bestrahlung

Die während der Bestrahlung von wäßrigen Lösungen anorganischer Salze auftretenden chemischen Veränderungen führen zu einer Veränderung des Redoxzustandes des Systems. Die Veränderung des Gehalts an oxydierten und reduzierten Formen der Komponenten kann man durch direkte analytische Methoden untersuchen, wenn die Art dieser Formen bekannt ist. Am häufigsten tritt bei strahlungschemischen Untersuchungen die Frage auf, welche Reduktions- oder Oxydationsprodukte bei Strahlungseinwirkung gebildet werden.

Eine Messung des Redoxpotentials kann gute Dienste leisten, da seine Veränderungen unter Strahlungseinwirkung die sich in dem System vollziehenden Umwandlungen widerspiegeln müssen und es dadurch ermöglichen, den Charakter der entstehenden Produkte zu beurteilen und ihre Identifizierung zu erleichtern.

Die Potentialmessung im System während einer Bestrahlung mit Röntgenstrahlen bietet bei großer Dosisleistung infolge von Störungen durch die Hochspannungsanlagen gewisse Schwierigkeiten. Bei geringer Intensität hat LOISELEUR [7–1] solche Messungen an bestrahlten Methylenblau-Lösungen durchgeführt. Die jetzige Aufgabe bestand darin, eine Meßmethodik für das Potential des Systems auszuarbeiten und eine Beziehung zwischen dem Potentialwert und dem Mengenverhältnis der oxydierenden und reduzierenden Formen in der bestrahlten Lösung aufzustellen. Von Bedeutung war dabei die Forderung, derartige Versuche während der Bestrahlung der mit Gas bei ununterbrochener Durchmischung gesättigten Systeme durchzuführen.

Zur Lösung dieser Aufgabe wählt man zweckmäßig ein möglichst einfaches System, in dem die Möglichkeiten der strahlungschemischen Umwandlungen begrenzt sind, wie z. B. ein Salz, in dem nur ein Ion auf die Strahlungseinwirkung anspricht und alle strahlungschemischen Reaktionen auf die Änderung seines Redoxzustandes zurückzuführen sind. Ein in elektrochemischer wie auch in strahlungschemischer Beziehung gut bekanntes System ist eine Lösung von Eisen(II)-sulfat in Schwefelsäure, in der als hauptsächliche Umwandlung bei Strahlungseinwirkung der Übergang des zweiwertigen in dreiwertiges Eisen erfolgt.

1. Die Methodik

Als Strahlungsquelle diente eine abgeschmolzene Röntgenröhre, die bei 70 kV und 150 mA mit vertikalem, nach oben gerichtetem Strahlenbündel arbeitete. Die schematische Ansicht der Apparatur zur Potentialmessung während der Bestrahlung zeigt Abb. 7-1.

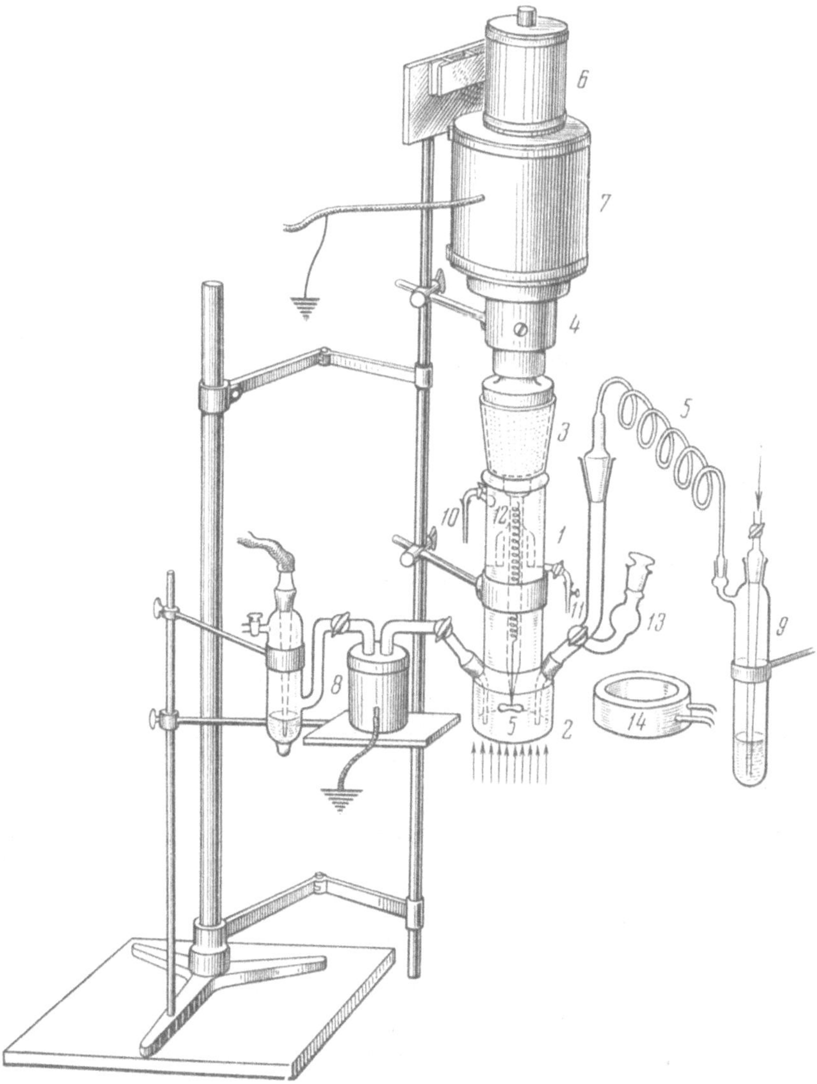

Abb. 7-1. Allgemeines Schema der Apparatur zur Messung des Redoxpotentials während der Bestrahlung von Lösungen

Über dem Strahlenbündel war ein zylindrisches Glasgefäß *1* angebracht, dessen Boden die dünne Membran *2* darstellte. Oben endete das Gefäß in einem Schliff *3*, der auf den metallischen Konus einer Spezialvorrichtung zur Drehung der Elektrode *4* paßt. Als Elektrode diente ein 1 mm dicker Platindraht, der in Form einer Schleife *5* gebogen war. Durch die Drehung der Elektrode wurde eine kräftige Durchmischung der Lösung während der Bestrahlung erreicht.

Mittels eines ringförmigen, auf die Zelle gestülpten Kühlers *14* war die Bestrahlung der Lösung bei konstanter Temperatur durchführbar.

Die Versuche fanden in der Atmosphäre eines bestimmten Gases statt, das durch den Sättiger *9* eingelassen wurde. Die rotierende Achse wurde mittels einer Stopfbuchse aus durchbohrtem Asbest mit Schuppengraphit abgedichtet.

Der Strom wurde von der Elektrode mittels eines isolierten Leiters, der durch eine im Zentrum der Achse gebohrte Öffnung geht, abgeführt und durch eine Graphitbürste von einem rotierenden Kupferring abgenommen, der auf einer auf der Achse sitzenden Ebonit-Büchse befestigt war. Die Umdrehungsgeschwindigkeit der Elektrode konnte von 60 bis 3000 Umdrehungen/Minute geregelt werden. Alle Drähte, Stromabnehmer und die Verbindungsflüssigkeit wurden sorgfältig abgeschirmt (*7* und *8*).

Die Dosisleistung wurde durch Dosimetrie mit Ferrosulfat bestimmt; sie betrug für alle Versuche $2,7 \cdot 10^{16}$ eV/cm$^3 \cdot$ s. Das Potential wurde gegen die Normal-Kalomelelektrode gemessen und auf die Normal-Wasserstoffelektrode umgerechnet.

Bei Nichtreproduzierbarkeit des Anfangspotentials wurde die Elektrode 15 bis 20 Minuten lang mit kochender konzentrierter Salpetersäure behandelt, mit zweimal destilliertem Wasser abgespült und darauf einige Stunden in der zu untersuchenden Lösung gehalten, bis sich ein konstanter Potentialwert einstellte. Dieser Potentialwert könnte vielleicht auch durch einige Minuten Polarisation mit schwachem Strom erreicht werden.

Bei einer solchen Behandlung der Elektrode war die Reproduzierbarkeit der Ergebnisse durchaus zufriedenstellend. Die Streuung des Potentialwertes war bei einer Gesamtänderung um 0,3 V nicht größer als 5 bis 10 mV.

2. Die Ergebnisse

Es wurden Lösungen von $6 \cdot 10^{-3}$ molarem $FeSO_4$ in 0,8 n H_2SO_4 bestrahlt. Die Messungen zeigten, daß der Kurvenverlauf der Abhängigkeit des Potentials von der absorbierten Energie vollständig analog ist dem der Abhängigkeit des Potentials von dem Konzentrationsverhältnis des zwei- und dreiwertigen Eisens bei deren konstanter Gesamtmenge ohne Bestrahlung.

Um die experimentell erhaltenen Potentialwerte in Abhängigkeit von dem Verhältnis $[Fe^{3+}]/[Fe^{2+}]$ auszudrücken, muß man die Konzentration des zweiwertigen Eisens in der bestrahlten Lösung bei verschiedenen Mengen absorbierter Energie ermitteln. Vorher war es aber nötig festzustellen, ob nach Beendigung der Bestrahlung Einflüsse vorhanden sind, die zu einer Änderung des Potentials oder des Verhältnisses $[Fe^{3+}]/[Fe^{2+}]$ führen könnten.

In Abb. 7–2 (Kurve *1*) sind die zeitlichen Potentialänderungen nach Beendigung der Bestrahlung bei einer bestimmten Integraldosis punktiert wiedergegeben. Man sieht, daß fast während des ganzen Kurvenverlaufs keinerlei Potentialänderung des Systems nach Ausschalten der Röntgenanlage zu beobachten ist und sich folglich der Redoxzustand des Systems nicht verändert. Nur am Ende der Kurve, bei Annäherung an den statioären Zustand, machen sich die in der Lösung angereicherten Produkte anderer strahlungschemischer Reaktionen allmählich bemerkbar.

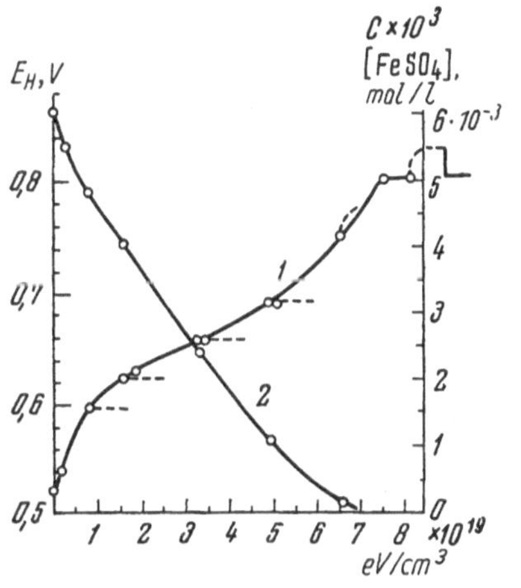

Abb. 7–2. Untersuchung einer $6 \cdot 10^{-3}$ molaren $FeSO_4$-Lösung in 0,8 n H_2SO_4 während der Bestrahlung

1: Potentialänderung während der Bestrahlung; *2*: Änderung des Fe^{2+}-Gehaltes, ------ Potentialänderung nach dem Abschalten

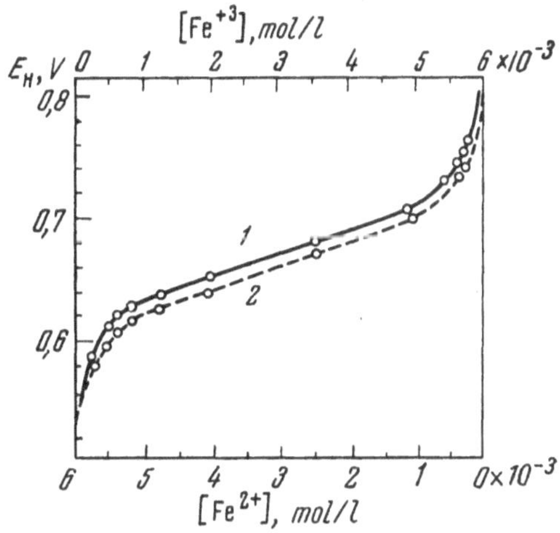

Abb. 7–3. Abhängigkeit des Potentials in einer bestrahlten und einer Modellösung von dem Konzentrationsverhältnis Fe^{3+} zu Fe^{2+}

1: Bestrahlte Lösung; *2*: Modellösung

Um den Gehalt an $FeSO_4$ in verschiedenen Punkten der Kurve *1* zu bestimmen, wurden einzelne Portionen der Lösung bis zu den entsprechenden Integraldosen bestrahlt. Die Fe^{2+}-Konzentration wurde durch potentiometrische Titration mit $KMnO_4$ ermittelt. Die Ergebnisse sind in Kurve *2* (Abb. 7–2) dargestellt.

Auf Grund der Analysendaten wurden das Konzentrationsverhältnis von zwei- zu dreiwertigem Eisen für bestimmte Integraldosen errechnet und Modellösungen mit demselben $[Fe^{3+}]/[Fe^{2+}]$-Verhältnis und derselben H_2SO_4-Konzentration bereitet.

Die Meßergebnisse des Potentials bei bestimmten Integraldosen in den bestrahlten Lösungen und die Potentialwerte in den entsprechenden Modellösungen sind in Tab. 7–1 angeführt und in Abb. 7–3 graphisch wiedergegeben.

Wie aus Abb. 7–3 ersichtlich ist, fällt das sich bei der Absorption einer gewissen Strahlendosis in schwefelsauren Eisenlösungen einstellende Potential in den Grenzen

Tabelle 7-1

Vergleich des Potentials in bestrahlten und Modellösungen von Fe^{2+} *und* Fe^{3+} *in 0,8 n* H_2SO_4

Integraldosis in eV/cm^3	Fe^{2+}-Konzentration in 10^{-3} mol/l	Fe^{3+}-Konzentration in 10^{-3} mol/l	Potential der bestrahlten Lösung in Volt	Potential der Modellösung in Volt
0	6,0	0,012	0,521	0,522
$3,28 \cdot 10^{18}$	5,52	0,56	0,598	0,608
$8,21 \cdot 10^{18}$	4,84	1,24	0,622	0,626
$1,64 \cdot 10^{19}$	4,13	1,95	0,638	0,642
$3,28 \cdot 10^{19}$	2,48	3,60	0,665	0,671
$4,92 \cdot 10^{19}$	1,15	4,93	0,688	0,691
$6,57 \cdot 10^{19}$	0,13	5,95	0,754	0,776

der Meßgenauigkeit zusammen mit dem Potential, das in einer Modellösung von gleichem $[Fe^{3+}]/[Fe^{2+}]$-Verhältnis in 0,8 n H_2SO_4 auftritt.

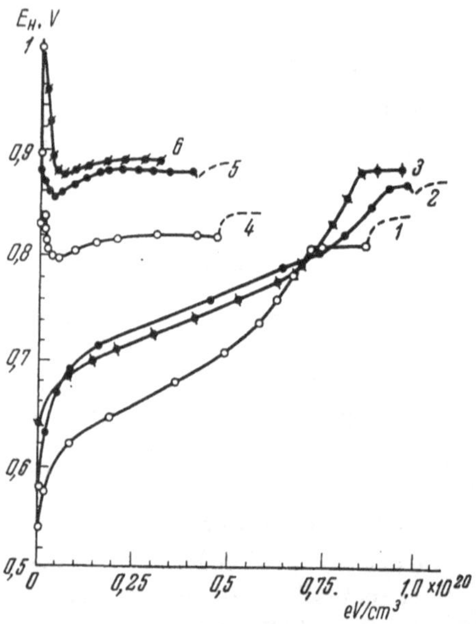

Abb. 7-4. Potentialänderung des Systems Fe^{3+}/Fe^{2+} unter Einwirkung von Strahlung in verschiedenen Säuren

1: Fe^{2+}-Oxydation in 0,8 n H_2SO_4; *2*: Fe^{2+}-Oxydation in 0,8 n $HClO_4$; *3*: Fe^{2+}-Oxydation in 0,07 n HNO_3; *4*: Fe^{3+}-Reduktion in 0,8 n H_2SO_4; *5*: Fe^{3+}-Reduktion in 0,8 n $HClO_4$; *6*: Fe^{3+}-Reduktion in 0,07 n HNO_3

Um den Einfluß der Art der Anionen auf die Messung des Redoxpotentials der Lösungen von zwei- und dreiwertigen Eisensalzen unter Einwirkung von Strahlung zu klären, wurden auch Lösungen in Perchlorsäure und Salpetersäure untersucht. Die entsprechenden Ergebnisse sind in Abb. 7-4 durch die Kurven *1*, *2* und *3* dargestellt. Die Kurve der Abhängigkeit des Potentials von der Menge der absorbierten Energie für eine Lösung von $6 \cdot 10^{-3}$ molarem Fe^{2+} in 0,8 n $HClO_4$ ist der Kurve in schwefelsaurer Lösung entsprechend, wobei allerdings das Potential den stationären Wert bei einer etwas größeren integralen Dosis annimmt. Beim Abschalten der Strahlung ist in $HClO_4$ so gut wie kein Potentialanstieg zu beobachten, wie dies bei Verwendung von H_2SO_4 festgestellt wurde.

Die Potentialwerte für verschiedene $[Fe^{3+}]/[Fe^{2+}]$-Verhältnisse in 0,8 n $HClO_4$ liegen, wie aus Tabelle 7-2 ersichtlich ist, nahe bei den experimentellen Ergebnissen für bestrahlte Lösungen.

In Abb. 7-5 sind die Kurven für die Lösungen von $6 \cdot 10^{-3}$ molarem Fe^{2+} bei verschiedenen HNO_3-Konzentrationen wiedergegeben.

Wie aus Abb. 7–5 (Kurve *4*) hervorgeht, tritt in einer 0,21 n HNO_3-Lösung schon bei einer Energieabsorption von $5 \cdot 10^{19}$ eV/cm³ eine scharfe Potentialerhöhung ein. Sie erreicht einen stationären Wert, der merklich positiver ist als das stationäre Potential in den schwefel- und perchlorsauren Lösungen bei einer Konzentration von 0,8 n.

Bei 0,07 n HNO_3 nähert sich die Kurve der Potentialveränderung in Abhängigkeit von der integralen Dosis den für Schwefel- und Perchlorsäure erhaltenen Kurven.

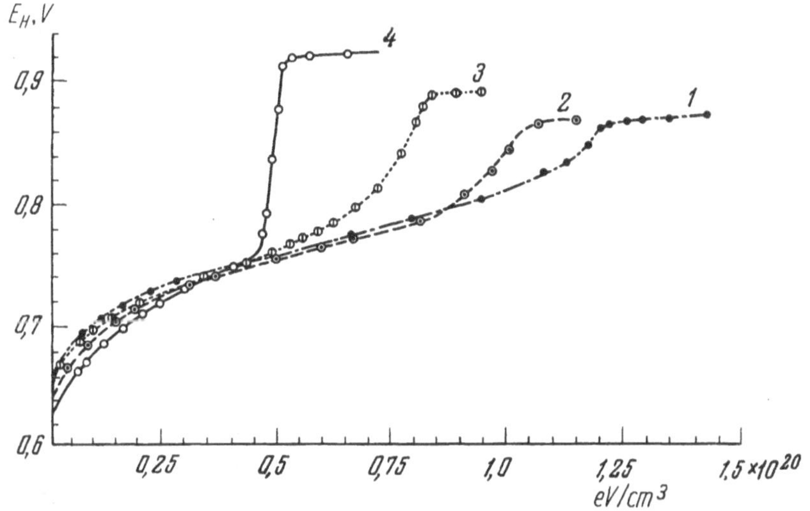

Abb. 7–5. Potentialänderung des Systems Fe^{3+}/Fe^{2+} in Salpetersäurelösungen verschiedener Konzentration

1: 0,025 n; *2*: 0,035 n; *3*: 0,07 n; *4*: 0,21 n

Ein weiteres Herabsetzen der HNO_3-Konzentration führt zu einem später einsetzenden stationären Zustand des Systems, was offensichtlich auf eine Verringerung der Ausbeute der Fe^{2+}-Oxydation bei einer p_H-Erhöhung des Lösungsmittels zurückzuführen ist [7–2].

Tabelle 7–2

Vergleich des Potentials in bestrahlten und Modellösungen von Fe^{2+} *und* Fe^{3+} *in 0,8 n* $HClO_4$

Integraldosis in eV/cm³	Fe^{2+}-Konzentration in 10^{-3} mol/l	Fe^{3+}-Konzentration in 10^{-3} mol/l	Potential der bestrahlten Lösung in Volt	Potential der Modellösung in Volt
0	6,53	0,06	0,576	0,576
0,82	5,29	1,30	0,671	0,669
1,64	4,75	1,84	0,694	0,685
3,28	2,95	3,64	0,730	0,716
4,92	1,68	4,91	0,748	0,721
6,57	0,66	5,93	0,787	0,777
7,38	0,45	6,14	0,799	0,794
9,02	0,20	6,39	0,850	0,827

Bekanntlich geht bei Strahlungseinwirkung nicht nur eine Fe^{2+}-Oxydation, sondern auch eine Fe^{3+}-Reduktion vonstatten. Zur Klärung der Frage, ob sich ein und derselbe stationäre Wert des Potentials unabhängig vom Ausgangszustand des Systems einstellt, wurde die Potentialänderung in Lösungen von $Fe_2(SO_4)_3$ in 0,8 n H_2SO_4, in 0,8 n $HClO_4$ und in 0,07 n HNO_3 unter Strahlungseinwirkung untersucht. Nach den Kurven *4, 5* und *6* in Abb. 7–4 ist die Menge des reduzierten dreiwertigen Eisens bei den angewandten Konzentrationen der Säuren unbedeutend, und schon bei integralen Dosen von $\approx 1{,}5 \cdot 10^{19}$ eV/cm³ tritt der stationäre Zustand ein. Das Potential nähert sich dabei dem stationären Potential, das bei der Oxydation von Fe^{2+} in der entsprechenden Säure erreicht wird.

3. Die Beurteilung der Ergebnisse

Wie sich aus dem Vergleich mit den Modellösungen ableiten läßt, wird die Potentialänderung während der Bestrahlung von Ionen des zwei- und dreiwertigen Eisens in Schwefel- oder Perchlorsäure enthaltenden Lösungen praktisch nur durch das Konzentrationsverhältnis der Fe^{3+}- zu den Fe^{2+}-Ionen (Abb. 7–3 sowie Tabellen 7–1 u. 7–2) bestimmt.

Die Untersuchung des Potentialverlaufs nach Beendigung der Strahlungseinwirkung (Abb. 7–2) zeigt, daß bis zu integralen Dosen von $\approx 5 \cdot 10^{20}$ eV/cm³, bei denen der Gehalt an zweiwertigem Eisen $1 \cdot 10^{-3}$ molar ist, das Potential nach dem Ausschalten konstant bleibt. Dies beweist, daß sich das bei der Bestrahlung einstellende Verhältnis $[Fe^{3+}]/[Fe^{2+}]$ nicht verändert. Bei höheren integralen Dosen beobachtet man nach Beendigung der Bestrahlung ein Anwachsen des Potentials. Diesen Dosen entspricht eine Konzentration an Fe^{2+}-Ionen unter 10^{-4} molar.

Wenn die Beendigung der Bestrahlung nach dem Erreichen des stationären Zustandes erfolgt, so erhöht sich das Potential und erreicht einen neuen konstanten Wert. Bei erneutem Einschalten sinkt dann das Potential auf den vorigen Wert. Potentiale, die sich nach Beendigung der Bestrahlung in Lösungen einstellen, welche von Anfang an nur zwei- oder nur dreiwertiges Eisen enthielten, sind untereinander gleich.

Einen derartigen Kurvenverlauf kann man erklären, wenn man die bei diesen Bedingungen im System verlaufenden Hauptreaktionen betrachtet.

Am Ende der Bestrahlung der $FeSO_4$-Lösungen, wenn die Konzentration der Fe^{2+}-Ionen genügend niedrig und die Fe^{3+}-Konzentration hoch genug geworden ist, beginnt die Reaktion

$$2\,OH \rightarrow H_2O_2 \tag{7–1}$$

die Reaktion

$$Fe^{2+} + OH \rightarrow Fe^{3+} + OH^- \tag{7–2}$$

zu überwiegen, und die Reaktion

$$Fe^{3+} + H \rightarrow Fe^{2+} + H^+ \tag{7–3}$$

ist vorherrschend.

Der sich unter dem Einfluß der Strahlung einstellende stationäre Zustand entspricht einer konstanten Beziehung von [Fe^{2+}], [Fe^{3+}] und [H_2O_2], wobei das Verhältnis [Fe^{3+}]/[Fe^{2+}] den stationären Wert des Potentials bestimmt.

Die nicht strahlungsgebundene Oxydation von Fe^{2+}, die im sauren Medium mit genügender Geschwindigkeit verläuft, wandelt nach Beendigung der Strahlung alles zweiwertige Eisen durch das Wasserstoffperoxyd in dreiwertiges um. Das Potential erreicht dabei einen Wert, der dem Ausgangspotential in einer $6 \cdot 10^{-3}$ molaren $Fe_2(SO_4)_3$-Lösung in 0,8 n H_2SO_4 entspricht.

Eine solche „Nach"-Oxydation von Fe^{2+} in sehr verdünnten bestrahlten $FeSO_4$-Lösungen ist von DAINTON und SUTTON [7–3] beschrieben worden.

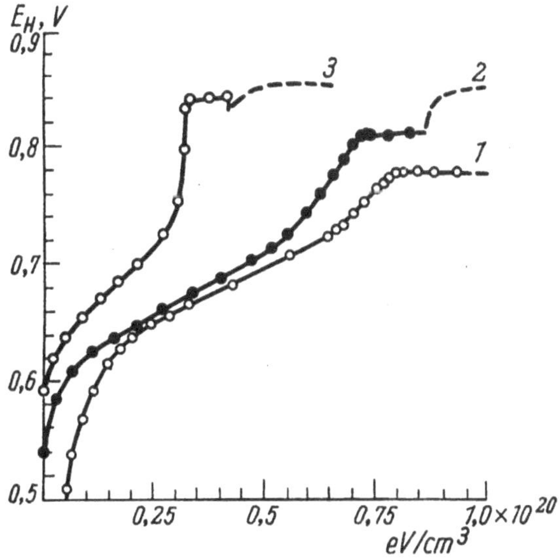

Abb. 7–6. Potentialänderung des Systems Fe^{3+}/Fe^{2+} in mit verschiedenen Gasen gesättigter 0,8 n H_2SO_4

1: H_2; *2*: N_2; *3*: O_2

Die Richtigkeit dieser Erklärung wird auch dadurch erhärtet, daß bei Bedingungen, bei denen keine Wasserstoffperoxyd-Bildung aus OH-Radikalen zu erwarten ist (besonders bei Sättigung der Lösung mit Wasserstoff), eine Änderung des Potentials nach dem Abschalten nicht beobachtet wird. Bei Anwesenheit von molekularem Wasserstoff werden die OH-Radikale nach der Reaktion

$$H_2 + OH \rightarrow H_2O + H \qquad (7\text{–}4)$$

verbraucht. Das sich einstellende Potential entspricht nach Abb. 7–6 (Kurve *1*) einem niedrigeren Gehalt an Fe^{3+}-Ionen als in einer Stickstoffatmosphäre (Kurve *2*) und einer Sauerstoffatmosphäre (Kurve *3*).

Im letzteren Falle wird nach dem Ausschalten der Bestrahlung fast keine Potentialveränderung beobachtet. Das Potential stellt sich schon während der Strahlungseinwirkung auf einen Wert ein, der beinahe der völligen Oxydation des Eisens entspricht. Dies stimmt überein mit der zugunsten der ersten verlaufenden Konkurrenz zwischen Reaktion

$$H + O_2 \rightarrow HO_2, \tag{7-5}$$

die zu einer Oxydation von Fe^{2+} durch das Radikal HO_2 führt, und der Reaktion

$$Fe^{3+} + H \rightarrow Fe^{2+} + H^+. \tag{7-6}$$

Im Falle der Fe^{2+}-Lösungen in Salpetersäure sind nicht nur die Fe^{2+}-Ionen, sondern auch die NO_3^--Ionen strahlungsempfindlich, was das ganze Bild im Vergleich zu schwefel- und perchlorsauren Lösungen merklich kompliziert. Bei gleicher Säurekonzentration ist die der Einstellung des stationären Potentials entsprechende integrale Dosis im Falle der Salpetersäure wesentlich geringer. Dies hängt damit zusammen, daß unter der Einwirkung der Strahlung das NO_3^--Ion reduziert wird [7-4] und in der Lösung salpetrige Säure entsteht, die das zweiwertige Eisen leicht oxydiert.

Die sich einstellenden stationären Werte der Potentiale sind schon bei einer HNO_3-Konzentration von 0,2 n merklich höher als bei 0,8 n $HClO_4$ und H_2SO_4. Daraus folgt, daß in salpetersauren Lösungen das Potential nicht nur durch das Verhältnis $[Fe^{3+}]/[Fe^{2+}]$ ermittelt werden kann.

Zusammenfassung

a) Es wurde eine Methodik zur Messung des Redoxpotentials von Lösungen bei gleichzeitiger Einwirkung großer Dosisleistungen von Röntgenstrahlen ausgearbeitet.

b) Es wurde die Potentialveränderung in bestrahlten Lösungen von Eisensalzen in Schwefel-, Perchlor- und Salpetersäure untersucht. Durch Vergleich mit Modellösungen wurde gezeigt, daß im Falle der H_2SO_4 und $HClO_4$ das Potential durch das Verhältnis Fe^{3+}/Fe^{2+} bestimmt wird.

c) Bei Fe^{2+}-Lösungen in HNO_3 haben radiochemische Umwandlungsprodukte des NO_3^--Ions wesentlichen Einfluß auf den Potentialwert. Mit Erhöhung der Fe^{2+}-Konzentration nimmt der Unterschied im Verlauf des Redoxpotentials in den salpeter- und perchlorsauren Lösungen stark zu.

LITERATURVERZEICHNIS

[7-1] LOISELEUR, I., Bull. Soc. Chim. biol., **25**, 22 (1943).

[7-2] AMPHLETT, C. B., Discuss. Faraday Soc., Nr. 12, 144 (1952); C. **1954**, 2780.

[7-3] DAINTON, F. S. und SUTTON, H. C., Trans Faraday Soc., **49**, 1011 (1953); C. **1954**, 6680.

[7-4] CLARK, G. S. und PICKETT, L. W., J. Amer. chem. Soc., **52**, 465 (1930).

8. M. A. PROSKURNIN, W. D. ORECHOW und A. I. TSCHERNOWA

Über die Reaktion der Fe(II)-Ionen in verdünnter Schwefelsäure unter der Einwirkung von γ-Strahlung

Die Oxydation von MOHRschem Salz in wäßriger Lösung unter Strahlungseinwirkung wird seit langem zu dosimetrischen Zwecken verwandt; sie ist bis zur heutigen Zeit, was Empfindlichkeit, Zuverlässigkeit und Reproduzierbarkeit der mit ihrer Hilfe durchgeführten Messungen anbetrifft, eine der besten Reaktionen dieses Typs. Das Studium dieser Reaktion begann besonders intensiv mit der Entwicklung eines neuen Zweiges der physikalischen Chemie, der Strahlungschemie. Die Strahlungschemiker sind an der Fe^{2+}-Oxydationsreaktion allgemein interessiert, nicht nur, um sie rein praktisch in der Dosimetrie anzuwenden, sondern vor allem, um mit Hilfe dieser sekundären strahlungschemischen Reaktion den Mechanismus von in wäßrigen Lösungen unter Einwirkung ionisierender Strahlungen verlaufenden Prozessen zu studieren. Zu den ersten Untersuchungen über diese Reaktion gehören die Arbeiten von FRICKE und Mitarbeitern [8–1], [8–2] und N. A. SCHISCHAKOW [8–3]. Diese Forscher untersuchten die grundlegenden Eigenschaften der Reaktion und ermittelten besonders die proportionale Abhängigkeit der Konzentration des sich bildenden Fe^{3+} von der Dosis und auch die Unabhängigkeit der Oxydationsausbeute von einer Konzentrationsänderung des zweiwertigen Eisens im Bereich von $5 \cdot 10^{-5}$ bis 10^{-3} molar. Es wurde ein merklicher Einfluß des p_H-Wertes der Ausgangslösung auf die Reaktionsausbeute beobachtet, und zwar sank die Ausbeute mit Steigen des p_H-Wertes der Lösung im Bereich von 0 bis 3,5.

Wichtig für die Erklärung des Reaktionsmechanismus war die Feststellung eines wesentlichen Unterschiedes der Reaktionsausbeute je nachdem, ob die Reaktion in einer Luftatmosphäre oder bei Luftausschluß durchgeführt wurde. Im ersteren Fall war die Ausbeute der Fe^{2+}-Oxydation etwa 20 Äquivalente auf 100 eV, im zweiten 2,6mal niedriger [8–4]. Nach dem von KRENZ und DEWHURST [8–5] vorgeschlagenen Reaktionsschema mußte dieses Verhältnis gleich 4 sein. Die Abweichung des experimentellen Wertes vom erwarteten Wert führten diese Autoren zu Recht auf die Schwierigkeiten zurück, die bei dem Versuch, den Luftsauerstoff völlig aus den für die Bestrahlung ohne Sauerstoffzutritt vorgesehenen Lösungen zu entfernen, auftraten.

Die weiter unten beschriebenen Untersuchungen wurden durchgeführt, um die Abhängigkeit der Fe^{2+}-Oxydation durch Radiolyseprodukte des Wassers von solchen wichtigen Faktoren wie der Ausgangskonzentration der Fe^{2+}-Ionen und der Schwefelsäurekonzentration in der Lösung aufzuklären, und zwar innerhalb weiterer Grenzen, als es in den bisher in der Literatur beschriebenen Arbeiten geschah. Die meisten Forscher benutzten, um zu vergleichbaren Resultaten zu kommen, Lösungen von MOHRschem Salz mit einer Konzentration nicht über 10^{-3} molar und einem Schwefelsäuregehalt von 0,8 n.

Wie in diesem Artikel gezeigt wird, kommt dem Gebiet der diese Werte überschreitenden Konzentration an Fe^{2+}-Ionen und Schwefelsäure großes theoretisches Interesse zu hinsichtlich der Mitwirkung der Radiolyseprodukte des Wassers bei strahlungschemischen Reaktionen.

1. Die Methodik

Die Fe^{2+}-Konzentration in den untersuchten Reaktionen wurde mikrovolumetrisch mit einer 0,01 n Kaliumpermanganat-Lösung bestimmt. Die verwandte γ-Strahlungsquelle war ^{60}Co in einer Menge von etwa 40 g-Äquivalent Ra.

Es wurde in speziell konstruierten Glasampullen bestrahlt, die es gestatteten, die Versuche in Sauerstoffatmosphäre oder unter Durchblasen eines inerten Gases durchzuführen. Das Volumen der Lösung in diesen Ampullen betrug etwa 10 ml. Der Mittelwert der Dosisleistung auf dieses Lösungsvolumen wurde experimentell durch Bestrahlung einer 0,001 molaren Lösung von MOHRschem Salz in 0,08 n Schwefelsäure in Luftatmosphäre ermittelt und betrug 30,0 r/s pro Gramm bestrahlter Lösung. Bei der Errechnung dieser Größe wurde die Reaktionsausbeute zu 15,6 Äquivalente pro 100 eV absorbierter Energie angenommen. Dieser Wert gilt heute nach den Arbeiten von HOCHANADEL und GHORMLEY [8–6], welche die Reaktionsausbeute durch die calorimetrische Methode ermittelten, sowie nach Arbeiten anderer Forscher [8–7], [8–8], [8–9] als der zuverlässigste. Bei erhöhten Sauerstoffdrucken wurden die Lösungen in einer Ampulle mit einem Volumen von 10 ml aus nichtrostendem Stahl bestrahlt. Diese Ampulle war mit einem Manometer ausgerüstet und für Versuche mit einem Druck bis zu 25 Atm. berechnet. Die mittlere Dosisleistung auf das Lösungsvolumen in einer derartigen Ampulle, nach derselben Methode ermittelt, betrug 29 r/s auf 1 g Lösung. Die zu untersuchenden Lösungen von MOHRschem Salz hatten verschiedene Ausgangskonzentrationen an Fe(II)-Sulfat (von 10^{-3} bis $1,8 \cdot 10^{-2}$ molar) und wurden mit Schwefel-, Phosphor-, Salpeter- oder Salzsäure (von 0,8 bis 5 n) angesäuert. Jede Lösung wurde in einer Sauerstoffatmosphäre (mit einem Druck von 5 Atm.) und in inerter Atmosphäre (Stickstoff) während verschieden langer Zeitabschnitte (1 Minute bis zu 1 Stunde) bestrahlt und die Abhängigkeit der Konzentrationsänderung des zweiwertigen Eisens von der von der Lösung absorbierten Energiemenge graphisch aufgetragen. Die Reaktionsausbeute der Fe^{2+}-Ionen wurde aus der Steigung der Tangente an die erhaltene Kurve im gegebenen Punkt gefunden.

2. Die Ergebnisse und ihre Beurteilung

Bei der Bestrahlung mit Luft gesättigter Lösungen von Eisen(II)-sulfat mit einer Konzentration über 10^{-3} molar und einer Schwefelsäurekonzentration über 0,8 n wurde gefunden, daß die Ausbeute der Fe^{2+}-Oxydation wesentlich die Größe überschreitet, die für die in der chemischen Dosimetrie verwandte 10^{-3} molare Lösung von MOHRschem Salz in 0,8 n Schwefelsäure erhalten wurde.

In Abb. 8-1 sind die Resultate der Bestrahlung einer 0,01 molaren Lösung von MOHRschem Salz mit einem Schwefelsäuregehalt von 0,5 bis 5 n angeführt. Die Kurve *1* bringt die Bestrahlung der Lösung in Luftatmosphäre bei normalem Druck mit einem Schwefelsäuregehalt von 4 n. Ihre Neigung zur Abszissenachse entspricht in den ersten Minuten einer Ausbeute der Fe^{2+}-Ionenoxydation von

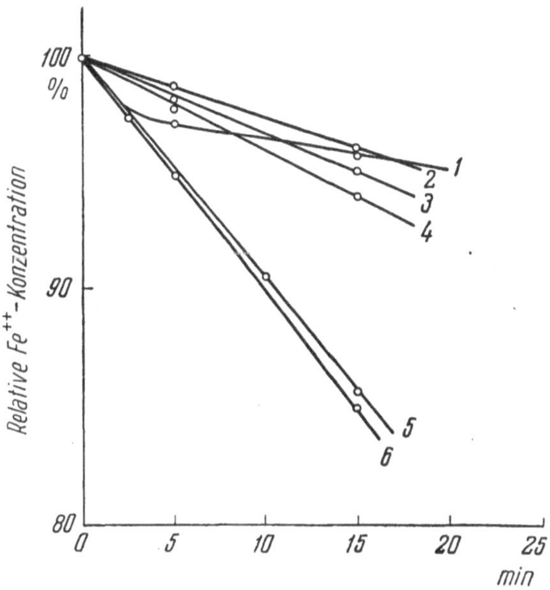

Abb. 8-1. Konzentrationsänderung der Fe^{2+}-Ionen bei der Bestrahlung einer 0,01 molaren Lösung von MOHRschem Salz mit verschiedenem Schwefelsäuregehalt

1: in 4 n H_2SO_4-Lösung, mit Luft gesättigt; *2*; *3*; *4*; *5* und *6*: entsprechend in 0,8; 2,0; 3,0; 4,0 und 5,0 n Lösungen bei einem Sauerstoffdruck von 5 Atm.

63 Äquivalenten auf 100 eV, fällt dann aber schroff auf einen wesentlich niedrigeren Wert. Dies wird durch die schnelle Bindung von gelöstem Sauerstoff an eines der Radiolyseprodukte des Wassers erklärt

$$H + O_2 \rightarrow HO_2 . \qquad (8-1)$$

Die sich bildenden Radikale (Perhydroxyle) nehmen weiterhin an der Oxydation der Fe(II)-Ionen teil:

$$3Fe^{2+} + HO_2 + 3H^+ \rightarrow 3Fe^{3+} + 2H_2O . \qquad (8-2)$$

Die Abnahme der Ausbeute dürfte beweisen, daß die Sauerstoffdiffusion aus der Gasphase in die Lösung nicht die Anwesenheit der für den Verlauf des Prozesses unbedingt nötigen molekularen Sauerstoffmenge gewährleistet, d. h. die Ausbeute der Oxydation wird durch die Diffusionsgeschwindigkeit bestimmt.

Bei der Durchführung derselben Versuche unter erhöhtem Sauerstoffdruck wird die durch Diffusionsgeschwindigkeiten bedingte Einbuchtung der Kurve *1* beseitigt, und die Kurven, die die Abhängigkeit der Oxydationsstufe des Fe^{2+} von der Zeit wiedergeben, haben, auch während eines längeren Zeitabschnittes, linearen Charakter. Aus der Lage der Kurven *2*, *3*, *4* usw. (siehe Abb. 8–1), die bei einem Sauerstoffdruck von 5 Atm. für verschiedene Schwefelsäurekonzentrationen in der Lösung bestimmt wurden, folgt, daß die Ausbeute mit dem Anwachsen der Schwefelsäurekonzentration in der Lösung rasch anwächst und schon für eine 4 n Lösung den genannten Grenzwert von etwa 63 Äquivalenten auf 100 eV erreicht.

Eine weitere Erhöhung der Schwefelsäurekonzentration bringt kein weiteres Anwachsen der Ausbeute.

Wenn wir mit KRENZ nnd DEWHURST [8–5] annehmen, daß die Teilnahme von molekularem Sauerstoff den Wert der Prozeßausbeute vervierfacht, so müssen wir zur Erklärung des genannten Grenzwertes von 63 Äquivalenten auf 100 eV vermuten, daß am Oxydationsprozeß ungefähr sechzehn Molekeln Wasser teilnehmen, die durch Radiolyse in H und OH zerfallen sind. Die Bildung des freien OH-Radikals und H-Atoms aus einer Molekel Wasser entspricht also im Mittel einem Energieverlust von etwas über 6 eV. Der erhaltene Energiewert liegt nahe dem des untersten Anregungsniveaus der Wassermolekel, etwas höher als der der Dissoziation der Wassermolekel in das OH-Radikal und das H-Atom und wesentlich niedriger als der Mittelwert der zur Ionisation einer Wassermolekel benötigten Energie.

In Abb. 8–2 ist die Abhängigkeit der Ausbeuten der gleichen Reaktion von der Schwefelsäurekonzentration in der Lösung bei verschiedenen Ausgangskonzentra-

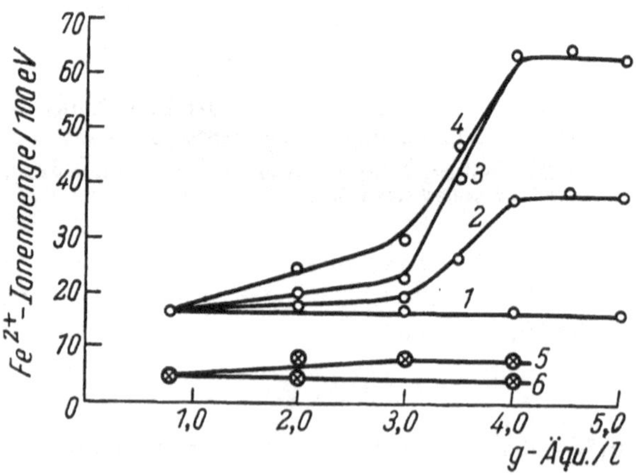

Abb. 8–2. Abhängigkeit der Ausbeute der Oxydation der Fe^{2+}-Ionen von der Schwefelsäurekonzentration in Lösungen mit verschiedenen Ausgangskonzentrationen der Fe^{2+}-Ionen

1; *2*; *3* und *4*: gehören entsprechend zu 0,001; 0,006; 0,012; 0,018 molaren Lösungen von MOHRschem Salz in einer Sauerstoffatmosphäre; *5* und *6*: gehören entsprechend zu 0,018 und 0,001 molaren Lösungen von MOHRschem Salz in Abwesenheit von Sauerstoff

tionen des zweiwertigen Eisens dargestellt. Bei Bestrahlung der Lösungen in einer Sauerstoffatmosphäre steigen die Ausbeuten mit Zunahme der Acidität entsprechend den Kurven *1*, *2*, *3* und *4*. Bei höherer Ausgangskonzentration des zweiwertigen Eisens wird der Grenzwert der Ausbeute schneller erreicht, und die Neigung der Kurve, welche die Abhängigkeit der Ausbeute von der Schwefelsäurekonzentration darstellt, nimmt entsprechend zu.

Deshalb erscheint es wenig wahrscheinlich, daß irgendein Kettenmechanismus bei der radiochemischen Oxydation des zweiwertigen Eisens existiert. Die Abhängigkeit der Ausbeute von der Konzentration der Schwefelsäure weist offensichtlich auf eine Teilnahme von Wasserstoff-Ionen hin. Für Konzentrationen an MOHRschem Salz, die nahe bei 10^{-3} molar (und darunter) liegen, nähert sich die Reaktionsausbeute einem gewissen unteren Grenzwert, der nicht von der Konzentration der Schwefelsäure in der Lösung abhängt (Kurve *1* in Abb. 8–2). Dieser Wert beträgt etwa 16 Äquivalente auf 100 eV und entspricht dem Wert der absoluten Ausbeute der dosimetrischen Reaktion von 15,6, den wir annahmen.

In gleicher Weise stellt Kurve *4* die Grenze der Ausbeuteerhöhung mit dem Anwachsen der Ausgangskonzentration des zweiwertigen Eisens für jede Schwefelsäurekonzentration dar. Alle Kurven der Abb. 8–2 haben eine merkliche Einbuchtung an den einer Schwefelsäurekonzentration von 3 n entsprechenden Stellen. Das deutet auf den Ablauf von zwei Prozessen mit verschiedener Verwertung der absorbierten Strahlungsenergie, wobei der Ablauf dieser Prozesse von der Säurekonzentration in der Lösung abhängt. Zur Klärung des Einflusses der Sulfatanionen auf den Gang der zu untersuchenden Reaktion wurden analoge Versuche mit Salz-, Phosphor- und Salpetersäure durchgeführt. Ersatz der Schwefelsäure durch Salz- oder Phosphorsäure ändert den Charakter der beobachteten Abhängigkeiten nicht; Salpetersäure ist wegen ihrer oxydierenden Eigenschaften nicht verwendbar.

Die Erhöhung der Ausgangskonzentration an Eisen begünstigt ebenfalls den Prozeßverlauf im Sinne einer besseren Ausnutzung der Strahlungsenergie. Bei Bestrahlung der gleichen Lösungen in Abwesenheit von Luftsauerstoff ist die Abhängigkeit der Ausbeute von der Konzentration an Schwefelsäure und zweiwertigem Eisen in der Lösung wesentlich schwächer ausgeprägt. Die Kurven *5* und *6* in Abb. 8–2 entsprechen Fe^{2+}-Ausgangskonzentrationen von $1{,}8 \cdot 10^{-2}$ und 10^{-3} molar in der Lösung; aus ihrer Lage ist ersichtlich, daß die Ausbeute in diesem Falle ihren maximalen Wert bei einer Schwefelsäurekonzentration von 3 n erreicht und dann weiterhin konstant bleibt. Die Ausbeute beträgt etwa 7,5 Äquivalente auf 100 eV absorbierter Energie.

Die Oxydation der Fe^{2+}-Ionen durch die Radiolyseprodukte des Wassers bei Abwesenheit von Luft vollzieht sich augenscheinlich nur auf Grund der Wechselwirkung mit OH-Radikalen unter Teilnahme von Wasserstoff-Ionen

$$Fe^{2+} + OH + H^{+} \rightarrow Fe^{3+} + H_2O. \qquad (8\text{-}3)$$

Nach physikalischen Untersuchungen wird zur Bildung von Wasser-Ionen H_2O^{+} nur etwa die Hälfte der von Wasser absorbierten Energie verbraucht, die andere geht auf das Konto der Anregung von Wassermolekeln [8–10]. Bei einer solchen

Verteilung der Energie beträgt die maximal mögliche Ausbeute an freien Radikalen, die sich durch Ionisation von Wassermolekeln bilden, etwa 3,6 Paare auf 100 eV, d. h. wesentlich weniger als der oben erhaltene Wert für die Fe^{3+}-Ausbeute.

Die Oxydation der Fe^{2+}-Ionen bei Anwesenheit von molekularem Sauerstoff kann ebenfalls nicht durch die Teilnahme von freien, durch Ionisation gebildeten OH-Radikalen und H-Atomen erklärt werden. Auch beim Prozeß der Fe^{2+}-Oxydation ist die Teilnahme von angeregten Wassermolekeln erforderlich. Man kann den ganzen Oxydationsprozeß des zweiwertigen Eisens bei der Bestrahlung einer Lösung mit einem Säuregehalt > 3 n in einer Sauerstoffatmosphäre durch folgende Gleichung wiedergeben:

$$4Fe^{2+} + O_2 + 4H^+ + H_2O^* \rightarrow 4Fe^{3+} + 3H_2O. \quad (8\text{–}4)$$

Es wird angenommen, daß die Oxydation ausschließlich auf Grund der Bindung des molekularen Sauerstoffs vonstatten geht. Diese Reaktion ist exotherm und erfordert augenscheinlich eine gewisse geringe Aktivierungsenergie. Bei der Bestrahlung der Lösung wurde die Aktivierung durch die angeregten Wassermolekeln verwirklicht, doch hätte man wahrscheinlich denselben Effekt durch eine Erhöhung der Temperatur des Wassers erreichen können. Man kann indessen annehmen, daß die Teilnahme der angeregten Wassermolekeln an dieser Reaktion nicht nur auf die Weitergabe eines Teils der erhaltenen Strahlenenergie in Form von Aktivierungsenergie begrenzt ist und daß bei diesen Bedingungen eine im Sinne des Energieverbrauchs äußerst günstige Reaktion, nämlich die Dissoziation der angeregten Wassermolekeln in H und OH, möglich ist. Diese Reaktion benötigt nur etwa 5 eV und ermöglicht es daher, bis zu 20 freie OH-Radikale (und dieselbe Anzahl H-Atome) auf 100 eV aus der von der Lösung absorbierten Strahlungsenergie zu bilden.

Die experimentellen Ergebnisse zeigen, daß eine solche vollständige Ausnutzung der Strahlungsenergie nur bei Anwesenheit eines ganz bestimmten Verhältnisses von geringsten Konzentrationen der Reagentien (Fe^{2+}-Ionen, Säure und molekularer Sauerstoff) in der Lösung für den gegebenen Wert der Strahlungsintensität zu verwirklichen ist.

In Abb. 8–3 ist die Abhängigkeit der Oxydationsausbeute der Fe^{2+}-Ionen von ihrer Ausgangskonzentration in der Lösung bei verschiedenen Schwefelsäurekonzentrationen wiedergegeben. Man sieht 2 Gebiete, 1 bis 3 und 3 bis 5, mit verschiedenen Ausnutzungsmechanismen für die Strahlungsenergie. Im Gebiet 1 bis 3 ist der Primärakt der Ionisation des Wassers der bestimmende, der von der Bildung der freien OH-Radikale und H-Atome in einigem Abstand begleitet wird.

Im Gebiet 3 bis. 5 bestehen günstige Bedingungen für die oben angeführten Reaktionen einer Oxydation der Fe^{2+}-Ionen durch den Luftsauerstoff unter Teilnahme der angeregten Wassermolekeln. Natürlich bilden sich die letzteren auch unter Einwirkung von Strahlung im Gebiet 1 bis 3, doch wird dort ihre Energie in Form von Wärmeenergie nutzlos zerstreut.

Andererseits setzt sich unter dem Einfluß der Strahlung auch im Gebiet 3 bis 5 die Bildung der Wasser-Ionen H_2O^+ fort, d. h. es wird etwa die Hälfte der absorbierten Energie zur Ionisation verbraucht. Man muß jedoch beachten, daß der

Umwandlungsprozeß des gebildeten H_2O^+-Ions im allgemeinen so dargestellt wird:

$$H_2O^+ + H_2O \rightarrow H_3O^+ + OH, \qquad (8\text{-}5)$$

und daß augenscheinlich außerdem eine Molekel angeregten Wassers entsteht. Darum kann man die Gleichung folgendermaßen schreiben:

$$H_2O^+ + 2\,H_2O \rightarrow H_3O^+ + OH + H_2O. \qquad (8\text{-}6)$$

Das der Wassermolekel während des Ionisationsvorganges entrissene Elektron trägt eine beträchtliche Energie mit sich fort, und ein Teil dieser Elektronen ist seinerseits fähig, Wassermolekeln zu ionisieren und anzuregen. Die angeregte Wassermolekel

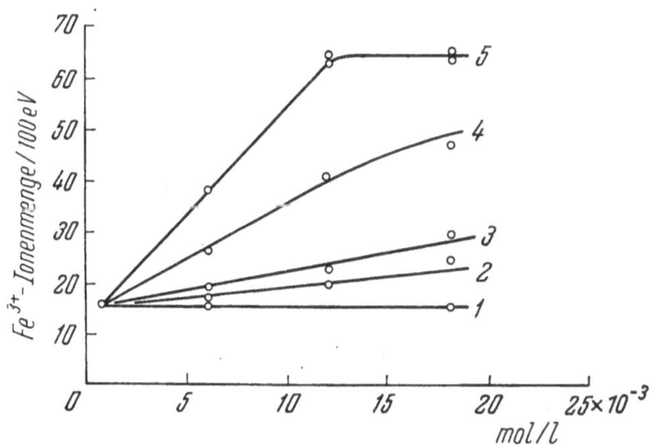

Abb. 8-3. Abhängigkeit der Ausbeute der Oxydation der Fe^{2+}-Ionen von der Ausgangskonzentration der Fe^{2+}-Ionen in Lösungen mit verschiedenen Schwefelsäurekonzentrationen

1: 0,8 n; *2*: 2 n; *3*: 3 n; *4*: 3,5 n; *5*: 4 und 5 n

entsteht auch bei der Neutralisation von Wasserstoff-Ionen durch einen Teil der langsameren Elektronen, wobei sich die Summe der Neutralisationsenergie des H_2O^+-Ions und der Eigenenergie des Elektrons in die Energie der Wasseranregung umwandelt.

Die aufgezählten Möglichkeiten der Weitergabe der im Ionisationsakt abgegebenen Energie an die umgebenden Wassermolekeln können bis jetzt quantitativ noch nicht mit ausreichender Genauigkeit festgelegt werden. Wir können jedoch aus den durchgeführten Versuchen schließen, daß die Anregungsenergie des Wassers genügend groß ist, die Wassermolekeln zu befähigen, an der aktivierten Oxydationsreaktion der Fe(II)-Ionen durch molekularen Sauerstoff teilzunehmen.

Zusammenfassung

a) Es wurden Untersuchungen über die Oxydation des zweiwertigen Eisens unter der Einwirkung von ^{60}Co-γ-Strahlung im Konzentrationsgebiet oberhalb 10^{-3} molar an Fe(II)-Sulfat und bis 5,0 n an Schwefelsäure durchgeführt.

b) In dem untersuchten Konzentrationsgebiet wächst die Oxydationsausbeute stark mit der Zunahme der Konzentration der Fe^{2+}-Ionen und der Schwefelsäure in der Lösung; die Ausbeute erreicht einen gewissen Grenzwert, der 63 Äquivalente auf 100 eV beträgt.

c) Es wurde gezeigt, daß die Oxydation der Fe^{2+}-Ionen durch Einwirkung der Strahlung auf die wäßrige Lösung bei bestimmten Bedingungen unter Teilnahme von angeregten Wassermolekeln verläuft, wodurch der mittlere Energieverlust zur Oxydation eines Fe^{2+}-Ions auf einen Wert gesenkt wird, der durch den Wert der Energie der Anregung einer Wassermolekel in der Lösung bestimmt wird.

LITERATURVERZEICHNIS

[8-1] FRICKE, H. und MORSE, S., Philos. Mag., **7**, 129 (1929).

[8-2] FRICKE, H. und HART, E., J. chem. Physics, **3**, 60 (1935).

[8-3] Шишков Н. А. (SCHISCHAKOW, N. A.), Philos. Mag., **14**, 198 (1932).

[8-4] MILLER, N., Nature (London), **162**, 448 (1948).

[8-5] KRENZ und DEWHURST, H., J. chem. Physics, **17**, 880 (1949).

[8-6] HOCHANADEL, C. und GHORMLEY, J., J. chem. Physics, **21**, 880 (1953); C. **1954**, 8280.

[8-7] SALDICK, J. und ALLEN, A. O., J. chem. Physics, **22**, 438 (1954); C. **1955**, 1461.

[8-8] CORMACK, D. V., HUMMEL, R. W., JOHNS, H. E. und SPINKS, J, W. T., J. chem. Physics,**22**, 6 (1954); C. **1955**, 9726.

[8-9] FARMER, F., RIGG, T. und WEISS, J., J. chem. Soc. (London) **1954**, 3248; C. **1950/51**, 84 S.

[8-10] DAINTON, F., Brit. J. Radiol, **24**, 428 (1951); C. **1952**, 1041.

9. W. D. ORECHOW, A. I. TSCHERNOWA und M. A. PROSKURNIN

Über die Wirkung von γ-Strahlung auf Methylenblau in wäßriger Lösung

Das Ausbleichen des Methylenblaus unter dem Einfluß von Sonnenlicht wurde 1912 von LASAREW entdeckt, der die Wirkung von Licht auf Farbstofflösungen in Gelatinefilmen untersuchte [9–1].

NÜRNBERGER und ARNOW [9–2] beobachteten eine nicht umkehrbare Entfärbung der wäßrigen Lösung des gleichen Farbstoffes unter der Einwirkung von ultraviolettem Licht. Ungefähr gleichzeitig wurde ein ähnlicher Einfluß von Röntgenstrahlen auf wäßrige Farbstofflösungen festgestellt [9–3].

Die von SCHECHTMAN, KRASNOWSKI und WERESCHTSCHINSKI [9–4] durchgeführten Untersuchungen zeigten, daß die Ausbeute einer solchen nicht umkehrbaren Entfärbung zwischen 0,5 und 0,2 Molekeln auf ein Ionenpaar beträgt; außerdem stellten sie die sehr wichtige Tatsache der Schutzwirkung einiger Verbindungen wie Hydrochinon, Glucose, Glycerin fest, die das Entfärben des Methylenblaus bei Strahlungseinwirkung verhindern. Diese Erscheinung wurde der Fähigkeit der genannten Stoffe zugeschrieben, mit dem Farbstoff in der Wechselwirkung mit den Radiolyseprodukten des Wassers konkurrieren zu können. Von den gleichen Autoren wurde auch auf die Anwendbarkeit dieser Entfärbungsreaktion für Zwecke einer Röntgenstrahlungsdosimetrie hingewiesen, was in der Folgezeit zur praktischen chemischen Dosimetrie ionisierender Strahlungen führte. Durch Einführung einiger Verbesserungen, insbesondere durch die Verwendung gelförmiger Methylenblaulösungen, wurde es möglich, Kenntnis über die räumliche Verteilung der Strahlungsintensität zu erhalten, DAY und STEIN [9–5], [9–6] stellten dabei fest, daß bei Bestrahlung des Gels einer wäßrigen Farbstofflösung, die in überwiegender Menge einen organischen Stoff — Gelatine — enthielt, die reduzierende Wirkung der ionisierenden Strahlungen benutzt wird. Sie wiesen darauf hin, daß in Anwesenheit von Luftsauerstoff der reduzierende Anteil der Radiolyseprodukte des Wassers praktisch vollständig vom Sauerstoff erfaßt wird, da Methylenblau kein großes Redoxpotential besitzt. Es wurde angenommen, daß bei Abwesenheit von Sauerstoff nur eine Reduktion des Farbstoffes vonstatten geht, wobei die sich bildende farblose, reduzierte Form an der Luft wieder zum Ausgangszustand oxydiert wird. DAY und STEIN berücksichtigten jedoch nicht die Möglichkeit einer Oxydation der reduzierten Form des Farbstoffes durch den oxydierenden Anteil der Radiolyseprodukte des Wassers. Im folgenden sind deshalb Untersuchungen über die Einwirkung von γ-Strahlung auf wäßrige Methylenblaulösungen beschrieben, die zu dem Zweck durchgeführt wurden, die Rolle der verschiedenen Faktoren zu klären, die den Entfärbungsprozeß beeinflussen und die wirksamen Anteile von oxydierenden und reduzierenden Komponenten der Radiolyseprodukte des Wassers bedingen.

1. Methodik

Die in der vorliegenden Arbeit benutzte γ-Strahlungsquelle enthielt etwa 40 g-Äquivalent radioaktives Co. Die Bestrahlungen wurden in speziellen Glasampullen durchgeführt. Ihre Konstruktion wie auch die Methode der Bestimmung der mittleren Strahlungsintensität ist schon früher beschrieben worden [9–7].

Die zu untersuchenden Lösungen waren von 10^{-5} bis 10^{-4} molar an Methylenblau und $5 \cdot 10^{-3}$ molar an Salpetersäure. Die Farbstoffkonzentration wurde colorimetrisch mit Hilfe des Photocolorimeters Typ ФЭК-М ermittelt. In besonderen Versuchsserien wurden zu diesen Lösungen Glucose (10^{-2} molar) und Eisennitrat ($2 \cdot 10^{-2}$ molar) als Schutzstoff zugegeben. Als inertes Gas wurde vorher von Sauerstoffbeimengungen gereinigter Stickstoff verwendet. Zur Entfernung von gelöstem Sauerstoff wurde Stickstoff eine Stunde lang vor der Bestrahlung durch die Ampulle geleitet. Die Bestrahlungsdauer der Lösung betrug bis zu 30 Minuten, wobei die maximalen Werte der von der Lösung absorbierten Energie etwa 50 kiloröntgen/ml betrugen.

2. Die Ergebnisse und ihre Beurteilung

Die Klärung des Mechanismus der Farbstoffumwandlung bei Strahlungseinwirkung ist eng mit der Kenntnis über den Mechanismus der Wasserradiolyse und der Untersuchung der Eigenschaften der sich dabei bildenden chemisch aktiven Produkte verbunden. Nach dem heute allgemein angenommenen Schema besteht der primäre Vorgang der Strahlungseinwirkung auf Wasser in der Ionisation der Wassermolekeln und der Bildung freier Hydroxyle und Wasserstoffatome. Nach Versuchen in der Gasphase, deren Ergebnisse in gewissem Ausmaß auch für die kondensierte Phase gültig sind, wird für diese Ionisation ungefähr die Hälfte der absorbierten Energie verbraucht. Die andere Hälfte wird für die Anregung von Wassermolekeln verwandt. Diese angeregten Wassermolekeln sind ebenfalls fähig, in H-Atome und freie Hydroxyle zu dissoziieren, wobei dieser Prozeß im Sinne des Energieverbrauchs vorteilhafter sein dürfte, da zur Dissoziation einer Wassermolekel nur etwas über 5 eV [9–8] benötigt werden. Infolge der benachbarten Lage der sich bei der Dissoziation der angeregten Wassermolekel bildenden H-Atome und OH-Radikale rekombinieren diese Produkte jedoch praktisch vollkommen. Ein anderweitiger Verbrauch solcher Radiolyseprodukte für sekundäre chemische Prozesse unter Beteiligung gelöster Stoffe dürfte nur in wenigen Fällen bei besonders günstigen Bedingungen möglich sein. Wie von uns gezeigt worden war [9–7], gehört zu einem solchen Typ einer radiochemischen Reaktion die Oxydation des zweiwertigen

Eisens in Lösungen mit hohem Schwefelsäuregehalt in einer Sauerstoffatmosphäre. Wenn wir annehmen, daß die gesamte Wasserzerlegung ionisationsbedingt ist, erhalten wir für die Ausbeute an H-Atomen und OH-Radikalen einen nahe bei 3,6 auf 100 eV absorbierter Energie liegenden Wert. Diese Ausbeute ist anscheinend die maximale und wird nur unter der Bedingung erreicht, daß in der Lösung eine genügend hohe Konzentration solcher Stoffe vorhanden ist, die die sich bildenden H-Atome und OH-Radikale leicht binden und den Verlauf von Rekombinationsreaktionen vom Typ

$$H + OH \rightarrow H_2O; \qquad H + H \rightarrow H_2;$$

$$OH + OH \rightarrow H_2O_2; \qquad OH + H_2 \rightarrow H_2O + H \text{ usw.}$$

inhibieren. Bei Anwesenheit gelöster Stoffe stellt sich in der Lösung zwischen Prozessen, an denen die OH-Radikale und Wasserstoffatome teilnehmen, ein stationäres Gleichgewicht ein, das durch die Natur und die chemischen Eigenschaften des gelösten Stoffes bestimmt wird. Man muß darauf hinweisen, daß die in den bestrahlten Lösungen zwischen den oxydierenden und reduzierenden Komponenten der Radiolyse des Wassers sich einstellenden Gleichgewichte thermodynamisch nicht umkehrbar sind. Darum sind die Versuche einiger Forscher, insbesonders DAINTONs [9–9), die zwitterhafte Natur der Redoxeigenschaften des bestrahlten Wassers durch irgendein äquivalentes Redoxpotential auszudrücken, schon in der Grundannahme fehlerhaft. Zu diesem Zweck wurden nämlich von diesen Forschern alle vorhandenen experimentellen Angaben über die Redoxeffekte durch Strahlung in Lösungen in einer aufsteigenden Reihe der Redoxpotentiale der gelösten Systeme geordnet. Als wahrscheinlichster Wert für das Redoxpotential des Wassers wurde danach unter diesen Bestrahlungsbedingungen der Wert 0,95 V (gegen Normal-Wasserstoffpotential) angenommen. Wie zu erwarten, gelang es jedoch nicht, die auf diesem Wege erhaltene Größe theoretisch zu begründen. Unseres Erachtens ist es unmöglich, die Redoxeigenschaften des bestrahlten Wassers durch einen Wert zu charakterisieren, da es keinen umkehrbaren Übergang $H \rightleftarrows OH$ gibt. Ein solcher Übergang hätte es sonst gestattet, einen thermodynamischen Ausdruck für das Redoxpotential anzuwenden. Die Überlegungen DAINTONs erwiesen sich bei seiner Betrachtung über die Strahlungseffekte einer Reihe schwächerer Redoxsysteme vom Typ organischer Farbstoffe wie Methylenblau, Phenosafranin, Indophenol u. a. in wäßrigen Lösungen als unbrauchbar. Die Entfärbung von wäßrigen Lösungen dieser Farbstoffe unter Strahlungseinwirkung — wenn man diese Entfärbung in Übereinstimmung mit den Versuchsdaten als Reduktion bezeichnet — verlief anomal und unvereinbar mit dem von DAINTON angenommenen Wert des äquivalenten Redoxpotentials von bestrahltem Wasser. Diese strahlungschemischen Reaktionen wurden daher von ihm aus der aufgestellten Reihe ausgeschlossen. In Wirklichkeit weist das Auftreten einer solchen „Anomalie“ darauf hin, daß es unmöglich ist, die Fragen über die Richtung und Geschwindigkeit des Reaktionsverlaufes in der Lösung bei Radiolyse nur auf dem Wege des Vergleichs der Redoxpotentiale zu lösen.

Andererseits scheinen, soweit es experimentell festgestellt wurde, die meisten der gelösten Stoffe die Fähigkeit zu besitzen, vorwiegend mit nur einem Teil der Radiolyseprodukte des Wassers zu reagieren. Die einen von ihnen binden hauptsächlich atomaren Wasserstoff, die anderen freie Hydroxyle. Zu den auswählend reagierenden Stoffen gehören nun gerade auch die Farbstoffe vom Typ des Methylenblau (Tetramethyldiaminphenothiazin), die von DAINTON als zur Gruppe der anomalen strahlungschemischen Systeme zugehörig betrachtet worden waren. Es ist bekannt, daß dieser Farbstoff in Lösung durch Stoffe, die leicht Wasserstoffatome [9–10] abgeben, photoreduziert wird. Eine Molekel des Farbstoffs bindet dabei zwei Wasserstoffatome unter Bildung der farblosen Leukoform. Als Zwischenprodukt tritt das Radikal Semichinon auf, das ein gutes Reduktionsmittel ist. Die Leukoform wird durch molekularen Sauerstoff leicht wieder zum ursprünglichen Farbstoff oxydiert.

Die von uns durchgeführten Untersuchungen zeigen, daß es unter bestimmten Bedingungen gelingt, in reiner Form die strahlungschemische Reduktion des Methylenblaus durch atomaren Wasserstoff, der sich bei der Radiolyse des Wassers bildet, durchzuführen. Es ist dazu einmal unbedingt notwendig, den Farbstoff in einer inerten Atmosphäre zu bestrahlen (um die Teilnahme von molekularem Sauerstoff zu unterbinden) und ihn zum anderen während der Bestrahlung vor der oxydierenden Wirkung durch die freien Hydroxyle zu schützen. Ein solcher Schutz kann durch einen gewissen Glucoseüberschuß (0,01 molar) in der Lösung verwirklicht werden. Diese Schutzwirkung wurde schon früher [9–4] bemerkt.

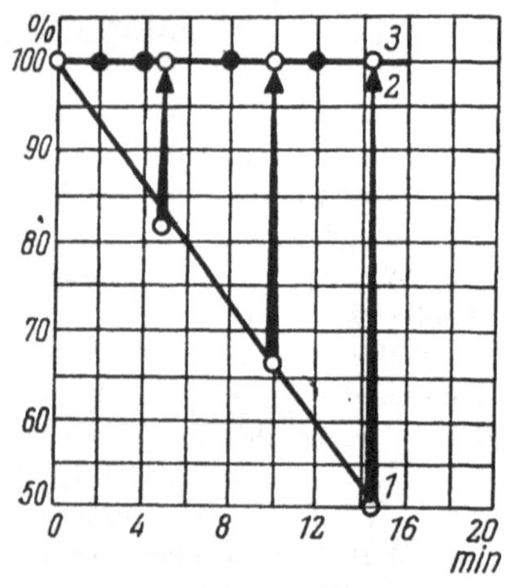

Abb. 9–1. Änderung der optischen Dichte von Methylenblau-Lösungen in Abhängigkeit von der Bestrahlungsdauer. Die Anfangsdichte wurde zu 100% angenommen. Zusammensetzung der Lösung: $6{,}7 \cdot 10^{-5}$ molar an Farbstoff, 10^{-2} molar an Glucose, $5 \cdot 10^{-3}$ molar an HNO_3

1: Bestrahlung in Stickstoffatmosphäre; *2*: Die gleiche Lösung nach Bestrahlung und zweistündigem Stehen an Luft; *3*: Bestrahlung in Luftatmosphäre

In Abb. 9–1 ist die Abhängigkeit der optischen Dichte der Farbstofflösung von der Bestrahlungsdauer dargestellt. Diese Abhängigkeit besitzt linearen Charakter (Kurve *1*, Abb. 9–1). Die aus der Neigung dieser Kurve berechnete Ausbeute ist dabei angenähert gleich 1,5 Farbstoffmolekeln auf 100 eV absorbierter Energie. Wenn man annimmt, daß eine Reduktion hier nur in Form eines Übergangs in die Leukobase stattfindet und daß für eine Farbstoffmolekel zwei Wasserstoffatome [9–15] benötigt werden, so beträgt der Verbrauch an letzteren mehr als 3 Äquivalente auf 100 eV Strahlungsenergie. Dieser Wert liegt nahe bei dem theoretischen Wert für die Ausbeute an Wasserstoffatomen von 3,6 Äquivalenten auf 100 eV.

Wie bei der Durchführung dieser Versuche festgestellt wurde, nehmen die bestrahlten Lösungen in Luftatmosphäre ziemlich rasch wieder ihre ursprüngliche Farbintensität an. Messungen der Farbdichte nach zweistündigem Stehen der Lösung an der Luft ergaben die den Punkten der Kurve *2* in Abb. 9–1 entsprechenden Werte. Die Regeneration der gefärbten Form an der Luft spricht dafür, daß es richtig ist, dem Prozeß der Farbstoffentfärbung in wäßriger Lösung mit Glucosezusatz bei Anwesenheit von molekularem Sauerstoff Reduktionscharakter zuzuschreiben.

Werden dieselben Lösungen nicht in einer inerten Atmosphäre, sondern an der Luft bestrahlt (z. B. [9–4]), so ändert sich die Intensität der Färbung während der Bestrahlung praktisch überhaupt nicht (Kurve *3*, Abb. 9–1). Die Beständigkeit der Farbstofflösung gegenüber der Strahlungseinwirkung wird in diesem Falle durch die Anwesenheit zweier Schutzstoffe (Glucose und molekularer Sauerstoff) in der Lösung erklärt. Die Anwesenheit des molekularen Sauerstoffs bedingt die Bindung des bei der Wasserradiolyse gebildeten Wasserstoffs und das Auftreten von HO_2-Radikalen.

Die Existenz dieser zuerst in der Chemie der Gasreaktionen postulierten Radikale [9–11] konnte vor gar nicht langer Zeit durch massenspektroskopische Untersuchungen experimentell bewiesen werden [9–12]. In der Strahlungschemie der wäßrigen Lösungen wird dem HO_2-Radikal eine wichtige Rolle zugeschrieben. Es wird angenommen, daß es auch in Wasser entsteht, wo die Bedingungen zu einer Weitergabe des Energieüberschusses an einen dritten Körper erleichtert sind und wo das Radikal zu seiner Bildung nur eine sehr geringe Aktivierungsenergie benötigt [9–13]. Auf diese Weise wird bei Anwesenheit von molekularem Sauerstoff der reduzierende Teil der Radiolyseprodukte des Wassers (die Wasserstoffatome) durch die entsprechende Menge an HO_2-Radikalen ersetzt, welche oxydierende Eigenschaften besitzen. Diese äußern sich beispielsweise bei der Oxydation von Lösungen des zweiwertigen Eisens.

In Glucose enthaltenden und in Luftatmosphäre bestrahlten Farbstofflösungen reagieren die HO_2-Radikale nicht mit dem Farbstoff, sei es wegen der ungenügenden Oxydations- wie auch Reduktionsfähigkeit oder weil sie zusammen mit den OH-Radikalen vom Schutzstoff (der Glucose) gebunden werden.

Die Annahme einer nur geringen Oxydationsfähigkeit der HO_2-Radikale wird bei Bestrahlung von Farbstofflösungen an Luft und ohne schützende Zugabe von Glucose bekräftigt (Kurve *1*, Abb. 9–2). In diesem Falle verläuft die Entfärbung des Farbstoffes nicht mehr umkehrbar, die Ausbeute des Prozesses beträgt ~ 0,4 Farbstoffmolekeln auf 100 eV Energie. Man kann die Ausbeuteverminderung der Farbstoffentfärbung durch den Ablauf einer Rekombinationsreaktion der HO_2- und OH-Radikale erklären:

$$HO_2 + HO_2 \rightarrow H_2O_2 + O_2, \qquad (9\text{–}1)$$

$$HO_2 + OH \rightarrow H_2O + O_2, \qquad (9\text{–}2)$$

wobei die HO_2-Radikale einen Teil der freien Hydroxyle bilden, die sonst den Farbstoff hätten oxydieren können. Diese Fähigkeit der freien Hydroxyle zur Oxydation des Methylenblaus wurde von uns auch für den Fall ihrer Bildung mit Hilfe von FENTONschem Reagenz festgestellt. Zur Klärung der wirklichen Wechselwirkung, in welcher die freien Hydroxyle mit den Farbstoffmolekeln reagieren, wurde der

Versuch einer strahlungschemischen Oxydation des Methylenblaus allein durch die Teilnahme von OH-Radikalen untersucht. Hierzu wurden die Farbstofflösungen in einer inerten Atmosphäre bestrahlt. Die Bindung der sich bei der Radiolyse des Wassers bildenden Wasserstoffatome sollte durch Zugabe eines gewissen Überschusses an Fe(III)-Ionen ($2 \cdot 10^{-2}$ molar) erfolgen. Dabei wurde von dem in der Literatur [9–14] bekannten hypothetischen Reaktionsverlauf ausgegangen, wonach Fe(III)-Ionen durch die Wasserstoffatome reduziert werden, was sich in Lösungen mit einem nicht zu niedrigen p_H-Wert nach dem Schema

$$[FeOH]^{2+} + H \rightarrow Fe^{2+} + H_2O \qquad (9\text{-}3)$$

vollzieht.

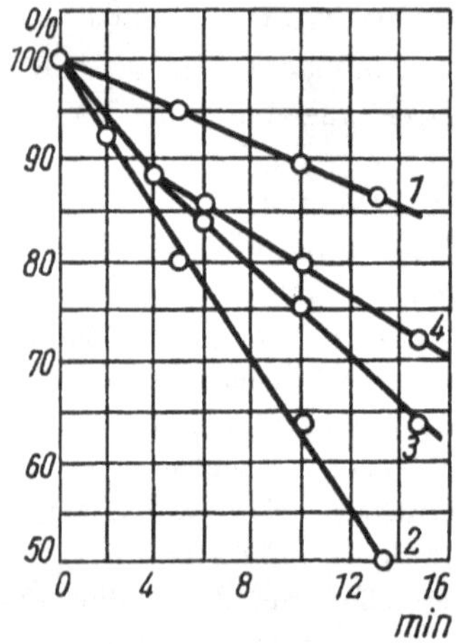

Abb. 9–2. Änderung der optischen Dichte von Methylenblau-Lösungen in Abhängigkeit von der Bestrahlungsdauer. Die anfängliche optische Dichte wurde zu 100 % angenommen

1: Zusammensetzung der Lösung: $6{,}7 \cdot 10^{-5}$ molar an Farbstoff, $5 \cdot 10^{-3}$ molar an HNO_3 ohne Schutzstoffzugabe, Bestrahlung in Luftatmosphäre; *2*: Zusammensetzung der Lösung: $6{,}7 \cdot 10^{-5}$ molar an Farbstoff; $2 \cdot 10^{-2}$ molar an $Fe(NO_3)_3$; $5 \cdot 10^{-3}$ molar an HNO_3; Bestrahlung in Stickstoffatmosphäre; *3*: Zusammensetzung der Lösung: $6{,}7 \cdot 10^{-5}$ molar an Farbstoff; $5 \cdot 10^{-3}$ molar an HNO_3; ohne Schutzstoffzugabe; Bestrahlung in Stickstoffatmosphäre; *4*: Die gleiche Lösung nach Bestrahlung und zweistündigem Stehen an der Luft

Die Versuchsergebnisse sind in Abb. 9–2, Kurve *2* dargestellt. Die Neigung der Kurve entspricht einer Reaktionsausbeute von 1,6 Farbstoffmolekeln auf 100 eV absorbierter Energie. Wenn wir die oben gemachten Voraussetzungen über den Mechanismus der Oxydation des Farbstoffes durch die freien Hydroxyle und über ihre Menge annehmen, so kommen wir zu dem Schluß, daß an der Oxydation einer Farbstoffmolekel zwei OH-Radikale teilnehmen.

Bei der Bestrahlung der Methylenblaulösung ohne Schutzstoffe (Kurve *3*, Abb 9–2) wird der Farbstoff gleichzeitig der Einwirkung oxydierender (freie OH-Radikale) und reduzierender Produkte (Wasserstoffatome) ausgesetzt. Zu Beginn der Bestrahlung überwiegt augenscheinlich der Prozeß der Oxydation, da sich in diesem Teil der Kurve eine nicht mehr umkehrbare Entfärbung des Farbstoffes mit ziemlich beträchtlicher Ausbeute (nahezu 1,3 Molekeln auf 100 eV) vollzieht. Bei weiterer Bestrahlung wird die Steigung der Kurve etwas geringer (die Ausbeute fällt bis zu 1 Molekel auf 100 eV), doch regeneriert die bestrahlte Lösung nach dem Stehen an Luft ihre ursprüngliche Färbung zumindest teilweise (Kurve *4*, Abb. 9–2). Die Steigung der letzteren Kurve ähnelt der von Kurve *1*.

Die durchgeführten Versuche unterstützen den von uns oben ausgesprochenen Gedanken, die strahlungschemische Oxydation oder Reduktion des gelösten Stoffes unter fast vollständiger Ausnutzung der Radiolyseprodukte des Wassers durchzuführen. Das Verhältnis der Geschwindigkeiten dieser beiden Prozesse hängt von den Versuchbedingungen der Radiolyse ab.

Zusammenfassung

a) Es wurden Untersuchungen über die Einwirkung von γ-Strahlung auf angesäuerte Methylenblau-Lösungen unter verschiedenen Bedingungen durchgeführt.

b) In einer inerten Atmosphäre wird eine wäßrige, Glucose enthaltende Farbstofflösung bei Bestrahlung infolge der Reduktion durch die Wasserstoffatome bei einem Verbrauch von 2 H-Atomen auf eine Farbstoffmolekel entfärbt.

c) Es wurde festgestellt, daß eine gegen die Einwirkungen von Reduktionsprodukten der Wasserradiolyse (den Wasserstoffatomen) durch Zugabe von überschüssigen Fe(III)-Ionen geschützte wäßrige Methylenblau-Lösung infolge der Oxydation durch freie Hydroxyle nicht umkehrbar entfärbt wird. Dabei werden zur Oxydation einer Farbstoffmolekel zwei OH-Radikale verbraucht.

d) In einer inerten Atmosphäre wird eine, keine Schutzstoffe enthaltende Methylenblau-Lösung infolge des gleichzeitigen Ablaufs von Reduktions- und Oxydationsprozessen mit den Radiolyseprodukten des Wassers, d. h. durch die Wasserstoffatome und freien Hydroxyle, entfärbt.

e) Es wurde gezeigt, daß Sauerstoff, der sich in der wäßrigen Farbstofflösung befindet, bei der Bestrahlung an Luft die Rolle eines Schutzstoffes spielt, der den reduzierenden Anteil der Radiolyseprodukte des Wassers bindet. Die sich dabei bildenden HO_2-Radikale reagieren mit einem Teil der freien Hydroxyle, wodurch die Ausbeute der Farbstoffoxydation herabgesetzt wird.

LITERATURVERZEICHNIS

[9-1] Lasarjew, P. P., Z. physik. Chem., **78**, 661 (1912).

[9-2] Nürnberger, C. und Arnow, J. physic. Chem., **38**, 71 (1934).

[9-3] Radiology, **16**, 332 (1931).

[9-4] Шехтман Я. Л., Красновский А. А. и Верещинский И. В., Докады Академии Наук СССР. (Schechtman, I. L., Krasnowski, A. A. und Wereschtschinski, I. W., Ber. Akad. Wiss. UdSSR), **74**, 767 (1950); C. **1951** II, 2298.

[9-5] Day, M. J. und Stein, G., Nature (London), **166**, 146 (1950); C. **1951** I, 1124.

[9-6] Day, M. J. und Stein, G., Nucleonics, **8**, Nr. 2, 34 (1951); C. **1952**, 2704.

[9-7] Proskurnin, M. A., Orechow, W. D. und Tschernowa, A. I., Vorliegende Sammlung Seite 79.

[9-8] Кондратьев В. Н., Свободный гидроксил. (Kondratjew, W. N., Freies Hydroxyl), ГОНТИ, Moskau 1939, S. 47.

[9-9] Dainton, F., Ann. Rev. Phys. Chem., **2**, 99 (1951).

[9-10] Шеренин А. Н., Фотохимия красителей и родственных органических соединений. (Terenin, A. N., Photochemie der Farbstoffe und verwandter organischer Verbindungen), Изд-во АН СССР, Moskau-Leningrad 1947, S. 109 und 213.

[9-11] Bodenstein, H. und Schenk, Z. physik. Chem., Abt. B., **20**, 420 (1933).

[9-12] Foner, S. und Hudson, R., J. chem. Physics, **21**, 1608 (1953); C. **1954**, 7121.

[9-13] Walsh, A. D., J. chem. Soc. (London), **1948**, 331.

[9-14] Rigg, T., Stein, G. und Weiss, J., Proc. Roy. Soc. (London), **211**, 375 (1952).

10. W. D. ORECHOW, A. I. TSCHERNOWA, M. A. PROSKURNIN

Über die Wirkung von γ-Strahlung auf wäßrige Lösungen von Kaliumnitrat und Kaliumnitrit

Der Einfluß ionisierender Strahlen auf wäßrige Kaliumnitratlösungen wurde zuerst von CLARK und PICKETT [10–1] untersucht. Sie stellten fest, daß die Bestrahlung einer Kaliumnitrat-Lösung mit Röntgenstrahlen zur Bildung von Nitritionen mit einer Ausbeute von 0,2 Molekeln auf ein Ionenpaar führte. Die Höhe der Ausbeute hängt nicht davon ab, ob in der Lösung Luft vorhanden ist oder nicht.

Etwas später beobachteten FRICKE und HART [10–2] bei Bestrahlung von Nitritlösungen mit Röntgenstrahlen die strahlungschemische Bildung von Nitrat, wobei gleichzeitig eine äquivalente Menge von molekularem Wasserstoff ausgeschieden wurde. Nach diesen Autoren hängt die Ausbeute der Nitritoxydation nicht von dessen Ausgangskonzentration in der Lösung innerhalb der untersuchten Grenzen von $5 \cdot 10^{-5}$ bis 10^{-1} molar und vom p_H-Wert der Lösung innerhalb der Grenzen von 2 bis 11 ab und beträgt 0,55 μMol/kg.

HAYSSINSKY und LEFORT [10–3] verglichen die Einwirkung von Röntgen- und γ-Strahlen auf Nitrat- und Nitritlösungen und fanden, daß die Röntgenstrahlen die stärker reduzierende Wirkung in diesen Systemen haben, während α-Strahlung eine höhere Ausbeute bei der Oxydation des Nitrits gibt.

Obwohl diese Beobachtungen mehr als zwanzig Jahre alt sind, sind sie bis zur heutigen Zeit nur wenig näher untersucht worden. Die Ergebnisse dieser Arbeiten rufen Zweifel hervor, wenn man bedenkt, daß das Nitrit ein Umwandlungsprodukt des Nitrats und umgekehrt das Nitrat ein Umwandlungsprodukt des Nitrits ist. Eine Anreicherung der Produkte einer der Reaktionen muß zweifellos unter bestimmten Bedingungen das Entstehen einer zweiten zur Folge haben, die möglicherweise im Verbrauch um die sich im Wasser bildenden chemisch-aktiven Radikale konkurriert und entgegengesetzt zur ersten gerichtet ist.

Unter solchen Bedingungen kann die Abhängigkeit der gebildeten Reaktionsprodukte von der Dosis nicht die ganze Zeit geradlinig verlaufen, da beim Bestrahlen früher oder später ein Zustand gleichzeitigen Ablaufs einander entgegengesetzter Prozesse erreicht werden muß. Zweifel treten auch an den Beobachtungen von CLARK und PICKETT sowie von FRICKE und HART über die Unabhängigkeit der Reaktionsgeschwindigkeiten vom p_H-Wert der Lösungen und ihrer Ausgangskonzentration auf.

Die nachfolgend beschriebenen Versuche dienten dem Zweck, die Angaben der Literatur durch genauere Kenntnisse über den Einfluß solcher Hauptfaktoren, wie der Ausgangskonzentration der Reaktionskomponenten, des p_H-Wertes der Lösung, der Anwesenheit von Luft, der Größe der Dosis usw. auf die beschriebene Reaktion zu ersetzen.

Auf Grund der erhaltenen Resultate wurden Schlußfolgerungen über den Mechanismus und den gegenseitigen Einfluß dieser beiden einander entgegengesetzt gerichteten Reaktionen gezogen.

1. Die Methodik

In der vorliegenden Arbeit diente ^{60}Co von etwa 40 g-Äquivalent als γ-Strahlungsquelle. Alle Versuche wurden in Glasampullen durchgeführt, deren Konstruktion und Dosiseichung schon früher beschrieben worden ist [10–4].

Die untersuchten Kaliumnitrat- und Kaliumnitritlösungen wurden aus den chemisch reinen, vor Herstellung der Lösungen umkristallisierten Salzen bereitet.

Der Nitritgehalt wurde colorimetrisch nach MICHALTSCHUK und OSCHEROWITSCH [10–5] bestimmt. Die Empfindlichkeit der Methode ist 0,5 γ Nitritionen auf 50 ml des Lösungsendvolumens.

Das Nitrat wurde ebenfalls nach einer colorimetrischen Methode bestimmt, die auf der Bildung des gelben Ammoniumsalzes der Pikrinsäure basiert; ihre Empfindlichkeit ist 5 γ Nitrationen auf 50 ml des Lösungsendvolumens.

Die optische Dichte der Lösungen wurde mit Hilfe des Photoelektrocolorimeters vom Typ ФЭК-M ermittelt.

Zur Bindung des oxydierenden Anteils der Radiolyseprodukte des Wassers wurde Glucose zugesetzt. Die Bestimmung der Glucosekonzentration in den Lösungen basiert auf der Fähigkeit der Glucose, zweiwertige Kupfer-Ionen zu reduzieren. Der entstehende Niederschlag von Cu_2O wurde nach dem Abfiltrieren mit einer Lösung von Eisenammoniumalaun behandelt und das dabei entstehende zweiwertige Eisen mit eingestellter Kaliumpermanganatlösung titriert.

Die Bestrahlungsdauer betrug bei den meisten Versuchen bis zu maximal drei Stunden und erreichte nur in einigen wenigen Fällen bis zu 20 Stunden. Bei der Umrechnung auf die Dosisleistung entsprach dies 300 Kiloröntgen (kr) bzw. 3 Megaröntgen (Mr) auf 1 ml Lösung. Alle Versuche wurden bei einer Temperatur von 18° durchgeführt.

2. Die Ergebnisse und ihre Beurteilung

Die in wäßriger Lösung bei einer Konzentration der Salze in der Größenordnung von Bruchteilen von Gramm-Molekeln pro Liter gelöstem Stoff verlaufenden Reaktionen sind sekundärer Art, da praktisch die gesamte Strahlungsenergie vom Wasser absorbiert wird. Den Anstoß für diese Reaktionen geben die chemisch-aktiven Wasserradiolyseprodukte — das sind Wasserstoffatome und freie Hydroxyle

— in der Lösung. Beide werden durch Ionisation der Wassermolekeln infolge Strahlungseinwirkung gebildet; ihre Menge wird auf etwa 3,7 Paare pro 100 eV absorbierter Energie geschätzt. Unter günstigen Bedingungen können bei den sekundären Prozessen auch angeregte Wassermolekeln teilnehmen. Ein Teil dieser Molekeln erhält eine zur Dissoziation ausreichende Energie. Da sich jedoch die Dissoziationsprodukte in der gleichen Zelle befinden, rekombinieren sie, bevor sie in die Tiefe der Lösung zu diffundieren und in Reaktion mit dem gelösten Stoff zu treten vermögen.

Die Anwesenheit zweier Akzeptoren, die beide Teile der dissoziierten angeregten Wassermolekel binden, gibt die Möglichkeit, über zwei miteinander verknüpfte Redoxreaktionen die vollständige Ausnutzung der absorbierten Energie, vielleicht durch Heranziehung der Energie der angeregten Wassermolekel, zu erhöhen.

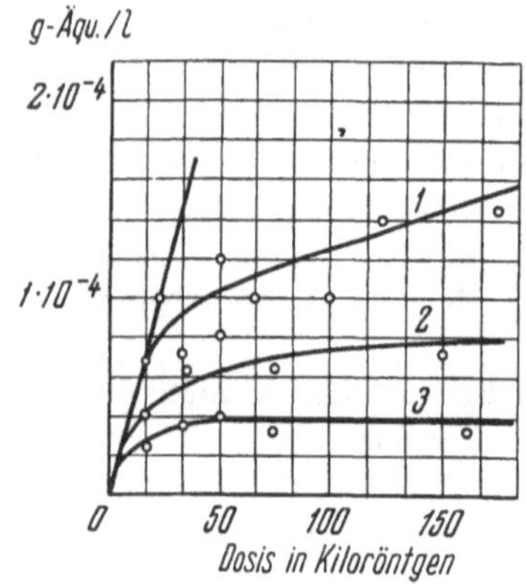

Abb. 10-1. Abhängigkeit der Konzentration des gebildeten Nitrits in Kaliumnitratlösungen verschiedener Konzentrationen von der Dosis

1: 1 molar; *2*: 0,1 molar; *3*: 0,01 molar

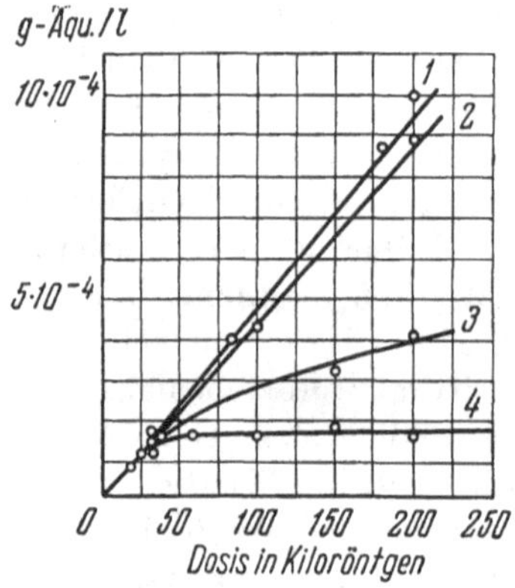

Abb. 10-2. Abhängigkeitder Konzentration des gebildeten Nitrits in molarer Kaliumnitrat-Lösung mit verschiedenen Zusätzen von der Dosis

1: 1 n an KOH; *2*: 4 n an KOH; *3*: 0,05 molar an Borax; *4*: 0,05 n an H_2SO_4

Die experimentelle Möglichkeit für solche Reaktionen wurde von uns schon früher [10-4] am Beispiel der strahlungschemischen Oxydation der Ionen des zweiwertigen Eisens bei Anwesenheit von Luft in stark sauren Lösungen festgestellt.

Weiter unten wird gezeigt, daß als weiteres Beispiel einer Teilnahme von angeregten Wassermolekeln in zwei gekoppelten strahlungschemischen Reaktionen die Umwandlung von Nitrat in Nitrit in alkalischen, Glucose enthaltenden Lösungen, dienen kann.

Zuerst untersuchten wir dabei die quantitative Abhängigkeit der Umsetzung von Kaliumnitrat in wäßriger Lösung von der Dosis bei verschiedenen Anfangskonzentrationen des Salzes und bei Abwesenheit anderer gelöster Stoffe, außer Luft. Die erhaltenen Resultate sind in Abb. 10-1 dargestellt, in der die Dosisleistung in Kiloröntgen auf 1 ml als Abscisse und die Konzentration des gebildeten Nitritions in Grammäquivalenten pro Liter als Ordinate aufgetragen wurden. Die Kurven *1*, *2* und *3* entsprechen einer 1,0, 0,1 und 0,01 molaren Ausgangskonzentration an Kaliumnitrat in der bestrahlten Lösung. Die Form der Kurven zeigt, daß die lineare Abhängigkeit nur in einem kurzen Anfangsstadium des Prozesses erhalten bleibt, wobei der lineare Teil um so größer ist, je größer die Ausgangskonzentration an Nitrat in der Lösung ist.

Die anfängliche Ausbeute des Nitratumwandlungsprozesses ergibt sich aus der Neigung der Tangente an die Kurve im Koordinatenausgangspunkt zu etwa zwei Nitritmolekeln auf 100 eV absorbierter Energie. Bei weiterer Zunahme der Dosis sinkt die Ausbeute der Nitratumwandlung ziemlich rasch und strebt um so schneller dem Nullwert zu, je kleiner die Ausgangskonzentration an Nitrat in der Lösung ist.

Diese Abnahme der Ausbeute hängt augenscheinlich mit der Anreicherung von Reaktionsprodukten, und zwar von Nitrit und von Wasserstoff-Ionen, sowie mit dem Beginn einer entgegengerichteten strahlungschemischen Umwandlung des Nitrits in Nitrat zusammen. Zur Untersuchung des Einflusses des p_H-Wertes auf die Ausbeute wurde eine 1 molare Kaliumnitrat-Lösung mit drei verschiedenen Pufferzusätzen einer Bestrahlung ausgesetzt. Die Ergebnisse sind in Abb. 10–2 dargestellt. Die Kurven *1* und *2* entsprechen Lösungen mit 1 und 4 n Kalilauge ($p_H > 14$), Kurve *3* einer Lösung mit 0,05 molarem Boraxzusatz und Kurve *4* einer Lösung von Nitrat in 0,05 n Schwefelsäure. Ein Vergleich der Kurvenformen *1*, *2*, *3* und *4* (Abb. 10–2) mit der Kurvenform *1* (Abb. 10–1), die derselben Nitratausgangskonzentration in der Lösung entspricht, zeigt, daß der p_H-Wert in der Nitratlösung einen starken Einfluß auf den Kurvenverlauf ausübt. Mit dem Anwachsen des p_H-Wertes der Lösung nähern sich die Kurven einer geraden Linie mit einer Steigung, die der Anfangsausbeute für nicht gepufferte Lösungen (etwa 1,8 bis 1,9 Nitritmolekeln auf 100 eV) entspricht. Dies weist auf eine Verlangsamung des Umwandlungsprozesses des durch die Reduktion des Nitrats gebildeten Nitrits mit zunehmender Laugenkonzentration hin.

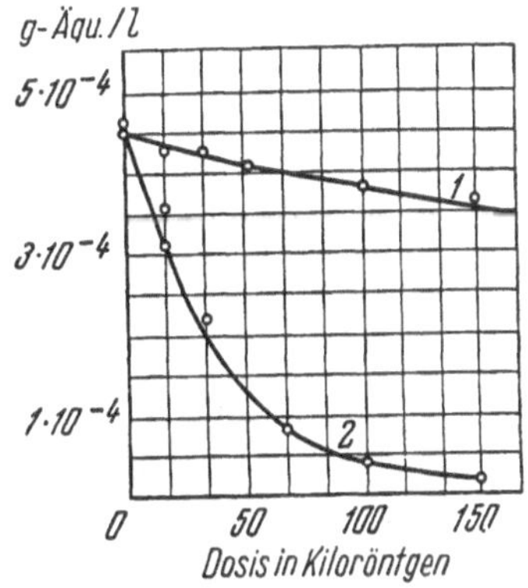

Abb. 10–3. Änderung der Nitritkonzentration bei der Bestrahlung einer $5 \cdot 10^{-4}$ n KNO_2-Lösung, mit einem Zusatz von 1 normal KOH (Kurve *1*) und 0,05 n H_2SO_4 (Kurve *2*)

Die beobachtete Abhängigkeit der Ausbeute der Nitratumwandlung vom p_H-Wert der Lösung stützt die Annahme über die Teilnahme von Wasserstoffatomen und HO_2-Radikalen in diesem Prozeß, deren Fähigkeit zur Reduktion mit dem Steigen des p_H-Wertes der Lösung wächst.

Um die Ansicht einer die Ausbeute der Nitratreduktion herabsetzenden Wirkung von gebildetem Nitrit zu stützen, wurden $5 \cdot 10^{-4}$ n Kaliumnitritlösungen bestrahlt, d. h. Lösungen einer Konzentration, die von merklichem Einfluß auf die Ausbeute der Nitratreduktion sind. Diese Lösungen enthielten außerdem verschiedene Mengen an Wasserstoff-Ionen. In Abb. 10–3 zeigt Kurve *2* z. B. die Abhängigkeit der

Nitritkonzentration von der Dosis in einer Lösung, die außer dem Nitrit noch $5 \cdot 10^{-2}$ n Schwefelsäure enthält. Während ohne Bestrahlung die Nitritkonzentration in der Lösung in einer, der maximalen Bestrahlungsdauer entsprechenden Zeit unverändert bleibt, fällt sie bei Bestrahlung rasch mit zunehmender Dosis, wobei als Umwandlungsprodukt des Nitrits das Nitrat auftritt. Die Punkte der Kurve *2* entsprechen einer Reaktionsgleichung erster Ordnung:

$$C_E = C_0 \cdot e^{-k_1 E}, \tag{10-1}$$

in der C_0 die Nitrit-Anfangskonzentration in der Lösung in Grammäquivalent pro Liter und

C_E die Nitrit-Konzentration in denselben Einheiten, nach Absorption einer in Megaröntgen pro Liter Lösung ausgedrückten Energie E ist; k_1 ist eine in Liter/Megaröntgen ausgedrückte Konstante.

Für eine der Kurve *2*, Abb. 10–3, entsprechende Lösung ist der Koeffizient $k_1 = 0{,}025$ l/Mr. In einer solchen Lösung tritt praktisch ein rascher Umsatz der gesamten Nitritausgangsmenge ein. Der Exponentialkoeffizient k_1 ändert sich mit der Acidität der Lösung, wie aus den Daten der Tab. 10–1 ersichtlich ist. Eine Änderung der Schwefelsäurekonzentration um eine Zehnerpotenz (von 10^{-2} auf 10^{-1} n) erhöht den Wert von k_1 um das Eineinhalbfache.

Bei Durchführung desselben Versuchs bei einem höheren p_H-Wert, z. B. 9,0, entspricht die Abhängigkeit der Nitratkonzentration von der Dosis nur ganz zu Beginn der Bestrahlung einer Reaktion erster Ordnung (Kurve *1*, Abb. 10–4). Es muß hervorgehoben werden, daß ein solcher Kurvenverlauf nur bei Berührung der bestrahlten Lösung mit atmosphärischer Luft zu beobachten ist. Wenn man die Koordinatenwerte zweier Anfangspunkte der Kurve *1* benutzt und annimmt, daß die Verringerung der Nitritkonzentration in der gegebenen Lösung genauso wie in sauren Lösungen vonstatten geht, d. h. entsprechend einer Reaktion erster Ordnung, so kann man den Wert des Exponentialkoeffizienten k_1 für die Lösung mit p_H 9,0 berechnen. Sein Wert liegt um eine Größenordnung niedriger als der für die saure Lösung (siehe Tabelle 10–1). Benützt man diesen Wert für k_1, so kann man nach Gleichung (10–1) die ganze Kurve berechnen (Kurve *2*, Abb. 10–4). Es ist sehr interessant, daß der Nitritumwandlungsprozeß bei reiner Sauerstoff- anstatt Luftatmosphäre über der bestrahlten Lösung durch eine Abhängigkeit dargestellt wird, die genau mit der berechneten Kurve *2* (Abb. 10–4) übereinstimmt. Subtrahiert man die Ordinatenpunkte der Kurve *2* von den entsprechenden Koordinaten-

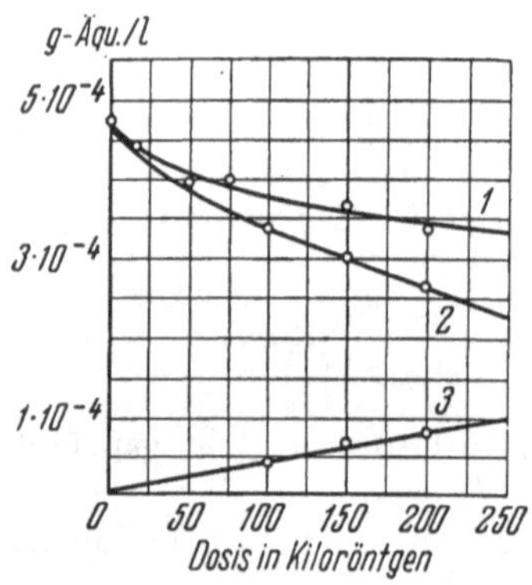

Abb. 10–4. Änderung der Kaliumnitritkonzentration in einer Borax enthaltenden Pufferlösung

1: Bestrahlung in Luftatmosphäre; *2*: Bestrahlung in Sauerstoffatmosphäre; Kurve *3* wurde durch Subtraktion der Ordinaten der Kurve *2* von denen der Kurve *1* erhalten

punkten der Kurve *1*, so ergeben die Differenzen die durch die Kurve *3* (Abb. 10–4) wiedergegebene Abhängigkeit, die mit irgendeinem Prozeß bei Anwesenheit einer Luftatmosphäre über der Lösung verbunden ist. Daher stellt die Kurve *1* zwei einander entgegengesetzte Prozesse dar: das Verschwinden von Nitrit infolge der Wechselwirkung mit den Radiolyseprodukten des Wassers und das Entstehen von Nitrit infolge eines radiochemischen Prozesses, der in Anwesenheit von atmosphärischer Luft abläuft und anscheinend einen Prozeß der Bindung von atmosphärischem Stickstoff durch die Radiolyseprodukte des Wassers darstellt. Die Ausbeute der Nitritbildung beträgt dabei 0,1 Ionen auf 100 eV.

Tabelle 10–1

Abhängigkeit des Wertes der Konstanten k_1 von der Acidität der Lösung

Die Ausgangskonzentration des Nitrits war $5 \cdot 10^{-4}$ g-Äqu./l

Pufferzusatz	Konzentration des Pufferzusatzes in g Äqu./l	k_1-Wert
Schwefelsäure . . .	$2 \cdot 10^{-1}$	0,04
,, . . .	$1 \cdot 10^{-1}$	0,03
,, . . .	$5 \cdot 10^{-2}$	0,025
,, . . .	$1 \cdot 10^{-2}$	0,023
Borax	$2{,}5 \cdot 10^{-2}$	0,003 *)
Kalilauge	1,0	0,0017

*) p_H der Lösung = 9,0

Der Verlauf der Kurve *1* (Abb. 10–4) kann mathematisch durch folgende Gleichung ausgedrückt werden:

$$C_E = C_0 e^{-k_1' E} + k_2 E, \tag{10-2}$$

wobei der Koeffizient k_2 des zweiten Summanden durch die Steigung der Kurve *3* (Abb. 10–4) zu $4 \cdot 10^{-7}$ g-Äquivalente pro Megaröntgen bestimmt wird. Der zweite Summand ist in einer reinen Sauerstoffatmosphäre gleich Null. Wie schon gesagt, erfolgt der Prozeß der Bindung von atmosphärischem Stickstoff auch bei Bestrahlung einer nicht nitrithaltigen Laugenlösung in einer Luftatmosphäre, wobei die Bildung des Nitrits und der äquivalenten Menge Nitrat linear von der Größe der Dosis der absorbierten Energie abhängt, deren Ausbeute ebenfalls etwa 0,1 Ionen auf 100 eV beträgt.

In sauren Lösungen wurde dieser Prozeß nicht beobachtet. Die Bestrahlung von nur 0,1 bis 4 n freie Kalilauge enthaltenden Lösungen zeigte bei verschiedenem Luftdruck über der Lösung (von 1 bis 25 Atm), daß in allen Fällen in den bestrahlten Lösungen Nitrit und Nitrat stets in annähernd gleichen Mengen entstehen. Obwohl die Wiedergabe der Ergebnisse in quantitativer Beziehung nicht ausreichend war, dürfte immerhin eine lineare Abhängigkeit der Konzentration des gebildeten Nitrits von der Größe der von der Lösung absorbierten Energie (Abb. 10–5) zugrunde liegen. Eine Steigerung des Luftdruckes bis auf 25 Atm (solche Versuche wurden in speziell konstruierten, mit einem Manometer versehenen Ampullen aus nichtrostendem Stahl durchgeführt), wirkte sich nicht auf die Geschwindigkeit des Prozesses und die Ausbeute an Nitrit aus.

In 1 n Lauge enthaltenden Nitritlösungen verschwindet bei Bestrahlung in einer Sauerstoffatmosphäre (um einer Bindung von Luftstickstoff vorzubeugen) das Nitrit noch langsamer als in Lösungen mit einem p_H von 9,0 (s. Tabelle 10–1, $k_1 = 0{,}0017$), jedoch nach derselben Gesetzmäßigkeit (Kurve *1*, Abb. 10–3). Bei Bestrahlung solcher Lösungen in einer Luftatmosphäre kommt es zu einem Konzentrationsrückgang des Nitrits nur zu Beginn des Prozesses, bis zu einer Dosis von etwa 50 kr. Danach steigt dann die Nitritkonzentration in der Lösung langsam an, wobei sie bei länger andauernder Bestrahlung die Ausgangskonzentration übersteigt. Das weist auf den Ablauf zweier entgegengesetzter Prozesse hin, wie auch bei der Lösung mit p_H 9,0; der erste Prozeß — das Verschwinden des Nitrits — verläuft jedoch hier wesentlich langsamer.

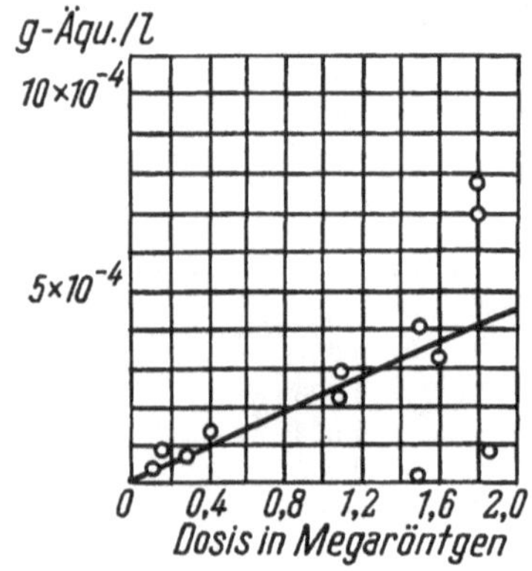

Abb. 10–5. Abhängigkeit der Konzentration des gebildeten Kaliumnitrits in einer 1 n KOH-Lösung bei Luftatmosphäre von der Dosis

Wenn wir nun zu den Betrachtungen über die Strahlungseinwirkung auf wäßrige Kaliumnitratlösungen zurückkehren, so können wir einige vorläufige Schlüsse über den Mechanismus der sich in diesen Lösungen unter der Einwirkung der Strahlung ablaufenden Umwandlung des Nitrats in Nitrit ziehen. Am wahrscheinlichsten ist wohl die Annahme, daß diese Umwandlung eine Reduktion bei gleichzeitiger Teilnahme von Radiolyseprodukten, atomarem Wasserstoff und HO_2-Radikalen (in saurem Medium bei Anwesenheit von molekularem Sauerstoff) darstellt. Dieser Schluß wird durch Versuche unterstützt, die von uns zur Untersuchung der Einwirkung von Wasserstoffatomen auf das Nitrat-Ion durchgeführt wurden. Die Wasserstoffatome wurden dabei auf chemischem Wege erhalten, z. B. durch Auflösung von Zinkstaub in saurem und von Aluminiumspänen in alkalischem Medium. In beidenFällen wurde das in der Lösung vorhandene Nitrat zu Nitrit reduziert.

Freie OH-Radikale, die durch Zugabe von FENTONschem Reagens in die Lösung eingeführt wurden, reduzierten das Nitrat nicht.

Die Umwandlung des Nitrits in Nitrat bei Bestrahlung einer wäßrigen Nitritlösung stellt dagegen einen Oxydationsprozeß durch die Radikale OH und HO_2 dar. Da ein umkehrbares Gleichgewicht zwischen den beiden hauptsächlichen Radiolyseprodukten H und OH nicht besteht, sind die Umwandlungsprozesse des Nitrats und Nitrits ebenfalls nicht umkehrbar, sondern sie verlaufen nur entgegengesetzt, obwohl eine solche Umkehrbarkeit auch bis in die jetzige Zeit von einigen Forschern, z. B. von DAINTON [10–7], angenommen wurde.

Die günstigsten Bedingungen für den Verlauf einer radiochemischen Reduktion des Nitrats zu Nitrit sind in alkalischen Lösungen vorhanden, wo das sich bildende Nitrit durch die Radiolyseprodukte des Wassers sehr langsam zersetzt wird. Die Konzentration des sich in solchen Lösungen bildenden Nitrits erreicht relativ hohe Werte ($> 10^{-3}$ n) und die Reaktionsausbeute nähert sich 2 Molekeln auf 100 eV. Es ist zu bemerken, daß noch höhere Ausbeuten bei Bestrahlung derselben Lösung bei erhöhten Temperaturen zu erhalten sind; bei 90° erreicht die Ausbeute 10 Molekeln auf 100 eV.

In sauren Lösungen zerfällt das gebildete Nitrit mit einer seiner Konzentration proportionalen Geschwindigkeit (Reaktion erster Ordnung). Dadurch sinkt die Ausbeute der Nitritbildung rasch ab und wird bei größeren Bestrahlungsdosen Null.

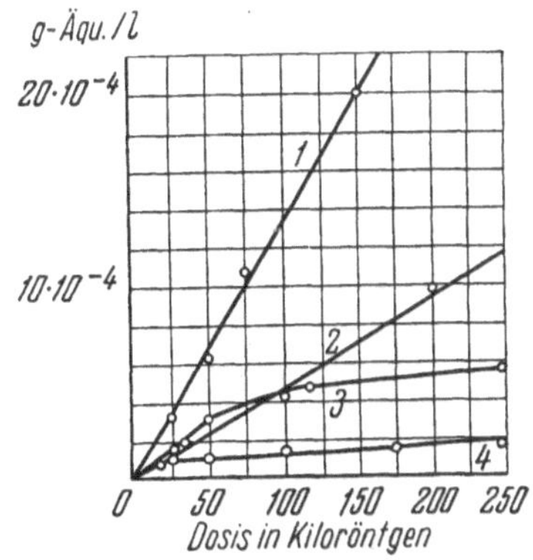

Abb. 10–6. Abhängigkeit der Konzentration des gebildeten Kaliumnitrits in einer 1 molaren Kaliumnitratlösung mit verschiedenen Zusätzen von der Dosis
1: 0,01 molar an Glucose und 1 n an KOH; *2*: 1 n an KOH; *3*: 0,01 molar an Glucose; *4*: ohne Zusätze

Die Aufklärung des Charakters der am Umwandlungsprozeß des Nitrat- in ein Nitrit-Ion beteiligten aktiven Radiolyseprodukte des Wassers, gibt zusammen mit dem Auffinden von für den Prozeßverlauf besonders günstigen Bedingungen die Möglichkeit, diesen Prozeß bewußt zu steuern und so z. B. seine Ausbeute um ein Mehrfaches zu steigern. Es genügt dazu, einen geeignet gekoppelten, strahlungschemischen Prozeß zu nehmen, der mit einem Verbrauch des oxydierenden Anteils der Radiolyseprodukte des Wassers verläuft. Als ein solcher gekoppelter Prozeß kann z. B. die Oxydation der Glucose dienen. Bekanntlich benutzten SCHECHTMAN und Mitarbeiter [10–8] diese Verbindung zum Schutz einer wäßrigen Methylenblau-Lösung gegen die nicht umkehrbare Entfärbung unter der Einwirkung von Röntgenstrahlen. Es gelang uns festzustellen, daß die schützende Wirkung der Glucose in diesem Falle auf eine Verhinderung der Oxydation des Farbstoffes durch die Radiolyseprodukte des Wassers, nämlich die freien Hydroxyle, zurückzuführen ist [10–9].

Die Ergebnisse der Versuche, in denen beide Reaktionen gekoppelt wurden, sind in Abb. 10–6, Kurve *1* angeführt; sie zeigt die Abhängigkeit der Menge des gebildeten Nitrits von der Dosis. Die Lösung war 1 molar an Kaliumnitrat, 1 n an Kalilauge und 10^{-2} molar an Glucose. Die Kurvenform zeigt die Konstanz der Ausbeute in dem untersuchten Dosisintervall; sie beträgt etwa sechs Nitritmolekeln auf 100 eV. Die Bestimmungen der Glucosekonzentration in den bestrahlten Lösungen zeigen, daß die Oxydation der Glucose mit beinahe gleicher Ausbeute erfolgt.

Es ist klar, daß die für gekoppelte Prozesse erhaltene Ausbeute nicht allein mit der Wirkung der durch Ionisaton gebildeten Radiolyseprodukte des Wassers erklärt werden kann. Die Teilnahme von angeregten Wassermolekeln ist bei gekoppelten Prozessen durchaus möglich. Eine unbedingt notwendige Bedingung für eine solche Teilnahme ist die Anwesenheit zweier Akzeptoren in der Lösung, welche die Wasserstoffatome und freien Hydroxyle binden. Bei einem bestimmten Konzentrationsverhältnis von Nitrat, Glucose und Lauge in der Lösung wird jedes aus den angeregten Wassermolekeln entstehende Paar von H und OH am Entstehungsort durch die entsprechenden Akzeptoren gebunden, OH durch die Glucosemolekeln und H durch die Nitrat-Ionen.

Der Einfluß des Akzeptors der OH-Radikale, der Glucose, auf in Kaliumnitrat- und Kaliumnitritlösungen verlaufende Prozesse wird durch die Kurven in Abb. 10–6 illustriert. In einer alkalischen Nitratlösung ist die Nitritausbeute bei Anwendung von Glucose (Kurve *1*) ungefähr 3mal höher als bei Abwesenheit von Glucose (Kurve *2*). In einer glucosehaltigen, nicht alkalischen Nitratlösung dagegen ist die Ausbeute des Prozesses der Nitratreduktion anfangs höher als in einer Lösung ohne Glucose (Kurve *3*). Unter den gegebenen Bedingungen sinkt jedoch die Ausbeute entsprechend der Nitritanreicherung, und zwar infolge der erfolgreichen Konkurrenz der Nitrit-Ionen mit der Glucose bei der Bindung der freien Hydroxyle.

Kurve *4*, die die Ergebnisse der Bestrahlung einer 1 molaren Kaliumnitratlösung ohne irgendwelche Zugaben wiedergibt, zeigt, daß beim Fehlen eines zusätzlichen Akzeptors für die OH-Radikale die Ausbeute der Nitratreduktion mit dem Anwachsen der Dosis sehr rasch abnimmt.

Zusammenfassung

a) Es wurden Untersuchungen über die Einwirkung von γ-Strahlung auf wäßrige Kaliumnitrat- und Kaliumnitritlösungen durchgeführt.

b) Der strahlungschemische Umwandlungsprozeß der Nitrat-Ionen in wäßriger Lösung stellt eine Reduktion zu Nitrit-Ionen durch bei der Wasserradiolyse gebildete Wasserstoffatome dar. Die Anwesenheit von molekularem Sauerstoff in der Lösung hat keinen Einfluß auf den Verlauf dieses Prozesses.

c) Die Anfangsausbeute des Prozesses der Nitratreduktion beträgt 2 Molekeln auf 100 eV. Diese Ausbeute bleibt in alkalischen Lösungen auch für größere Dosen ($>$ 200 kr) erhalten, während in sauren Lösungen die Bildung von Nitrit mit dem Anwachsen der Dosis rasch bis Null sinkt.

d) Die Bestrahlung von Kaliumnitritlösungen ruft eine Oxydation der Nitrit- zu Nitrat-Ionen durch die freien, bei der Wasserradiolyse gebildeten Hydroxyle hervor. Die Reaktionsgeschwindigkeit ist in alkalischen Lösungen unbedeutend, in sauren dagegen hinreichend groß und proportional der Nitritkonzentration in der Lösung. Dadurch ist die Abnahme der Ausbeute der Reduktion von Nitrat zu Nitrit bei der Bestrahlung saurer Lösungen bedingt.

e) Bei der Bestrahlung von wäßrigen Lösungen von Laugen in Luftatmosphäre wird der strahlungschemische Prozeß einer Bindung von atmosphärischem Stickstoff unter Bildung von Nitrit und Nitrat beobachtet. Die Ausbeute dieses Prozesses beträgt etwa 0,1 Molekel auf 100 eV, sie hängt nicht von der Laugenkonzentration in p_H-Grenzen von 9,0 bis 14,0 und vom Luftdruck bis zu 25 Atm. ab.

f) Die Zugabe von Glucose zu einer alkalischen Kaliumnitratlösung ermöglicht den Ablauf zweier gekoppelter, strahlungschemischer Prozesse unter Teilnahme angeregter Wassermolekeln. Hierdurch ist eine bessere Ausnutzung der absorbierten Strahlungsenergie gewährleistet. Die Ausbeuten dieser Prozesse erreichten Größen über 12 Äquivalente pro 100 eV, was nicht allein durch die Teilnahme von Radikalen, die nur durch Ionisation der Wassermolekeln entstanden sind, erklärt werden kann.

LITERATURVERZEICHNIS

[10-1] CLARK, G. und PICKETT, L., J. Amer. chem. Soc., **52**, 465 (1930).

[10-2] FRICKE, H. und HART, E., J. chem. Physics, **3**, 365 (1935).

[10-3] HAYSSINSKY, M. und LEFORT, M., C. R. hebd. Seances Acad. Sci., **228**, 314 (1949).

[10-4] PROSKURNIN, M. A., ORECHOW, W. D. und TSCHERNOWA, A. I., Vorliegendes Sammelwerk S. 79.

[10-5] Михальчук Б. В. и Ошерович Р. Е., Заводская Лаборатория. (MICHALTSCHUK, B. W. und OSCHEROWITSCH, R. E., Betriebs-Lab.), **9**, 836 (1940).

[10-6] Бабко А. К. и Пилепенко А. Г., Колориметрический анализ. (BABKO, A. K. und PILIPENKO, A. G.], Госхимиздат, Moskau-Leningrad 1951.

[10-7] DAINTON, F., Ann. Rev. Phys. Chem., **2**, 99 (1951).

[10-8] Шехтман Я. Л., Красновский А. А. и Верещинский И. В., Доклады Академии Наук СССР. (SCHECHTMAN, I. L., KRASNOWSKI, A. A. und WERESCHTSCHINSKI, I. W., Ber. Akad. Wiss. UdSSR), **74**, 767 (1950); C. **1951**, II, 2298.

[10-9] ORECHOW, W. D., TSCHERNOWA, A. I. und PROSKURNIN, M. A., Vorliegendes Sammelwerk, S. 85.

11. M. A. PROSKURNIN und E. W. BARELKO

Die Sensibilisierung der radiolytischen Oxydation von Benzol

Der Zerfall des Wassers unter dem Einfluß ionisierender Strahlungen war eine der zuerst untersuchten radiolytischen Reaktionen. Man nimmt heute an, daß die Radiolyse des Wassers zur Bildung freier Wasserstoffatome und freier Hydroxyle führt.

Die Endprodukte des Wasserzerfalls sind molekularer Wasserstoff und Wasserstoffperoxyd.

Der Mechanismus des Wasserzerfalls besteht nach HOCHANADEL [11–1] aus folgenden Prozessen:

$$H_2O \rightsquigarrow H + OH \qquad (11\text{–}1)$$

$$H + H = H_2; \quad OH + OH = H_2O_2; \quad H + OH = H_2O. \qquad (11\text{–}2)$$

Die Radikale können dabei weiter mit den gebildeten Molekeln reagieren:

$$H + H_2O_2 \rightarrow H_2O + OH \qquad (11\text{–}3)$$

$$OH + H_2 \rightarrow H_2O + O. \qquad (11\text{–}4)$$

Man nimmt an, daß bei Anwesenheit von Sauerstoff die Wasserstoffatome auch die freien Radikale HO_2 bilden können:

$$H + O_2 \rightarrow HO_2. \qquad (11\text{–}5)$$

Die Bildung von freien H-Radikalen [11–2], von OH-Radikalen [11–3] und auch von HO_2-Radikalen [11–4] wurde durch direkte experimentelle Methoden an verschiedenen Prozessen in der Gasphase bewiesen. Es gibt Gründe zu der Annahme, daß sich diese Teilchen als Zwischenprodukte auch bei Reaktionen in flüssiger Phase bilden können.

Es entstehen also im Wasser unter der Strahlungseinwirkung aktive Agentien, von denen OH, HO_2 und H_2O_2 Oxydationsmittel sind. Zugabe verschiedener Stoffe zu dem zu bestrahlenden Wasser ruft daher deren Oxydation hervor. Insbesondere gelingt es auf diese Weise auch, einen so interessanten Prozeß wie die Oxydation des Benzols zu Phenol zu verwirklichen.

Bei Abwesenheit von Sauerstoff ist die Phenolbildung von einer Diphenylbildung begleitet und verläuft nach WEISS und STEIN [11-5] nach folgendem Schema:

$$C_6H_6 + OH \rightarrow C_6H_5 + H_2O \tag{11-6}$$

$$C_6H_5 + OH \rightarrow C_6H_5OH \tag{11-7}$$

$$C_6H_5 + C_6H_5 \rightarrow C_6H_5 - C_6H_5. \tag{11-8}$$

In Zusammenhang mit den Reaktionen (11-1) und (11-2) führt dieses Schema zu einer Abhängigkeit der Phenolausbeute von der Konzentration des Benzols, die durch folgende Gleichung ausgedrückt wird:

$$\gamma = \frac{K[X] \cdot [OH]_L}{1 + K[X] \cdot [OH]_L}, \tag{11-9}$$

wobei γ die Phenolausbeute; [X] und $[OH]_L$ die lokalen Konzentrationen der aktiven Phenyl- und OH-Radikale und K das Verhältnis der Reaktionsgeschwindigkeitskonstanten von (11-7) und (11-2) sind. Die Abhängigkeit der Phenolausbeute von der Benzolkonzentration ereicht bei einer Dosis von $1 \cdot 10^4$ Röntgen eine Sättigung, welche auf die Ungleichung $K \cdot [X] \cdot [OH] \gg 1$ hinweist. Physikalisch bedeutet dies, daß praktisch alle Hydroxyle zur Bildung von Phenol und Diphenyl verbraucht werden. Unter diesen Bedingungen übersteigt die gebildete Diphenylmenge die Phenolmenge um das Dreifache.

Das von STEIN und WEISS vorgeschlagene Schema ist sehr wahrscheinlich und entspricht, wie aus dem obigen hervorgeht, den experimentellen Ergebnissen gut.

Wesentlich schwieriger ist die Frage nach dem Bildungsmechanismus des Phenols bei Anwesenheit von im Wasser gelöstem Sauerstoff zu beantworten. Das wesentliche experimentelle Ergebnis unter diesen Bedingungen ist die Erhöhung der Phenolausbeute auf das Dreifache. Dies wird dadurch erklärt, daß erstens der Sauerstoff unter Bildung von HO_2-Radikalen nach Reaktion (11-5) die H-Atome aus dem Reaktionsgemisch entfernt und dadurch die Rekombination des atomaren Wasserstoffs mit den freien Hydroxylen und den Phenylradikalen verlangsamt, die sonst zur Bildung von Wasser und Benzol führen würde. Zweitens kann das HO_2, wenn es mit dem freien Phenol reagiert, Phenylhydroperoxyd bilden, das durch Zerfall in Phenol übergeht.

Wenn diese Annahmen richtig sind, müssen bei einem genügenden Überschuß an Sauerstoff auf jede zerfallene Wassermolekel 1,5 Phenolmolekeln gebildet werden. Da pro 100 eV absorbierter Strahlung im Mittel etwa 4 Wassermolekeln [11-1] zerlegt werden, kann man eine maximale Ausbeute von 6 Molekeln Phenol auf 100 eV erwarten. Bei Anwesenheit von Luft unter Atmosphärendruck überstieg dagegen diese Ausbeute in den zitierten Arbeiten 2 Molekeln nicht.

Man kann daraus schließen, daß die Möglichkeiten der radiolytischen Synthese noch lange nicht erschöpft sind, und daß der Oxydationsmechanismus bei Anwesenheit von Sauerstoff noch nicht als bewiesen anzusehen ist. Wir untersuchten deshalb diesen Prozeß mit dem Ziel einer Intensivierung des Reaktionsmechanismus und zu seiner Aufklärung. Zunächst sollte hierzu die Sauerstoffkonzentration in der Lösung erhöht werden. Versuche unter höherem O_2-Druck sind im ersten experimentellen Teil dieser Arbeit beschrieben. Der Einfluß der Erhöhung der Sauerstoffkonzentration auf die Phenolausbeute war nur gering. Dies veranlaßte uns, die bestehenden Ansichten über die Sauerstoffeinwirkung zu überprüfen und der Grund für die Verstärkung der Ausbeute in der katalytischen Wirkung von Zusätzen von Ionen variabler Valenz zu suchen. Zugunsten dieser Ansicht sprachen die bekannten Angaben über die starke Zunahme der Oxydationswirkung der Peroxyde unter dem Einfluß solcher Ionen [11–6].

Die Verbindung von Wasserstoff mit den Ionen des zweiwertigen Eisens besitzt bekanntlich die Fähigkeit, Benzol zu oxydieren [11–7]. Die Wirkung dieser unter dem Namen FENTONsches Reagenz bekannten Verbindung wird durch Bildung von freien Hydroxylen nach folgendem Prozeß erklärt:

$$Fe^{2+} + H_2O_2 + H^+ \rightarrow Fe^{3+} + OH + H_2O\,. \qquad (11\text{–}10)$$

Da im Wasser unter Strahlungseinwirkung zweifellos Peroxyd in irgendeiner Weise gebildet wird, konnte eine Erhöhung der Phenolausbeute bei Zugabe von Eisensalzen zu dem Reaktionsgemisch erwartet werden. Der zweite Teil der Arbeit berichtet über diese Versuche.

Die in der vorliegenden Arbeit angewendete γ-Strahlungsquelle enthielt etwa 40 Curie ^{60}Co. Die erhaltenen Resultate wurden auf eine mittlere Dosisleistung bezogen, die 22 ± 3 röntgen/s betrug und durch chemische Dosimetrie zweiwertiger Eisen-Ionen ermittelt wurde. Die Ausbeute dieser Reaktion wurde zu 15 Molekeln auf 100 eV [11–8] angenommen. Analoge Ergebnisse gab die Dosimetrie mit Ce^{4+} [11–9].

Die Phenolkonzentration in den bestrahlten Lösungen wurde colorimetrisch nach einer Methode ermittelt, die auf der Farbstoffbildung von Phenolen mit diazotiertem p-Nitroanilin beruht [11–10].

Die Grundlage der Bestrahlungsversuche bildeten zweiphasige Kohlenwasserstoff-Wasser-Systeme[1]). Da bei der Bestrahlung somit eine Gemisch von Kohlenwasserstoff und Wasser vorlag, wurde jede Phase einzeln auf die Anwesenheit von Phenol geprüft. Aus der Kohlenwasserstoffschicht wurde das Phenol mit einer starken Sodalösung extrahiert. Aus der wäßrigen Phase wurde das Phenol mit Benzol in Gegenwart von Eisenionen herausgelöst; anschließend wurde das Benzol mit Sodalösung behandelt, da die Eisenionen bei der Phenolbestimmung stören.

Vor den Versuchen unter erhöhtem Sauerstoffdruck wurde die radiolytische Oxydation von Benzol im Vakuum und auch bei einem Sauerstoffdruck von 1 Atm. über der Lösung in einem gewöhnlichen gläsernen Reaktionsgefäß untersucht.

---

[1]) Die wäßrige Phase stellt unter diesen Bedingungen eine gesättigte Lösung eines Kohlenwasserstoffs in Wasser dar. Die Kohlenwasserstoffkonzentration bleibt während des Versuchs konstant. Die Phenolausbeute im Vakuum war innerhalb einer Genauigkeit von 10% in zwei Versuchen die gleiche, wenn einmal der Kohlenwasserstoff sorgfältig mit Wasser gemischt und dann nur die abgetrennte wäßrige Phase bestrahlt wurde, und zum anderen, wenn das zweiphasige Gemisch ohne vorherige Durchmischung bestrahlt wurde.

Zur Aufrechterhaltung einer möglichst konstanten Sauerstoffkonzentration der Lösung während des Oxydationsprozesses strömte Sauerstoff während der gesamten Bestrahlungszeit durch die Lösung[2]).

Die erhaltenen Ausbeuten stimmen praktisch mit den veröffentlichten Werten [11-5] überein. Bei Anwesenheit von Sauerstoff beträgt die Phenolausbeute 2 Molekeln auf 100 eV, im Vakuum und in einer Stickstoffatmosphäre ist sie ungefähr 2- bis 3mal niedriger.

In Abb. 11-1 ist die Abhängigkeit der erhaltenen Phenolmengen von der Bestrahlungszeit im Vakuum und im Sauerstoffstrom dargestellt.

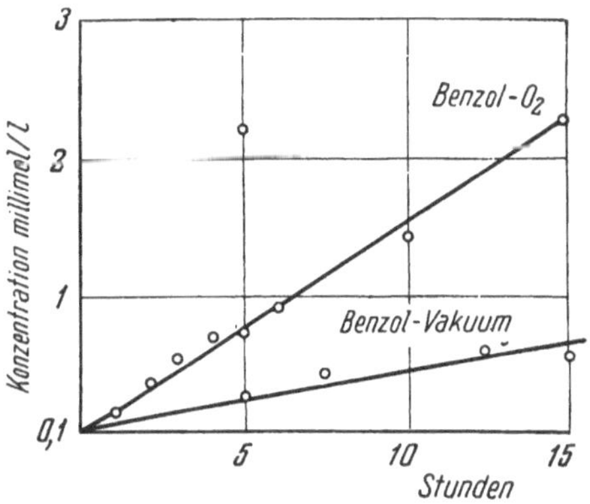

Abb. 11-1. Abhängigkeit der Phenolkonzentration von der Bestrahlungszeit (Dosisleistung 22 röntgen/s)

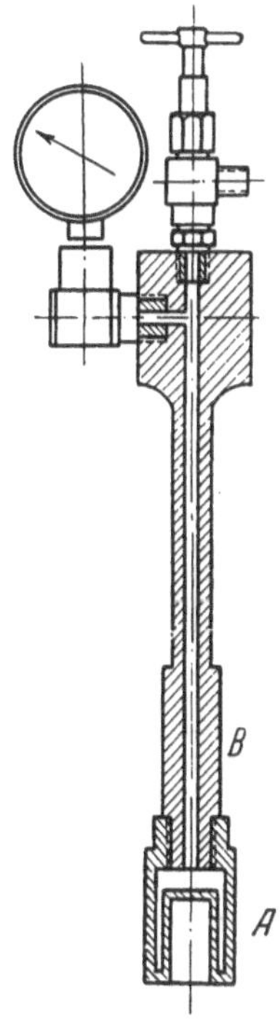

Abb. 11-2. Außenansicht des metallischen Reaktionsgefäßes für hohen O_2-Druck

1. Die Versuche bei erhöhtem Sauerstoffdruck

Für die Versuche diente ein Reaktionsgefäß aus nichtrostendem Stahl, das für einen Druck bis zu 30 kg/cm² berechnet war (Abb. 11-2). Die Lösung wird in den abschraubbaren Teil des Gefäßes gebracht und der mit einem Nadelventil versehene Teil B mit einem Ballon verbunden, aus dem sich Sauerstoff in das Reaktionsgefäß pressen läßt. Ein Manometer mit einer Ablesegenauigkeit von 0,1 Atm. dient zur Messung des Sauerstoffdruckes.

Die Versuche wurden unter Sauerstoffdrucken von 1, 5, 10 und 28 Atm. durchgeführt. Bei einem Druck von 1 Atm. ließ man den Sauerstoff durch das Gemisch strömen, während die Versuche bei höheren Drucken stationär durchgeführt wurden.

[2]) Um irgendwelche Bedenken bezüglich des mechanischen Einflusses auf das Gassystem auszuschließen, wurden analoge Versuche in einem N_2-Strom gemacht, wobei die gleiche Ausbeute wie bei den Versuchen im Vakuum erhalten wurde.

Die Versuchsdauer wurde so gewählt, daß sich noch keine Sauerstoffverarmung des Gemisches bemerkbar machte. Dies wurde durch Messung der Abhängigkeit der Ausbeute von der Versuchsdauer geprüft.

Die Versuche zeigten, daß eine Erhöhung des Sauerstoffdruckes die Phenolausbeute nur unbedeutend vergrößert.

Tabelle 11-1

O_2-Druck in Atm.	1	5	10	28
Ausbeute in millimol/l . .	0,45	0,5	0,53	0,54

2. Versuche über den Einfluß von Eisen-Ionen auf die Phenolausbeute

Die Versuche wurden im Vakuum unter Atmosphärendruck im Sauerstoffstrom in einem gläsernen Reaktionsgefäß durchgeführt. Eisen wurde in Form von Sulfat zugegeben, die Lösung mit 1 n Schwefelsäure angesäuert und die Konzentration der Fe^{2+}-Ionen durch potentiometrische Titration mit Cer(IV)-sulfat bestimmt.

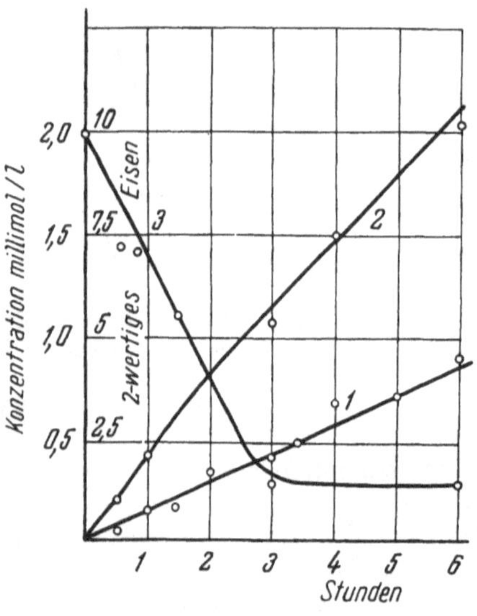

Abb. 11-3. Oxydation des Systems Benzol — Eisen(II)-Ionen

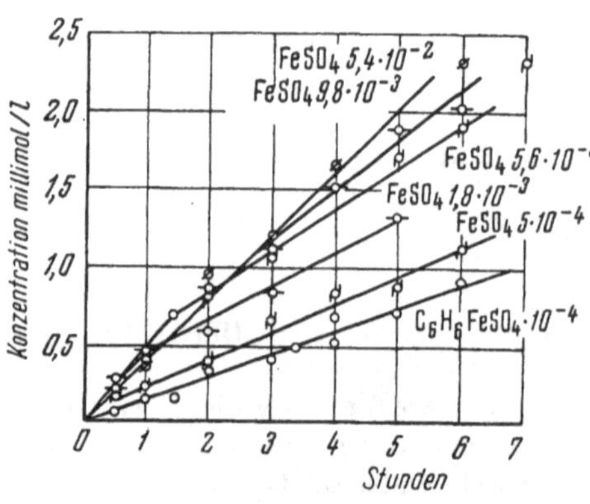

Abb. 11-4. Einfluß der Konzentration der zweiwertigen Eisen-Ionen auf die Phenolausbeute

Bei den Versuchen in Abwesenheit von Sauerstoff zeigte das in der wäßrigen Phase in einer Konzentration von 0,05 g-Äquivalente im Liter enthaltene Ferrosulfat keinen Einfluß auf die Phenolausbeute. In Gegenwart von Sauerstoff erhöhten die dem Gemisch beigefügten Fe^{2+}-Ionen die Phenolausbeute merklich. Die sensibilisierende Wirkung der Fe^{2+}-Ionen in der wäßrigen Phase wurde bei folgenden

Konzentrationen untersucht: $5{,}4 \cdot 10^{-2}$; $0{,}98 \cdot 10^{-2}$; $5{,}6 \cdot 10^{-3}$; $1{,}8 \cdot 10^{-3}$; $0{,}5 \cdot 10^{-3}$ g-Äquivalente im Liter.

In Abb. 11–3 ist die Abhängigkeit der Phenolausbeute von der Bestrahlungsdauer des Reaktionsgemisches ohne Eisen-Ionen (Kurve *1*) und bei einer Anfangskonzentration der Eisen-Ionen von 0,008 molar (Kurve *2*) wiedergegeben. Kurve *3* zeigt die Konzentrationsänderung des zweiwertigen Eisens während einer Versuchs-Oxydation zu Fe^{3+}.

Wie aus der Abbildung hervorgeht, erhöht sich die Phenolausbeute auf etwa das Dreifache, wenn zweiwertige Eisen-Ionen zugegen sind; die Steigerung der Phenolausbeute ist dabei zu Beginn der Bestrahlung sogar noch etwas größer.

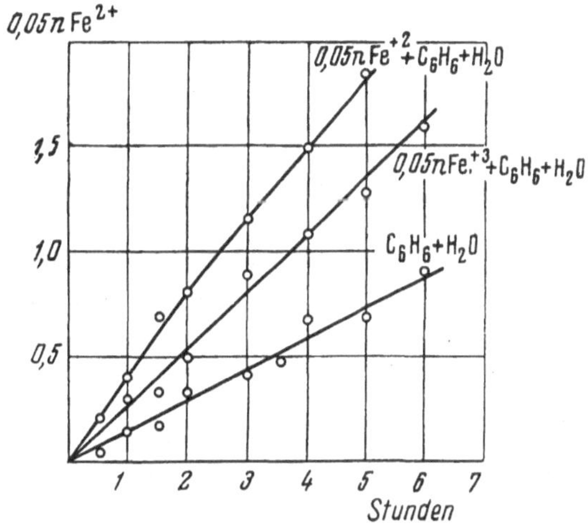

Abb. 11–5. Einfluß der dreiwertigen Eisen-Ionen auf den Oxydationsprozeß

Abb. 11–4 zeigt die Abhängigkeit der Phenolmenge von der Versuchsdauer für verschiedene Eisen-Ionen-Anfangskonzentrationen. Bei relativ hohen Anfangskonzentrationen an Fe^{2+}-Ionen führt der Übergang fast aller Fe^{2+} in Fe^{3+}-Ionen nicht zu einer Verringerung der Ausbeute auf den bei Abwesenheit von Eisen-Ionen (siehe Abb. 11–4) beobachteten Wert. Das spricht dafür, daß auch die Fe^{3+}-Ionen fähig sind, die Phenolbildung zu sensibilisieren. Es wurden deshalb Versuche angestellt, die durch Zusatz von Fe^{3+}-Ionen deren Einfluß auf die Phenolausbeute direkt erkennen lassen konnten. Hierzu wurde eine wäßrige 0,05 n $Fe_2(SO_4)_3$-Lösung in Wasser benutzt.

In Abb. 11–5 ist der Einfluß der Fe^{3+}-Ionen auf die Phenolbildung wiedergegeben[3]). Wir versuchten festzustellen, in welchem Grad die sensibilisierende Wirkung des

[3]) Wir halten uns jetzt nicht ausführlich beim Einfluß dieser Ionen auf, sondern bemerken nur, daß in Gegenwart dieser Ionen ein Anwachsen der Phenolkonzentration nach Beendigung der Bestrahlung des Systems bis zu einer bestimmten Höhe von uns festgestellt wurde.

Eisens durch eine Reaktion mit dem gebildeten Wasserstoffperoxyd bedingt sein kann. Hierzu wurden spezielle Versuche durchgeführt, bei welchem zunächst ein Gemisch von Schwefelsäure und Wasser bestrahlt wurde und dann der Lösung Benzol und Fe^{2+}-Ionen zugefügt wurden. Bei einer derartigen Durchführung des Versuchs fand zwar Benzoloxydation statt, doch war die Phenolausbeute dabei mehrfach geringer als beim gemeinsamen Bestrahlen der Lösungen von Schwefelsäure, Eisen-Ionen und Benzol.

3. Die Beurteilung der Ergebnisse

Das erste experimentelle Ergebnis dieser Arbeit besteht darin, daß die Phenolausbeute bei Erhöhung des Sauerstoffdruckes über den Normaldruck praktisch nicht zunimmt. Die maximale Phenolausbeute beträgt in diesem Falle in Übereinstimmung mit den Literaturangaben [11–5] 2 Molekeln auf 100 eV. Man kann daher annehmen, daß die Konzentrationen der HO_2-Radikale schon bei Normal-Sauerstoffdruck und bei der verwendeten Strahlungsintensität praktisch einen Grenzwert erreicht, d. h. daß alle gebildeten Wasserstoffatome an HO_2 gebunden werden. Gleichzeitig gelingt es nicht, die maximale theoretische Ausbeute von 1,5 Molekeln Phenol pro radiolysierte Wasserstoffmolekel zu erhalten. Folglich führen die elementaren Prozesse zusammen mit dem freien HO_2-Radikal hier weder auf dem direkten Wege der Reaktion von HO_2 mit einer Kohlenwasserstoffmolekel, noch durch Bildung von Hydroperoxyd nach STEIN und WEISS [11–5], zu einer Phenolbildung. Die Annahme, daß das freie HO_2-Radikal die Kohlenwasserstoffmolekel nicht unmittelbar oxydiert, wird leicht durch die große Reaktionsträgheit dieses Radikals erklärt. So wurde z. B. gezeigt, daß die Geschwindigkeitskonstante des elementaren Prozesses $HO_2 + H_2 \rightarrow H_2O_2 + H$ etwa $= 10^{-13} \cdot e^{-24000/RT}$ cm^3/s, d. h. um vieles geringer ist als die Geschwindigkeitskonstanten von mit gewöhnlichen freien Radikalen verlaufenden Prozessen [11–11]. Andererseits sind überhaupt keine Fälle einer Bildung beständiger Phenylperoxyd-Verbindungen bekannt, die sich beispielsweise bei der photochemischen Oxydation des Benzols durch molekularen Sauerstoff bilden könnten, wie das z. B. bei der Oxydation der eine Seitenkette enthaltenden Benzolhomologen [11–12] geschieht. Die Ausbeute an sich durch die Einwirkung der γ-Strahlung auf das System Benzol-Wasser bildenden Peroxydverbindungen ist sehr gering und kann nicht durch die Reaktion des Phenyl- mit dem HO_2-Radikal erklärt werden, wie es von WEISS [11–13] für einige Lösungen organischer Verbindungen, in welchen relativ hohe Ausbeuten an Wasserstoffperoxyd erreicht werden, angenommen wird.

Die Versuchsergebnisse über den Einfluß von Zusätzen zweiwertigen Eisens zeigen nach unserer Meinung, daß es dadurch gelingt, die Oxydationsmöglichkeiten des Systems vollständig auszuschließen. In der Praxis wird die Ausbeute an Phenol dreimal höher, d. h. sie erreicht den theoretisch maximalen Wert von 1,5 Molekeln pro radiolysierte Wassermolekel. Es wird dadurch erreicht, daß als „Oxydationsmittel" nicht nur das freie Hydroxyl dient, sondern auch das H-Atom, indem es ein freies Radikal bildet. Augenscheinlich kann man im jetzigen Zeitpunkt noch keine eindeutige Erklärung für die sensibilisierende Wirkung der Eisen-Ionen geben. Da diese Wirkung nur im sauren Medium auftritt, muß man annehmen, daß sie durch folgenden Prozeß hervorgerufen wird:

$$HO_2 + Fe^{2+} + H^+ \rightarrow Fe^{3+} + 2OH, \qquad (11-11)$$

d. h. das HO_2-Radikal spielt in diesem Falle die Rolle des Wasserstoffperoxyds im FENTONschen Reagens. Die sich dabei bildenden zwei Hydroxyl-Radikale ergeben mit Benzol augenscheinlich nach den Reaktionen (11–6) und (11–7) eine Molekel Phenol. Unter Benutzung der Literaturangaben [11–14, 11–15] kann man die Reaktionswärme dieses Prozesses abschätzen; sie beträgt 165 bis 180 kal. Obwohl dieser Prozeß exotherm ist, bleibt die Frage nach seiner möglichen Aktivierungsenergie ungeklärt; eine Reihe von Autoren, die solche Reaktionen in Lösungen untersuchten, kamen zu dem Schluß, daß ein Zustandekommen der Prozesse durch den Zusammenstoß gleich geladener solvatisierter Ionen möglich ist.

Die sensibilisierende Wirkung der Eisen-Ionen könnte man auch durch die Annahme eines Prozesses vom FENTONschen Typ mit der Teilnahme einer Wasserstoffperoxydmolekel erklären, jedoch sprechen die erwähnten Versuche, bei denen zunächst das Wasser bestrahlt und anschließend Benzol und Eisensalz zugegeben wurde, nicht für die Richtigkeit einer solchen Annahme.

Noch weit schwieriger gestaltet sich die Frage nach der sensibilisierenden Wirkung der dreiwertigen Eisen-Ionen sowie die Frage über den Einfluß des p_H-Wertes auf diese sensibilisierende Wirkung. Es wurde von uns festgestellt, daß eine Verringerung des p_H-Wertes unter eine gewisse Größe nicht mehr zu einer Erhöhung, sondern zu einer Abnahme der Phenolausbeute führt. Die weitere systematische Erforschung dieser Fragen mag helfen, die Unklarheiten dieses sowohl vom theoretischen als auch vom praktischen Standpunkt aus interessanten Prozesses der Sensibilisierung der radiolytischen Oxydation des Benzols zu klären.

Zusammenfassung

a) Es wurde eine durch Eisen-Ionen bedingte Sensibilisierung der radiolytischen Oxydation des Benzols zu Phenol durch Radiolyseprodukte des Wassers und durch Sauerstoff festgestellt.

b) Es wurden optimale Sensibilisierungsbedingungen gefunden, bei denen die Phenolausbeute den maximalen theoretischen Wert von 6 Molekeln auf 100 eV erreicht.

c) Es wurde eine Erklärung für die Sensibilisierung durch die Teilnahme des freien HO_2-Radikals vorgeschlagen.

d) Es wurde gezeigt, daß eine Erhöhung des Sauerstoffdruckes nicht zu einer wesentlichen Erhöhung der Phenolausbeute führt.

LITERATURVERZEICHNIS

[11-1] HOCHANADEL, C. H., J. physic. Chem., **56**, 587 (1952); C. **1953**, 1302.

[11-2] Кондратьева Е. И. и Кондратьев, В. Н., Журнал физической Химии. (KONDRATJEWA, E. I. und KONDRATJEW, W. N., J. physik. Chem.).

[11-3] Авраменко Л. И. и Кондратьев В. Н., Журнал Экспериментальной и Теоретической Физики. (AWRAMENKO, L. I. und KONDRATJEW, W. N., J. exp. theoret. Physik), **7**, 842 (1937).

[11-4] FONER, S. N. und HUDSON, R. L., J. chem. Physics, **53**, 21 (1949).

[11-5] STEIN, G. und WEISS, J., J. chem. Soc. (London), **1949**, 3254.

[11-6] Шилов Н. А., О сопряженных реакциях окисления. (SCHILOW, N. A., Über gekoppelte Oxydationsreaktionen), 1904.

[11-7] BAXENDALE, J. H. und MAGEE, J., Discuds. Faraday Soc., Nr. 1, 14, 160 (1953); C. **1954**, 2144.

[11-8] HOCHANADEL, C. J. und GHORMLEY, J. A., J. chem. Physics, **21**, 880 (1953); C. **1954**, 8280.

[11-9] HARDWICK, T. J., Canad. J. Chem., **30**, 23 (1952); C. **1954**, 9474.

[11-10] SNELL, F. und SNELL, C., Colorimetric Methods of Analysis, 2 (1937).

[11-11] Воеводский В. В. и Тальрозе В. Л., Журнал Физической Химии. (WOJEWODSKI, W. W. und TALROSE, W. L., J. physik. Chem.), **22**, 10 (1948).

[11-12] Теренин А. Н., Фотохимия красителей и родственных органических соединений. (TERENIN, A. N., Photochemie der Farbstoffe und verwandter organischer Verbindungen), Изд-во АН СССР, Moskau-Leningrad 1947.

[11-13] JOHNSON, G., SCHOLES, G. und WEISS, J., J. Chem. Soc. (London), **1953**, 3091; C. **1954**, 7545.

[11-14] Selected Values of Chemical Thermodynamic Properties US Nat. Bur. Stand., 1952.

[11-15] Полторак В. А. и Воеводский В. В., Журнал Физической Химии. (POLTORAK, W. A. und WOJEWODSKI, W. W., J. physik. Chem.), **24**, 299 (1950).

12. M. A. PROSKURNIN, E. W. BARELKO und L. W. ABRAMOWA

Die Frage der Oxydation von organischen Verbindungen

Oxydationsprozesse in Systemen aus Wasser, Sauerstoff und organischen Verbindungen unter dem Einfluß ionisierender Strahlungen sind gewöhnlich mit der Bildung zweier freier oxydierender Radikale, und zwar OH und HO_2 [12–1] verbunden. Es ist bekannt, daß die Ausbeute an Wasserstoffperoxyd und anderen Oxydationsprodukten, deren Charakter von der Natur des gelösten Stoffes [12–2, 12–3] abhängt, in Anwesenheit von Sauerstoff wesentlich höher liegt als in sauerstofffreien Systemen.

Nach WEISS [12–2] kann die erhöhte Ausbeute an Wasserstoffperoxyd mit der Bildung von HO_2-Radikalen in diesen Systemen zusammenhängen. Diese HO_2-Radikale reagieren weiter, entweder miteinander unter Bildung von Wasserstoffperoxyd nach der Gleichung

$$HO_2 + HO_2 = H_2O_2 + O_2 \qquad (12\text{–}1)$$

oder nach

$$RCHOHO_2^{\cdot} + HO_2 = H_2O_2 + RC{\overset{\displaystyle O}{\underset{\displaystyle H}{\lessgtr}}}\,\cdot \qquad (12\text{–}2)$$

Hierbei spielt der Zerfall organischer Peroxydradikale, die bei der Bindung einer Sauerstoffmolekel an das Radikal einer organischen Verbindung — z. B. eines Alkohols, $R\dot{C}HOH$ — entstehen können, eine Rolle; das Oxydationsprodukt ist in diesem Falle ein Aldehyd $RC{\overset{O}{\underset{H}{\lessgtr}}}$.

Weiter wird angenommen, daß ohne Teilnahme von Sauerstoff auf alle Fälle folgende Reaktion abläuft:

$$2\,H_2O^* \rightarrow H_2 + H_2O_2, \qquad (12\text{–}3)$$

wobei H_2O^* eine angeregte Wassermolekel ist.

Nach DEWHURST [12–4] ist die Fe^{3+}-Ausbeute der radiolytischen Oxydation von Fe^{2+} bei Anwesenheit von Alkoholen in starkem Maße von ihrer Konstitution abhängig. Erhöhte Ausbeuten sind durch die Wirkung organischer Peroxyde erklärlich, die bei Bestrahlung von wäßrig-alkoholischen Lösungen des zweiwertigen Eisens entstehen.

Es ist bekannt, daß die Oxydation des Benzols zu Phenol unmittelbar durch OH-Radikale [12–5] verwirklicht werden kann. Das HO_2-Radikal oxydiert aromatische Molekeln nicht unmittelbar, und nur die Anwesenheit von Ionen variabler Wertigkeit in der Lösung gestattet es, die wenig ausgeprägte oxydierende Fähigkeit des HO_2 [12–6] auszunutzen.

In der vorliegenden Arbeit wurden die Systeme Wasser-Sauerstoff-Butylalkohol und Wasser-Sauerstoff-Benzylalkohol untersucht.

Der Butylalkohol ist ein Beispiel für einen aliphatischen Alkohol mit langer Kette. Der Benzylalkohol vereinigt in seiner Molekel gleichzeitig aromatische (Benzolring) und aliphatische Gruppen und Eigenschaften.

Um unsere Kenntnisse von der radiolytischen Oxydation organischer Verbindungen zu vertiefen, ist es von Interesse zu wissen, ob in diesem Falle die Oxydation den Ring oder die aliphatische Gruppe bevorzugt. Der grundsätzliche Unterschied in der Struktur dieser Alkohole muß sich in den Ausbeuten der bei der Radiolyse gebildeten Peroxyde und anderen Verbindungen widerspiegeln.

Für die Versuche wurde chemisch reiner Butylalkohol verwandt. Der Benzylalkohol wurde von Aldehydbeimischungen durch gesättigte $NaHSO_3$-Lösung gereinigt, mit Wasser gewaschen, über geglühtem Natriumsulfat getrocknet und anschließend zweimal bei 105° in einer Stickstoffatmosphäre von 5 Torr destilliert. Die Herstellung der Lösungen erfolgte unter Verwendung von zweimal destilliertem Wasser.

Wäßrige Lösungen von Butylalkohol wurden im Konzentrationsbereich von $7{,}5 \cdot 10^{-1}$ bis $7{,}5 \cdot 10^{-4}$ molar und von Benzylalkohol im Bereich von $5 \cdot 10^{-2}$ bis $5 \cdot 10^{-4}$ molar bestrahlt. Die obere Konzentrationsgrenze war durch die Löslichkeit der Alkohole im Wasser bestimmt.

Während der Bestrahlung durchströmte ununterbrochen Sauerstoff die Lösung. Als γ-Strahlungsquelle diente ^{60}Co. Das Reaktionsgefäß war so angeordnet, daß die nach der Ferrosulfatmethode ermittelte Gesamtdosis 22 röntgen/s betrug.

Der Wasserstoffperoxydgehalt der bestrahlten Lösung wurde jodometrisch und der Gehalt an phenolartigen Verbindungen colorimetrisch mit Hilfe von diazotiertem p-Nitroanilin bestimmt. Als Standard diente eine Phenollösung. Außerdem wurden noch Polarogramme der bestrahlten Lösungen und Absorptionsspektren am Spektrometer CΦ-4 aufgenommen. Die Acidität wurde durch Titration mit verdünnten Laugen ermittelt.

Sowohl beim Butylalkohol wie auch beim Benzylalkohol ist das gebildete, jodometrisch bestimmte Peroxyd Wasserstoffperoxyd, da es beim Durchschütteln der bestrahlten Lösung mit Benzol in der wäßrigen Phase bleibt. Die Polarogramme zeigen die Bildung von Aldehyden an, obwohl beim Benzylalkohol die Aldehydwelle manchmal etwas unscharf ausgeprägt ist und mit der Peroxydwelle zusammenfließt. Die polarographisch ermittelten Peroxydmengen stimmen etwa mit den jodometrisch gefundenen überein. Da es uns nicht gelang, auf den Polarogrammen die Wellen des Aldehyds und Peroxyds zu trennen, ermittelten wir die Aldehyde aus der Differenz zwischen dem Gehalt der polarographisch ermittelten Bestandteile und der jodometrisch gefundenen Peroxydmenge. In den Benzylalkohol-Lösungen wurde außerdem im Gegensatz zur Butylalkohol-Lösung Säure festgestellt. Beim Benzylalkohol treten nach colorimetrischen Messungen auch phenolartige Verbindungen auf.

Kurve *1* in Abb. 12–1 zeigt die zusätzliche optische Dichte, die durch die Bestrahlung der Benzylalkohol-Lösung entsteht (Messung gegen die Benzylalkohol-Ausgangslösung). Ein Vergleich dieser Kurve mit dem Absorptionsspektrum des Salicylaldehyds zeigt, daß die erhaltene phenolische Verbindung kein Salicylaldehyd ist, da das charakteristische Absorptionsmaximun bei 320 mμ fehlt.

Weiterhin wurde die Abhängigkeit der Menge der gebildeten Oxydationsprodukte von der Gesamtdosis untersucht. Wie aus Abb. 12–2 hervorgeht, ist die Ausbeute an Wasserstoffperoxyd in Gegenwart von Butyl- wie auch von Benzylalkohol im Wasser praktisch gleich und beträgt etwa 3,1 Molekeln auf 100 eV. Die Peroxydausbeute ist in reinem Wasser etwas geringer. Es ist wesentlich, daß die Peroxydausbeute im gesamten untersuchten Konzentrationsbereich der Lösungen bei Vorhandensein von Alkoholen praktisch unverändert bleibt. In Abb. 12–3 ist die Abhängigkeit der aus den Buthyalkohol-Lösungen verschiedener Konzentration gebildeten Aldehydmenge von der Dosis wiedergegeben; man erkennt, daß die Aldehydausbeute im Konzentrationsgebiet oberhalb 10^{-2} molar praktisch nicht von der Butylalkohol-Konzentration abhängt. Es ist interessant festzustellen, daß die Aldehydausbeute im Falle des Butylalkohols und die Summe der Ausbeuten an Aldehyd und Säure im Falle von $5 \cdot 10^{-2}$ molarer Benzylalkohol-Lösung sich als beinahe von gleicher Größe erweisen und 3 bis 4 Molekeln auf 100 eV betragen. Die Phenolverbindung wird mit der wesentlich kleineren Ausbeute von 1,3 Molekeln auf 100 eV gebildet. Dieser Befund kann wesentliche Bedeutung für den Mechanismus der Aldehyd- und Phenolbildung haben, da er darauf hindeutet, daß in beiden Fällen ein und dieselben freien Radikale mit der organischen Molekel in Reaktion treten.

Die Sicherheit dieser Schlußfolgerung kann jedoch endgültig erst nach Identifizierung der bei der Oxydation des Benzylalkohols gebildeten Phenolverbindung bewiesen werden. Am wahrscheinlichsten ist, daß es sich um Salicylalkohol handelt. Es ist anzunehmen, daß das freie, den Ring oxydierende Radikal freies Hydroxyl ist, während die Oxydation der Alkoholgruppe sowohl durch das OH-Radikal als auch das HO_2-Radikal erfolgt. Die sehr verschiedenen Ausbeuten der Phenolverbindung und der Summe des Benzaldehyds und der Säure weisen darauf hin, daß die Reaktion der oxydierenden Radikale mit der Seitenkette jene der Ringoxydation überwiegt. Das Fehlen von Salicylaldehyd unter den Reaktionsprodukten ist verständlich, da bei solch niedrigen Konzentrationen der freien Radikale die Wahrscheinlichkeit eines Angriffs von zwei Radikalen auf eine einzige Molekel Benzylalkohol verschwindend gering ist.

Es ist wichtig, darauf hinzuweisen, daß zum Unterschied von der radiolytischen Oxydation des Eisens, deren Geschwindigkeit von der Struktur der Molekel des zugegebenen Alkohols [12–4] abhängig ist, die Geschwindigkeit der Peroxydbildung, wie unsere Versuche zeigen, zumindest an den zwei dargelegten Beispielen von der Konstitution nicht abhängig ist.

Diese Abhängigkeit von der Struktur der Molekel zeigte sich indessen sehr ausgeprägt, als wir zur radiolytischen Oxydation von Butyl- und Benzylalkohol durch Sauerstoff in Abwesenheit von Wasser übergingen.

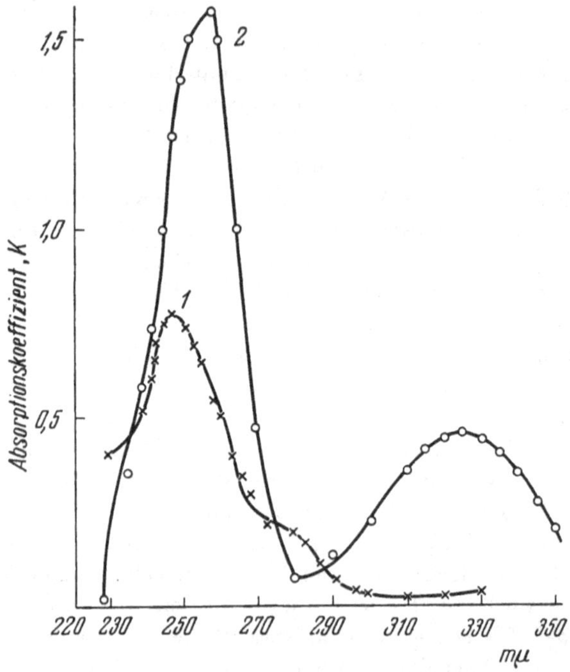

Abb. 12–1. 1: Absorptionsspektrum des gebildeten Stoffes;
2: Absorptionsspektrum des Salicylaldehyds

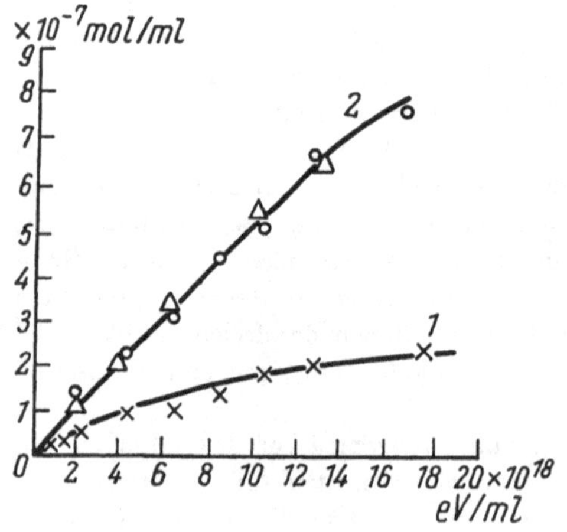

Abb. 12–2. Abhängigkeit der Wasserstoffperoxyd-Anreicherung von der Gesamtdosis

1: reines Wasser;
2: ○ ○ ○ Butylalkohol-Lösung ($7{,}5 \cdot 10^{-2}$ molar);
3: △ △ △ Benzylalkohol-Lösung ($5 \cdot 10^{-2}$ molar)

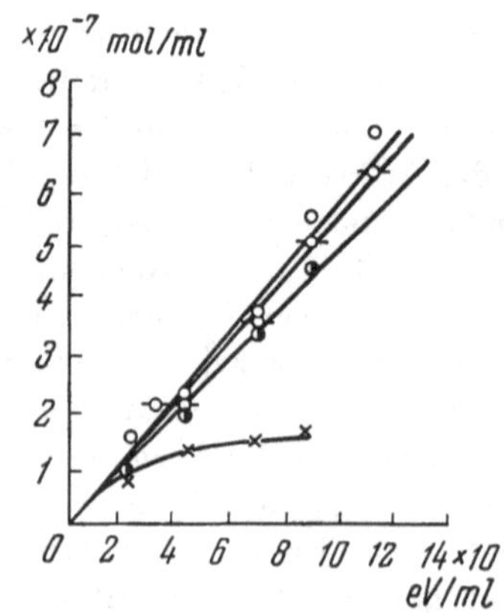

Abb. 12–3. Abhängigkeit der Aldehydanreicherung von der Gesamtdosis

○ ○ ○ Butylalkohol-Lösung ($7{,}5 \cdot 10^{-1}$ molar);
◑ ◑ ◑ Butylalkohol-Lösung (7,5 · 10[illegible] molar);
-○- -○- -○- Butylalkohol-Lösung ($7{,}5 \cdot 10^{-2}$ molar);
× × × Butylalkohol-Lösung ($7{,}5 \cdot 10^{-4}$ molar)

Beim Butylalkohol stieg die Ausbeute an Oxydationsprodukten im Vergleich zu verdünnten wäßrigen Lösungen dieses Alkohols um das 1,5- bis 2fache an. Im Falle von trockenem Benzylalkohol nahm jedoch die Ausbeute an Wasserstoffperoxyd rasch zu, wobei neben dem Wasserstoffperoxyd ein organisches Peroxyd entstand,

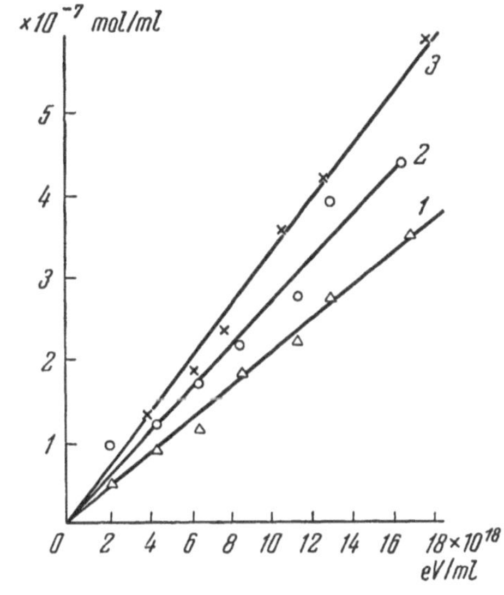

Abb. 12-4. Abhängigkeit der Anreicherung der Oxydationsprodukte des reinen Benzylalkohols von der Gesamtdosis

1: Phenol; *2*: Aldehyd; *3*: Säure

das von Wasser nicht hydrolysiert wird. Weiterhin wurde dabei ein Nachwirkungseffekt festgestellt. Viele Tage noch nach Beendigung der Bestrahlung steigt die Peroxydkonzentration an, wobei die Ausbeute einige hundert Molekeln auf 100 eV erreicht, während die Anfangsausbeute etwa 50 Molekeln auf 100 eV ist.

LITERATURVERZEICHNIS

[12-1] WEISS, J., Nature (London), **153**, 748 (1944).

[12-2] JOHNSON, G., SCHOLES, G. und WEISS, J., J. chem. Soc. (London), **1953**, 3091; C. **1954**, 7845.

[12-3] PHILLIPS, G., Nature (London), **173**, 1044 (1954); C. **1955**, 6290.

[12-4] DEWHURST, H., Trans Faraday Soc., **48**, 905 (1952); C. **1955**, 5040.

[12-5] STEIN, G. und WEISS, J., J. chem. Soc. (London), **1949**, 3254.

[12-6] PROSKURNIN, M. A. und BARELKO, E. W., Vorliegendes Sammelwerk, S. 99.

13. E. M. NANOBASCHWILI und N. A. BACH

Die Wirkung von Röntgenstrahlung auf die Stabilität von Metalloxydsolen

I. Fe_2O_3—Cr_2O_3—Al_2O_3

Die Frage nach der Einwirkung von ionisierenden Strahlen auf Kolloidsysteme nahm schon bald nach der Entdeckung der radioaktiven Elemente das Interesse der Forscher in Anspruch.

Nach V. HENRI und A. MAYER [13-1] und A. RIGI [13-2] und C. Doelter [13-3] zerstören β-Strahlen die Stabilität von positiven Solen, während sie keinen Einfluß auf negative Sole haben. α-Strahlung dagegen koaguliert negative Sole und ist unwirksam gegenüber positiven Solen. Zur Erklärung dieser Erscheinungen wurde angenommen, daß β- und α-Strahlen unmittelbar die Ladungen an der Oberfläche der kolloidalen Teilchen der positiven beziehungsweise negativen Sole neutralisieren.

Eine derartige vereinfachte physikalische Deutung der koagulierenden Wirkung der Strahlung widerspricht jedoch den experimentellen Ergebnissen. Diese einfache Deutung ließe erwarten, daß bei der Einwirkung von β-, γ- und Röntgenstrahlung auf negative Sole eine Vergrößerung der Teilchenladung stattfinden muß, d. h. daß damit ein Anwachsen der Stabilität dieser Sole gegeben sein sollte, was jedoch beim Versuch nicht bestätigt wird.

A. GALECKI [13-4], der zum ersten Mal die Einwirkung von Röntgenstrahlen auf kolloide Goldlösungen untersuchte, stellte 1912 fest, daß die Stabilität dieser Lösungen durch Strahlungseinwirkung verändert wird. Später fanden BHATHAGAR, GUPTA, MATHUR [13-5], daß bei Einwirkung von Röntgenstrahlen auf Gold-, Silber- und Kupfersole sowie Eisen- und Kupferhydroxydsole durch organische Stoffe geschützte Sole, ihre Stabilität nicht verlieren, während dieselben Sole bei Abwesenheit von organischen Stoffen und bei genügend hohem Elektrolytgehalt unter länger andauernder Strahlungseinwirkung wesentlich verändert werden.

Einer späteren Periode gehören die Arbeiten von CROWTHER, LIEBMAN, LAUE und Mitarbeitern [13-6] an, diese nehmen an, daß die Stabilitätsänderung der Sole bei Bestrahlung durch die Wechselwirkung der sich in der intermizellaren Flüssigkeit bildenden primären Ionen mit den Teilchenladungen verursacht wird. Da sich die Elektronen leichter als die Ionen der Teilchenoberfläche nähern können, dürften nur positiv geladene Sole ihre Stabilität bei der Bestrahlung verlieren. Dieser Schluß steht im Widerspruch mit den experimentellen Ergebnissen der Autoren selbst.

Ein wesentlicher Mangel bei allen genannten Arbeiten besteht darin, daß die Autoren den in den Solen verlaufenden strahlungschemischen Prozessen keine Aufmerksamkeit schenkten. Bei Einwirkung von Strahlung auf Hydrosole mit einer niedrigen Konzentration an fester Phase kommt der überwiegende Teil der Wechselwirkungseffekte auf die Wassermolekeln. Die dabei im Endresultat entstehenden Wasserstoffatome und Hydroxylradikale haben die Fähigkeit, Oxydations- und Reduktionsreaktionen an der Oberfläche der Kolloidteilchen zu ermöglichen, wodurch ihr Oberflächenzustand verändert und somit ihre Stabilität beeinflußt wird. Zum ersten Mal wurde von A. W. DUMANSKI und A. SSOLNZEWA [13-7] auf die Rolle der Redoxreaktionen bei Einwirkung von Strahlung auf kolloidale Lösungen hingewiesen, und zwar in Verbindung mit einer Untersuchung der Koagulation von Solen des schwefligsauren Arsens unter dem Einfluß von Röntgenstrahlen.

In der vorliegenden Arbeit wurde der Einfluß von Röntgenstrahlung auf die Stabilität einer von Hydroxydsolen in engem Zusammenhang mit die Strahlungsabsorption in diesen Systemen begleitenden Redoxprozessen untersucht.

Als Versuchsobjekte wurden einerseits die Sole von Eisenhydroxyd und Chromhydroxyd ausgewählt, da bei ihnen die variable Valenz der Metalle besonders günstige Bedingungen für den Verlauf strahlungschemischer Redoxprozesse auf der Oberfläche der dispersen Teilchen schafft, und andererseits Aluminiumhydroxydsol, bei dem solche Effekte nicht vorhanden sein dürften. Alle drei Sole sind positiv geladen.

1. Die Methodik

a) Bestrahlung

Als Strahlungsquelle wurde in allen Versuchen eine Röntgenanlage mit einer abgeschmolzenen Röhre, Modell РУП-1 verwandt, die bei 200 kV mit 20 mA betrieben werden konnte; ihre zulässige ununterbrochene Arbeitsdauer war bei diesen Arbeitsbedingungen auf 30 Min. begrenzt.

Sollte das zu bestrahlende System eine größere Energiemenge absorbieren, wurde die Exposition mit 10minütlichen Pausen nach jeweils 30 Minuten Bestrahlungsdauer durchgeführt.

Die Bestrahlung der Sole erfolgte in flachen Glasgefäsen verschiedenen Volumens, je nach den Anforderungen, die jede Versuchsserie verlangte. In Abb. 13-1 ist eine der zur Bestrahlung der Sole verwandten Zellentypen wiedergegeben. Die Bestrahlung erfolgte durch die vordere Zellenwand, eine Glasmembran von 50 bis 100 μ Dicke.

Die Dosisleistung wurde durch Oxydation von zweiwertigem zu dreiwertigem Eisen in saurer Lösung ermittelt; vorausgesetzt wurde hierbei, daß 6 eV auf ein oxydiertes Fe^{2+}-Ion verbraucht werden. Die Absorption in den untersuchten Solen ist praktisch gleich der Absorption in der dosimetrischen Lösung. Bei den vorliegenden Versuchen lag die Dosisleistung je nach den Bestrahlungsbedingungen zwischen $8 \cdot 10^{14}$ und $5{,}7 \cdot 10^{15}$ eV/cm^3 · s.

Zur Ermittlung der Änderung der effektiven Wellenlänge der Röntgenstrahlung wurde mit Hilfe einer Luftionisationskammer die Intensität nach Schwächung des

Röntgenbündels durch eine Aluminiumfolie gemessen. Bei einer Änderung der Foliendicke von 0,2 bis 2 m änderte sich die effektive Wellenlänge zwischen 0,33 und 0,28 Å. Die gleiche Änderung dürfte durch eine Solschicht von 4 bis 7 mm verursacht werden. Unter diesen Bedingungen wird die Röntgenstrahlungsintensität beim Durchgang durch das Sol um 10% geschwächt, so daß man die Bestrahlung in der ganzen Schicht des Sols als genügend gleichmäßig bezeichnen kann.

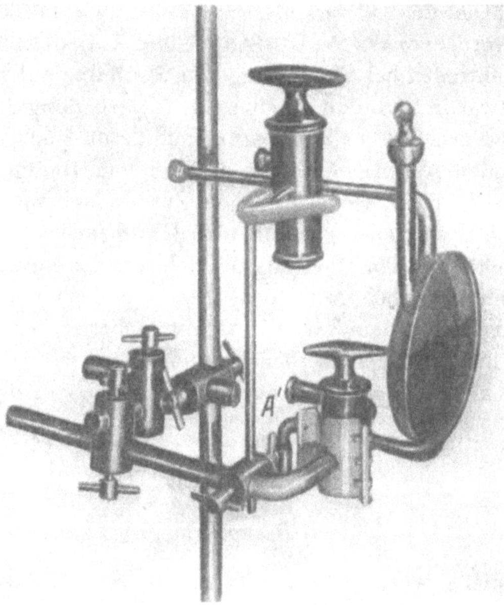

Abb. 13–1. Bestrahlungszelle für die Sole

b) Herstellung der Sole

Die in der vorliegenden Arbeit untersuchten Eisenhydroxydsole wurden durch Kondensation hergestellt, die des Chromhydroxyds und Aluminiumhydroxyds durch Peptisation. Die Sole wurden danach zur Reinigung von den in ihnen enthaltenen Elektrolyten einer Dialyse durch eine halbdurchlässige Membran aus Zellophan gegen bidestilliertes Wasser mit einer Leitfähigkeit von 1 bis $2 \cdot 10^{-6} \Omega^{-1} cm^{-1}$ unterworfen; hierzu diente das in Abb. 13–2 abgebildete Gerät. Seine Konstruktion gestattet es, das Sol in der Atmosphäre eines bestimmten Gases bei Wasserwechsel ohne Luftzutritt zu dialysieren.

Besondere Aufmerksamkeit wurde der möglichst vollständigen Ausschaltung organischer Verunreinigung gewidmet, die in den Solen bei ihrer Reinigung durch die Benutzung von Zellophanmembranen auftreten können. Der Grad an organischen Beimengungen wurde durch die von T. A. KRJUKOWA [13–8] ausgearbeitete Methode der Vernachlässigung von polarographischen Maxima zweiter Ordnung, die durch oberflächenaktive, organische Stoffe bedingt sind, abgeschätzt. Diese Methode wurde sowohl zur Ermittlung der Abgabe löslicher Fraktionen der Zellophanmembran beim Auslaugungsprozeß durch das Wasser, als auch zur Kontrolle der dialysierten Sole verwendet.

In Abb. 13-3 sind Kurven der Reduktion von Sauerstoff angeführt, die in den Spülwassern nach fünftägiger, dreiwöchiger und sechswöchiger Auslaugung der Membranen erhalten wurden, sowie auch in reinem Wasser, welches keine organischen Beimischungen enthielt. Wenn die Unterdrückung des Maximums zweiter Ordnung im Spülwasser praktisch nicht mehr auftritt, kann die Zellophanmembran als von löslichen Fraktionen befreit angesehen werden. Sole, die durch vorher von löslichen Fraktionen befreite Zellophanmembranen dialysierten, enthalten keine organischen Beimengungen.

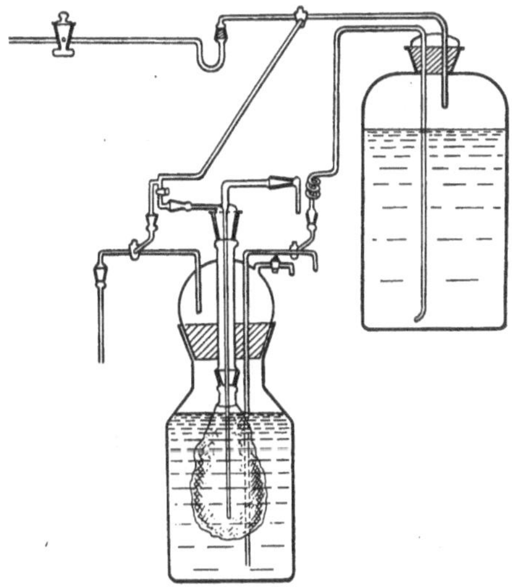

Abb. 13-2. Dialysegerät

c) *Kataphorese und Lichtzerstreuung*

Zur quantitativen Beurteilung des Einflusses einer Röntgenbestrahlung auf die Stabilität von Metallhydroxydsolen wurde das kataphoretische Verhalten und die Lichtzerstreuung der untersuchten Sole vor Bestrahlung und nach Absorption einer bestimmten Energiemenge ermittelt.

Die kataphoretische Geschwindigkeit der Sole wurde durch eine Makromethode in dem in Abb. 13-4 abgebildeten Gerät ermittelt.

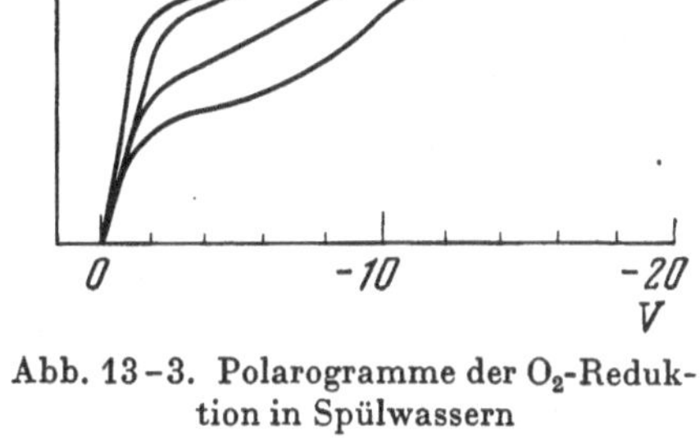

Abb. 13-3. Polarogramme der O_2-Reduktion in Spülwassern

1: 5 Tage lange, *2*: 3 Wochen lange, *3*: 6 Wochen lange Auslaugung; *4*: reines Wasser

In seinem oberen Teil befindet sich ein Schliff *A*, in welchen ein Konus paßt, der an der Glaszelle für die Bestrahlung angeschmolzen ist (A′, Abb. 13-1). Beim Drehen der entsprechenden Hähne läuft das Sol in die Kapillare und kommt in den unteren Teil des Gerätes, wo es eine äquivalente Menge der Seitenflüssigkeit verdrängt. Wenn das Sol in beiden Schenkeln des Gerätes eine bestimmte Höhe erreicht, wird der Solzufluß durch Schließen der Hähne unterbrochen.

Die Versuche wurden bei einer Temperatur von 25° $\pm$ 0,1° durchgeführt. Die Auswahl der Seitenflüssigkeit bezüglich elektrischer Leitfähigkeit und p_H-Wert entsprach in allen Versuchen den Angaben von A. I. RABINOWITSCH und N. M. FODIMAN [13–9].

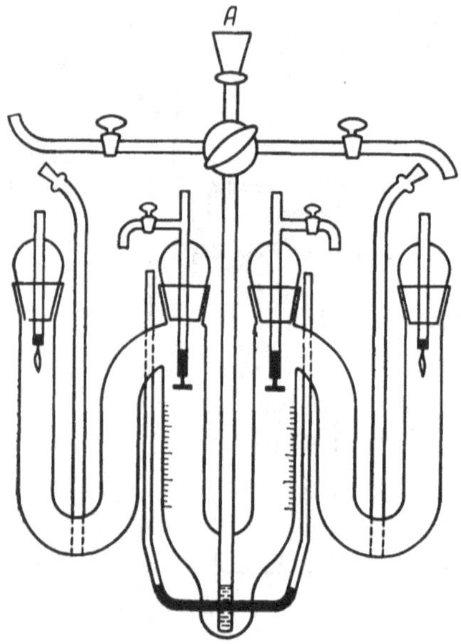

Abb. 13-4. Elektrophoresegerät

Zur Bestimmung der Lichtzerstreuung von Ausgangs- und bestrahlten Solen wurde ein Pulfrich-Photometer mit einer Vorrichtung zur Trübungsmessung verwendet. Die Messungen wurden in Reagensgläsern von 0,8 cm Durchmesser bei 18° unter Anwendung eines Filters bei einer Wellenlänge von 530 mμ durchgeführt.

Da in der vorliegenden Arbeit nur der Vergleich der Lichtzerstreuung von Ausgangs- und bestrahlten Solen interessierte und nicht die absolute Größe, sind alle Werte in willkürlichen Einheiten angegeben.

d) Analytische Methoden

Zur Bestimmung der Oxydations- und Reduktionsprodukte der in den Solen unter Strahlungseinwirkung verlaufenden Reaktionen wurde ein registrierender Polarograph benutzt. Die Polarogramme wurden unter Verwendung einer herausnehmbaren Anode in einer Stickstoffatmosphäre aufgenommen, die sorgfältig an einem Kupferkatalysator [13–10] oder in einer Wasserstoffatmosphäre von Sauerstoff gereinigt wurde. Der elektrolytisch dargestellte Wasserstoff wurde dabei unter Verwendung von Palladiumasbest und alkalischem Natriumplumbit gereinigt.

Die Ermittlung der durch Redoxreaktionen entstandenen Produkte erfolgte in einigen Fällen auch durch potentiometrische Titration.

Der p_H-Wert der Ausgangs- und bestrahlten Lösungen wurde mit dem Lampenpotentiometer ЛП-3 unter Verwendung einer Glaselektrode ermittelt.

2. Die erhaltenen Resultate

a) Eisenhydroxydsole

Über die Frage, welche Faktoren die Eisenhydroxydsole stabilisieren, bestehen Meinungsverschiedenheiten. Nach DUMANSKI, PAULI und VALKO, DUCLAUX und anderen [13–11] treten die Ladungen dieser Sole infolge einer Dissoziation an der Grenze der ionogenen Molekeln, die zum Bestand der festen Phase gehören, mit der flüssigen Phase auf; nach PESKOW, KRUYT und ZSIGMONDY [13–12] dagegen infolge der Absorption von Eisen-Ionen aus der umgebenden Lösung. Im Gegensatz zu den genannten Autoren nehmen A. J. RABINOWITSCH und W. A. KARGIN [13–13] an, daß die Eisenhydroxydsole immer eine gewisse Menge Salzsäure enthalten, die zum größten Teil auf den Teilchen adsorbiert ist und als stabilisierender Elektrolyt wirkt, wobei die positive Ladung der Teilchen durch die Adsorption der Wasserstoff-Ionen bestimmt wird. Letztere Auffassung ist jedoch wenig überzeugend, da keine Gründe dafür vorhanden sind, daß Wasserstoff-Ionen an einer Hydroxydoberfläche absorbiert werden.

Die vorhandenen Versuchsergebnisse entsprechen am besten Vorstellungen, wonach der Kern der Kolloidteilchen der Eisenhydroxydsole aus Fe_2O_3 besteht, an der Oberfläche der Teilchen sich aber dreiwertiges Eisen befindet, und zwar in Form ein- und zweiwertiger Ionen (z. B. als FeO^+ oder in Form von komplizierteren stabilisierenden Komplexen), die dann auch die Ladung der Teilchen bestimmen. In Zusammenhang damit ist zu erwarten, daß die Reduktion des dreiwertigen Eisens an der Oberfläche zu einer Ladungsverminderung der Teilchen führt und damit zu einem Stabilitätsverlust des Sols.

Die Eisenhydroxydsole wurden durch Hydrolyse einer Eisenchlorid-Lösung bereitet und einer Dialyse zur Reinigung von Elektrolyten unterzogen. Die elektrische Leitfähigkeit der Sole sank während der Dialyse von 10^{-3} auf 4 bis $6 \cdot 10^{-6}\ \Omega^{-1}\,cm^{-1}$.

Die Untersuchungen wurden an acht verschieden hergestellten Solen durchgeführt; wegen ihres gleichen Verhaltens sind im vorliegenden Artikel die Angaben für nur drei davon angeführt.

Die Methode der Untersuchung der polarographischen Maxima zweiter Ordnung zeigte, daß die mit abgewaschenen Zellophanmembranen dialysierten Fe_2O_3-Sole keine organischen Beimischungen enthalten, wie aus Abb. 13–5 hervorgeht, in der die Sauerstoffreduktionskurven für reines Wasser und für das Fe_2O_3-Sol Nr. 1 praktisch zusammenfallen.

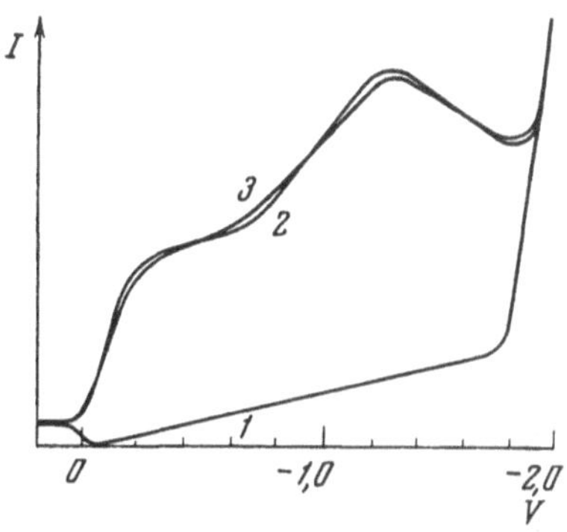

Abb. 13–5.
O_2-Reduktionspolarogramm
1: in 3 normalem KCl; *2*: in Fe_2O_3-Sol; *3*: in reinem Wasser

Nachdem ein gewisses Solvolumen verdampft und der Niederschlag bis zu konstantem Gewicht ausgeglüht ist, wird das so erhaltene Fe_2O_3 gewogen und danach die Solkonzentration ermittelt.

Die wichtigsten Charakteristiken der Sole, zu denen alle weiter unten angeführten Resultate gehören, sind in Tabelle 13–1 zusammengestellt. Zur quantitativen Charakterisierung der Stabilitätsänderung von Eisenhydroxydsolen bei Bestrahlung wurde die Änderung des kataphoretischen Verhaltens und der Lichtzerstreuung untersucht.

Tabelle 13-1

Charakteristische Werte der Sole Nr. 1; 2 und 3

Nr. des Sols	Spezifische Leitfähigkeit in $10^{-6}\,\Omega^{-1}\,cm^{-1}$	Konzentration in g/l	p_H-Wert	ζ-Potential in mV	Gehalt an organischen Stoffen
1	5,5	0,31	5,1	47,5	kein Gehalt
2	5,1	0,4	5,5	44,0	,, ,,
3	7,3	0,6	5,1	—	,, ,,

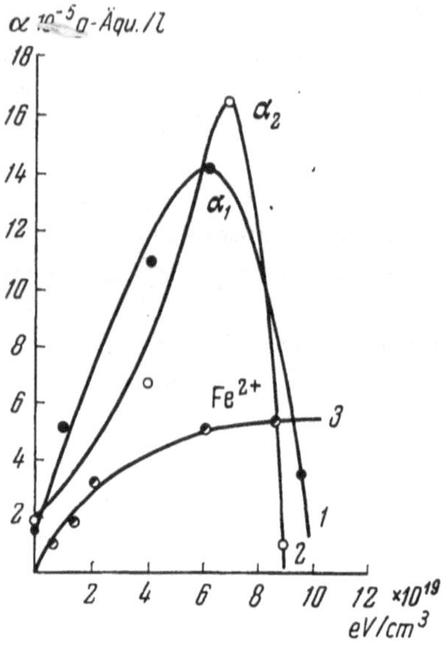

Tabelle 13-2 enthält für eine Versuchsserie (Sol Nr. *1*) die Angaben über die kataphoretische Geschwindigkeit in Abhängigkeit von der Gesamtdosis.

Wie diese Angaben zeigen, wird unter dem Einfluß von Röntgenstrahlen die kataphoretische Beweglichkeit erniedrigt. Die gleichen Resultate wurden auch für die Sole Nr. *2* und *3* erhalten.

Die Ergebnisse der Bestimmungen der Lichtzerstreuung für die Ausgangs- und bestrahlten Sole sind in Tabelle 13-3 zusammengestellt und in Abb. 13-6 graphisch wiedergegeben.

Abb. 13-6. Trübungsänderung und Fe^{2+}-Bildung bei Bestrahlung eines Fe_2O_3-Sols.
1: Fe_2O_3-Sol (Nr. 1); *2*: Fe_2O_3-Sol (Nr. 2): *3*: Fe^{2+}-Konzentration

Tabelle 13-2

Kataphoretische Beweglichkeit und ζ-Potential eines bestrahlten Eisenhydroxydsols bei zunehmender Gesamtdosis

Gesamtdosis in 10^{19} eV/cm³	Kataphoretische Beweglichkeit in $\frac{cm}{s}/\frac{V}{cm}$	ζ-Potential in mV	Gesamtdosis in 10^{19} eV/cm³	Kataphoretische Beweglichkeit in $\frac{cm}{s}/\frac{V}{cm}$	ζ-Potential in mV
—	3,8	47,5	4,8	2,6	32,7
1,4	3,1	38,8	5,4	koaguliert	koaguliert
2,8	2,8	35,0	6,2	,,	,,
3,6	2,7	33,9			

Tabelle 13-3

Trübungsänderung der Eisenhydroxydsole Nr. 1, 2 und 3 bei zunehmender Gesamtdosis

Dosisleistung: $3{,}1 \cdot 10^{15}$ eV/cm³ · s

Bestrahlungsdauer	Gesamtdosis in 10^{19} eV/cm³	Trübung in willkürlichen Einheiten
	Sol Nr. 1	
0	0	1,5
1 Std. 5 Min.	1	5,0
3 „ 50 „	4	11,1
6 „ 10 „	6	14,3
8 „ 20 „	9	1,0
	Sol Nr. 2	
0	0	1,7
1 Std. 10 Min.	2	5,2
3 „ 40 „	4,1	6,7
6 „	6,7	16,7
8 „	8,9	1,0
	Sol Nr. 3	
0	0	1,8
2 Std.	2,2	3,3
4 „	4,4	8,3
5 „ 50 Min.	6,0	13,2
8 „ 5 „	8,8	1,0

Wie die Messungen zeigen, steigt in allen Fällen die Trübung anfangs an, erreicht bei einer gewissen Gesamtdosis einen Maximlawert und fällt dann wieder ab. Dem Anwachsen der Lichtzerstreuung entspricht eine Zunahme der Teilchengröße bis zum Einsetzen der Raschen Koagulation, dem schroffen Abfall nach dem Maximum aber eine Aufhellung der Lösung infolge des schnellen Absetzens der gebildeten großen Flocken. In dem der ersten Hälfte des ansteigenden Kurvenastes entsprechenden Zustand sind die Sole fähig, während einiger Tage nach Beendigung der Bestrahlung nicht zu koagulieren.

Die Ergebnisse der kataphoretischen Messungen und Trübungsbestimmungen der Ausgangs- und bestrahlten Lösungen zeigen eindeutig, daß die Einwirkung von Röntgenstrahlen eine Verringerung der Stabilität der Eisenhydroxydsole hervorruft. Bei einer Bestrahlungsgesamtdosis von $6 \cdot 10^{19}$ eV/cm³ tritt vollständige Zerstörung der Stabilität, d. h. Koagulation des Sols ein.

In Übereinstimmung mit den obigen Darlegungen kann die beobachtete Abnahme der Solstabilität nur durch die Reduktion des dreiwertigen Eisens in zweiwertiges an der Teilchenoberfläche unter dem Einfluß von Röntgenstrahlen hervorgerufen werden.

Zur Klärung der Frage des Entstehens von zweiwertigem Eisen an der Oberfläche der Kolloidteilchen eines bestrahlten Sols wurden die Ausgangs- und bestrahlten Eisenhydroxydsole potentiometrisch mit einer verdünnten $KMnO_4$-Lösung titriert. Die Titration erfolgte unter Ansäuern der Sole mit konzentrierter Schwefelsäure bis zum p_H-Wert von 0,8; dabei geht das zweiwertige Eisen von der Teilchenoberfläche in die Lösung über. Die erhaltenen Ergebnisse zeigt Tabb. 13–4 und Abb. 13–6, Kurve *3*.

Tabelle 13–4

Potentiometrische Titration von Ausgangs- und bestrahltem Sol Nr. 1 bei verschiedener Bestrahlungsdauer

Gesamtdosis in 10^{19} eV/cm³	Menge des titrierten Sols in cm³	Konzentration des Fe^{2+} in 10^{-5} g-Äqu./l	Gesamtdosis in 10^{19} eV/cm³	Menge des titrierten Sols in cm³	Konzentration des Fe^{2+} in 10^{-5} g-Äqu./l
0	4	0	2,1	3	3,3
0,6	4	1,09	6,2	2	4,95
1,3	3	1,8	8,4	2	5,55

Wie hieraus ersichtlich ist, strebt die Fe^{2+}-Bildung einem Grenzwert zu. Bei einer Dosis von $\sim 6 \cdot 10^{19}$ eV/cm³, welcher nach Kurve *1* und *2* auf Abb. 13–6 eine schnelle Koagulation entspricht, ist dieser Grenzwert fast erreicht. Die Anfangsausbeute der Fe^{2+}-Bildung beträgt 0,11 Äquivalente auf 100 eV. Es ist jedoch zu beachten, daß die Oxydation durch die $KMnO_4$-Lösung nicht spezifisch für das zweiwertige Eisen ist. Man könnte annehmen, daß sich beim Titrieren der bestrahlten Sole keine Oxydation der Fe^{2+}-Ionen vollzieht, sondern beispielsweise eine Reaktion mit H_2O_2, das sich bei der Bestrahlung des Sols bilden kann. Die polarographischen Messungen zeigten jedoch, daß bei der Bestrahlung von Eisenhydroxydsolen eine Bildung von Wasserstoffperoxyd überhaupt nicht beobachtet wird. Das kann man dadurch erklären, daß sich das Wasserstoffperoxyd bei Anwesenheit von zwei- und dreiwertigen Eisen-Ionen [13–14] sowie von Eisenhydroxydsolen katalytisch zersetzt. Zur Kontrolle dieser Annahme wurden spezielle Versuche durchgeführt. In Tabelle 13–5 sind die bei der Untersuchung des H_2O_2-Zerfalls im Eisenhydroxydsol erhaltenen Ergebnisse aufgeführt. Die H_2O_2-Konzentration wurde polarographisch bestimmt.

Tabelle 13–5

Katalytischer Wasserstoffperoxydzerfall im Sol

Zeit nach Versuchsbeginn in Minuten	H_2O_2-Konzentration in 10^{-5} g-Äqu./l	Zeit nach Versuchsbeginn in Minuten	H_2O_2-Konzentration in 10^{-5} g-Äqu./l
0	9	20	3,5
5	6,5	30	1,5
10	5,5	35	0,6

Aus den Ergebnissen geht hervor, daß der $KMnO_4$-Verbrauch beim Titrieren der bestrahlten Sole nicht durch eine Anreicherung von Wasserstoffperoxyd erklärt werden kann, da H_2O_2 bei entsprechenden Konzentrationen sehr rasch zerfällt.

Folglich ist der wichtigste die Koagulation des Fe_2O_3-Sols begleitende radiochemische Prozeß die Bildung von zweiwertigem Eisen.

Die Reduktion des dreiwertigen Eisens an der Teilchenoberfläche kann entweder durch unmittelbares Festhalten von Elektronen, die ihre kinetische Energie verloren haben, erfolgen oder auch durch Wechselwirkung mit den sich in der intermicellaren Lösung unter Bestrahlung bildenden Wasserstoffatomen. In dem betrachteten System überwiegt die Reduktion durch atomaren Wasserstoff. Tatsächlich koagulieren die durch ungewaschene Zellophanmembranen dialysierten, d. h. organische Beimischungen enthaltenden Fe_2O_3-Sole bei Bestrahlung entweder gar nicht oder erst bei der Absorption einer relativ großen Energiemenge nach Beendigung der oxydierenden Radiolyse der organischen Beimischungen. Diese Abhängigkeit zeigt, daß die Ladungsverminderung nicht durch unmittelbare Einwirkung von Elektronen geschieht, da das Vorhandensein von adsorbierten organischen Beimischungen das Eindringen von Elektronen in die Teilchenoberfläche nicht hätte hindern können und folglich auch die Koagulation des Sols nicht gestört hätte.

Bei Einwirkung von Strahlung auf das Fe_2O_3-Sol haben die Reduktionsprozesse die entscheidende Bedeutung, da die stabilisierenden Komplexe dieser Sole sich in einer höheren Oxydationsstufe befinden und bei Einwirkungen, die sowohl Reduktions- als auch Oxydationsreaktionen hervorrufen können, nur in eine niedrigere Oxydationsstufe übergehen können. Dies ruft also, wie schon oben gezeigt wurde, die Koagulation dieser Sole bei Bestrahlung hervor.

Es existieren jedoch auch Systeme, in welchen sich die zu den stabilisierenden Komplexen gehörenden Ionen in einem der niedrigsten Valenzzustände befinden, wie z. B. die Hydrosole des Chromoxyds. Natürlich ist zu erwarten, daß der Einfluß der Röntgenstrahlung auf solche Sole einen anderen Charakter trägt.

b) *Chromhydroxydsole*

Die in der vorliegenden Arbeit untersuchten Chromhydroxydsole wurden durch Einwirkung einer 1 n Ammoniak-Lösung auf eine 1 n Chromchlorid-Lösung hergestellt, wobei das sich bildende Chromhydroxyd durch das im Überschuß verbleibende Chromchlorid peptisiert wurde. Die auf diese Weise erhaltenen Sole hatten nach Reinigung durch Dialyse folgende Werte: $\varkappa \sim 5 \cdot 10^{-6}\,\Omega^{-1}\,\mathrm{cm}^{-1}$, $p_H \sim 5$, ζ-Potential ~ 35 mV.

Die Chromhydroxydsole werden bekanntlich durch ionogene, an der Teilchenoberfläche befindliche Komplexe von dreiwertigem Chrom stabilisiert.

Der Einfluß der Röntgenstrahlen auf die Cr_2O_3-Sole wurde, wie auch im Falle der Fe_2O_3-Sole, durch die Ermittlung des kataphoretischen Verhaltens, der Trübung und des Redoxzustandes der das Sol stabilisierenden Komplexe des dreiwertigen Chroms nach der Absorption verschiedener Energiemengen untersucht.

Die für eines der Sole (Nr. *1*) erhaltenen Ergebnisse über die Trübung und das elektrokinetische Potential sind in Tabelle 13-6 zusammengefaßt.

Tabelle 13-6

Trübungswerte, ζ-Potentiale und Cr^{VI}*-Konzentration im* Cr_2O_3*-Sol Nr. 1 bei zunehmenden Gesamtdosen*

Bestrahlungs-dauer	Gesamtdosis in 10^{19} eV/cm³	Trübung in willkürlichen Einheiten	ζ-Potential in mV	Cr^{VI}-Konzentration in 10^{-4} g-Äqu./l
0	0	1,8	34,5	0
1 St. 35 Min.	2,9	1,9	37,0	1,4
3 „	5,6	1,9	38,0	2,5
5 „	8,9	1,9	38,9	2,9
20 „	36	1,9	40,0	3,1
35 „	62	2,0	39,0	3,2
60 „	108	1,9	40,0	3,2

Wie daraus hervorgeht, bleibt die Trübung der Cr_2O_3-Sole bei allen Gesamtdosen praktisch konstant, das ζ-Potential nimmt nicht nur nicht ab, sondern sogar etwas zu. Die Einwirkung von Röntgenstrahlen auf Chromhydroxydsole bewirkte also sogar dann keine Koagulation, wenn die Energiemengen um 1 bis 1,5 Größenordnungen höher waren als für die Koagulation der Sole in den oben beschriebenen Fällen.

Der einzige bei der Bestrahlung von Cr_2O_3-Solen zu beobachtende äußere Effekt ist eine merkliche Änderung ihrer Farbe: Die bestrahlten Sole nehmen eine gelbliche Farbe an. Die polarographische Analyse zeigte, daß im bestrahlten Sol sechswertiges Chrom vorhanden ist. Der Nachweis wurde in einer 0,5 n NaOH-Lösung in Stickstoffatmosphäre durchgeführt.

Die für das Sol Nr. *1* erhaltenen Ergebnisse sind in Tabelle 13-6 enthalten. Das Verhalten des Sols Nr. *2* ist vollständig analog.

Aus diesen Ergebnissen kann man schließen, daß bei der Einwirkung von Röntgenstrahlen auf Cr_2O_3-Sole das dreiwertige Chrom, das zu den stabilisierenden, sich an der Teilchenoberfläche der Sole befindenden Komplexen gehört, in den sechswertigen Zustand übergeht. Die Anfangsausbeute des Cr^{VI} ist gleich 0,3 Äquivalente auf 100 eV. Bei lang andauernder Bestrahlung wird der Oxydationsprozeß verlangsamt und ein stationärer Zustand erreicht.

Es ist bekannt, daß sich unter der Einwirkung von Röntgenstrahlung in sauren Lösungen eine Reduktion des sechswertigen Chroms vollzieht. Je geringer der Säuregrad ist, desto mehr sinkt die Prozeßausbeute. Im alkalischen Medium wurde die Oxydation von dreiwertigem Chrom bei Anwesenheit von Luftsauerstoff beobachtet [13-15]. Aus den oben angeführten Ergebnissen ist ersichtlich, daß die Oxydation in den Solen schon bei einem p_H-Wert von 5 bis 6 bemerkbar wird. Dabei wird molekularer Wasserstoff ausgeschieden.

Die Erhaltung der Stabilität der Cr_2O_3-Sole unter der Einwirkung von Röntgenstrahlen ohne Veränderung der Dispersität der Sole (Konstanz der Trübung) sogar nach der Absorption einer sehr großen Energiemenge und bei geringer Zunahme des ζ-Potentials unter diesen Bedingungen kann man dadurch erklären, daß das entstehende sechswertige Chrom an der Oberfläche nicht in Form von Anionenkomplexen verbleibt, welche die positive Ladung erniedrigen würden, sondern desorbiert wird und in die intermicellare Flüssigkeit übergeht.

In den oben betrachteten Systemen haben die an der Oberfläche der kolloiden Teilchen verlaufenden Reduktions- oder Oxydationsprozesse die größte Bedeutung, da die stabilisierenden Komplexe der entsprechenden Sole Ionen mit variabler Valenz enthalten. Es gibt aber auch Oxydhydrosole, in denen das Metall und folglich auch die Ionen, die zu den stabilisierenden Komplexen gehören, keine verschiedenen Oxydationsstufen besitzen. Zur Klärung der Frage über das Verhalten solcher Systeme bei Bestrahlung wurde die Einwirkung von Röntgenstrahlen auf Aluminiumhydroxydsole untersucht, in denen das Aluminium nur im dreiwertigen Zustand enthalten ist.

c) *Aluminiumhydroxydsole*

Zahlreiche Arbeiten beschäftigen sich mit der Untersuchung der elektrochemischen und Adsorptionseigenschaften der kolloiden Lösungen von Aluminiumhydroxyd. Zusammensetzung und Eigenschaften der Aluminiumhydroxydsole wurden ausführlich von W. A. KARGIN und Mitarbeitern untersucht. Auf Grund ihrer Arbeiten kann man als bewiesen annehmen, daß sich an der Oberfläche der dispersen Teilchen der Al_2O_3-Sole komplexe Aluminium-Ionen vom Typ $Al_2O_3H^+$ befinden, die das Sol stabilisieren [13–16].

Die in der vorliegenden Arbeit untersuchten Aluminiumhydroxyde wurden durch Peptisation dargestellt. Zu einer 0,1 n $AlCl_3$-Lösung wurde Ammoniaklösung hinzugegeben und der erhaltene Niederschlag von $Al(OH)_3$ bis zum Verschwinden der Chlor-Ionen ausgewaschen. Aus dem gefällten $Al(OH)_3$ wurden dann die Al_2O_3-Sole auf zweierlei Art erhalten.

Beim Sol Nr. *1* wurde der vom Elektrolytüberschuß gereinigte $Al(OH)_3$-Niederschlag durch einige Tropfen einer 0,1 n HCl-Lösung peptisiert. Die erhaltene Solfraktion des Aluminiumhydroxyds wurde durch eine Zellophanmembran gegen zweimal destilliertes Wasser dialysiert.

Beim Al_2O_3-Sol Nr. 2 wurden 0,5 g des von Elektrolyten befreiten Al_2O_3-Niederschlags in einen Kolben mit eingeschliffenen Stopfen gegeben und so lange mit bidestilliertem Wasser dekantiert, bis der Niederschlag von sich aus zu peptisieren begann. Das auf diese Weise erhaltene Al_2O_3-Sol Nr. 2 war genügend rein und brauchte darum nicht dialysiert zu werden.

Die auf diesem Wege erhaltenen Sole hatten $x \sim 4 \cdot 10^{-6}\,\Omega^{-1}\,cm^{-1}$, $p_H = 5{,}5$ und enthielten 0,18 g/l Al_2O_3.

Die Bestrahlung der Al_2O_3-Sole wurde unter den gleichen Bedingungen vorgenommen wie bei den Fe_2O_3- und Cr_2O_3-Solen.

Die Ergebnisse von Versuchen über die Trübung der Ausgangs- und bestrahlten Al_2O_3-Sole bei verschiedenen Gesamtdosen sind in Tabelle 13–7 zusammengestellt.

Tabelle 13–7

Trübung der Aluminiumoxydsole bei zunehmender Gesamtdosis

Dosisleistung: $3{,}5 \cdot 10^{15}$ eV/cm³ · s

Bestrahlungsdauer	Gesamtdosis in 10^{19} eV/cm³	Trübung in willkürlichen Einheiten
	Sol Nr. 1	
0	0	2,7
2 Std.	2,2	2,7
4 „ 20 Min.	5,1	2,8
6 „ 30 „	7,4	2,7
30 „	31	2,7
	Sol Nr. 2	
0	0	2,7
2 Std. 15 Min.	2,8	2,7
25 „ 20 „	31	2,7
40 „	44	2,7

Die erhaltenen Werte zeigen, daß Einwirkung von Röntgenstrahlen die Trübung der bestrahlten Sole nicht verändert, d. h. ihre Stabilität trotz genügend langer Exposition nicht zerstört. Man kann dies dadurch erklären, daß an der Oberfläche der dispersen Teilchen des Al_2O_3-Sols keine Ionen vorhanden sind, die imstande wären, in Oxydations- oder Reduktionsprozessen mit den Wasserstoffatomen oder den Hydroxylradikalen zu reagieren. Die Teilchenladung bleibt deshalb unverändert bestehen. Das einzige strahlungschemische Reaktionsprodukt in diesen bestrahlten Solen war Wasserstoffperoxyd, welches polarographisch in einer Menge von $1{,}5 \cdot 10^{-4}$ g-Äquivalente/l festgestellt wurde. Das Wasserstoffperoxyd entsteht dabei durch Reduktion des in diesen Solen gelösten Sauerstoffs und zeigt keinerlei Einfluß auf die Stabilität der Sole.

Zusammenfassung

a) Die Zerstörung der Stabilität der Sole verschiedener Metallhydroxyde unter Einwirkung von ionisierenden Strahlungen wird durch strahlungschemische Redoxreaktionen hervorgerufen, die zwischen den stabilisierenden, sich an der Teilchenoberfläche befindenden Komplexen und den in der intermicellaren Flüssigkeit des Sols bei der Wechselwirkung von Strahlung und Wasser entstehenden Wasserstoffatomen oder Hydroxylradikalen verlaufen.

b) Ohne Möglichkeiten zu Redoxreaktionen, die den Zustand der Teilchenoberfläche und im Zusammenhang damit den Wert der Ladung verändern können, bewahren die Sole, wie das Beispiel des Aluminiumhydroxyds zeigt, auch bei der Absorption sehr großer Energiemengen ihre Stabilität.

LITERATURVERZEICHNIS

[13-1] HENRI, V. und MAYER, A., C. R. hebd. Seances Acad. Sci., **138**, 521 (1904).

[13-2] Zitiert bei: JORISSEN, H. W. und WOUDSTRA, Kolloid-Z., **7**, 8 (1910).

[13-3] DOELTER, C., Das Radium und die Farben. Dresden 1910.

[13-4] GALECKI, A., Kolloid-Z., **10**, 149 (1912).

[13-5] BHATHAGER, S. S., GUPTA, R. S., MATHUR, K. G. und MATHUR, K. N., Z. Physik, **56**, 684 (1929).

[13-6] CROWTHER, J. A., LIEBMAN, H. und LANE, T. B., Philos. Mag., **24**, 162, 654 (1937).
LANE, T. B. und WHITE, Philos. Mag., **23**, 156, 824 (1937).
CROWTHER, J. A., LIEBMAN, H. und JONES, R., Philos. Mag., **26**, 173, 120 (1938).

[13-7] Думанзкий А. В. и Солнцева, А., Научные рфботы студентов Воронежского государственного университета. (DUMANSKI, A. W. und SOLNZEWA, A., Wissenschaftliche Arbeiten der Studenten der staatlichen Universität Woronesh) 1939, S. 103.

[13-8] Крюковаь Т. А., Заводская лаборатория. (KRJUKOWA, T. A., Betriebs-Lab.), **5**, 511 (1948); **6**, 639 (1948); **7**, 767 (1948).

[13-9] Рабинович А. И. и Фодиман Н. М., Журнал Физической Химии. (RABINOWITSCH, A. I. und FODIMAN, N. M., J. physik. Chem.), **1**, 8 (1932).

[13-10] MEYER und RONGE, Z. angew. Chem., **52**, 637 (1939).

[13-11] Думанский А. В., Журнал Русского Физико-химического Общества. (DUMANSKI, A. W., J. russ. physik.-chem. Ges.), **37**, 502 (1905).
PAULI und VALKO, Elektrochemie der Kolloide. Wien 1929.
DUCLAUX, J., J. Chim. physique, **5**, 29 (1907); **7**, 405 (1909).
MALFITANO, Z. physik. Chem., **68**, 232 (1909).

[13-12] Песков Н. П., Физико-химические основы коллоидной науки. (PESKOW, N. P., Physikalische Grundlagen der Kolloidwissenschaft), Госхимиздат, Moskau-Leningrad 1934.
KRUYT, H. R., Kolloide. 1933.
ZSIGMONDY, R., Kolloidchemie. 1933.

[13-13] Рабинович А. И. и Каргин В. А., Журнал Физической Химии. (RABINOWITSCH, A. I. und KARGIN, W. A., J. physik. Chem.), **133**, 203 (1928); Каргин В. А. и Климовицкая Г. В., Журнал Физической Химии. (KARGIN, W. A. und KLIMOWIZKAJA, G. W., J. physik. Chem.), **10**, 467 (1938); Каргин В. А. и Киселева В. Л., Журнал Физической Химии. (KARGIN, W. A. und KISSELJOWA, W. L., J. physik. Chem.), **11**, 461 (1938).

[13-14] Шпитальский Е. И., Петин М. Н. и Бурова Е. И., Журнал Русского Физико-Химического Общества. (SCHPITALSKI, E. I., PETIN, M. N. und BUROWA, E. I., J. russ. physik.-chem. Ges.), **60**, 127 (1928).
HABER, F. und WEISS, J., Naturwissenschaften, **20**, 948 (1932).
ABEL, E. Mh. Chem., **79**, 6, 457 (1948).

[13-15] LEFORT, M., RADHAKRISHNA, P. und HAISSINSKY, M., J. Chim. physique, Phisico-Chim. biol., **48**, 485 (1951); C. **1953**, 1452.

[13-16] Каргин В. А. и Оганджанова Н. А., Журнал Физической Химии. (KARGIN, W. A. und OGANDSCHANOWA, N. A., J. physik. Chem.), **10**, 782 (1937).

14. E. M. NANOBASCHWILI und N. A. BACH

Die Wirkung von Röntgenstrahlung auf die Stabilität von Metalloxydsolen

II. MnO_2—V_2O_5—SnO_2—CeO_2—TiO_2—ThO_2—SiO_2

In der vorhergehenden Mitteilung [14–1] war für einige positive Metalloxydsole gezeigt worden, daß diese unter dem Einfluß von Röntgenstrahlung zerstört oder bezüglich ihrer Stabilität nicht verändert wurden, je nachdem, ob die an der Teilchenoberfläche befindlichen stabilisierenden Komplexe an Redoxreaktionen mit den aus dem Wasser entstehenden H-Atomen und OH-Radikalen teilnehmen oder nicht. Veränderungen der Oberflächenladung und damit der Stabilität der Sole treten dann auf, wenn die komplexbildenden Metalle variable Wertigkeit besitzen. In vorliegender Arbeit werden neue Ergebnisse mitgeteilt, die sowohl mit positiven als auch mit negativen Solen erhalten wurden und die Richtigkeit der Vorstellungen unterstützen, wonach die Stabilität der Sole bei Strahlungseinwirkung nur durch strahlungschemische Reaktionen an der Teilchenoberfläche bestimmt wird und nicht von deren Ladungsvorzeichen abhängig ist.

Untersucht wurden die negativen Sole von Mangandioxyd, Vanadiumpentoxyd, Zinnoxyd, Siliciumdioxyd und die positiven Sole von Cerdioxyd, Titandioxyd und Thoriumdioxyd. Die Strahlungsquelle und die experimentelle Anordnung bei der Bestrahlung sowie die Methoden zur Darstellung der reinen Sole, die Bewertung ihrer Stabilität und die Analyse der Redoxreaktionsprodukte sind die gleichen wie in Kapitel 13 beschrieben. Das Kriterium für den Koagulationseintritt ist die plötzliche Abnahme des Trübungswertes.

a) Mangandioxydsole

Die Mangandioxydsole sind nach Untersuchungen von JOSHI und NARAGAN [14–2] typische azidoide Sole. Bei der Koagulation dieser Sole durch verschiedene Kationen ist eine Valenzregel zu beobachten. Zu den stabilisierenden Ionen kann man die sauren Manganoxyde rechnen, die an der Teilchenoberfläche absorbiert sind und diesen Teilchen eine negative Ladung verleihen [14–3]. Über den Einfluß der Röntgenstrahlung auf die Stabilität von Mangandioxydsolen sind in der Literatur keinerlei Mitteilungen vorhanden.

Die in der vorliegenden Arbeit untersuchten MnO_2-Sole wurden nach einer von uns ausgearbeiteten Methode durch Reduktion einer $KMnO_4$-Lösung unter Einwirkung von Röntgenstrahlung dargestellt.

Aus Literaturangaben ist bekannt, daß bei Einwirkung von Röntgenstrahlen auf eine $KMnO_4$-Lösung die Mn(VII)-Ionen in saurem Medium zu Mn(II) und in neutralem zu Mn(IV) reduziert werden. Man konnte erwarten, daß bei günstigen Bedingungen unter dem Einfluß der Strahlung auf die $KMnO_4$-Lösung eine kolloidale MnO_2-Lösung gebildet wird. Tatsächlich nahm die mit Röntgenlicht bestrahlte 0,01 n $KMnO_4$-Lösung nach der Absorption von etwa 10^{20} eV/cm³ die charakteristische braune Farbe des Mangandioxyds an und begann zu opaleszieren.

Die Reduktion des MnO_4 ist unter diesen Bedingungen infolge H^+-Ionenverbrauchs von einer Alkalisierung der Lösung nach der Reaktion

$$MnO_4^- + 3H + H^+ \rightarrow MnO_2 + 2H_2O \tag{14-1}$$

begleitet.

Zur Entfernung des entstandenen KOH aus der intermicellaren Flüssigkeit wurde das Sol dialysiert.

Die strahlungschemische Methode zur Darstellung von MnO_2-Solen bietet gewisse Vorzüge, da die auf diesem Wege hergestellten Sole nur KOH als Nebenelektrolyten enthalten.

Derartig dargestellte MnO_2-Sole wurden nun mit steigender Dosis bestrahlt. Die Daten der Trübungsänderung zeigen, daß die Einwirkung von Röntgenstrahlen eine Abnahme der Stabilität der Sole hervorruft. Bei einer Gesamtdosis von etwa $3 \cdot 10^{19}$ eV/cm³ tritt Koagulation ein.

Wie schon oben erwähnt wurde, befinden sich an der Oberfläche der dispersen Teilchen des MnO_2-Sols sechs- und siebenwertige Manganionen in Form der entsprechenden Oxyde.

Bei der Einwirkung der Strahlung auf die Sole müssen die höheren Manganoxyde mittels des atomaren Wasserstoffs zu niedrigeren Oxyden des vier- oder zweiwertigen Mangans reduziert werden. Tatsächlich zeigten die polarographischen Messungen, daß die bestrahlten MnO_2-Sole meßbare Mengen an zweiwertigen Mangan-Ionen enthalten, die im Ausgangssol praktisch nicht vorhanden sind.

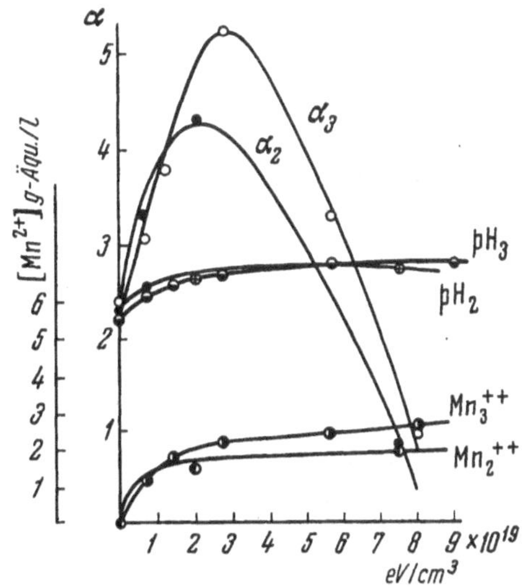

Abb. 14-1. Trübungsänderung, Änderung des p_H-Wertes und Mn^{2+}-Entwicklung im MnO_2-Sol unter Strahlungseinwirkung
Index 2: MnO_2-Sol Nr. 2; Index 3: MnO_2-Sol Nr. 3

Die bei Bestrahlung der Sole bemerkbare Zunahme des p_H-Wertes befindet sich in Übereinstimmung mit dem Reaktionsschema:

$$MnO_4^- + 3H \rightarrow MnO_2 + H_2O + OH^-, \tag{14-2}$$

$$MnO_4^- + 5H \rightarrow Mn^{2-} + H_2O + 3OH^-. \tag{14-3}$$

Tabelle 14–1 und Abb. 14–1 bringen Angaben über die Trübungsänderung, das Erscheinen von zweiwertigem Mangan und die Änderung des p_H-Wertes für zwei Sole.

Tabelle 14–1

Trübungsänderung und Anreicherung des zweiwertigen Mangans in MnO_2*-Solen bei zunehmenden Gesamtdosen*

Dosisleistung $3{,}7 \cdot 10^{15}$ eV/cm³ · sec

Bestrahlungs-dauer	Gesamtdosis in 10^{19} eV/cm³	Trübung in willkürlichen Einheiten	p_H-Wert des Sols	Mn^{2+}-Konzentration in 10^{-4} g-Äqu./l
		Sol Nr. 2		
0	0	2,2	5,8	0,08
30 Min.	0,7	3,3	6,5	1,16
1 St. 30 Min.	2,0	4,3	6,8	1,50
3 „	4,1	3,6	—	—
5 „ 30 „	7,5	2,1	7	2,2
		Sol Nr. 3		
0	0	2,4	5,7	0,06
30 Min.	0,7	3,1	6,2	1,3
1 Std.	1,4	3,8	6,5	1,8
2 „	2,7	5,3	6,8	2,2
4 „	5,6	3,3	7,1	2,5
6 „	8,6	3,0	7,2	2,6

Ein Vergleich dieser Angaben führt zu dem Schluß, daß die koagulierende Wirkung der Röntgenstrahlung mit der Reduktion der höheren sich an der Teilchenoberfläche des bestrahlten Sols befindenden Manganoxyde verbunden ist. Die Reduktion hat die Zerstörung des stabilisierenden Komplexes und dadurch eine Verminderung der Oberflächenladung zur Folge.

b) *Vanadiumpentoxydsole*

Aus einer Reihe von Untersuchungen über Vanadiumpentoxydsole folgte, daß Ammoniumvanadat als stabilisierender Elektrolyt für das negative V_2O_5-Sol wirkt [14–4], doch zeigten W. A. KARGIN und G. W. KLIMOWIZKAJA [14–5], daß gut von Nebenelektrolyten gereinigte V_2O_5-Sole immer meßbare Mengen an Vanadinsäure enthalten [14–6]. Man kann deshalb annehmen, daß die Rolle des peptisierenden Elektrolyten im Sol nicht das Ammoniumvanadat spielt, sondern verschiedene Vanadinsäuren, deren Anionen an den Teilchen adsorbiert werden und diese negativ aufladen.

Die in dieser Arbeit benutzten Vanadiumpentoxydsole wurden nach BILTZ [14–7] durch Zerlegung von Ammoniumvanadat mit starker Salzsäure und anschließendes Waschen des Niederschlags bis zum Eintritt der Peptisation bereitet. Eine zusätzliche Reinigung des Sols wurde durch Dialyse erreicht. Das Sol, von welchem die in Tabelle 14–2 und in Abb. 14–2 aufgeführten Ergebnisse der Trübungsänderung und der V(V)-Reduktion unter Strahlungseinwirkung erhalten wurden, hatte eine elektrische Leitfähigkeit von etwa $8 \cdot 10^{-6} \Omega^{-1} cm^{-1}$, einen p_H-Wert von 4,8 und enthielt 0,46 g V_2O_5/l. Der Wert des ζ-Potentials war 48 mV.

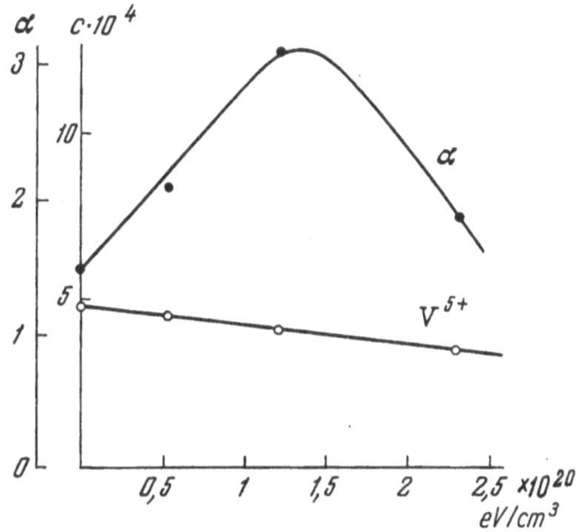

Abb. 14–2. Trübungsänderung des V_2O_5-Sols und Abnahme des Gehaltes an fünfwertigem Vanadium unter Strahlungseinwirkung

Tabelle 14–2

Trübungsänderung und Abnahme des fünfwertigen Vanadiums bei zunehmenden Gesamtdosen

Dosisleistung $3{,}7 \cdot 10^{15}$ eV/cm³ · sec

Bestrahlungs-dauer	Gesamtdosis in 10^{20} eV/cm³	Trübung in willkürlichen Einheiten	V(V)-Konzentration in 10^{-4} g-Äuq./l
0	0	1,5	4,8
4 Std.	0,52	2	4,6
9 „ 20 Min.	1,21	3	4,2
18 „	2,3	1,9	3,6

Aus den Ergebnissen folgt, daß bei Bestrahlung von V_2O_5-Sol eine Reduktion des fünfwertigen Vanadiums in der absorbierten Strahlungsenergie proportionaler Menge erfolgt. In diesen Solen ist der stabilisierende Elektrolyt infolge seiner guten Löslichkeit in wesentlicher Menge in der intermicellaren Flüssigkeit enthalten, so daß die Reduktion des V(V) nicht nur an der Teilchenoberfläche verläuft. Darum wird auch nicht der Eintritt eines stationären Zustandes beobachtet und die V(V)-Konzentration nimmt auch nach vollständiger Koagulation des Sols weiter ab.

A. W. DUMANSKI [14–8] untersuchte die Einwirkung verschiedener Reduktionsmittel auf V_2O_5-Sole und stellte fest, daß V_2O_5-Sole durch Hydrazinhydrat zu V_2O_4 und bei großem Überschuß zu V_2O_3 reduziert werden, wobei die V_2O_4- und V_2O_3-Sole sehr unbeständig sind und bei der Aufbewahrung koagulieren. Mit diesen Angaben stimmen die von uns gegebenen Vorstellungen über die Rolle der strahlungschemischen Reduktion der stabilisierenden Komplexe bei der Koagulation unter Strahlungseinwirkung gut überein.

c) *Zinndioxydsole*

SnO_2-Sole können negativ oder positiv geladen sein, je nachdem, ob der Niederschlag von $SnO_2 \cdot nH_2O$ durch Lauge oder Säure peptisiert wird. In der vorliegenden Arbeit wurden negative, durch NaOH-Lösungen peptisierte Sole verwandt. Solche Sole werden durch das Anion SnO_3H^- [14–9] stabilisiert. Nach der Dialyse und polarographischer Prüfung auf Anwesenheit von organischen Beimengungen wurden die Sole bestrahlt. Ihr Verhalten war dem von MnO_2- und V_2O_5-Solen völlig analog. Je mehr Strahlungsenergie absorbiert wird, um so mehr nimmt die Trübung der Sole zu, und bei einer gewissen Dosis tritt Koagulation ein. Wie die polarographischen Messungen zeigen, verschwindet gleichzeitig das vierwertige Zinn im Sol und es erscheint das zweiwertige. Zum Polarographieren wird NH_4Cl und HCl zugesetzt, wodurch das Sn(IV) und Sn(II) von der Teilchenoberfläche in die Lösung übergeht. Die entsprechenden Ergebnisse sind in Tabelle 14–3 und in Abb. 14–3 zusammengefaßt.

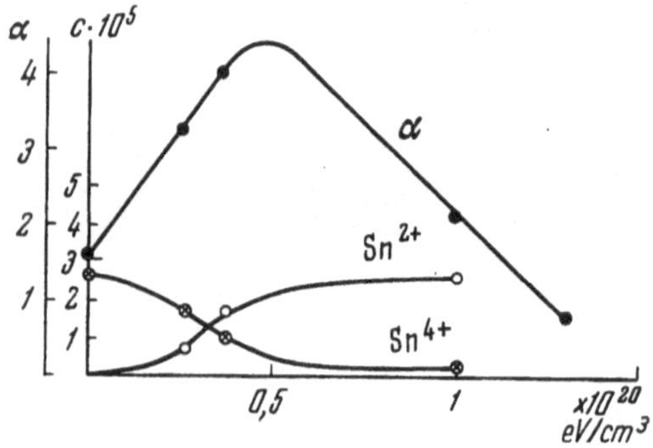

Abb. 14–3. Trübungsänderung und Sn^{4+}-Reduktion im SnO_2-Sol unter Strahlungseinwirkung

Tabelle 14–3

Trübungsänderung und Sn(IV)*-Reduktion in einem* SnO_2*-Sol bei Bestrahlung*

Dosisleistung $3,6 \cdot 10^{15}$ eV/cm³ · sec

Bestrahlungsdauer in Stunden	Gesamtdosis in 10^{19} eV/cm³	Trübung in willkürlichen Einheiten	Sn^{4+}-Konzentration in 10^{-5} mol/l	Sn^{2+}-Konzentration in 10^{-5} mol/l
0	0	3,2	2,6	0
2	2,6	6,5	1,8	0,7
3	3,7	8,0	1,0	1,7
8	10	4,2	0,3	2,6
10	13	1,6		

Wie man sieht, verringert sich die Trübung plötzlich in dem Augenblick, in dem ein wesentlicher Teil des Sn^{4+} reduziert ist, was die Verringerung der Oberflächenladung und damit die Koagulation bedingt. Gleichzeitig mit diesen Veränderungen wird in den SnO_2-Solen eine Anreicherung von Wasserstoffperoxyd infolge der Gegenwart von OH-Radikalen beobachtet, die bei der Sn^{4+}-Reduktion durch atomaren Wasserstoff in der Lösung verbleiben. Eine weitere Möglichkeit zur Bildung von H_2O_2 besteht in der Wechselwirkung des im Sol gelösten O_2 mit H-Atomen.

d) *Cerdioxydsole*

Die Cerdioxydsole wurden durch Fällung von $Ce(SO_4)_2$ mit Ammoniak und durch Spülen des Niederschlags bis zur spontanen Peptisation bereitet. Das durch Dialyse gereinigte Sol hatte eine elektrische Leitfähigkeit von $8 \cdot 10^{-6}$, einen p_H-Wert von 5,6 und eine Konzentration von 0,21 g/l. Die Cerdioxydsole sind positiv geladen und durch die an der Oberfläche befindlichen Ionen CeO^{2+} oder $CeO(OH)^+$ stabilisiert. Die Ergebnisse der Trübungsmessung unter dem Einfluß von Bestrahlung sind in Tabelle 14—4 wiedergegeben.

Wie man sieht, vollzieht sich eine plötzliche Koagulation bei einer Dosis von $3 \cdot 10^{19}$ eV/cm³.

Gleichzeitig mit der Reduktion wird eine Wasserstoffperoxydbildung im Sol beobachtet, wobei eine Konzentration von etwa $5 \cdot 10^{-5}$ Mol pro Liter erreicht wird.

In den oben untersuchten Fällen haben Reduktionsprozesse die entscheidende Bedeutung, da die stabilisierenden Komplexe der entsprechenden Sole sich in einer höheren Oxydationsstufe befinden und nur in eine niedrigere übergehen können. Die dadurch hervorgerufene Verminderung der Oberflächenladung bedingt auch, wie schon oben hervorgehoben wurde, die Koagulation dieser Art von Solen bei ihrer Bestrahlung.

Tabelle 14-4

Trübungsänderung eines CeO_2*-Sols* bei *Bestrahlung*

Dosisleistung $4 \cdot 10^{15}$ eV/cm³ · sec

Bestrahlungsdauer in Stunden	Gesamtdosis in 10^{19} eV/cm³	Trübung in willkürlichen Einheiten
0	0	2,1
1	1,4	2,9
2	2,9	7,5
3 Std. 50 Min.	5,5	2,5 → 1

Die Strahlungseinwirkung kann neben Änderung der Wertigkeit eines Metalls im stabilisierenden Komplex auch die Bildung von Peroxydverbindungen infolge einer Wechselwirkung von stabilisierenden Komplexen mit H_2O_2 oder mit den OH-Radikalen bewirken. Man kann erwarten, daß solche Reaktionen in den Titandioxyd- und Thoriumdioxydsolen auftreten.

e) *Titandioxydsole*

Titandioxydsole werden nach verschiedenen Methoden erhalten, die hauptsächlich auf dem hydrolytischen Zerfall der Titansalze beruhen [14–10]. Durch W. A. KARGIN [14–11] wurde festgestellt, daß sich an der Teilchenoberfläche der positiven Sole Verbindungen vom Typ des Titanoxychlorids befinden.

Zur Untersuchung des Einflusses von Strahlung auf TiO_2-Sole, worüber in der Literatur keine Angaben vorhanden sind, wurden positive Titandioxydsole durch Hydrolyse von $TiCl_4$ bereitet. Die dialisierten TiO_2-Sole hatten eine elektrische Leitfähigkeit von etwa $5{,}5 \cdot 10^{-5}\,\Omega^{-1}\text{cm}^{-1}$, einen p_H-Wert von 4,7 und enthielten 0,35 g TiO_2/l. Die Sole wurden in der oben beschriebenen Weise bestrahlt und untersucht; die erhaltenen Ergebnisse sind in Tabelle 14–5 angeführt.

Tabelle 14–5

Trübung eines Titandioxydsols bei zunehmenden Dosen

Dosisleistung $3{,}2 \cdot 10^{15}$ eV/cm³ · sec

Bestrahlungsdauer in Stunden	Gesamtdosis in 10^{19} eV/cm³	Trübung in willkürlichen Einheiten
0	0	2,7
4	5	2,8
8	10	2,8
30 Std. 30 Min.	40	2,8

Bei der Absorption einer zunehmenden Menge an Röntgenenergie bleibt die Trübung des TiO_2-Sols praktisch unverändert, jedoch ändert sich seine Farbe. Das Sol nimmt anfangs eine gelbliche, dann eine blaßorange Färbung an, die für die Reaktion von Wasserstoffperoxyd mit Titanverbindungen [14–12] charakteristisch ist.

Spezielle Versuche zeigten, daß eine $TiCl_4$-Lösung unter Einwirkung von Strahlung ebenfalls erst eine gelbliche, dann orange Färbung annimmt. Das deutet darauf hin, daß sich unter der Einwirkung der Strahlung die entsprechenden Peroxydverbindungen des Titans gebildet haben.

Interessant ist, daß in den bestrahlten Solen in keinem einzigen Fall eine Spur von freiem Wasserstoffperoxyd festzustellen war, woraus man schließen kann, daß Hydroxyl-Radikale oder Wasserstoffperoxyd, das sowohl aus atomarem Wasserstoff und dem im Sol gelösten molekularen Sauerstoff wie auch aus Hydroxyl-Radikalen gebildet werden kann, in der bestrahlten Lösung vollständig zur Bildung von Peroxydverbindungen des Titans verbraucht wird. Was die Reduktion des in ionogene Komplexe gehenden Ti(IV) durch atomaren Wasserstoff zu Ti(III) betrifft, so findet sie nicht statt, da unter diesen Bedingungen die dreiwertigen Titanionen sehr unbeständig sind und leicht zu vierwertigen oxydiert werden.

f) *Thoriumdioxydsole*

Die Thoriumdioxydsole zeigen unter Bestrahlungseinwirkung in ihrem Verhalten insofern Besonderheiten, als Thorium mit Wasserstoffperoxyd unlösliche Verbindungen bildet.

Auf Grund zahlreicher Untersuchungen [14–13] kann man als stabilisierende Komplexe, welche sich an der Teilchenoberfläche des positiven ThO_2-Sols befinden, die ThO^{2+}- oder $ThO(OH)^+$-Ionen annehmen.

Die in unseren Versuchen verwendeten Thoriumdioxydsole wurden durch Peptisation bereitet. Das dialysierte ThO_2-Sol hatte eine elektrische Leitfähigkeit von etwa $5{,}6 \cdot 10^{-6}\ \Omega^{-1}\mathrm{cm}^{-1}$, einen p_H-Wert von etwa 5 und ein ζ-Potential von 38 mV. Die Sole enthielten 0,3 g ThO_2/l.

Die für verschiedene Gesamtdosen erhaltenen Trübungswerte sind in Tabelle 14–6 aufgeführt.

Tabelle 14–6

Trübung eines Thoriumdioxydsols bei zunehmenden Gesamtdosen

Dosisleistung $3{,}2 \cdot 10^{15}$ eV/cm³ · sec

Bestrahlungs-dauer	Gesamtdosis in 10^{19} eV/cm³	Trübung in willkürlichen Einheiten
0	0	2,9
1 Std. 20 Min.	1,6	3,9
4 ,,	4,6	4,9
8 ,, 30 Min.	9,4	1,0

Die Ergebnisse zeigen, daß Röntgenstrahlen eine Koagulation des ThO_2-Sols hervorrufen, obwohl die Thorium-Ionen keine variable Valenz aufweisen.

Die polarographischen Untersuchungen ergaben, daß in den bestrahlten Solen kein Wasserstoffperoxyd enthalten ist.

Die Koagulation des ThO_2-Sols kann man durch eine Bildung von Thoriumperoxyd bei der Wechselwirkung von ionogenen Komplexen des Thoriums mit Wasserstoffperoxyd oder mit Hydroxylradikalen erklären. Da die Löslichkeit des Thoriumperoxyds sehr gering ist [14–14], erfolgt an der Oberfläche der Kolloidteilchen eine starke Abnahme der Menge der stabilisierenden Komplexe, was die Koagulation des Sols hervorruft. Dadurch wird auch hier eine Verminderung der Oberflächenladung durch strahlungschemische Prozesse hervorgerufen, obwohl diese die Valenz des Metalls nicht verändern.

Schließlich ist es interessant, als negatives Sol ein System zu untersuchen, in welchem die ionogenen, sich an der Oberfläche der dispersen Teilchen befindenden Komplexe kein Metall mit variabler Valenz enthalten und keine Peroxydverbindungen bilden, wie dies bei einem positiven Al_2O_3-Sol der Fall ist. Als solches System wurde das Siliciumdioxydsol gewählt.

g) *Siliciumdioxydsole*

Die in der vorliegenden Arbeit benutzten Sole wurden durch Zugabe einer 10%igen Na_2SiO_3-Lösung zu einer 10%igen Salzsäurelösung und anschließende Dialyse bereitet. Das dialysierte SiO_2-Sol hatte eine elektrische Leitfähigkeit von etwa $7{,}5 \cdot 10^{-6}\,\Omega^{-1}\mathrm{cm}^{-1}$, einen p_H-Wert von 5,2 und enthielt etwa 0,2 g SiO_2/l. Die Sole enthielten keinerlei organische Beimischungen.

Die bei der Untersuchung der Trübung der Ausgangs- und bestrahlten SiO-Sole für verschiedene Gesamtdosen erhaltenen Ergebnisse sind in Tabelle 14–7 aufgeführt.

Tabelle 14–7

Trübung eines SiO_2-Sols bei zunehmenden Gesamtdosen

Dosisleistung $3{,}7 \cdot 10^{15}$ eV/cm³ · sec

Bestrahlungsdauer in Stunden	Gesamtdosis in 10^{19} eV/cm³	Trübung in willkürlichen Einheiten
0	0	3,4
3	3,9	3,4
7	9,3	3,4
10	13	3,4
21	28	3,4

Die Ergebnisse zeigen eindeutig, daß sogar bei einer beträchtlichen Gesamtdosis keine Vergröberung der Teilchen eintritt, d. h. die Röntgenstrahlen haben überhaupt keinen Einfluß auf die Stabilität der SiO_2-Sole.

Es ist noch zu bemerken, daß in den bestrahlten SiO_2-Solen keine H_2O_2-Anreicherung zu beobachten ist, obwohl kein Grund dafür vorhanden ist, daß der im Sol gelöste Sauerstoff bei Bestrahlung nicht zu Wasserstoffperoxyd reduziert wird.

Speziell angestellte polarographische Untersuchungen zum Nachweis der H_2O_2-Konzentration im SiO_2-Sol ohne Bestrahlung zeigten, daß das Wasserstoffperoxyd katalytisch an den Teilchen des SiO_2-Sol zerlegt wird. Dadurch ist es zu erklären, daß im bestrahlten SiO_2-Sol das H_2O_2 sogar nach Absorption einer sehr großen Menge an Röntgenenergie nicht auftritt.

Zusammenfassung

Die Untersuchung des Verhaltens von zehn Metalloxydhydrosolen verschiedener Art unter der Einwirkung von Röntgenstrahlen zeigte, daß die Stabilität im Falle positiver, wie auch im Falle negativer Sole zerstört oder erhalten werden kann. Dadurch wird die Unhaltbarkeit der von einigen Autoren ausgesprochenen Vorstellungen bewiesen, welche die Stabilität der Sole mit der Gleichnamigkeit, die Koagulation jedoch mit der Ungleichnamigkeit der Ladungen der Sole und der ionisierenden Teilchen in Zusammenhang brachten.

Der Vergleich der möglichen Redoxreaktionen im Sol unter dem Einfluß der Bestrahlung und der Vergleich ihres Verlaufes mit der Veränderung der Stabilität der Sole führt zu dem Schluß, daß das Eintreten oder Ausbleiben einer Koagulation bei Bestrahlung durch das Einsetzen oder Fehlen von strahlungschemischen Reaktionen bestimmt wird, welche die stabilisierenden Komplexe an der Teilchenoberfläche verändern und eine Änderung der Ladung hervorrufen. In dieser Beziehung kann man die Hydroxydsole in drei Klassen einteilen.

a) Oxydsole von Elementen, die nur in einem Valenzzustand existieren und deshalb nicht imstande sind, sich an Redoxreaktionen zu beteiligen. Solche Sole sind vollständig unempfindlich gegenüber einer Strahlungseinwirkung, selbst bei sehr großen Dosen. Sie sind durch das positiv geladene Aluminiumoxydsol und durch das negativ geladene Siliciumdioxydsol vertreten.

b) Oxydsole von Elementen variabler Valenz, in welchen die stabilisierenden Komplexe an Redoxreaktionen teilnehmen. Wenn die Teilchenladung durch ein Oxyd eines höheren Valenzzustandes bestimmt wird, führt die Strahlungseinwirkung zur Reduktion, wodurch die Ladung vermindert wird und eine rasche Koagulation eintritt. Solche Systeme sind die positiv geladenen Eisenoxyd- und Cerdioxydsole und die negativ geladenen Mangandioxyd-, Vanadiumpentoxyd- und Zinndioxydsole. Wenn die Teilchenladung durch einen Komplex in einem niedrigeren Valenzzustand bestimmt wird, führt die Strahlungseinwirkung zur Oxydation. Im Falle des positiven Chromoxydsols hat dies jedoch keinen Verlust der Stabilität des Sols zur Folge.

c) Oxydsole von Elementen, die imstande sind, stabile Peroxydverbindungen zu bilden. Im Falle der Bildung von unlöslichen Peroxydverbindungen unter Beteiligung von stabilisierenden Komplexen tritt eine starke Verminderung der Ladungen an der Teilchenoberfläche ein. Solche Systeme sind durch das positiv geladene Thoriumdioxydsol vertreten, welches unter Strahlungseinwirkung leicht koaguliert, obwohl das Metall keine variable Valenz besitzt. Peroxydverbindungen können sich auch ohne Verlust der Stabilität bilden, wenn sie zu keiner Ladungsänderung führen, wie im Falle des positiv geladenen Titandioxydsols.

In allen Fällen wurde das Auftreten von Oxydations- oder Reduktionsprodukten unter der Strahlungseinwirkung durch analytische, meistens polarographische Methoden festgestellt, und es wurde gezeigt, daß schnelle Koagulation bei den Dosen eintritt, bei welchen die strahlungschemischen Umwandlungen einen stationären Zustand ereichten. Den gleichen Dosen entspricht eine maximale Erniedrigung des ζ-Potentials. Für die koagulierenden Sole liegen diese Dosen in den Grenzen von $3 \cdot 10^{19}$ bis $6 \cdot 10^{19}$ eV/cm³. Im Falle der nichtkoagulierenden Sole waren die aufgewendeten Dosen bis zu einer Größenordnung höher.

Diese Schlußfolgerungen stützen sich auf ein vielfältiges und genügend umfangreiches Material, das es gestattet, ihre Gültigkeit auch auf andere analoge Kolloidsysteme auszudehnen. Die chemischen Eigenschaften der Oxyde geben auf diese Weise die Möglichkeit, das Verhalten der entsprechenden Hydroxydsole bei Strahlungseinwirkung vorauszusagen.

LITERATURVERZEICHNIS

[14-1] NANOBASCHWILI, E. M. und BACH, N. A., Vorliegendes Sammelwerk, S. 111.

[14-2] JOSHI und NARAYAN, Kolloid-Z., **59**, 335 (1932).

[14-3] HAZEL, F., J. physik. Chem., 45, 131 (1941).

[14-4] FREUNDLICH, H., Kapillarchemie, **2** (1932).

[14-5] Каргин В. А. и Климовицкая Г. В., Журнал Физической Химии. (KARGIN, W. A. und KLIMOWIZKAJA, G. W., J. physik. Chem.), **6**, 842 (1935).

[14-6] GESSNER, G., Kolloidchem., Beih., **19**, 213 (1924).
MEYER, J. und AULICH, M., Z. anorg. allg. Chem., **194**, 278 (1930).

[14-7] BILTZ, A. N., Ber. dtsch. chem. Ges., **37**, 1098 (1904).

[14-8] Думанский А. В., Журнал Русского Физико-Химического Общества. (DUMANSKI, A. W., J. russ. physik.-chem. Ges.), **54**, 703 (1924).

[14-9] WINTGEN, Z. physik. Chem., **103**, 238 (1922).
GHOSH, D. N., J. chem. Soc. (London), **1929**, 2298.

[14-10] MAJUMDAR, S. K., J. Indian chem. Soc., **6**, 357 (1929).
FREUNDLICH, H. und KROSS, W., Kolloid-Z., **52**, 37 (1930).

[14-11] Каргин В. А., Журнал Физической Химии. (KARGIN, W. A., J. physik. Chem.), **4**, 594 (1933).

[14-12] BONET-MAURY, B., C. R. hebd. Séances Acad. Sci., **218**, 117 (1944).

[14-13] DESAI, B. N., Kolloidchem. Beih., **26**, 357 (1928); PATEL, A. M. und DESAI, B. N., Trans. Faraday Soc., **26**, 128 (1930); PAULI, N. und PETERS, A., Z. physik. Chem., **135**, 1 (1928).

[14-14] Меликов П. Г. и Писаржевский Л. Н., Журнал Русского Физико-Химического Общества. (MELIKOW, P. G. und PASSIRSHEWSKI, L. N., J. russ. physik.-chem. Ges.), **30**, 693 (1898).

15. S. J. PSCHESHEZKI, I. A. MJASNIKOW und N. A. BUNEJEW

Die Bildung von Ozon in flüssigem Sauerstoff bei Einwirkung schneller Elektronen

Bei dem jetzigen Entwicklungsstand der Strahlungschemie hat die Festlegung der quantitativen Gesetzmäßigkeit der strahlungschemischen Reaktionen wesentliche Bedeutung. Das ist in erster Linie wichtig für die Aufklärung des Reaktionsmechanismus, der Beziehung dieses Reaktionsmechanismus zum Molekelaufbau und solchen Eigenschaften, wie dem Ionisierungspotential, der Dissoziationsenergie der Verbindungen, dem Anregungsgrad und anderen.

Die Festlegung der quantitativen Gesetzmäßigkeiten, besonders der Ausbeuten der strahlungschemischen Reaktionen, ist vor allem auch zur Klärung des Nutzeffektes der Verwendung von Atomenergie zur Durchführung chemischer Prozesse von Bedeutung.

Im Zusammenhang damit bietet die Reaktion der Ozonbildung aus Sauerstoff unter der Einwirkung ionisierender Strahlung großes Interesse, da sie einer der einfachsten strahlungschemischen Prozesse und daher zur quantitativen Prüfung besonders geeignet ist.

Die Ozonbildung unter Einwirkung von Elektronen mit verschiedener Energie auf gasförmigen Sauerstoff wurde in den 20er und 30er Jahren untersucht. KRÜGER und UTESCH [15-1], WANSBROUGH-JONES [15-2], BUSSE und DANIELS [15-3], MARSCHALL [15-4], HENRY [15-5], KRÜGER und ZICKERMANN [15-6] benutzten zu diesem Zwecke Elektronen aus einer Coolidgeröhre [15-2] sowie langsame Elektronen.

Die Gesetzmäßigkeiten der in diesen Arbeiten geklärten Bildungsprozesse des Ozons sind im wesentlichen folgende:

1. Die Ozonausbeute ist in der Anfangsperiode der Bestrahlungsdauer proportional;

2. Bei länger dauernder Bestrahlung stellt sich ein stationärer Zustand ein, der mit einer Angleichung der Geschwindigkeiten der Bildungs- und Zerfallsreaktion verbunden ist;

3. Die Ozonausbeute wächst linear mit der Vergrößerung der Stromstärke und der Elektronenenergie.

WARBURG und LEITHÄUSER [15-7] und ebenso MARSCHALL [15-4] zeigten, daß die Ozonbildung — auf Sauerstoff bezogen — eine Reaktion erster Ordnung ist. Die erhaltenen stationären Ozonkonzentrationen im Gas betragen nach verschiedenen Arbeiten von 0,04 bis zu 0,1 %.

Bei den sogenannten stillen Entladungen erhält man stationäre Ozonkonzentrationen bis zu 10% [15-7].

In der Gasphase bilden sich pro Ionenpaar bei Einwirkung

von Elektronen	12 bis 40 Ozonmolekeln	KRÜGER und UTESCH [15-1],
von Elektronen	2 bis 3 Ozonmolekeln	BUSSE und DANIELS [15-3],
von α-Teilchen	1,7 Ozonmolekeln	LIND und BARDWELL [15-8].

Diese Angaben sind jedoch nicht als sehr genau anzusehen, da bei den meisten Arbeiten nicht die faktische, im Glas absorbierte Strahlungsenergie eingesetzt wird, sondern nur eine rechnerische Größe, die sich aus der Spannung an den Beschleunigungsröhren und der Stromstärke ergibt.

Bei der Ermittlung der gebildeten Ionenmenge gibt es augenscheinlich in einigen Arbeiten außerdem auch Ungenauigkeiten.

Wir untersuchten die Ozonbildung in flüssigem Sauerstoff unter Einwirkung von Elektronen mit einer Energie von 100 bis 200 kV sowie unter der Einwirkung von γ-Strahlung von ^{60}Co. Nachstehend wird über mit schnellen Elektronen erzielte Resultate berichtet.

1. Methodik

Als Quelle für die schnellen Elektronen wurde eine spezielle Elektronenbeschleunigungsröhre benutzt. Die maximale Beschleunigungsspannung betrug 300 kV, die maximale Stromstärke 400 μA.

Die Energiewerte des zur Wirkung kommenden Elektronenbündels sind infolge von Verlusten beim Durchgang durch das Fenster wesentlich geringer, als es den Meßdaten — Beschleunigungsspannung und Stromstärke — entspricht.

Zur Ermittlung der Gesamtenergie der auf den flüssigen Sauerstoff treffenden Elektronen diente als dosimetrische Reaktion die Reduktion von vierwertigem in dreiwertiges Cer in Cersulfatlösung.

$$Ce^{4+} + H \rightarrow Ce^{3+} + H^{+} \qquad (15\text{-}1)$$

Diese Reaktion wurde zur Dosimetrierung der β-Strahlung von ^{32}P und ^{35}S zuerst von HARDWICK [15-9] benutzt; er fand, daß für den Übergang eines Ce^{4+}- in ein Ce^{3+}-Ion bei β-Strahlungseinwirkung von ^{32}P und ^{35}S 32,4 eV verbraucht werden. Nach den von ihm erhaltenen Ergebnissen hängt die Menge der sich unter der Einwirkung von γ-Strahlung in schwefelsaurer Cersulfatlösung in einer Menge von $2 \cdot 10^{-6}$ bis 10^{-2} mol/l bildenden Ce^{3+}-Ionen nicht von der Strahlungsenergie, der Säurekonzentration und der Gegenwart von Sauerstoff ab.

Um diese Reaktion für die Dosimetrie der Elektronenbündelenergie unter den von uns angewandten Bedingungen benutzen zu können, wurde die Abhängigkeit der absorbierten Energie von der Konzentration der $Ce(SO_4)_2$-Lösung untersucht.

Es wurde festgestellt, daß bei Konzentrationen unterhalb 0,1 n eine Abhängigkeit des gemessenen Wertes der absorbierten Elektronenenergie von der Konzentration besteht. Der Grund dafür liegt augenscheinlich in der Verzögerung der Diffusion der Ce^{4+}-Ionen aus dem Gesamtvolumen der Lösung in die obere bestrahlte Schicht.

Für Konzentrationen oberhalb 0,1 n wird keine Abhängigkeit der ermittelten Größe der absorbierten Strahlungsenergie von der Konzentration des Cersulfats beobachtet (bei Bestrahlung bis zu 30 Minuten).

Zur Eichung der Quelle benutzten wir eine 0,2 n Cersulfat-Lösung. Es wurde die Abhängigkeit der absorbierten Energie von der Bestrahlungszeit, der Stromstärke und dem Abstand der bestrahlten Oberfläche der Lösung vom Diaphragma der Elektronenröhre gemessen. Die Bestrahlung der $Ce(SO_4)_2$-Lösungen wurde in demselben Reaktionsgefäß durchgeführt, das auch für die Bestrahlung des flüssigen Sauerstoffs diente. Zur Durchmischung während der Bestrahlung wurde durch die Lösungen gasförmiger Stickstoff geleitet.

Die erhaltenen Ergebnisse sind in Tabelle 15–1 und 15–2 zusammengestellt.

Tabelle 15–1

Abhängigkeit der absorbierten Elektronenenergie von der Stromstärke und der Bestrahlungszeit

$U = 300$ kV; $Ce(SO_4)_2$-Menge $= 35$ ml

Bestrahlung in min	Stromstärke in μA	Energie in 10^{21} eV	Bemerkungen
10	50	6,75	—
10	100	15,0	ohne Durchmischung
10	150	17,5	,, ,,
20	100	27,5	,, ,,
30	100	42,2	—

Tabelle 15–2

Abhängigkeit der absorbierten Energie vom Volumen der Lösung

$U = 240$ kV; $I = 75\,\mu A$; $t = 10$ min

Volumen der $Ce(SO_4)_2$-Lösung in ml	Relatives Absinken der Oberfläche in cm	Energie in 10^{21} eV
35	3,0	5,0
40	2,5	3,4
62	0	4,2

Aus den in Tabelle 15–1 wiedergegebenen Ergebnissen folgt, daß die von den 0,2 n Ceriumsulfat-Lösungen absorbierte Energiemenge der Stromstärke und der Bestrahlungszeit ungefähr proportional ist. Die Durchmischung beeinflußt den Wert der ermittelten Energie nicht wesentlich. Bei einer Verringerung des $Ce(SO_4)_2$-

Lösungsvolumens von 62 auf 35 ml ändert sich der Wert der absorbierten Energie nur unwesentlich, was für die Berechnung der Ozonausbeute pro Einheit verbrauchter Energie von Wichtigkeit ist, da der flüssige Sauerstoff während des Bestrahlungsprozesses verdampft.

Das Schema der Anlage zeigt Abb. 15–1. Es ist darauf hinzuweisen, daß bei der auf der Dosimetrie mit $Ce(SO_4)_2$-Lösungen basierenden Schätzung der energetischen Ausbeute der Ozonbildungsreaktion eine Ungenauigkeit vorhanden sein kann, die mit dem Unterschied zwischen den elektrischen Leitfähigkeiten der wäßrigen Cersulfat-Lösungen und des nichtleitenden flüssigen Sauerstoffs zusammenhängt.

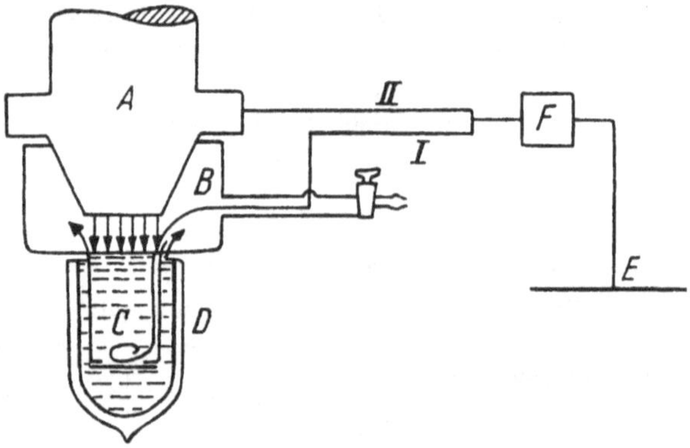

Abb. 15–1. Schema der Anlage

A: Kopf der Elektronenröhre; *B*: Diaphragma; *C*: Reaktionsgefäß; *D*: Dewar-Gefäß; *E*: Erde; *G*: Galvanometer

Aus diesem Grunde werden im einen und anderen Fall Unterschiede in der Größe des durch die Zweige I und II fließenden Stromes (Abb. 15–1) gegeben sein, obwohl der durch das Galvanometer gemessene Gesamtstrom der gleiche ist. Im Falle der wäßrigen Cersulfat-Lösung wird der größere Teil der auf die Flüssigkeitsoberfläche auftreffenden Elektronen nach Zweig I fließen, während im Falle des flüssigen Sauerstoffs der Teil der auf die Oberfläche treffenden Elektronen durch Zweig II abgeleitet wird.

So wird also die tatsächliche Energie der die Reaktion im flüssigen Sauerstoff hervorrufenden Elektronen nicht genau gleich der mittels Reduktion des vierwertigen Cersulfats in wäßriger Lösung ermittelten Energie sein. Die pro Energieeinheit errechneten Ausbeuten der Reaktion stellen daher nur Näherungswerte dar.

Zur Durchführung der Versuche wurden in das durch flüssigen Sauerstoff oder Stickstoff gekühlte Reaktionsgefäß 60 ml Sauerstoff gegossen, und das Gefäß dann mit seinem oberen Teil auf den Ansatz der Elektronenröhre gestülpt. Die Bestrahlungsoberfläche betrug 15,2 cm^2. Während der Bestrahlung wurde der in den Zweigen I und II fließende Strom mit einem Galvanometer gemessen.

Da die Dampfdrucke von Ozon und Sauerstoff wesentlich verschieden sind, verdampft während des Versuchs praktisch kein Ozon. Es folgt dies aus dem von

SCHUMACHER [15-10] untersuchten Phasengleichgewichtsdiagramm von Ozonlösungen in Sauerstoff.

Nach der Bestrahlung wurde das Gerät mit Schliffen an ein Jodkaliumlösung enthaltendes Gefäß angeschlossen, durch welches das gasförmige Ozon-Sauerstoffgemisch strömte. Das ausgeschiedene Jod wurde mit Hyposulfit zurücktitriert.

2. Experimentelle Ergebnisse

Die Mengen des im System gebildeten Ozons wurden in Abhängigkeit von Bestrahlungszeit und Stromstärke gemessen. Die erhaltenen Ergebnisse sind in Tabelle 15-3 und 15-4 zusammengestellt.

Tabelle 15-3

Ozonausbeute in Abhängigkeit von der Bestrahlungszeit

$U = 240$ kV; $I = 100\ \mu A$

Bestrahlung in min	Gesamt-O_3-Menge in 10^{-3} mol	O_3-Ausbeute in 10^{-3} mol/min
5	0,9	0,180
10	2,5	0,250
20	3,5	0,175
40	5,7	0,142
60	5,8	0,097

Tabelle 15-4

Ozonausbeute in Abhängigkeit von der Elektronenstromstärke

$U = 240$ kV; $t = 10$ min

Stromstärke in μA	Gesamt-O_3-Menge in 10^{-3} mol	O_3-Ausbeute in 10^{-5} mol/μA
20	0,6	3,0
40	1,0	2,5
60	1,2	2,0
80	2,1	2,6
100	2,5	2,5

In gleicher Weise bestrahlten wir auch äquimolekulare flüssige Stickstoff-Sauerstoffgemische. Bei der Bestrahlung der Gemische bildeten sich Ozon und Stickstoffoxyde. Die Ergebnisse einiger dieser Versuche sind in Tabelle 15-5 enthalten.

Die in Tabelle 15-5 angeführten Werte zeigen, daß eine Verdünnung des Sauerstoffs durch Stickstoff die Menge des gebildeten Ozons nicht wesentlich beeinflußt. Die Bildung von Stickstoffoxyden erfolgt jedoch, wie aus der Tabelle hervorgeht, etwa 10mal langsamer als die Bildung von Ozon.

Tabelle 15-5

Bildung von Ozon und Stickstoffoxyden in flüssigen Sauerstoff-Stickstoff-Mischungen der Zusammensetzung 1:1

$U = 240$ kV; $I = 75\,\mu A$; $t = 20$ min

O_3-Ausbeute in 10^{-3} mol	Zusammensetzung der Flüssigkeit	Stickstoffoxyd-Ausbeute umgerechnet auf NO_2 in 10^{-3} mol
2,0	O_2	—
2,5	O_2	—
2,2	$N_2 + O_2$	0,21
2,7	$N_2 + O_2$	0,23
2,0	$N_2 + O_2$	0,23
2,2	$N_2 + O_2$	0,26
2,5	$N_2 + O_2$	0,26

Abb. 15-2 zeigt die Abhängigkeit der Menge des gebildeten Ozons von der Stromstärke. Diese Abhängigkeit zeigt im untersuchten Bereich Proportionalität, was augenscheinlich damit zusammenhängt, daß die Ozonkonzentration gering und weit von der Gleichgewichtskonzentration entfernt ist.

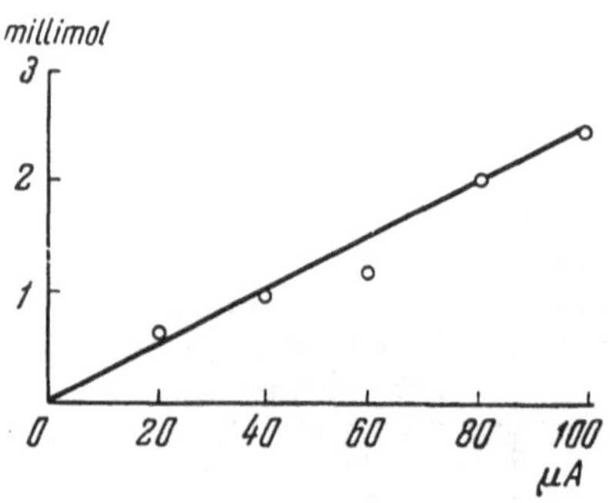

Abb. 15-2. Abhängigkeit der Menge des gebildeten Ozons von der Stromstärke ($U = 240$ kV, $t = 10$ min)

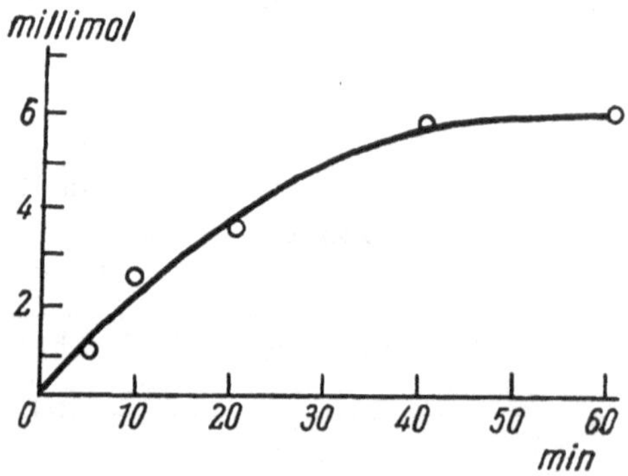

Abb. 15-3. Abhängigkeit der Menge des gebildeten Ozons von der Bestrahlungszeit

Die Abhängigkeit der Menge des gebildeten Ozons von der Bestrahlungszeit (Abb. 15-3) weist darauf hin, daß sich ein stationärer Zustand — etwa $6 \cdot 10^{-3}$ molar — einstellt. Dies entspricht etwa 4,5 Molprozent Ozon, wenn man annimmt, daß sich das gesamte Ozon in einer Flüssigkeitsschicht befindet, welche der Eindringtiefe der Elektronen im flüssigen Sauerstoff — etwa 3 mm — entspricht. Die wirkliche Ozonmenge ist jedoch im stationären Zustand wegen der teilweisen Diffusion aus der Oberflächenschicht in das Gesamtvolumen geringer.

Die Geschwindigkeit der Ozonbildung kann angenähert durch Extrapolierung der Meßwerte auf die Zeit $t = 0$ geschätzt werden; eine solche Extrapolation zeigt Abb. 15-4.

Wenn man nach MARSCHALL [15-4] annimmt, daß die Zersetzung und Bildung des Ozons Reaktionen erster Ordnung sind, so folgt aus der Gleichheit der Geschwindigkeiten dieser Reaktionen im stationären Zustand, daß unter den untersuchten Bedingungen die effektive Geschwindigkeitskonstante des Ozonzerfalls beinahe 20mal größer als die der Bildung ist. Die größere Zerfallsgeschwindigkeit des Ozons im Vergleich zu seiner Bildungsgeschwindigkeit hängt augenscheinlich damit zusammen, daß die Dissoziation einer Sauerstoffmolekel eine Energie von ~ 5 eV, der Zerfall des Ozons eine solche von nur ~ 1 eV erfordert. Diesem Befund entsprechen auch die Unterschiede in den Ionisationspotentialen, im gaskinetischen Querschnitt und anderen charakteristischen Eigenschaften der Ozon- und Sauerstoffmolekeln.

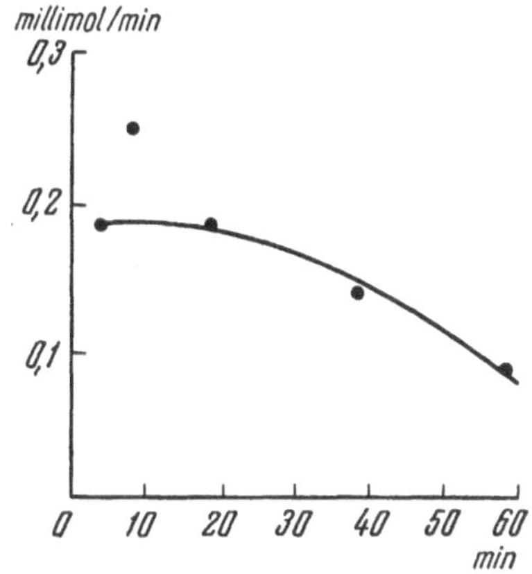

Abb. 15-4. Abhängigkeit der mittleren Ozonausbeute von der Bestrahlungsdauer

Die auf Grund der Tabelle 15-1 und 15-2 durchgeführte näherungsweise Abschätzung der Reaktionsausbeute zeigte, daß die gebildete Ozonmenge bei einer Strahlungseinwirkung von 10 Minuten einer Ausbeute von 12 bis 15 O_3-Molekeln pro 100 eV absorbierter Energie entspricht.

3. Der wahrscheinlichste Reaktionsmechanismus der Ozonbildung unter Elektroneneinwirkung

Die Ozonbildung bei Bestrahlung von Sauerstoff durch Ultraviolettlicht erfolgt bei den Wellenlängen 1751 bis 1900 Å, 2070 bis 2200 Å und, nach einigen Angaben, bei 2530 Å. Die Quantenenergien dieser Wellenlängen betragen ~ 7, ~ 6 und ~ 5 eV. Ein Vergleich dieser Größen mit dem Energieniveau des Anregungszustandes einer Sauerstoffmolekel führt zu dem Schluß, daß in den beiden letzten Fällen die Ozonbildung augenscheinlich über Anregungszustände der Sauerstoffmolekel geht (z. B. ${}^3\Sigma_u^+$, Anregungsenergie 4,9 eV, und ${}^3\Sigma_u^-$, Anregungsenergie 6,09 eV).

Die Ozonbildung aus Sauerstoff vollzieht sich in diesen Anregungszuständen wahrscheinlich nach folgendem Schema:

$$O_2^* + O_2 \rightarrow O_3 + O\,, \tag{15-2}$$

$$O + O_2 + M \rightarrow O_3 + M\,. \tag{15-3}$$

Bei Bestrahlung durch Ultraviolettlicht mit einer Wellenlänge von 1751 Å erfolgt eine Dissoziation der Sauerstoffmolekel unter Bildung von Atomen in den Zuständen

^{3}P und ^{1}D. Die Ozonbildung verläuft unter diesen Bedingungen augenscheinlich nach Reaktion (15–3).

Die Ozonbildung unter der Einwirkung von Elektronen dürfte auf photochemischem Wege, d. h. über angeregte Sauerstoffmolekeln, wie auch durch Ionenrekombination zustande kommen. MAGEE und BARTON [15–11] nehmen neben den anderen Reaktionen auch den Ablauf der folgenden Reaktion an:

$$O_2^+ + O_2^- \rightarrow O + O_3. \tag{15–4}$$

Diese Autoren sind der Ansicht, daß die Ionisationsprozesse zur Bildung zweier Ozonmolekeln pro Ionenpaar, die Prozesse der Primäranregung jedoch zu 5 Molekeln pro Ionenpaar führen. So müßte man pro Ionenpaar etwa 7 Molekeln Ozon erhalten, was ungefähr 20 Molekeln und 100 eV entspricht.

Die Ergebnisse der Einwirkung von langsamen Elektronen auf Sauerstoff sind von großem Interesse für die Erklärung des Mechanismus der Ozonbildung. Nach WANSBROUGH-JONES liegt das Potential der Ozonbildung bei 25 eV, d. h. etwa zweimal höher als das Ionisationspotential des molekularen Sauerstoffs, das 12,5 eV beträgt. Die Ozonbildung erklären sie durch das Entstehen angeregter Sauerstoff-Ionen. Die Resultate von HENRY [15–5] sowie KRÜGER und ZICKERMANN [15–6] zeigen jedoch, daß die Ozonbildung schon bei Potentialen von 8,9 oder 6,3 V beginnt (der letztere Wert ist anscheinend der richtigere). Diese Werte sind kleiner als das Ionisationspotential der Sauerstoffmolekel. Folglich verläuft die Ozonbildung auf Grund von Reaktionen, die durch Einwirkung von Elektronen auf Sauerstoffmolekeln erfolgen, d. h. analog dem photochemischen Weg.

Wie HENRY [15–5] feststellte, erhöht sich die Ozonausbeute bei einem Potential von 21 V etwa um das Dreifache. In diesem Falle sind die aktiven Teilchen Atome oder atomare Ionen des Sauerstoffs, da nach Messungen von TATE und GASTRUM [15–12] der Prozeß der Bildung eines atomaren Sauerstoffions sich schon bei 18,9 eV entsprechend dem Schema

$$O_2 + e \rightarrow O^+ + O^- + e \tag{15–5}$$

vollzieht.

Anscheinend sind also bei der Ozonbildung sowohl die Atome als auch die angeregten Molekeln und Ionen aktiv (obwohl ein direkter Beweis für die Aktivität der letzten nicht existiert). Unter dieser Annahme kann das Schema der Ozonbildung durch Elektroneneinwirkung auf Sauerstoff folgendermaßen dargestellt werden:

I. Prozesse zur Bildung aktiver Teilchen

$$O_2 \rightsquigarrow O_2^+ \tag{15–6}$$

$$O_2 \rightsquigarrow O^+ + O \quad (\text{oder } O^+ + O^- + e) \tag{15–7}$$

$$O_2 + e \rightarrow O_2^- \tag{15–8}$$

$$O_2 \rightsquigarrow O_2^{\bullet}(^3\Sigma_u^+;\ ^3\Sigma_u^-). \tag{15–9}$$

II. Primäre Prozesse der Ozonbildung:

$$O_2^+ + O_2^- \rightarrow \begin{cases} O + O_3 \\ O_2^* + O_2 \\ O^* + O + O_2 \\ O^* + O^* + O_2 \end{cases} \qquad (15\text{-}10)$$

$$O^+ + O_2 + M \rightarrow O_3^+ + M \qquad (15\text{-}11)$$

$$O^- + O_2 + M \rightarrow O_3^- + M \qquad (15\text{-}12)$$

$$O_2^* + O_2 \rightarrow O_3 + O. \qquad (15\text{-}13)$$

III. Sekundäre Prozesse der Ozonbildung:

$$O_2 + O + M \rightarrow O_3 + M \qquad (15\text{-}14)$$

$$O_2^* + O_2 \rightarrow O_3 + O. \qquad (15\text{-}15)$$

Der Zerfall des Ozons unter Elektronenbeschuß wurde nicht untersucht. Anscheinend verläuft er ebenso über Ionen wie auch über angeregte Atome und Molekeln. Hierbei sind folgende Prozesse möglich:

I. Primäre Prozesse des Ozonzerfalls:

$$O_3^+ + O_2 \rightarrow O_2^+ + O + O_2 \quad \text{oder} \quad O_2 + O_2 + O^+ \qquad (15\text{-}16)$$

$$O_3^+ \rightarrow O_2^+ + O \qquad (15\text{-}17)$$

$$O_3^+ + O_3^- \rightarrow 3O_2. \qquad (15\text{-}18)$$

II. Sekundäre Prozesse des Ozonzerfalls:

$$O_3 + O \rightarrow 2O_2 \qquad (15\text{-}19)$$

$$O_3 + O_2^* \rightarrow O_2 + O_2 + O. \qquad (15\text{-}20)$$

Es ist möglich, daß an der Reaktion (15-20) eine angeregte Sauerstoffmolekel im Zustand $^1\Sigma_g^+$ teilnimmt, mit einer Anregungsenergie von 1,61 eV, welche genügt, um den endothermen Bedarf dieser Reaktion von 1,06 eV zu decken.

Das Fehlen einer wesentlichen Beeinflussung der Ozonbildung durch Stickstoff kann bisher nicht genügend erklärt werden. Anscheinend desaktivieren die Stickstoffmolekeln beim Zusammenprall die angeregten Sauerstoffmolekeln nicht, und zwar wohl hauptsächlich deshalb, weil die Anregungsniveaus der Stickstoffmolekel höher als die der Sauerstoffmolekel liegen.

Die Bildung von Stickstoffoxyden in gasförmigen und flüssigen Stickstoff-Sauerstoff-Gemischen unter Elektronenbeschuß wird in unserem Laboratorium untersucht. In flüssigen Gemischen wurde von uns bei Einwirkung von schnellen Elektronen das

Ausfallen von Kristallen beobachtet, die augenscheinlich höhere Stickstoffoxyde sind. Hier beschränken wir uns nur auf die Gegenüberstellung einiger Ergebnisse dieser Reaktion mit der Ozonbildungsreaktion unter denselben Bedingungen.

Nach WANSBROUGH-JONES [15–13] beträgt das Potential für das Auftreten von Stickstoffoxyden beim Beschuß gasförmiger Stickstoff-Sauerstoff-Gemische mit langsamen Elektronen 17 eV; er stellte fest, daß bei einer Energie von 23 eV eine wesentliche Beschleunigung der Reaktion der Ozonbildung eintritt. Diese Werte entsprechen ungefähr den Potentialen für ein Auftreten von N_2^+-Ionen (15,7 eV) und N^+-Ionen (24,3 eV) [15–12].

Die Untersuchung dieser Reaktion bei Einwirkung langsamer Elektronen durch S. J. PSCHESHEZKI und M. T. DMITRIJEW [15–14] ergab für das Potential des Auftretens von NO 16,2 V und 24 V für NO_2, was mit den Resultaten früherer Forscher übereinstimmt. Es wurde bewiesen, daß die Reaktionsgeschwindigkeit der Stickstoffoxydbildung in Abhängigkeit von der Energie der einwirkenden Elektronen mit der Ionisierungsfunktion des molekularen Stickstoffs parallel geht. Dies zeigt ebenfalls, daß sich der Prozeß der Stickstoffoxydation unter der Einwirkung von Elektronen als Resultat der Bildung von Stickstoff-Ionen vollzieht.

Gleichzeitig erfolgt nach W. N. KONDRATJEW [15–15] die Oxydation des Stickstoffs in den $(N_2 + O_2)$-Gemischen unter der Einwirkung der Quecksilberlinie 1948 Å, was 6,66 eV entspricht. Der Autor weist darauf hin, daß dieser Prozeß mit dem Anregungszustand der Stickstoffmolekel zusammenhängen könnte.

Angeregten Sauerstoffmolekeln und -Ionen kommt anscheinend keine entscheidende Bedeutung für die Bildung von Stickstoffoxyden zu, obwohl sie diese Reaktion auch erleichtern könnten.

Die von uns beobachteten Unterschiede in den Ausbeuten beider Reaktionen können durch verschiedene Ursachen bedingt sein. Es ist möglich, daß sie in vielen Fällen mit der Ladungsübertragung von den molekularen Stickstoff-Ionen zum Sauerstoff zusammenhängen. Das Ionisationspotential der Stickstoffmolekel beträgt nämlich 15,8 V gegenüber dem Sauerstoffmolekel von 12,5 eV.

$$N_2^+ + O_2 \rightarrow N_2 + O_2^+. \qquad (15\text{–}21)$$

Die Wirksamkeit der Energieausnutzung der absorbierten Elektronen bei der Ozonbildung mit genügender Genauigkeit einzuschätzen, ist infolge der oben erwähnten Ursachen schwer. Außerdem ist bisher noch nicht genügend geklärt, was man unter dem brauchbaren chemischen Ausnutzungsgrad der Strahlungsenergie zu verstehen hat. Anscheinend ist es zur Charakterisierung des Ausnutzungsgrades dieser Energie in chemischen Prozessen zweckmäßig, die absorbierte Energie mit der Aktivierungsenergie der durch die Strahlungseinwirkung hervorgerufenen chemischen Reaktion gleichzusetzen. Eine zusätzliche und wichtige Charakteristik mag noch die Vergrößerung der freien Energie und des Wärmeinhaltes des Systems sein für den Fall, daß die Reaktion zu dieser Art von Prozessen gehört.

LITERATURVERZEICHNIS

[15-1] KRÜGER, F. und UTESCH, O., Ann. Physik, **78**, 114 (1925).

[15-2] WANSBROUGH-JONES, O. H., Proc. Roy. Soc. (London), **127**, 530 (1930).

[15-3] BUSSE, W. F. und DANIELS, F., J. Amer. chem. Soc., **50**, 3271 (1928).

[15-4] MARSCHALL, A. L., J. Amer. chem. Soc., **50**, 3178 (1928).

[15-5] HENRY, L. A. M., Bull. Soc. chim. Begique, **40**, 339 (1931).

[15-6] KRÜGER, F. und ZICKERMANN, C., Z. Phys., **99**, 428-452 (1936).

[15-7] WARBURG, E. und LEITHÄUSER, J., Ann. Physik., (4), **28**, 24 (1909).

[15-8] LIND, S. C., The chemical effects of Particles and Electrons. New York 1929, S. 92-100.

[15-9] HARDWICK, T. J., Canad. J. Chem., **30**, 39 (1952); C. **1954**.

[15-10] SCHUMACHER, H. J., J. chem. Physics, **21**, 1610 (1953); C. **1955**, 2137.

[15-11] MAGEE, J. L. und BARTON, M., J. Amer. chem. Soc., **73**, 523 (1951); C. **1951**,II, 2993.

[15-12] HAGSTRUM, H. D. und TATE, J. T., Physic. Rev., **59**, 354 (1941).

[15-13] WANSBROUGH-JONES, O. H., Proc. Roy. Soc., London, **127**, 511, 1930.

[15-14] Пшежецкий С. Я. и Дмитриев М. Т., Доклады Академии Наук СССР. (PSCHECHEZKI, S. J. und DMITRIJEW, M. T., Ber. Akad. Wiss. UdSSR), 1955 (im Druck).

[15-15] Кондратьев В. Н., Журнал Физической Химии. (KONDRATJEW, W. N., J. physik. Chem.), **7**, 192 (1936).

TEIL B

Die Wirkung von Strahlung auf organische Verbindungen und Hochpolymere

16. N. A. BACH

Die Oxydation organischer Verbindungen durch molekularen Sauerstoff unter Einwirkung ionisierender Strahlung

I. Die Bildung von Peroxydverbindungen in flüssigen Kohlenwasserstoffen[1])

Während die Zerfalls-, Kondensations- und Polymerisationsprozesse spezieller organischer Verbindungen unter der Wirkung ionisierender Strahlung besonders im letzten Jahrzehnt häufiger untersucht wurden, ist der Wechselwirkung organischer Verbindungen mit molekularem Sauerstoff bei Bestrahlung fast keine Aufmerksamkeit geschenkt worden. Außer den ersten Beobachtungen von ORLOW [16–1] über die Oxydation von festem Paraffin in Luft unter der Einwirkung von α-Teilchen und den Untersuchungen von LINDE [16–2] über die Wechselwirkung von Methan, Äthan, Propan und Butan mit Sauerstoff unter der Einwirkung von α-Teilchen ist nur noch auf die kurze Mitteilung von HANNAN und BOAG [16–3] über die Einwirkung von Elektronen auf Fette in Anwesenheit von Luft und auf die ausführlichere Untersuchung von SCHULTE, SUTTLE und WILHELM [16–4] über die Bestrahlung von Chloroform in Anwesenheit von Sauerstoff hinzuweisen. Die Erforschung derartiger Oxydationsreaktionen ist von großem Interesse, da sie erlaubt, neben der Bearbeitung eines wenig untersuchten Gebietes experimentell eine der Grundfragen der Strahlungschemie zu untersuchen, nämlich die Frage über den Charakter der Primärprodukte der Strahlungseinwirkung auf Molekeln. Die Zusammensetzung und die Struktur individueller Sauerstoffverbindungen, die sich primär bei strahlungschemischen Prozessen bilden, sind in der Tat engstens verbunden mit der Natur der Radikale oder angeregter Molekeln, die mit molekularem Sauerstoff in Reaktion treten und für ihre Identifizierung ausgenutzt werden können.

Diese Untersuchung hat außerdem für die Lösung einer Reihe praktischer Aufgaben insofern besondere Bedeutung, als eine große Anzahl von Systemen, die einer Strahlungseinwirkung in Gegenwart von Luft unterliegen, bevorzugt organische Stoffe enthalten.

In unserem Laboratorium wurden systematische Untersuchungen zur Erforschung der Bildungskinetik und der quantitativen Analyse beständiger Oxydationsprodukte begonnen, die unter verschiedenen Bestrahlungsbedingungen aus flüssigen, mit Sauerstoff gesättigten organischen Verbindungen, wie Kohlenwasserstoffen unterschiedlicher Struktur, Äthylakohol und Essigsäure, entstehen.

---

[1]) Nach experimentellen Daten von R. S. RYSCHKOW, N. I. POPOW und M. M. FLISSK.

Nach der allgemein angenommenen Peroxyd-Theorie der Oxydation von Bach [16-5] und Engler [16-6] ist der erste Schritt dieses Prozesses die Anlagerung einer Molekel O_2 an die zu oxydierende Verbindung unter Bildung einer Peroxydverbindung. Die weitere Umwandlung dieser Peroxyde, ihr Zerfall und die Wechselwirkung mit dem Ausgangsstoff bestimmen die Bildung der sauerstoffhaltigen Endprodukte. Die Fähigkeit von Verbindungen verschiedener Struktur zur Bildung von Peroxyden unter Strahlungseinwirkung ist entscheidend und charakteristisch für ihre Neigung zur Strahlungsoxydation. Daher spielt die Kenntnis ihrer Bildung und Verteilung eine wesentliche Rolle bei der Klärung des Reaktionsmechanismus, obwohl die nach Beendigung der Bestrahlung analytisch bestimmbaren Peroxyde in der Mehrzahl der Fälle verhältnismäßig beständige Umwandlungsprodukte der primären, aktiveren Peroxyde darstellen.

Hannan und Boag [16-3] weisen auf die Bildung von Peroxydverbindungen in Fetten und Kohlenwasserstoffen unter dem Einfluß von Strahlung hin; die von ihnen angegebenen Daten sind aber unvollständig. Ausführlicher ist die Bildung eines Peroxyds bei der Bestrahlung von Chloroform [16-4] untersucht worden, wobei ein Hydroperoxyd — CCl_3OOH — entstand. Dieses Hydroperoxyd spielt eine wesentliche Rolle beim Zerfall des Chloroforms unter der Einwirkung von γ-Strahlen, einem Prozeß, der in Gegenwart von O_2 nach einem Kettenmechanismus verläuft.

Im vorliegenden Kapitel wird die Bildung von Peroxydverbindungen verschiedenen Typs (Peroxyde, Hydroperoxyde und Wasserstoffperoxyd) unter der Einwirkung von Röntgenstrahlung und Elektronen auf jeweils mit Sauerstoff gesättigtes n-Heptan, Isooctan, Cyclohexan, Toluol und Benzol untersucht.

1. Methodik

a) *Bestrahlungsbedingungen*

Als Strahlungsquellen wurden starke Röntgenapparate mit offenen und abgeschmolzenen Röhren im Bereich von 70 bis 85 kV und 150 bis 200 mA und eine Elektronenröhre mit 800 bis 900 kV und 0,1 bis 2 μA in der Versuchszelle verwendet.

Die Kohlenwasserstoffe wurden in Glaszellen bei konstanter Sauerstoffkonzentration bestrahlt. Diese erreichte man entweder durch kontinuierliches Hindurchleiten des Gases während der Bestrahlung (Zellentyp I) oder bei Verwendung einer abgeschmolzenen Zelle (Typ II) durch ein Sauerstoff enthaltendes Puffergefäß und intensives periodisches Schütteln des Systems.

In Abb. 16-1 sind schematisch Zellen des Typs I, für horizontale (Röntgenstrahlung) und für vertikale (Elektronenstrom) Strahlenbündel, dargestellt.

Die vordere Wand der Zelle besteht aus einer dünnen Glas-Membran, durch welche die Strahlung eintritt. An die hintere Wand ist ein Wärmeaustauscher 2 (gehalten durch die Bolzen *3* und den Halter *4*) angeschliffen, durch den eine mittels eines Thermostaten auf konstante Temperatur gehaltene Flüssigkeit zirkuliert. Die Anordnung erlaubte während der Bestrahlung eine gegebene Temperatur in den

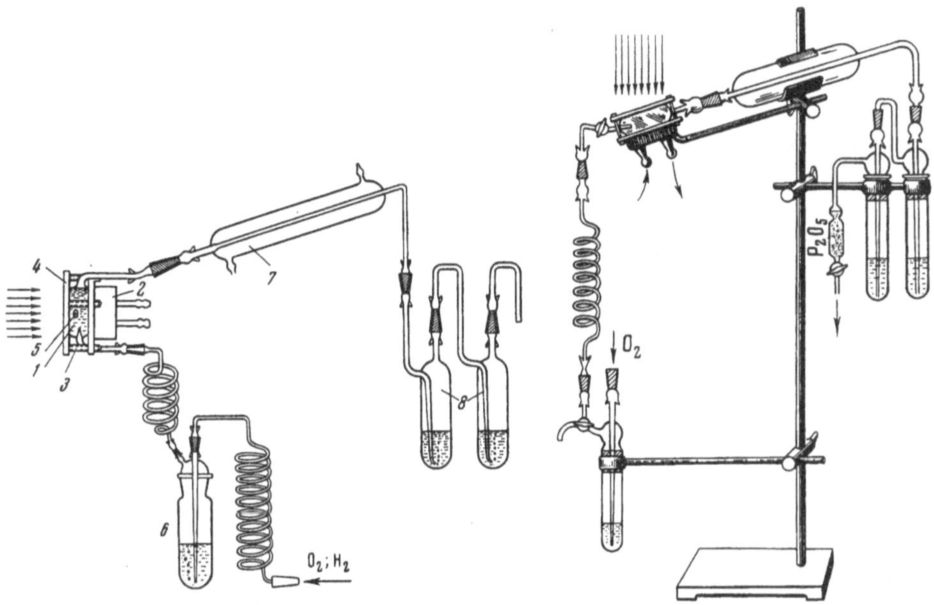

Abb. 16-1. Zelle vom Typ 1 zur Bestrahlung einer Flüssigkeit im Gasstrom

Grenzen $\pm 1°$ zu halten. Die Temperatur wurde durch ein Thermoelement kontrolliert, welches in einem dünnwandigen Glasröhrchen *5* in die Seitenwand der Zelle eingeschmolzen war.

Zelle *1* wurde durch Schliffe mit dem Rückflußkühler *7* und dem Sättigungsgefäß *6* verbunden, welches die unbestrahlte zu untersuchende Flüssigkeit, durch welche das in die Zelle eintretende Gas geleitet wurde, enthält. Beim Austritt aus dem Kühler wurde das Gas durch das Auffanggefäß *8*, welches unbestrahlte Flüssigkeit enthielt, geleitet. Im Falle der Bestrahlung mit Elektronen war auf die Membran zusätzlich eine Aluminiumfolie aufgeklebt, die zur Ableitung der langsamen Elektronen geerdet war. Die Versuchsanordnung wurde auf einen Elektonenstrom definierter Intensität einreguliert. Die Anzeige des Kontrollgerätes am Pult und die Stromstärke in der Zelle waren aufeinander abgestimmt. Letztere wurde gemessen, indem die Elektronen mit einem in die bestrahlte, leitende Flüssigkeit eintauchenden Draht über ein geerdetes Galvanometer abgeleitet wurden.

Eine Zelle vom Typ II ist in Abb. 16-2 dargestellt. Die Flüssigkeit wurde in die Kugel *1* bis zur Marke eingefüllt.

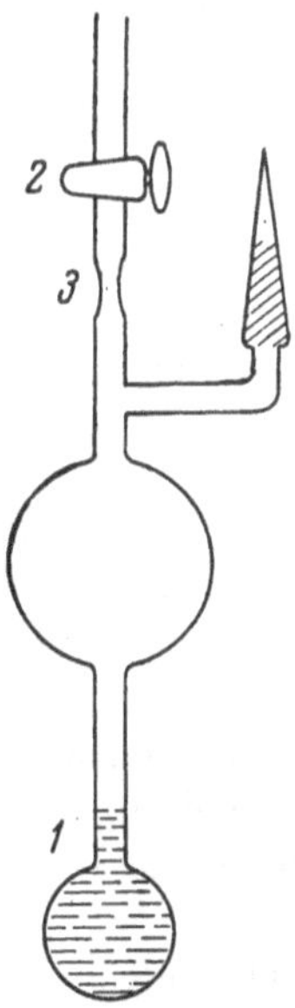

Abb. 16-2. Abgeschmolzene Zelle vom Typ II zur Bestrahlung einer Flüssigkeit

Nach Sättigung mit Sauerstoff mittels einer durch den Hahn *2* eingeführten Kapillare wurde diese herausgenommen und die Verengung *3* bei geschlossenem Hahn *2* und unter Kühlung der Flüssigkeit abgeschmolzen.

Die Reinigung des elektrolytisch hergestellten Sauerstoffs erfolgte in der üblichen Weise mittels Platinasbest, alkalischer Permanganatlösung und Calciumchlorid.

b) Dosimetrie

Die bei gegebenen Arbeitsbedingungen der Röhre von der zu untersuchenden Flüssigkeit in der Zelle absorbierte Strahlungsdosis wurde durch chemische Dosimetrie (Oxydation von $FeSO_4$ in mit Luft gesättigter 0,8 n H_2SO_4) bestimmt. Zur Errechnung der Dosis wurde der Koeffizient 5 eV pro oxydiertes Fe^{2+}-Ion benutzt.

Die Frage der Ausbeute der Oxydationsreaktion $Fe^{2+} \rightarrow Fe^{3+}$ kann nicht als endgültig geklärt angesehen werden. Eine Reihe sorgfältiger Untersuchungen ergaben bei Bestimmung der absorbierten Energie [16–7], [16–8] mittels der Ionisationsmethode Ausbeuten, die recht nahe bei 20 Fe^{3+} pro 100 eV liegen. In letzter Zeit wurden jedoch bei Verwendung anderer Methoden [16–9], [16–10], [16–11] niedrigere Werte von 15,3 bis 15,9 Fe^{3+} pro 100 eV erhalten.

Im Falle von Röntgenstrahlung wurde die Dosisleistung, welche mit einer Dosimeterlösung ermittelt wurde, auf die untersuchte Flüssigkeit umgerechnet. Ausgangspunkt war dabei die Größe der effektiven Wellenlänge, die nach der üblichen Methode der Schwächung des Strahlenbündels durch eine Aluminiumfolie erhalten wurde. Für die verwendeten Röntgenapparaturen war diese effektive Wellenlänge der nicht filtrierten Strahlung ~ 1 Å.

Im Falle der Elektronenströme wurde die Energie der Elektronen in der Zelle vollkommen absorbiert, so daß die mittlere Absorption, bezogen auf die Volumeneinheit, nicht von der Natur der Flüssigkeit abhing. Die mittlere Dosisleistung schwankte für verschiedene Zellen in den Grenzen von $3 \cdot 10^{16}$ bis $6 \cdot 10^{16}$ eV/cm$^3 \cdot$ sec bei einem Strom von 0,1 μA in der Zelle. Für andere Arbeitsbedingungen wurde die Dosisleistung proportional der Stromstärke in der Zelle bewertet. Das Volumen bzw. die zugrunde liegenden Schichtdicken der Flüssigkeit, welche einer völligen Bremsung der Elektronen mittlerer Energie nach Durchgang durch die Membran in die Flüssigkeit entspricht, war in unseren Versuchen 7- bis 9mal kleiner als das Volumen der Zelle, so daß sich die wahre Dosisleistung um eine Größenordnung höher als die mittlere ergibt. Die über das gesamte Volumen unterschiedliche Konzentration der strahlungschemischen Produkte führt aber infolge der Durchmischung zu einem Mittelwert, genauso wie bei den dosimetrischen Bestimmungen der Fe^{3+}-Ionenkonzentration, welche zum Messen der Dosisleistung diente. Somit hängt die Größe der strahlungschemischen Ausbeute, welche dem Verhältnis zwischen der Menge der gebildeten Produkte und der Menge der absorbierten Energie entspricht, nicht von den Bedingungen der Mittelwertbildung ab. Die Umrechnung auf eine gewisse Dosisleistung enthält jedoch eine gewisse Unbestimmtheit, die man nur in den Fällen außer acht lassen kann, in denen die Ausbeute nicht von der Dosisleistung abhängt oder sich die über das Volumen gemittelte Dosis der wahren nähert.

c) *Analyse der Peroxydverbindungen*

Die verschiedenen Peroxydtypen wurden nach ihrer Reaktion mit Jodwasserstoffsäure nnd mit Titan-Reagens unterschieden. Es ist bekannt, daß es nur nach längerer Zeitdauer (24 Stunden) oder durch Erwärmung zur vollständigen Oxydation von HJ durch Dialkylperoxyde kommt, während die Oxydation durch Alkylhydroperoxyde, Acylperoxyde und Wasserstoffperoxyd bei Zimmertemperatur innerhalb verhältnismäßig kurzer Zeit (15 bis 30 Minuten) erfolgt. Das Titan-Reagens reagiert nur mit Wasserstoffperoxyd oder mit leicht hydrolisierbaren Oxyalkylhydroperoxyden und Acylperoxyden [16–12]. Im Falle von Kohlenwasserstoffen ist die primäre Bildung von Oxyalkylhydroperoxyden und Acylperoxyden unter dem Einfluß von Strahlung wenig wahrscheinlich. Man kann daher annehmen, daß die Bestimmung mit dem Titan-Reagens das Wasserstoffperoxyd erfaßt, während die jodometrische Bestimmung nach kurzer Reaktionszeit in der Kälte die Summe des Wasserstoffperoxyds und der Alkylhydroperoxyde, und nach Reaktion beim bzw. nach Kochen die Summe aller Peroxydverbindungen ergibt.

Sowohl bei der Bestimmung der Peroxyde als auch bei der anderer Sauerstoffverbindungen mußten wir uns mit einer funktionellen Charakterisierung der Produkte der strahlungschemischen Reaktionen begnügen, da bei unseren Versuchsbedingungen die Menge der bestrahlten Flüssigkeit (5 bis 7 cm^3) und die erhaltenen Peroxydkonzentrationen (0,001 bis 0,01 molar) zur Abtrennung und Identifizierung individueller Verbindungen zu gering waren.

Für die Analyse wurde zu dem bestrahlten Kohlenwasserstoff das sechsfache Volumen an Essigsäure und kristallisiertem KJ zugegeben. Nach 20 Minuten in der Kälte oder 10 bis 15 Minuten Kochen am Rückfluß wurden 2 ccm Wasser zugefügt und dann das entstandene Jod potentiometrisch mit einer 0,001 n $Na_2S_2O_3$-Lösung titriert. Alle Operationen wurden in einer sorgfältig von Sauerstoff gereinigten Stickstoffatmosphäre durchgeführt.

Die mit dem Titanreagens entstandene Färbung wurde photocolorimetrisch bestimmt; Wasserstoffperoxydlösungen bekannter Konzentration dienten dabei zur Aufstellung von Eichkurven. Besondere Versuche ergaben, daß das alleinige Belassen des bestrahlten Kohlenwasserstoffs mit KJ in Essigsäure 24 Stunden in zugeschmolzenen, mit Stickstoff gefüllten Ampullen zu denselben Resultaten führt, wie ein 10- bis 15minütiges Kochen.

d) *Vorbehandlung der Kohlenwasserstoffe*

Alle Kohlenwasserstoffe wurden nach Überprüfung auf Peroxydgehalt und dessen eventueller Zerstörung durch Destillation über $FeSO_4$ über $CaCl_2$ aufbewahrt und unmittelbar vor Durchführung der Versuche destilliert. Cyclohexan wurde über metallischem Natrium destilliert.

Im einzelnen fanden folgende Fraktionen Verwendung:

1. n-Heptan, Kp. 96 bis 99°, später mit definiertem Kp. 98°;
2. Isooctan, Kp. 104,0 bis 109,5°, später mit definiertem Kp. 99,2° (2, 2,4-Trimethylpentan);
3. Cyclohexan, Kp. 79,5 bis 80,5°;
4. Toluol, Kp. 110°;
5. Benzol (für kryoskopische Zwecke) Kp. 80° und 78 bis 79°.

2. Versuchsergebnisse

Die experimentellen Daten der Bestrahlungsversuche mit n-Heptan, Isooctan, Cyclohexan, Toluol und Benzol sind in Abb. 16-3 bis 16-7 in Form von Kurven, welche die Abhängigkeit der Konzentration der strahlungschemischen Produkte von der Gesamtdosis zeigen, wiedergegeben.

Wie aus den Abbildungen ersichtlich ist, erlaubte die angewandte Analysen-, methode das Erkennen von drei verschiedenen Peroxyden in den in Gegenwart von molekularem Sauerstoff bestrahlten Kohlenwasserstoffen. Die Struktur der einzelnen Peroxyde kann jedoch nach ihrer Reaktion mit HJ nicht festgestellt werden. Es ist aber möglich, allgemeine funktionelle Eigenschaften zu ermitteln, welche verschiedenen Bindungstypen des Peroxyd-Sauerstoffs mit Wasserstoffatomen und anderen Radikalen, bezeichnet als „Peroxyde vom Typ R_1OOR_2“ und „Peroxyde vom Typ ROOH“, entsprechen.[2])

Bei Strahleneinwirkung auf gesättigte aliphatische Verbindungen (n-Heptan und Isooctan) bildeten sich hauptsächlich Dialkylperoxyde, Radikalperoxyde, in geringerer Menge Alkylhydroperoxyde und in noch geringerer Menge Wasserstoffperoxyd. Im Gegensatz zu den zwei organischen Peroxyden, deren Konzentrationen im ganzen untersuchten Dosisgebiet anwachsen, erreicht das Wasserstoffperoxyd schnell eine konstante Konzentration. Der stationäre Zustand wird hier, wahrscheinlich wie bei der Wirkung von Strahlung auf gelösten Sauerstoff enthaltendes Wasser, durch die Radiolyse des sich bildenden Wasserstoffperoxyds bestimmt. Der Strukturunterschied zwischen Normal- und Isoverbindung führt zu keinem prinzipiellen Unterschied in ihrem Verhalten gegenüber Strahlung. Der Gesamtgehalt an Peroxyden ist allerdings im Falle des Isooctans geringer.

Erheblich abweichend davon verhält sich das ebenfalls gesättigte, aber zyklische Cyclohexan. In diesem Falle ist die Gesamtsumme an Peroxyden kleiner, wobei das Hydroperoxyd ROOH den Hauptanteil darstellt, und Wasserstoffperoxyd fehlt. Letzteres wurde nur bei sehr großen Gesamtdosen in Spuren gefunden und war sichtlich ein Produkt irgendwelcher weiterer Reaktionen.[3])

---

[2]) Wir gehen hier von der Annahme aus, daß die Kinetik der HJ-Oxydation nicht von der Natur der Kohlenwasserstoffe abhängt.

[3]) Es muß bemerkt werden, daß das Cyclohexan in einer abgeschmolzenen Zelle, die anderen Kohlenwasserstoffe jedoch im Sauerstoffstrom bestrahlt wurden. Ein gewisser Einfluß dieser etwas verschiedenen Arbeitsbedingungen auf die Gesamtmenge der gebildeten Peroxyde ist nicht ausgeschlossen, konnte aber nicht bewiesen werden.

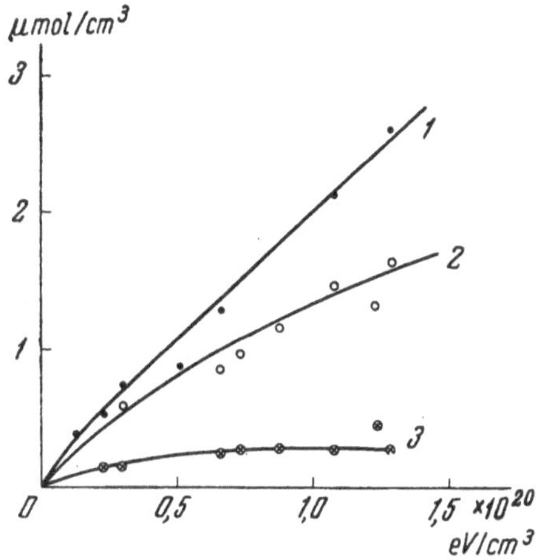

Abb. 16-3. Peroxydverbindungen in bestrahltem n-Heptan.
Dosisleistung 3,8 · 10^{15} eV/cm³ · s
1: R_1OOR_2 *2*: ROOH *3*: H_2O_2

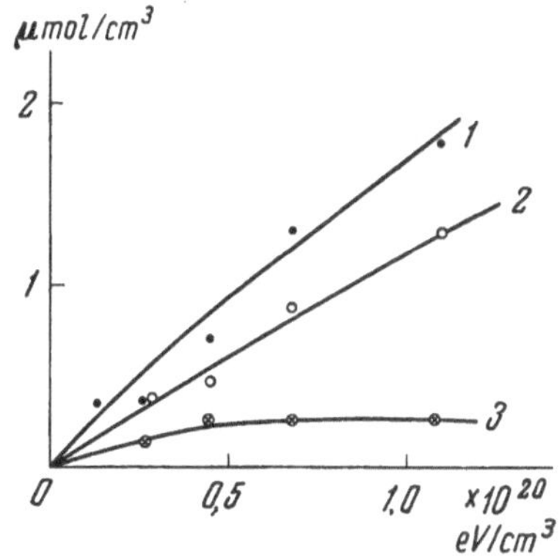

Abb. 16-4. Peroxydverbindungen in bestrahltem Isooctan.
Dosisleistung 3,8 · 10^{15} eV/cm³ · s
1: R_1OOR_2 *2*: ROOH *3*: H_2O_2

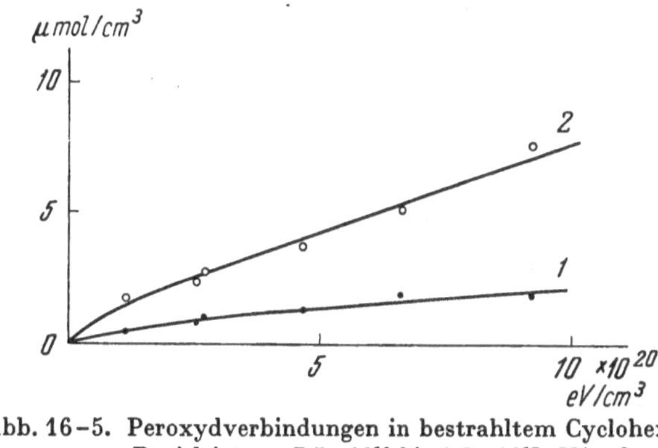

Abb. 16-5. Peroxydverbindungen in bestrahltem Cyclohexan.
Dosisleistung 7,5 · 10^{16} bis 1,2 · 10^{17} eV/cm³ · s
1: R_1OOR_2 *2*: ROOH

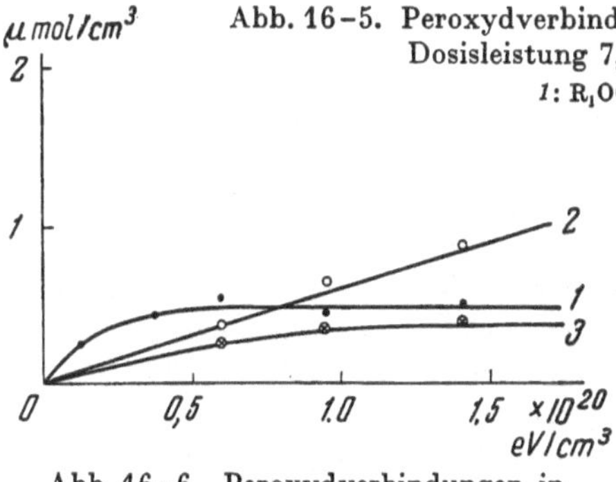

Abb. 16-6. Peroxydverbindungen in bestrahltem Toluol.
Dosisleistung 4,8 · 10^{15} eV/cm³ · s
1: R_1OOR_2 *2*: ROOH *3*: H_2O_2

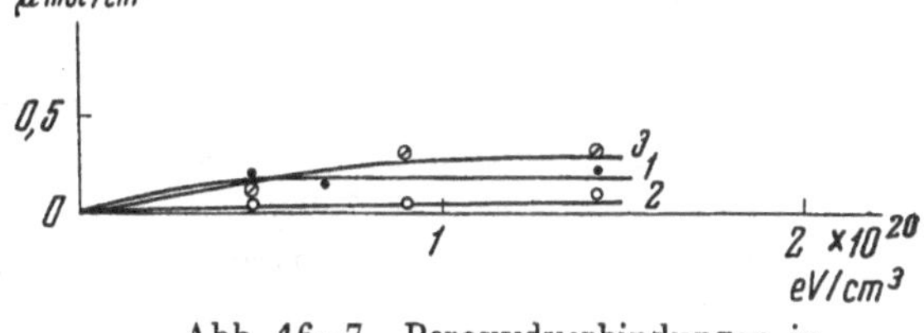

Abb. 16-7. Peroxydverbindungen in bestrahltem Benzol.
Dosisleistung 4,9 · 10^{15} eV/cm³ · s
1: R_1OOR_2 *2*: ROOH *3*: H_2O_2

Im Gegensatz zu n-Heptan und Isooctan bildet sich im Cyclohexan eine Peroxydverbindung in merklichen Mengen auch ohne ionisierende Strahlung schon bei diffusem Tageslicht und Zimmertemperatur. Diese Peroxydverbindung ist, wie festgestellt wurde [16-13], das Cyclohexylhydroperoxyd, $C_6H_{11}OOH$. Bei den durch Bestimmung der Hydroperoxyde ROOH erhaltenen Werten wurde eine entsprechende Korrektur, die 10% nicht überstieg, angebracht. Kontrollversuche zeigten, daß sich unter gleichen Bedingungen Peroxyde vom Typ R_1OOR_2 nicht bilden.

Noch mehr ändern sich aber die Verhältnisse bei der Bestrahlung von aromatischen Verbindungen. Im Falle des Toluols bildet sich mit sehr großer Anfangsausbeute das Peroxyd R_1OOR; seine Konzentration erreicht jedoch bald einen konstanten Wert, der sich wenig von der stationären Konzentration des Wasserstoffperoxyds unterscheidet. Die Konzentration an Hydroperoxyd ROOH dagegen wächst direkt proportional mit der adsorbierten Energie. Die Bildung von Wasserstoffperoxyd hat denselben Charakter wie bei den gesättigten aliphatischen Kohlenwasserstoffen.

Für Benzol liegen die Verhältnisse bezüglich der Bildung von H_2O_2 analog. Das Peroxyd R_1OOR_2, dessen Bildung wie beim Toluol bald einen stationären Zustand erreicht, wird in noch kleineren Mengen gebildet. Das Hydroperoxyd ROOH fehlt dagegen vollkommen.

Aus der Anfangsneigung der Bildungskurven kann man die strahlungschemische Ausbeute der verschiedenen Produkte bestimmen. In Tabelle 16-1 sind die entsprechenden Zahlen für alle untersuchten Kohlenwasserstoffe zusammengestellt.

Tabelle 16-1

Strahlungschemische Ausbeute (Molekeln/100 eV)

Peroxyd	n-Heptan	Isooctan	Cyclohexan	Toluol	Benzol
R_1OOR_2	2,2	1,3	0,2	1,2	0,2—0,3
ROOH	1,2	0,7	1	0,4	0
H_2O_2	0,3	0,3	0	0,2	0,2—0,3
Gesamtmenge an Peroxyden	3,7	2,3	1,2	1,8	0,5

Alle bisherigen Angaben entsprechen der Einwirkung von Röntgenstrahlung auf die genannten Stoffe bei Zimmertemperatur ($\sim 25°$). Es ist von Interesse, diese Werte mit Ergebnissen zu vergleichen, die man bei Einwirkung eines Elektronenstromes mit größerer Dosisleistung und bei anderen Temperaturen erhält. Ein solcher Vergleich läßt sich z. B. aus den Gesamtmengen der gebildeten Peroxydverbindungen beim n-Heptan und Isooctan durchführen, für welche die Dosisleistung bei einer Röntgenstrahlung $3,8 \cdot 10^{15}$ eV/cm³ · sec betrug. Bei der Einwirkung eines Elektronenstroms betrug die mittlere Dosisleistung $3,6 \cdot 10^{16}$ und $3,7 \cdot 10^{17}$ eV/cm³ · sec, die Temperatur 0 und 60°. Die vorläufigen, bei n-Heptan erhaltenen Werte, sind in Abb. 16-8 dargestellt. Für Isooctan ergab sich ein analoges Verhalten.

Wie ersichtlich, ist die Streuung der Werte für gleiche Gesamtdosen bei Elektronenstrahlung bedeutend größer als bei Röntgenstrahlung. Trotzdem sind die

Werte offenbar nicht temperaturabhängig und weisen auf eine Erhöhung der strahlungschemischen Ausbeute mit Erhöhung der Dosisleistung hin. Diese Frage erfordert jedoch weitere Untersuchung unter Berücksichtigung des Verhaltens verschiedener Peroxydtypen.

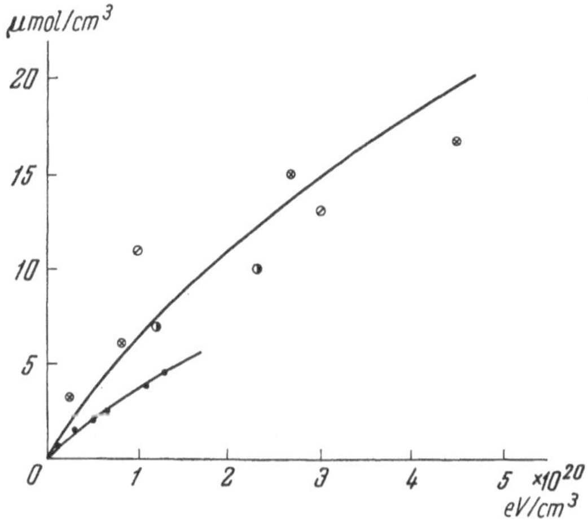

Abb. 16–8. Summe der Peroxyde in bestrahltem n-Heptan

• Röntgenstrahlung 3,8 · 10^{15} eV/cm³ · s (25°); ⊘ Elektronenstrom 3,6 · 10^{16} eV/cm³ · s (60°);
◑ Elektronenstrom 2,3 · 10^{16} eV/cm³ · s (0°); ⊗ Elektronenstrom 3,6 · 10^{17} eV/cm³ · s (60°)

3. Betrachtung der Ergebnisse

Die angeführten Kurven zeigen, daß sich alle aufgefundenen Peroxyde sofort zu Beginn der Bestrahlung bilden, d. h. es entstehen entweder primäre Peroxyde der Kohlenwasserstoffe oder Produkte ihrer unmittelbaren Umwandlung und nicht Peroxyde von Sauerstoffverbindungen (z. B. Aldehyden und Säuren), die sich erst nach Bestrahlung in den Systemen bilden. In allen Fällen — außer beim Cyclohexan — entstehen in überwiegender Menge Peroxyde vom Typ R_1OOR_2. Es ist bekannt, daß sich mit molekularem Sauerstoff bei mäßigem Erwärmen (bis 100°) und unter dem Einfluß von Licht aus Kohlenwasserstoffen ebenfalls Peroxyde bilden. In systematischen Untersuchungen von K. I. Iwanow und Mitarbeitern [16–14] wurden verschiedene Peroxyde, die sich unter dem Einfluß von ultravioletten Strahlen (bei 74 bis 85°) bilden, isoliert und identifiziert. Bei der Autoxydation wie auch bei der photochemischen Reaktion wurden ausschließlich Hydroxyde erhalten [16–15]. Peroxyde des Typus R_1OOR_2 erhält man auf normalem chemischen Wege bei Behandlung mit Wasserstoffperoxyd [16–14].

Die bevorzugte Bildung von Peroxyden des Typs R_1OOR_2 durch molekularen Sauerstoff ist somit eine spezifische Eigenschaft der Einwirkung ionisierender Strahlung. Eine weitere charakteristische Eigenschaft ionisierender Strahlung ist ihre Temperaturunabhängigkeit.

Tabelle 16–2 enthält Angaben über die strahlungschemische Ausbeute, die wir für Peroxyde erhielten; für die anderen Reaktionen wurden die Angaben der Literatur [16–16] entnommen.

Tabelle 16–2

Strahlungschemische Ausbeute (Molekeln/100 eV)

Kohlenwasserstoff	Gesamtmenge an Peroxyden	Polymerisation *)	Gasbildung
n-Heptan	3,7	3,4	4,2
Isooctan	2,3	3,0	4,1
Cyclohexan	1,2	1,4	6,0
Toluol	1,8	1,4	0,09
Benzol.	0,5	0,75	0,06

*) Die Ausbeute der Polymerisationsprozesse bezieht sich auf die Zahl der verwendeten Molekeln des Ausgangskohlenwasserstoffs pro 100 eV.

Aus der Gegenüberstellung dieser Werte ersieht man, daß sowohl bei den Oxydations- als auch bei den Polymerisationsreaktionen solch deutliche Unterschiede in Abhängigkeit von der Struktur der Kohlenwasserstoffe, wie sie für die Gasbildung charakteristisch sind, nicht auftreten. Die Reaktionen der ersten beiden Spalten verlaufen offensichtlich über analoge Primärprodukte der Radiolyse. Spalte 1 und 2 zeigen die Empfindlichkeit der aromatischen Kohlenwasserstoffe gegen Bestrahlung wesentlich deutlicher als Spalte 3.

Die Bildung aller Peroxydtypen verläuft mit einer verhältnismäßig niedrigen Ausbeute, die bestenfalls 2,2 Molekeln/100 eV absorbierter Energie beträgt. Dieser Umstand sowie die Temperaturabhängigkeit und eine gewisse Erhöhung der strahlungschemischen Ausbeute bei erhöhter Dosisleistung, anstelle eines Absinkens der Ausbeute nach $\frac{a}{\sqrt{J}}$ (Gesetzmäßigkeit für Kettenreaktionen) gibt Grund zu der Annahme, daß hier die Bildung der Peroxyde nicht nach einem Kettenmechanismus verläuft, wie z. B. die Oxydation von Chloroform unter dem Einfluß von γ-Strahlen (100 Molekeln Hydroperoxyd/100 eV) [16–4]. Es bilden sich nur aktive Teilchen, die bei der Wechselwirkung zwischen Strahlung und Kohlenwasserstoff entstehen. Der Charakter dieser Wechselwirkung wurde wiederholt besprochen. Man nimmt an, daß kurzlebige Teilchen sowie längerlebige freie Radikale und angeregte Molekeln entstehen.

Die beobachteten Effekte finden ihre Erklärung durch die Annahme, daß sich die Peroxyde R_1OOR_2 und ROOH nach zwei unabhängigen Mechanismen bilden, erstere über freie Radikale und letztere in der Hauptsache durch angeregte Molekeln in folgender, schematisch dargestellter Weise:

$$\dot{R}_1 + O_2 \rightarrow R_1\dot{O}_2 \tag{16–1}$$

$$R_1\dot{O}_2 + \dot{R}_2 \rightarrow R_1OOR_2 \tag{16–2}$$

$$(RH)^* + O_2 \rightarrow ROOH \tag{16–3}$$

In diesem Schema wird die Reaktion

$$\dot{R}_1O_2 + RH \rightarrow R_1OOH + \dot{R}, \tag{16-4}$$

die zur Bildung von Ketten führt und die die Grundlage der Autoxydation und des photochemischen Prozesses ist, ausgeschlossen. Angaben über die Aktivierungsenergie dieser Reaktion für verschiedene R gibt es nicht, aber es ist bekannt, daß die Bildung von Hydroperoxyden nur bei einer gewissen Erwärmung mit genügender Geschwindigkeit verläuft. Bei Zimmertemperatur kann, wenn die Konzentration der Radikale nicht zu klein ist, die Reaktion (16–2), die eine unbedeutende Aktivierungsenergie [16–17] braucht, mit der Reaktion (16–4) konkurrieren.

Aus massenspektrometrischen Daten [16–18] läßt sich die minimale Menge an Radikalen, die im System nur durch Ionisationszerfallsprozesse der Molekeln entstehen, abschätzen. Solche Radikale können länger existieren als diejenigen, die in der „Zelle" beim Zerfall angeregter Molekeln gebildet werden. Eine ungefähre Schätzung für die untersuchten Kohlenwasserstoffe gibt Werte von ~ 2 Radikalen/100 eV für Benzol bis zu ~ 10 Radikalen/100 eV für n-Heptan.

Die Bestimmung der Zahl der Radikale, z. B. mit Diphenylpikrylhydrazyl, ergibt für dieselben Kohlenwasserstoffe 2 bis 14 Radikale/100 eV [16–19]. Somit genügt die Zahl der durch Anlagerung an eine Molekel Sauerstoff entstehenden Radikale für die Bildung der beobachteten Mengen R_1OOR-Peroxyde. RO_2-Peroxydradikale können außerdem bei der Neutralisationsreaktion

$$\dot{R}^+ + O_2^- \rightarrow R\dot{O}_2 \tag{16-5}$$

entstehen, indem sich das Elektron, das in den Kohlenwasserstoffen seine kinetische Energie verliert, vorzugsweise mit O_2 vereinigt und die bei der Neutralisation in der Flüssigkeit frei werdende Energie genügend effektiv ohne Zerfall des RO_2 zerstreut wird.

Die Bildung der Hydroperoxyde nur nach Reaktion [16–2) ist wenig wahrscheinlich, da die H-Atome einen unbedeutenden Teil aller Radikale bilden. Reaktionsschema (16–3) entspricht der in bestrahlten Systemen allgemein bekannten Anwesenheit von Molekeln, die bis zu einem Niveau angeregt sind, welches das Ionisationspotential nicht erreicht. Solche Molekeln können in Radikale zerfallen, sie können aber auch eine Molekel O_2 ohne vorheriges Losreißen eines H-Atoms („Eindringen" des Sauerstoffs) anlagern und Peroxyde ohne Kettenreaktion bilden. Unter diesen Bedingungen würden natürlich nur Hydroperoxyde der Ausgangsmolekeln entstehen. Ein solcher Mechanismus wird z. B. von MEDWEDEW und PODJAPOLSKAJA für die Autoxydation des Tetralins [16–21] angenommen.

Zur Bestätigung obiger Annahmen müssen in erster Linie die sich bildenden Peroxyde des Typs R_1OOR_2 und ROOH identifiziert werden.

Die Resultate der Untersuchungen der nichtperoxydischen Endprodukte der Oxydation in denselben Systemen sind in der nächsten Arbeit dieser Serie beschrieben.

Zusammenfassung

a) Es wurde die Bildung von Peroxydverbindungen in Kohlenwasserstoffen verschiedener Struktur durch molekularen Sauerstoff unter dem Einfluß von Röntgen- und Elektronenstrahlung untersucht.

b) Es wurde gezeigt, daß sich in n-Heptan, Isooctan und Toluol Peroxyde vom Typ R_1OOR_2 bzw. ROOH und H_2O_2 bilden, in Cyclohexan R_1OOR_2 und ROOH und in Benzol nur R_1OOR_2 und H_2O_2.

c) Es wurde festgestellt, daß die strahlungschemische Ausbeute dieser Verbindungen 1 bis 2 Molekeln/100 eV nicht übersteigt, und es wurden Vorstellungen über den Mechanismus ihrer Bildung entwickelt.

LITERATURVERZEICHNIS

[16-1] Орлов Н. А., Журнал Русского Физико-Химического Общества. (Orlow, N. A., J. russ. physik.-chem. Ges.), **39**, 157 (1907).

[16-2] Lind, S. C., The chemival effects of alpha particles. New York 1928, S. 167.

[16-3] Hannan, R. S. und Boag, J. W., Nature (London), **169**, 152 (1952), C. **1953**, 1261.

[16-4] Schulte, J. W., Suttle, J. F. und Wilhelm, R., J. Amer. chem. Soc., **75**, 2222 (1953); C. **1953**, 9120.

[16-5] Бах А. Н., Журнал Русского Физико-Химического Общества. (Bach, A. N., J. russ. physik.-chem. Ges.), **29**, 373 (1897).

[16-6] Engler, C. und Wild, E., Ber. dtsch. chem. Ges., **30**, 1669 (1897).

[16-7] Miller, N., J. chem. Physics, **18**, 79 (1950); C. **1951**, II, 196.

[16-8] Hardwick, T. J., Canad. J. Chem., **30**, 17 (1952); C. **1954**, 9473.

[16-9] Hochanadel, C. J. und Ghormley, H. A., J. chem. physics, **21**, 880 (1953); C. **1954**, 8280.

[16-10] Cornack, D. W., Hummel, R. W., Johns, H. E. und Spinks, J. T., J. chem. physics, **22**, 6 (1954); C. **1955**, 9726.

[16-11] Saldick und Allen, A. O., J. chem. Physics, **22**, 438 (1954); C. **1955**, 1461.

[16-12] Cadle, R. O. und Huff, H., J. physic. Colloid Chem., **54**, 1191 (1950); C. **1951**, II, 23.
Eggerglüss, W., Organische Peroxyde. Leipzig 1951.

[16-13] Farkas, A. und Passaglia, E., Amer. chem. Soc., **72**, 3333 (1950); C. **1951**, II, 683.

[16-14] Иванов К. И., Промежуточные продукты и промежуточные реакции автоокисления углеводородов. (Iwanow, K. I., Zwischenprodukte und Zwischenreaktionen der Selbstoxydation von Kohlenwasserstoff), Гостептехиздат, Moskau-Leningrad 1949, S. 89ff.

[16-15] Ebenda, S. 173.

[16-16] BURTON, M., J. physic. Colloid Chem., **51**, 611 (1947);
MANION, J. und BURTON, M., J. physic. Chem., **56**, 560 (1952); C. **1954**, 9260.
PATRICK, W. N. und BURTON, M., J. Amer. chem. Soc., **76**, 2626 (1954); C. **1955**, 555.

[16-17] Семенов Н. Н., О некоторых проблемах химической кинетики и реакционной способности. (SEMENOW, N. N., Über einige Probleme der chemischen Kinetik und Reaktionsfähigkeit), Moskau 1954, S. 55.

[16-18] ROBERTS, R. H. und JOHNSON, E. E., Ann. **20**, 1225 (1948); BLOOM, E., MOHLER, F., LENGEL, J. H. und WISE, E., J. Res. nat. Bur. Standards, **41**, 129 (1948).

[16-19] PREVOT-BÉRNAS, A., CHAPIRO, A., Cousin, C., LANDLER, Y. und MAGAT, M., Discuss. Faraday Soc., **1952**, Nr. 12, 104; C. **1953**, 6220.

[16-20] MAGEE, J. L. und BURTON, M., J. Amer. chem. Soc., **73**, 523 (1951); C. **1951**, II, 2993.

[16-21] Медведев С. С. и Подъяпольская А., Журнал Физической Химии. (MEDWEDEW, S. S. und PODJAPOLSKAJA, A., J. physik. Chem.), C. **1951**, II, 2993.

17. N. A. BACH und N. I. POPOW

Die Oxydation organischer Verbindungen durch molekularen Sauerstoff unter Einwirkung ionisierender Strahlung

II. Die Bildung beständiger Oxydationsprodukte in Kohlenwasserstoffen unterschiedlicher Struktur

Im vorhergehenden Kapitel [17-1] wurde gezeigt, daß in Kohlenwasserstoffen die Bildung von Peroxyden durch molekularen Sauerstoff unter dem Einfluß ionisierender Strahlung anders verläuft als bei der Autoxydation und der Einwirkung ultravioletter Strahlen. Die Besonderheiten der Strahlungseinwirkung können sich dabei auch auf die der Oxydation folgenden Phasen erstrecken. Zum Verständnis des Mechanismus dieser Prozesse ist die Kenntnis der entstehenden Oxydationsprodukte und deren Menge neben den Peroxyden von Wichtigkeit. Ein umfassendes Bild muß außerdem sowohl die Verbindungen der flüssigen als auch der Gasphase einschließen.

In der flüssigen Phase kann man im Falle gesättigter Kohlenwasserstoffe die Bildung von Alkoholen, Aldehyden, Ketonen, Säuren und Wasser, im Falle aromatischer Kohlenwasserstoffe die von Phenolen und Oxydationsprodukten des aufgespaltenen Ringes und der Seitenkette erwarten. Die gasförmigen Produkte können neben Wasserstoff und Kohlenwasserstoffen CO und CO_2 enthalten.

Im vorliegenden Kapitel wird über die Bildung von Oxydationsprodukten durch molekularen Sauerstoff unter dem Einfluß von Röntgen- und Elektronenstrahlung in denselben Kohlenwasserstoffen berichtet, in welchen die Bildung von Peroxyden untersucht wurde, und zwar über die Bildung von Aldehyden (Ketonen) und Säuren in n-Heptan, Isooctan, Cyclohexan und Benzol, und außerdem von Wasser in Cyclohexan und von Phenol in Benzol. Wie im Falle der Peroxyde wurden die funktionellen Gruppen der entstandenen Verbindungen ohne Identifizierung individueller Verbindungen quantitativ bestimmt.

1. Methodik

a) Bestrahlung

Es wurden die in Teil I beschriebenen Strahlungsquellen und die gleiche experimentelle Anordnung benutzt.

b) Analysen

Aldehyde (Ketone): Die Aldehyde (Ketone) wurden unmittelbar in den bestrahlten Kohlenwasserstoffen durch Reaktion mit in absolutem Methanol gelöstem Hydroxylaminhydrochlorid bestimmt [17–2]. Die entstehende Salzsäure wurde mit Natriummethylat in Benzol-Methanol-Lösung mit Thymolblau als Indikator (erster Farbumschlag, p_H 1,2 bis 2,8) titriert. Da die Reaktion mit NH_2OH HCl eine Zeitreaktion ist, wurde zuvor festgestellt, wie lange das Gemisch bis zur Titration der HCl stehen bleiben muß.

Säuren: Die sich bildenden Säuren wurden unmittelbar in den bestrahlten Kohlenwasserstoffen mit Natriummethylat in Benzol-Methanol-Lösung ebenfalls mit Chymolblau als Indikator beim zweiten Umschlag (p_H 8,0 bis 9,6) titriert [17–3].

Wasser: Die Bestimmung des Wassers erfolgte nach K. FISCHER (Wechselwirkung zwischen Jod und SO_2 in Methanol-Pyridin-Lösung in Gegenwart von Wasser). Die Wasserzahl wurde mit Kaliumcitrathydrat bestimmt. Da die Löslichkeit von Wasser in Cyclohexan klein ist (4 μMol/cm³) und ein Teil des gebildeten Wassers sich an den Wänden abscheiden kann, wurde in die den bestrahlten Kohlenwasserstoff enthaltende Zelle absoluter Methylalkohol gegeben und danach die Probe titriert. Die angewandte Mikromethode [17–4] erlaubte die Bestimmung einer Wasserkonzentration von 1 μ Mol/cm³.

Phenol: Phenol wurde colorimetrisch mit Diazosulfanilsäure bestimmt.

Die Vorbehandlung der Kohlenwasserstoffe erfolgte in der in Kapitel 16 beschriebenen Weise.

2. Ergebnisse

n-Heptan: Sofort zu Beginn der Bestrahlung entsteht in n-Heptan ein Aldehyd in einer Konzentration, die proportional der absorbierten Energie bis $\sim 5 \cdot 10^{20}$ eV/cm³, dann etwas langsamer wächst, wobei im untersuchten Gebiet 0,03 bis 0,04 Mol/Liter erreicht wird. Die Versuche wurden bei 0°, 25° und 60° und einer Dosisleistung von $6 \cdot 10^{15}$ bis $1 \cdot 10^{16}$ eV/cm³ · sec im Falle von Röntgenstrahlung und $3 \cdot 10^{16}$ bis $6 \cdot 10^{17}$ eV/cm³ · sec im Falle des Elektronenstroms durchgeführt. Stets wurde in dem Auffanggefäß eine gewisse Menge Aldehyd, die mit dem Gasstrom mitgerissen wurde, gefunden.

Die erhaltenen Werte sind in Abb. 17–1 (Kurve *1*) unter Berücksichtigung einer Korrektur von 15 bis 20% dargestellt.

Jeder Meßpunkt entspricht einem Versuch. Alle Konzentrationen sind in Mikromol pro 1 cm³ bestrahlten Kohlenwasserstoffes angegeben.

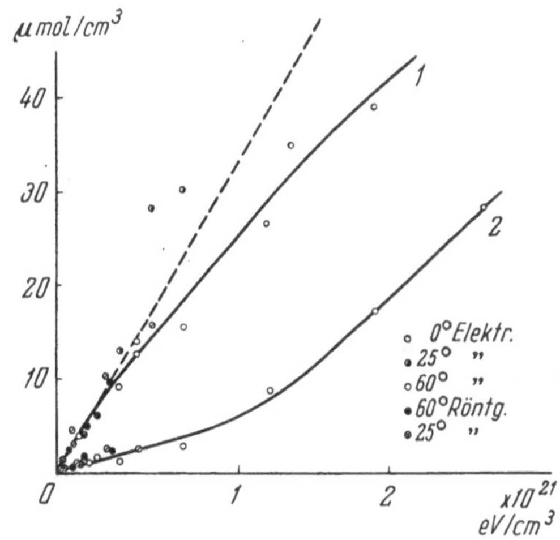

Abb. 17–1. Die Bildung von Aldehyden und Säuren in n-Heptan bei Bestrahlung in Gegenwart von Sauerstoff

1: Aldehyde; *2*: Säuren.
Elektronenbestrahlung: ⌀ 0° ◑ 25°; ○ 60°.
Bestrahlung mit Röntgenstrahlen: ● 60°; ⊗ 25°

Da die Streuung der Elektronenstrahlung wesentlich größer ist als die der Röntgenstrahlung, ist es schwierig, die Versuchsbedingungen bei Elektronenstrahlung konstant zu halten. Innerhalb der Streugrenzen hängt die Aldehydausbeute, die entsprechend der Anfangsneigung der Kurve ~2 Molekeln/100 eV beträgt, weder von der Dosisleistung und der Temperatur noch von der Natur der Strahlung ab.

Gleichzeitig mit dem Aldehyd bildet sich mit Beginn der Bestrahlung eine Säure, deren Anfangsausbeute 0,4 Molekeln/100 eV beträgt. Es zeigte sich, daß diese Säurebildung innerhalb der Streugrenzen der Meßpunkte (Abb. 17–1, Kurve 2) temperaturunabhängig ist.

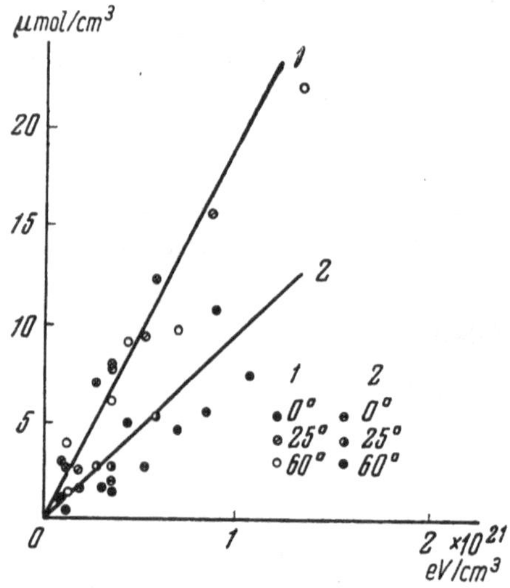

Abb. 17–2. Die Bildung von Carbonylverbindungen und Säuren in Isooktan bei Bestrahlung in Gegenwart von Sauerstoff

1: Carbonylverbindungen; 2: Säuren

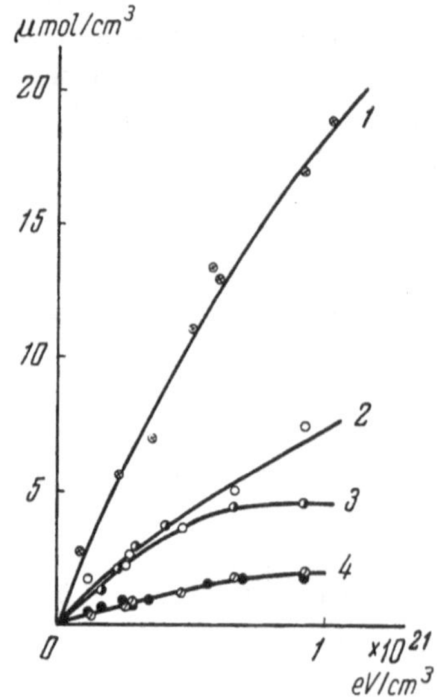

Abb. 17–3. Die Bildung von Oxydationsprodukten in Cyclohexan bei Bestrahlung in Gegenwart von Sauerstoff

1: Wasser; 2: Peroxyd ROOH; 3: Carbonylverbindungen; 4: ● Säuren und ⌀ Peroxyd R_1OOR_2

Versuche bei 60° zeigen für Dosen, bei denen die Aldehydkonzentration langsamer wächst, eine merkbar beschleunigte Bildung der Säure.

Isooctan (2, 2, 4-Trimethylpentan). Die Bestrahlung wurde mit einem Elektronenstrom bei einer Dosisleistung von $4 \cdot 10^{16}$ bis $6 \cdot 10^{17}$ eV/cm³ · sec und bei Temperaturen von 0°, 25° und 60° durchgeführt. Die erhaltenen Meßwerte sind in Abb. 17–2 dargestellt.

Wie beim n-Heptan bilden sich aus Isooctan vom Beginn der Bestrahlung an Carbonylverbindungen und Säuren. Innerhalb der Streugrenzen der experimentellen Meßpunkte, die etwas größer als im Falle des n-Heptans sind, konnte eine Abhängigkeit der strahlungschemischen Ausbeute weder von der Temperatur noch von der Dosisleistung festgestellt werden. Die Mittelwerte betragen ~1,2 Molekeln/100 eV und ~ 0,6 Molekeln/100 eV für die Carbonylverbindungen bzw. die Säuren und bleiben in dem untersuchten Gebiet konstant.

Cyclohexan[1]): Im Falle des Cyclohexans wurde Röntgenstrahlung mit einer Dosisleistung von $7{,}5 \cdot 10^{16}$ bis $1{,}2 \cdot 10^{17}$ eV/cm³ · sec verwendet; die Temperatur betrug 25°. Die Bestimmung der Carbonylverbindungen nach der Hydroxylamin-Methode wird in bestrahltem Cyclohexan durch die Anwesenheit von Peroxydverbindungen erschwert. Es ist bekannt, daß das Cyclohexylperoxyd ($C_6H_{11}OOH$) mit $NH_2OH \cdot HCl$ reagiert, wobei HCl und ein Ketoxim bzw. Cyclohexanon [17–5] gebildet wird. Die notwendige, in Vorversuchen ermittelte Korrektur ist bei den Resultaten berücksichtigt.

Abb. 17–3 enthält neben den Kurven für Carbonylverbindungen, Säuren und Wasser die Werte für die Peroxydverbindungen aus Kapitel 16.

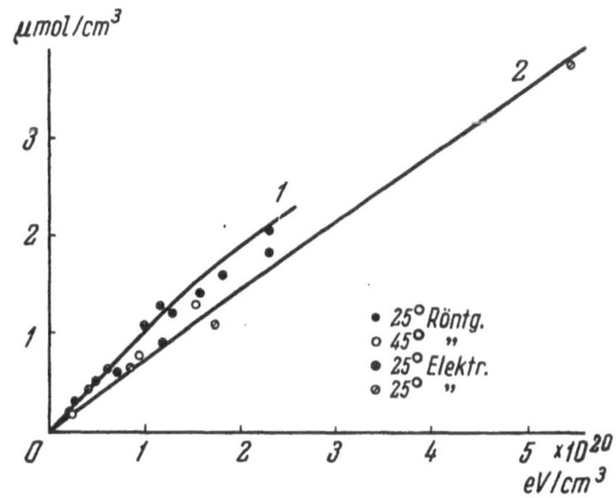

Abb. 17–4. Die Bildung von Phenol und Aldehyd in Benzol bei Bestrahlung in Gegenwart von Sauerstoff

1: Phenol; *2*: Aldehyd. Elektronenbestrahlung: ⊗ 25°; ⌀ 25°. Bestrahlung mit Röntgenstrahlen: • 25°; ○ 45°

Die Werte für die Anfangsausbeute (Molekeln/100 eV) für jedes der Produkte sind:

Carbonylverbindungen	0,6	Peroxyd ROOH	1,0
Säure	0,2	Peroxyd R_1OOR_2	0,2
Wasser	1,8		

Benzol wurde mit Röntgen- und Elektronenstrahlen in ununterbrochenem Sauerstoffstrom bestrahlt. Unter diesen Bedingungen bildet sich Phenol, dessen Ausbeute weder von der Temperatur noch von der Dosisleistung abhängt und ~ 0,6 Molekeln/100 eV beträgt.

Gleichzeitig mit Phenol bildet sich im Benzol in fast äquivalenter Menge Aldehyd mit einer Ausbeute von ~ 0,45 Molekeln/100 eV. Die erhaltenen Werte sind in Abb. 17–4 angegeben.

---

[1]) Die Werte über Cyclohexan wurden einer Arbeit von M. M. Flisski entnommen.

Weder im bestrahlten Benzol noch in seinem wäßrigen Auszug wurden Säuren festgestellt; ebenso negativ war die Reaktion auf Polyphenole.

3. Besprechung der Ergebnisse

Die Versuche zeigen, daß sich unter dem Einfluß ionisierender Strahlung in gesättigten Kohlenwasserstoffen bei Zimmertemperatur in Gegenwart von molekularem Sauerstoff dieselben primären Oxydationsprodukte (Peroxyde, Aldehyde, Säuren) bilden, welche auch unter dem Einfluß von ultraviolettem Licht bei erhöhter Temperatur (50° bis 100°) [17-6] und in Gegenwart oder Abwesenheit von Katalysatoren bei stärkerem Erhitzen (200° bis 400°) entstehen [17-5], [17-7].

Durch das Fehlen von Angaben über wichtige Oxydationsprodukte in der flüssigen Phase wie Alkohole und Wasser (mit Ausnahme des Cyclohexans) und über gasförmige Produkte ist es unmöglich, ein allgemeines Bild über die ablaufenden Reaktionen zu geben.

Auf Grund der vorhandenen Ergebnisse kann man jedoch versuchen, den möglichen Bildungsmechanismus einiger Produkte zu formulieren.

Von der primären Bildung von RO_2-Radikalen ausgehend (siehe Kapitel 16) läßt sich die Bildung von Carbonylverbindungen durch den Zerfall der Peroxydverbindung leicht erklären. Je nachdem, ob sich eine Sauerstoffmolekel an ein primäres, sekundäres oder tertiäres Kohlenstoffatom anlagert, erhält man nach bekannten Schemata Aldehyde oder Ketone:

$$R\dot{C}H_2 + O_2 \rightarrow \underset{O\angle\dot{O}}{RCH_2} \rightarrow R\overset{O}{\underset{H}{C}} + OH \quad \text{oder} \quad CH_2O + \dot{R}O \qquad (17\text{-}1)$$

$$R_1R_2\dot{C}H + O_2 \rightarrow \underset{O-\dot{O}}{\overset{}{R_1R_2CH}} \begin{cases} R_1R_2C{=}O + OH \\ R_1\underset{H}{C}{=}O + \dot{O}R_2 \end{cases} \qquad (17\text{-}2)$$

$$R_1R_2R_3\dot{C} + O_2 \rightarrow R_1R_2R_3C{-}O{-}O{-} \rightarrow R_1R_2C{=}O + \dot{O}R_3. \qquad (17\text{-}3)$$

Das Radikal $OH^{\cdot}$ kann nach der Reaktion

$$OH^{\cdot} + RH \rightarrow H_2O + \dot{R}, \qquad (17\text{-}4)$$

welche eine unbedeutende Aktivierungsenergie benötigt, Wasser bilden.

Mit der Bildung von Carbonylverbindungen nach obigen Gleichungen konkurriert die Bildung zweifach substituierter Peroxyde (s. Kapitel 16).

$$R_1\dot{O}_2 + R_2 \rightarrow R_1OOR_2. \qquad (17\text{-}5)$$

Beide Reaktionsprodukte sind primäre strahlungschemische Produkte und sollten gleichzeitig vom Beginn der Bestrahlung an entstehen, was in Wirklichkeit auch beobachtet wird. Aus der Struktur des n-Heptans und des Isooctans folgt, daß aus ersterem hauptsächlich Aldehyde, aus letzterem überwiegend Ketone entstehen müssen.

Die sich mit konstanter Ausbeute gleichzeitig mit den Carbonylverbindungen bildenden Säuren sind ebenfalls Primärprodukte und sollten nach einem unabhängigen Reaktionsmechanismus entstehen.

Eine einfache Möglichkeit hierzu bietet der Übergang in die isomere Form von Peroxyden, die nach primärer Anlagerung von O_2 an ein Doppelradikal vom Alkyliden-Typ entsprechend folgendem Schema verlaufen kann:

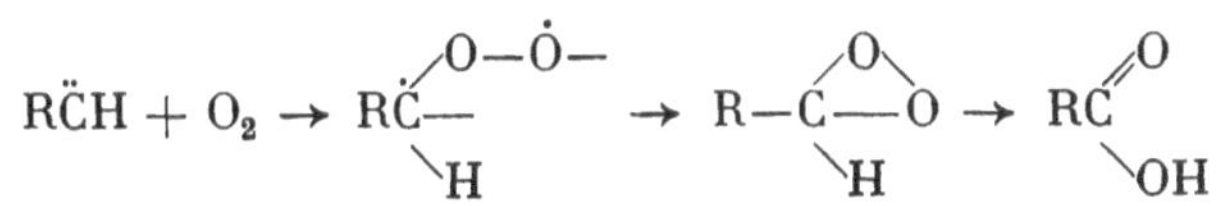

(17-6)

I II III IV

Der Übergang in die isomere Form erfordert jedoch eine Temperaturerhöhung [17-8].

Die Unabhängigkeit der strahlungschemischen Anfangsausbeute von Dosisleistung und Temperatur, die sowohl bei den Carbonylverbindungen als auch bei den Säuren beobachtet wurde, weist darauf hin, daß die Bildung dieser Stoffe n cht nach einem Kettenmechanismus, sondern nach dem vorgeschlagenen Radikalmechanismus erfolgt.

Das bei der Bestrahlung von n-Heptan bei 60° beobachtete bedeutende Anwachsen der Säureausbeute bei genügend großen Integraldosen ist anscheinend durch Strahlungsoxydation der gebildeten Aldehyde bedingt, deren Konzentration stark anwächst. Das Nichtauftreten eines solchen Effektes bei den Versuchen mit Isooctan ist durch das überwiegende Vorliegen von Ketonen in den gebildeten Carbonylverbindungen bedingt.

Beim Cyclohexan sind die Carbonylverbindungen wahrscheinlich in bedeutendem Maße durch das Cyclohexanon ($C_6H_{10}O$) vertreten. Sein gleichzeitiges Auftreten mit Cyclohexylhydroperoxyd von Beginn der Strahlungseinwirkung an (Abb. 17-3) erlaubt die Annahme, daß es nicht durch Dehydratisierung des Hydroperoxyds gebildet wird, sondern unmittelbar aus dem labilen primären Anlagerungsprodukt von O_2 an die angeregte Cyclohexanmolekel (s. Kapitel 16), deren Zerfall nach zwei Richtungen möglich ist:

$$C_6H_{12}^* + O_2 \rightarrow (C_6H_{12}O_2)^* \begin{array}{l} \nearrow C_6H_{10}O + H_2O \\ \searrow C_6H_{11}OOH \end{array} \qquad (17\text{-}7)$$

Ein solches Schema der unabhängigen nichtradikalartigen Bildung von Cyclohexylperoxyd und Cyclohexanon ist einem von Beresin [17-5] für die thermische Oxydation vorgeschlagenen Radikalmechanismus analog.

$$\begin{array}{l} \dot{C}_6H_{11} + O_2 \rightarrow C_6H_{11}O{-}O{-} \qquad\qquad \rightarrow C_6H_{10}O + OH \\ \dot{C}_6H_{11} + O_2 \rightarrow C_6H_{11}O{-}O{-} + C_6H_{12} \rightarrow C_6H_{11}OOH + \dot{C}_6H_{11} \end{array} \qquad (17\text{-}8)$$

Das Überwiegen der Ausbeute an Wasser gegenüber der an Cyclohexanon widerspricht diesem Schema nicht, weist aber auf andere, von uns nicht berücksichtigte Reaktionen hin, die mit Wasserbildung verbunden sind.

Die Bildung von Carbonylverbindungen (Aldehyden) bei der Bestrahlung von Benzol ist nur durch die Zerstörung des Ringes und den Einfang eines O_2-Molekels durch die entstehenden Mono- oder Biradikale und anschließenden Zerfall des Peroxydradikals an der —O—O—-Bindung möglich. Ihr Auftreten in einer Menge, die fast der des Phenol äquivalent ist, zeigt, daß die Zerstörung des Benzolkernes in diesem System eine relativ häufige Erscheinung ist.

Die strahlungschemische Gesamtausbeute analoger Produkte für verschiedene Kohlenwasserstoffe stellt eine gewisse Charakteristik ihrer Empfindlichkeit für die radiolytische Oxydation dar. Entsprechende Werte sind in Tabelle 17-1 zusammengestellt.

Tabelle 17-1

Gesamtausbeute der Oxydationsprodukte (Molekeln/100 eV)

Oxydationsprodukt	Bestrahlte Kohlenwasserstoffe			
	n-Heptan	Isooctan	Cyclohexan	Benzol
Peroxyde	3,7	2,3	1,2	0,5
Carbonylverbindungen	2	1,2	0,6	0,45
Säuren	0,4	0,6	0,2	0
Summe	6,1	4,1	2,0	0,95

Wie ersichtlich, führt Verzweigung der Kohlenwasserstoffkette und in noch größerem Maße cyclische Struktur, sogar ohne konjugierte Bindungen, zu einer wesentlichen Stabilisierung der Molekeln gegen Strahlungseinwirkung. Für quantitative Gegenüberstellung und entsprechende Schlußfolgerungen ist es jedoch nötig, Werte für alle gebildeten Oxydationsprodukte — im Gleichgewicht mit dem absorbierten Sauerstoff — zu besitzen.

Wie schon im ersten Teil erwähnt wurde, kann man aus den massenspektrometrischen Messungen an diesen Kohlenwasserstoffen auf das mögliche Vorliegen freier Radikale in diesen bestrahlten Systemen schließen. Die Identifizierung individueller Oxydationsprodukte, die in der vorliegenden Arbeit nur funktionell charakterisiert wurden, würde zur Klärung der Frage beitragen, ob die Radikale, die an der radiolytischen Oxydation flüssiger Kohlenwasserstoffe teilnehmen, den primären Radikalen entsprechen, die beim Ionisationszerfall der Molekel gebildet werden.

Zusammenfassung

a) Es wurde die Bildung nichtperoxydartiger Oxydationsprodukte unter der Einwirkung von Röntgen- und Elektronenstrahlen auf Kohlenwasserstoffe in flüssiger Phase in Gegenwart von molekularem Sauerstoff untersucht.

b) In n-Heptan, Isooctan und Cyclohexan bilden sich Carbonylverbindungen mit einer Ausbeute von 2; 1,2 und 0,6 Molekeln/100 eV und Säuren mit einer Ausbeute von 0,4; 0,6 und 0,2 Molekeln/100 eV. In Benzol bilden sich unter denselben Bedingungen Phenol mit einer Ausbeute von 0,6 Molekeln/100 eV und Aldehyd mit einer Ausbeute von 0,45 Molekeln/100 eV; Säuren wurden in Benzol nicht festgestellt.

c) Die Strahlungsausbeute aller untersuchten Produkte hängt, innerhalb der Fehlergrenzen, weder von der Temperatur noch von der Dosisleistung ab.

d) Für den Ablauf der verschiedenen charakteristischen Oxydationsprozesse wurde auf einen möglichen nicht kettenartigen Radikalmechanismus hingewiesen.

LITERATURVERZEICHNIS

[17-1] Vorliegender Sammelband, S. 145.

[17-2] Smith, D. M. und Mitchell, J., Analytic. Chem., **22**, 750 (1950); C. **1950**, II, 2593.

[17-3] Fritz, J. S. und Lisicki, N. M., Analytic. Chem., **23**, 589 (1951); C. **1951**, II, 3638.

[17-4] Wiberley, J. S., Analytic. Chem., **23**, 656 (1951); C. **1952**, 159.

[17-5] Березин И. В. и Денисов Е. Т., Доклады Академии Наук СССР. (Beresin, J. W. und Denissow, E. T., Ber. Akad. Wiss. UdSSR), (N. S.), **97**, 273 (1954); C. **1955**, 4084.

[17-6] Фок Н. В. и Налбандян А. Б., Доклады Академии Наук СССР. (Fok, N. W. und Nalbandjan, A. D., Ber. Akad. Wiss. UdSSR), **85**, 1093 (1952); C. **1953**, 2418; **89**, 125 (1953); C. **1954**, 50.

[17-7] черняк Н. Я. и Штерн В. Я., Доклады Академии Наук СССР. (Tschernjak, N. I. und Stern, W. I., Ber. Akad. Wiss. UdSSR), **78**, 91 (1951); C. **1951**, II, 3537. Штерн В. Я., Черняк Н. Я., Антоновский В. А. и Ревзин А. Ф., Журнал Физической Химии. (Stern, W. I., Tschernjak, N. I., Antonowski, W. A. und Rewsin, A. F., J. physik. Chem.), **28**, 240 (1954); C. **1957**, E, 130 S.

[17-8] Rieche, A. und Meister, Ber. dtsch. chem. Ges., **64**, 2335 (1931).

18. N. A. BACH und J. I. SOROKIN

Die Oxydation organischer Verbindungen durch molekularen Sauerstoff unter Einwirkung ionisierender Strahlung

III. Die Oxydationsradiolyse von Äthanol

Bei der Oxydationsradiolyse von Kohlenwasserstoffen entstehen eine Reihe von Oxydationsprodukten. Ihre Ausbeute ist relativ gering und hängt jeweils vom Bau der Ausgangsmolekel [18-1] ab. Von großer Bedeutung für das Verständnis der chemischen Wirkung der Strahlung ist der Einfluß verschiedener funktioneller Gruppen auf Struktur und Ausbeute der Radiolyseprodukte. Die Einführung solcher Gruppen in Kohlenwasserstoffe erhöht bekanntlich schon bei gewöhnlichen Reaktionen deren Reaktionsfähigkeit.

In diesem Zusammenhang interessiert das Verhalten der Alkohole bei der Oxydationsradiolyse. Zwei Faktoren beeinflussen Richtung und Ausbeute der verlaufenden Reaktionen: erstens Größe und Bau der Molekel und zweitens die Struktur des Alkohols (primärer, sekundärer oder tertiärer). Als Versuchsobjekt wurde zunächst Äthylalkohol gewählt, d. h. eine Verbindung mit einer Alkyl- und einer primären Alkoholgruppe.

McDonnel und Newton [18-2] untersuchten die Radiolyse von reinem Äthanol unter Einwirkung von 27 MeV Helium-Ionen, d. h. unter relativ großer Ionisationsdichte. Sie stellten fest, daß sich bei der Bestrahlung primärer Alkohole als Hauptprodukte Wasserstoff, Aldehyd, Wasser und Glykole bilden, und daß sich nur bei Methylalkohol ein gutes Gleichgewicht zwischen den indentifizierten Dehydrierungsprodukten und Wasserstoff einstellt. Bei den höhermolekularen Alkoholen entsteht ein Überschuß an Wasserstoff. Die Untersuchung der Radiolyse von Methylalkohol durch eine „innere" β-Strahlungsquelle [18-3] — ^{14}C als Bestandteil des CH_3OH — zeigte, daß die gasförmigen Produkte außer Wasserstoff noch Methan enthalten und daß in der flüssigen Phase Äthylenglykol, Glycerin und Spuren von Erythrol entstehen. Formaldehyd wurde nicht festgestellt. Untersuchungen über die Radiolyse von Alkoholen in Gegenwart von Sauerstoff liegen nicht vor.

Ziel der vorliegenden Arbeit war, Natur und Ausbeute der Bestrahlungsprodukte sowohl in der flüssigen als auch in der gasförmigen Phase, die Abhängigkeit der Ausbeute von der Temperatur und von der Strahlungsintensität zu untersuchen, sowie den möglichen Einfluß der Art der Strahlung auf die verlaufenden Prozesse festzustellen.

Bei der Bestrahlung von mit Sauerstoff gesättigten Alkoholen können, auch ohne Reaktion mit Sauerstoff, radiochemische Prozesse ablaufen; daher wurde Alkohol auch im Vakuum oder in inerter Gasatmosphäre (Stickstoff und Wasserstoff) bestrahlt.

Experimenteller Teil

Die Bestrahlungsbedingungen. Die Bestrahlungsquellen, die Methode der Dosierung und, mit geringfügigen Änderungen, die Durchführung der Versuche waren dieselben wie in Kapitel 16.

Die Analyse der Produkte. Die Analyse auf Aldehyde, Säuren und Wasser erfolgte nach den in Kapitel 17 beschriebenen Methoden.

Die Vorbehandlung der Alkohole. Die durch Destillation über Alkali gereinigten Alkohole wurden mit wasserfreiem Kupfersulfat und bei einem Teil der Versuche zusätzlich mit Aluminiumamalgan bis zu einem Gehalt von 99,5 bis 99,8 % entwässert.

Die Peroxydverbindungen wurden nach 20 Minuten Stehenlassen jodometrisch bestimmt, da alle drei in Kapitel 16 beschriebenen Bestimmungsmethoden dasselbe Resultat ergaben.

Die entstandenen Peroxyde enthielten demnach nur Wasserstoffperoxyd und Oxyäthylhydroperoxyd.

Zur *Analyse der Gase* kam eine Halbmikroapparatur [18–4] zur Anwendung, mit der die Analyse einer Gasmenge von ~ 1 cm³ durch Verbrennung möglich war.

Nach Bestrahlung des Alkohols in einer zugeschmolzenen Zelle wurden die gebildeten Gase mit flüssigem Stickstoff ausgefroren. Es erfolgte zusätzlich die Bestimmung von Wasserstoff, Kohlenmonoxyd, Methan und Sauerstoff, und danach durch Erhöhung der Ausfriertemperatur auf $-65°$ die Bestimmung des Kohlendioxyds.

1. Ergebnisse

a) *Die Wirkung von Elektronenstrahlung*

Die Versuche wurden auf drei verschiedene Arten durchgeführt: 1. Bestrahlung in Zellen, die nach Entgasung des Alkohols abgeschmolzen wurden; 2. Bestrahlung unter ununterbrochenem Sauerstoffstrom in auf konstante Temperatur gehaltenen Zellen; 3. Bestrahlung in abgeschmolzenen Zellen nach vorausgehender Sättigung des Alkohols und Füllung des Puffervolumens mit Sauerstoff.

Die Bestrahlung des entgasten Alkohols wurde bei konstanter Dosisleistung von $2{,}5 \cdot 10^{17}$ eV/cm³ · s durchgeführt, entsprechend einer Stromstärke von $1\,\mu A$ in der Zelle.

In der dritten Versuchsreihe wurden die Proben zur Einstellung des Gleichgewichtes zwischen flüssiger gasförmiger Phase 10 Minuten geschüttelt.

Die Bestrahlung erfolgte bei 25°, in einzelnen Fällen bei 50°.

In Abb. 18–1 und 18–2 sind die erhaltenen Werte für Aldehyd und Wasser (flüssig) und Wasserstoff, Methan, Kohlenmonoxyd und Kohlendioxyd (gasförmig) dargestellt. Die Menge der in der flüssigen und in der gasförmigen Phase entstandenen Produkte ist in mol/cm³ bestrahlten Alkohols ausgedrückt.

Glykole wurden in der vorliegenden Arbeit nicht bestimmt, da das Volumen der in jedem Versuch bestrahlten Flüssigkeit zu klein war (5 bis 7 cm³), um bekannte analytische Methoden anwenden zu können.

In dem bestrahlten Alkohol wurden nach Abdestillieren des unveränderten Alkohols und der anderen flüchtigen Bestandteile qualitativ hochsiedende zähe Flüssigkeiten festgestellt.

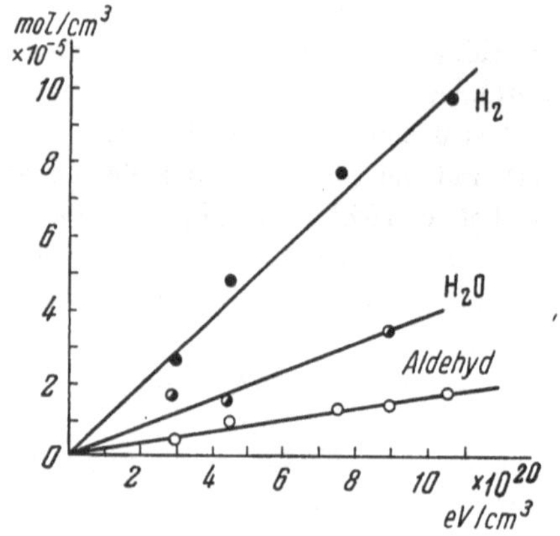

Abb. 18-1. Abscheidung von Wasserstoff, Aldehyd und Wasser bei Bestrahlung von entgastem Alkohol

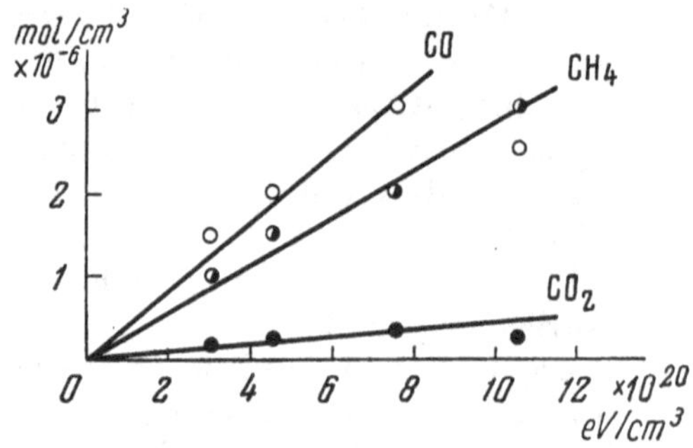

Abb. 18-2. Abscheidung von CH_4, CO und CO_2 bei Bestrahlung von entgastem Alkohol

Alle Radiolyseprodukte entstehen in dem untersuchten Bereich bis $\sim 1{,}1 \cdot 10^{21}$ eV/cm³ direkt proportional zur Dosis, d. h. sie bilden sich mit konstanter Ausbeute und nehmen nicht an sekundären Prozessen teil. Tabelle 18-1 gibt die aus der Neigung der Geraden errechneten Ausbeutewerte wieder.

Tabelle 18-1

Ausbeute der Radiolyseprodukte von entgastem Alkohol

Produkt	Ausbeute in Molekeln/100 eV
Aldehyd	1
Wasser	2,1
Wasserstoff	6,0
Kohlenoxyd	0,3
Methan	0,2
Kohlendioxyd	0,03

Interessant ist die große Wasserstoffausbeute im Vergleich zur Aldehydausbeute, was darauf hinweist, daß die Aldehydbildung bei der Bestrahlung nicht die einzige Dehydrierungsreaktion des Alkohols ist.

Die außerordentlich geringe Menge Kohlendioxyd ist wahrscheinlich kein Radiolyseprodukt, sondern lediglich eine Verunreinigung, die bei der Entgasung nicht vollständig entfernt wurde.

Bei der Bestrahlung des Alkohols in Gegenwart von Sauerstoff entstehen dieselben Produkte wie bei Abwesenheit von Sauerstoff, jedoch in merkbar größeren Mengen. Außerdem werden noch Peroxyde und Säuren gebildet.

Bei konstanter Sauerstoffkonzentration, d. h. im ununterbrochenen Gasstrom, ergibt die Ausbeute der flüssigen Bestrahlungsprodukte ein klares Bild.

Abb. 18-3 zeigt die Werte für die flüssigen Produkte bei einer Dosisleistung von $2{,}9 \cdot 10^{17}$ eV/cm^3 · s — entsprechend einer Stromstärke von 1 μA in der Zelle. Aldehyd, Säure und Wasser entstehen proportional der absorbierten Energie, bis zu Dosen größer als $\sim 1 \cdot 10^{21}$ eV/cm^3. Hierbei werden beachtliche Konzentrationen erreicht ($\sim$ 0,17 molar für Säure und $\sim$ 0,09 molar für Aldehyd).

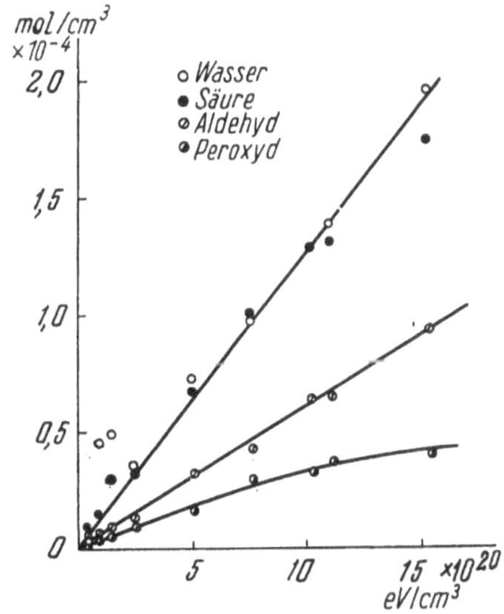

Abb. 18-3. Bildung von Aldehyd, Peroxyd, Säure und Wasser unter Strahleneinwirkung im Sauerstoffstrom

o Wasser; • Säure; ⊕ Aldehyd; ◑ Peroxyd

Die Peroxydkonzentration erreicht bereits bei bedeutend kleineren Dosen einen konstanten Wert von 0,03 molar. Nach der Hydroxylaminmethode durchgeführte polarographische Bestimmungen ergaben, daß die Aldehyde zu 90% aus Acetaldehyd und zu 10% aus Formaldehyd bestehen (die Bestimmungen wurden von J. W. MASALSKAJA durchgeführt).

Entscheidenden Einfluß auf die relative Ausbeute an Säure, Aldehyd, Peroxyd und Wasser hat die Dosisleistung. In Abb. 18-4 und 18-5 sind die Werte für Aldehyde und Peroxyde bei Dosen $\sim 2 \cdot 10^{16}$ eV/cm^3 · s (0,1 μA in der Zelle), $\sim 1 \cdot 10^{17}$ eV/cm^3 · s (0,5 μA in der Zelle) und $2{,}9 \cdot 10^{17}$ eV/cm^3 · sec (1 μA in der Zelle) dargestellt.[1])

Wie man sieht, fällt die Aldehyd- und Peroxydausbeute mit Erhöhung der Strahlungsintensität.

Analoge Kurven bekommt man für Säure und Wasser, doch wächst hier die Ausbeute mit Erhöhung der Strahlungsintensität. In Tabelle 18-2 sind die Ausbeuten an Radiolyseprodukten, die sich in flüssiger Phase in Gegenwart von Sauerstoff bilden, zusammengestellt.

Die relative Ausbeute an Aldehyd und Säure wird außer von der Dosisleistung auch von der Temperatur beeinflußt. Vergleichswerte, die bei 25° und 50° bei einer

[1]) Die Meßwerte der Dosisleistung in eV/cm^3 · s entsprechen der über das gesamte Zellvolumen gemittelten Energieabsorption. Die Stromstärke in μA ist der Dosisleistung in dem Flüssigkeitsvolumen proportional, in welchem die Bremsung der Elektronen erfolgt. Der erste Wert ist abhängig vom Zellvolumen, der zweite nicht (s. Kapitel 16, S. 145).

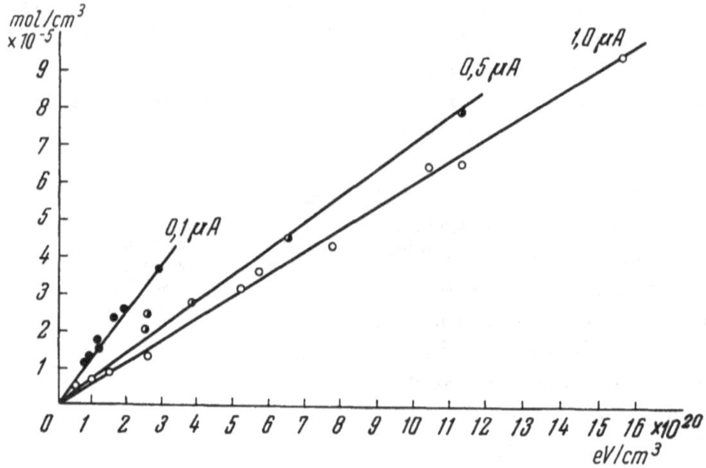

Abb. 18-4. Bildung von Aldehyd bei Bestrahlung von Alkohol in Gegenwart von Sauerstoff in Abhängigkeit von der Dosisleistung

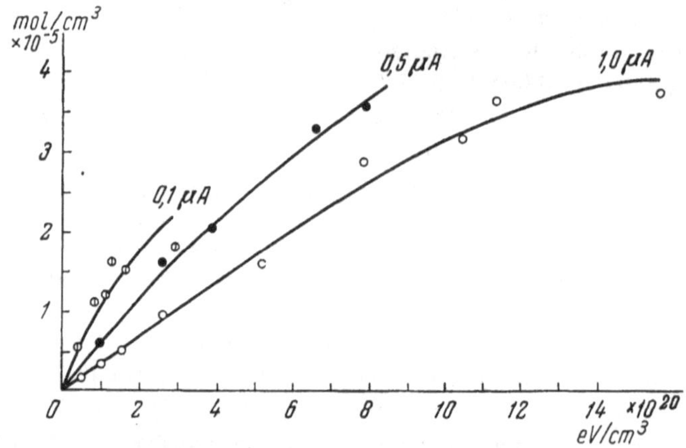

Abb. 18-5. Bildung von Peroxyd bei Bestrahlung von Alkohol in Gegenwart von Sauerstoff in Abhängigkeit von der Dosisleistung

Tabelle 18-2

Ausbeute der flüssigen Produkte der Oxydationsradiolyse in Abhängigkeit von der Strahlenintensität (Molekeln/1000 eV)

Produkt	Dosisleistung in $eV/cm^3 \cdot s$		
	$2 \cdot 10^{16}$ (0,1 μA)	$1 \cdot 10^{17}$ (0,5 μA)	$2{,}9 \cdot 10^{17}$ (1 μA)
Aldehyd	7,5	4,2	3,6
Peroxyd	6,0	3,6	2,3
Säure	3,6	4,8	7,2
Wasser	4,8	—	7,2

Stromstärke von $1\,\mu A$ erhalten wurden, sind in Abb. 18–6 und 18–7 dargestellt. Durch Kontrollversuche wurde festgestellt, daß bei 50° ein Teil des gebildeten Aldehyds im Sauerstoffstrom mitgerissen wird. Die Kurve in Abb. 18–6 ergibt sich unter Berücksichtigung der in den Vorlagen gesammelten Aldehydmenge.

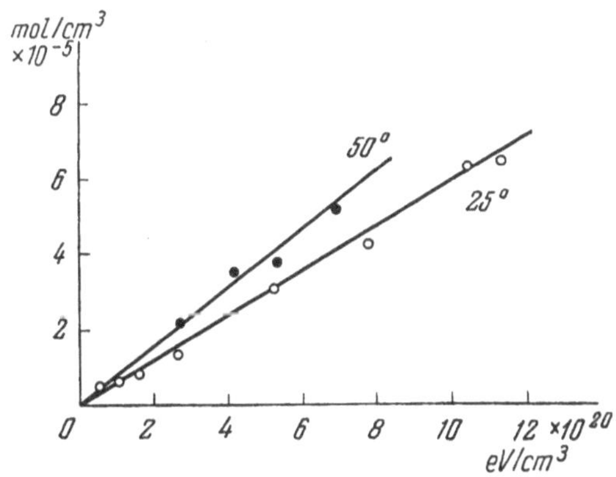

Abb. 18–6. Bildung von Aldehyd bei Bestrahlung in Gegenwart von Sauerstoff bei 25° und 50°

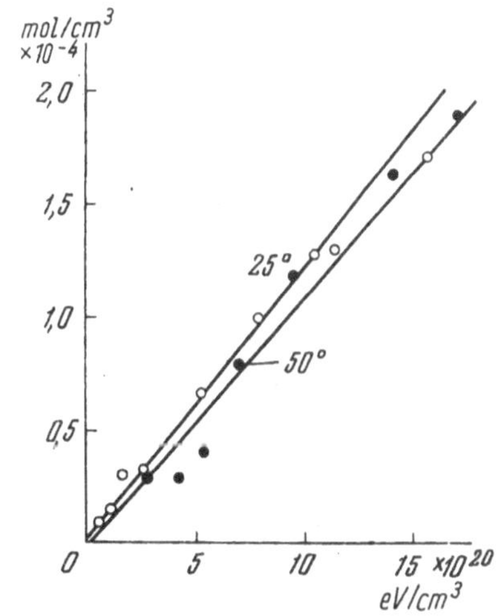

Abb. 18–7. Bildung von Säure bei Bestrahlung von Alkohol in Gegenwart von Sauerstoff bei 25° und 50°

Die Temperaturabhängigkeit der Aldehydbildung ist zwar nicht groß, aber doch vollkommen eindeutig; die Ausbeute wächst mit Erhöhung der Temperatur. Bei der Säurebildung ist die Streuung der experimentellen Punkte bedeutend größer, trotzdem sind zwei verschiedene Neigungen festzustellen, was auf ein Absinken der Ausbeute bei Erhöhung der Temperatur hinweist.

Tabelle 18–3

Einfluß der Temperatur auf die Aldehyd- und Säureausbeute bei der Oxydationsradiolyse von Alkohol

Temperatur in °C	Ausbeute in Molekeln/100 eV	
	Aldehyd	Säure
25	3,6	7,2
50	4,5	6,6

Zur Untersuchung der gasförmigen Produkte der Oxydationsradiolyse erfolgte die Bestrahlung in zugeschmolzenen Zellen, die mit Sauerstoff von Atmosphärendruck gefüllt waren. Nach je 10 Minuten wurde die Bestrahlung unterbrochen und die Zellen geschüttelt. Alle Versuche wurden bei einer Temperatur von 25° und einer Intensität von $0{,}5\,\mu A$ in der Zelle durchgeführt.

Neben den gasförmigen Produkten wurden in diesen Versuchen auch die flüssigen Produkte untersucht.

In Abb. 18-8 und 18-9 sind die erhaltenen Werte dargestellt.

Aus Abb. 18-8 ist ersichtlich, daß bei Bestrahlung ohne strömenden Sauerstoff sehr bald eine Verlangsamung der Konzentrationszunahme aller Produkte ein-

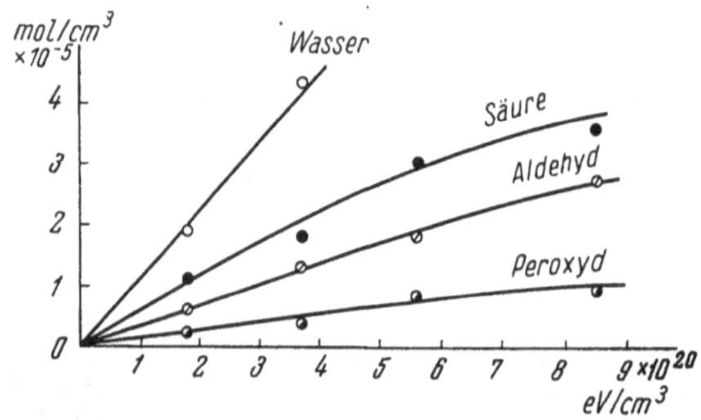

Abb. 18-8. Bildung von Aldehyd, Peroxyd, Säure und Wasser bei Bestrahlung in abgeschmolzener Zelle

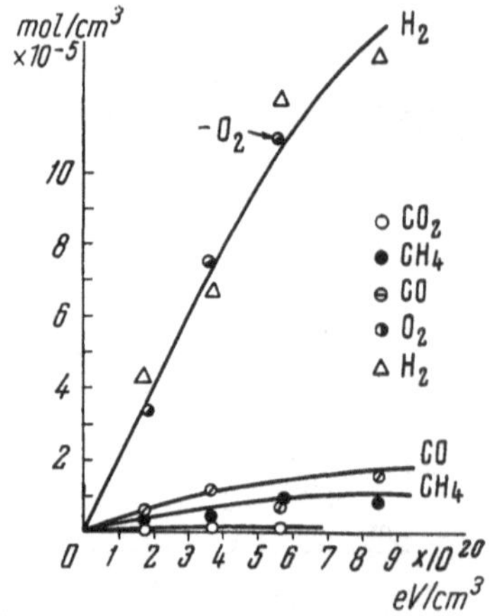

Abb. 18-9. Bildung gasförmiger Produkte bei Bestrahlung von sauerstoffgesättigtem Alkohol

tritt. Im Gegensatz dazu beobachtet man bezüglich des Peroxyds diese Verlangsamung sowohl im Sauerstoffstrom als auch bei Annäherung an den stationären Zustand infolge des Zerfalls dieser Verbindung. Bei der Aldehyd- und Säurebildung führt eine Verminderung der Sauerstoffkonzentration in der flüssigen Phase zu einer Abnahme der Ausbeute.

In Tabelle 18-4 sind die aus der Anfangsneigung der Kurven errechneten Ausbeuten zusammengestellt.

Tabelle 18-4

Ausbeute der Radiolyseprodukte von Alkohol in Gegenwart von Sauerstoff

(Bestrahlung im geschlossenen System)

Produkt	Ausbeute in Molekeln/100 eV	Produkt	Ausbeute in Molekeln/100 eV
Aldehyd	2,1	Kohlenoxyd	1,8
Peroxyd	0,9	Methan	0,9
Säure	3,6	Kohlendioxyd	0,1
Wasser	6,6	Absorption von Sauerstoff	11,3
Wasserstoff	12,0		

Ein Vergleich mit Tabelle 18–2 zeigt, daß die Ausbeute der flüssigen Produkte im geschlossenen System kleiner ist als im Sauerstoffstrom. Dieser Effekt ist hauptsächlich dadurch zu erklären, daß sich schon bei einer Dosis, die den ersten, die Neigung der Kurve bestimmenden Punkten entspricht, die Verminderung der Sauerstoffkonzentration im Alkohol relativ stark bemerkbar macht.

b) *Die Wirkung von Röntgenstrahlung*

Die Bestrahlung wurde, wie bei Elektronenstrahlen, in drei verschiedenen Versuchsreihen durchgeführt.

Die Dosisleistung schwankte in den verschiedenen Zellen von $1{,}5 \cdot 10^{16}$ bis $5 \cdot 10^{16}$ eV/cm^3 · s, d. h. sie entsprach der kleinsten mittleren Dosis der Elektronenstrahlung und war um eine Größenordung kleiner als die kleinste oben angeführte Dosis.

Mit Beginn der Röntgenbestrahlung von entgastem Alkohol bilden sich mit konstanter Geschwindigkeit die gleichen Radiolyseprodukte wie bei der Elektronenbestrahlung. Die Ausbeuten sind den bei Elektronenbestrahlung erhaltenen nahezu gleich, etwas geringer jedoch in einzelnen Fällen, wie aus einem Vergleich der Tabellen 18–5 und 18–1 hervorgeht.

Tabelle 18–5

Radiolyse von entgastem Alkohol unter Einwirkung von Röntgenstrahlen

Produkt	Ausbeute in Molekeln/100 eV	Produkt	Ausbeute in Molekeln/100 eV
Aldehyd	0,8	Kohlenoxyd	0,2
Wasser	1,2	Methan	0,1
Wasserstoff	6,0	Kohlendioxyd	0,04

Die Temperatur der bestrahlten Flüssigkeit betrug 25°. Die durchgeführten Versuche zeigten, daß die Aldehydausbeute im ununterbrochenen Wasserstoffstrom die gleiche wie im Vakuum ist.

Im Sauerstoffstrom führt die Röntgenbestrahlung von Alkohol zur Entstehung einer zusätzlichen Menge Aldehyd und zur Bildung von Säure. Die Ausbeute an Wasser und Peroxyd wurde in diesen Versuchen nicht bestimmt. Wie Abb. 18–10 zeigt, bilden sich mit Beginn der Strahleneinwirkung Aldehyd und Säure unabhängig voneinander mit einer konstanten Ausbeute von 3,1 und 1,2 Molekeln/100 eV.

Wenn die Verwendung von Röntgenstrahlung im Vergleich zur Elektronenstrahlung nur eine Verminderung der wahren Dosisleistung darstellen würde, müßte man nach Tabelle 18–2, besonders für den Aldehyd, größere Ausbeuten erwarten.

Bei der Röntgenbestrahlung wurde auch der Einfluß der Temperatur auf die Aldehyd- und Säureausbeute untersucht; die Versuche wurden bei 50°, 25° und 0° durchgeführt.

Die Aldehydausbeute ist im Wasserstoffstrom bei Abwesenheit von Sauerstoff temperaturabhängig. Abb. 18-11 zeigt, daß die ermittelten Werte für Temperaturen von — 10 bis + 50° auf einer Geraden liegen.

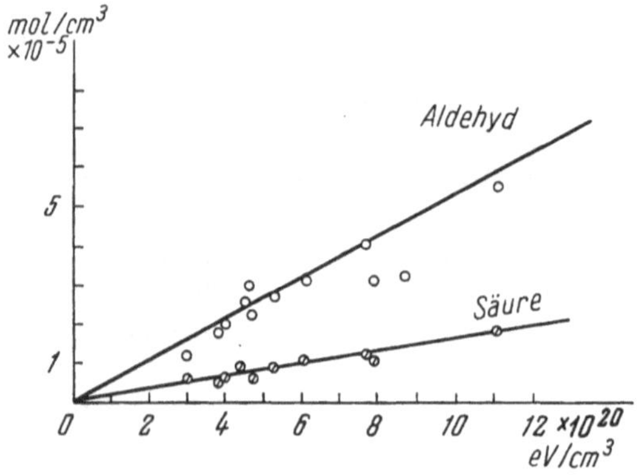

Abb. 18-10. Bildung von Aldehyd und Säure unter der Einwirkung von Röntgenstrahlung

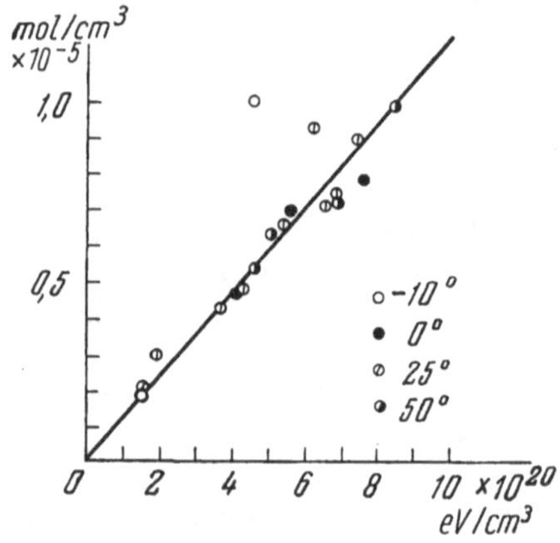

Abb. 18-11. Bildung von Aldehyd unter der Einwirkung von Röntgenstrahlung auf Alkohol in Abwesenheit von Sauerstoff bei verschiedenen Temperaturen

Im Gegensatz dazu ist diese Abhängigkeit in Gegenwart von Sauerstoff scharf ausgeprägt. Wie im Falle des Elektronenstroms wächst auch hier die Aldehydausbeute mit Erhöhung der Temperatur, während die Säureausbeute fällt, wie aus Tabelle 18-6 hervorgeht.

Tabelle 18-6

Einfluß der Temperatur auf die Aldehyd- und Säureausbeute bei der Oxydationsradiolyse von Alkohol unter Einwirkung von Röntgenstrahlen

Temperatur in °C	Aldehyd-Gesamtmenge	Aldehydmenge in Abwesenheit von O_2	Aldehydmenge in Gegenwart von O_2	Säuremenge
	in Molekeln/100 eV			
0	2,7	0,8	1,9	1,4
25	3,0	0,8	2,2	1,0
50	3,6	0,8	2,8	0,6

Die bei Einwirkung von Röntgenstrahlen auf sauerstoffgesättigten Alkohol in abgeschmolzener Zelle gebildeten gasförmigen und flüssigen Produkte wurden wie bei der Elektronenbestrahlung untersucht.

Abb. 18-12 gibt die Ausbeuten an Aldehyd, Peroxyd, Säure und Wasser wieder. Die Verlangsamung der Konzentrationszunahme infolge Sauerstoffmangels ist sehr deutlich (siehe Abb. 18–8). Analoge Kurven ergeben auch die gasförmigen Produkte. In Tabelle 18–7 sind die Ausbeuten, die aus der Anfangsneigung der Kurven errechnet wurden, zusammengestellt.

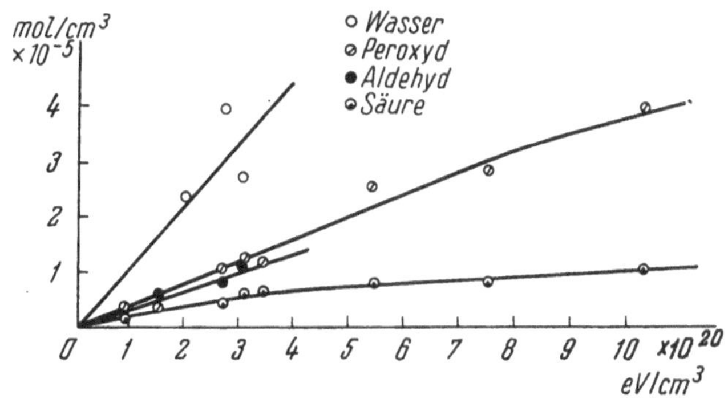

Abb. 18–12. Bildung flüssiger Produkte bei Einwirkung von Röntgenstrahlung auf Alkohol in abgeschmolzener Zelle

Tabelle 18–7

Ausbeute der Radiolyseprodukte von Alkohol in Gegenwart von Sauerstoff
(Röntgenstrahlung, geschlossenes System)

Produkt	Ausbeute in Molekeln/100 eV	Produkt	Ausbeute in Molekeln/100 eV
Aldehyd	2,1	Kohlenoxyd	1,1
Peroxyde	2,4	Methan	0,7
Säure	1,5	Kohlendioxyd	0,16
Wasser	6,5	Absorption von Sauerstoff	11,0
Wasserstoff	11,1		

Die Ausbeuten der unter Einwirkung von Elektronen- und Röntgenstrahlung gebildeten Produkte sind bei entgastem Alkohol fast die gleichen.

2. Besprechung der Ergebnisse

Die Ausbeute an Radiolyseprodukten des Äthylalkohols, besonders bei der Oxydationsradiolyse, ist im Vergleich zu den Kohlenwasserstoffen relativ groß.

Die Gesamtausbeute der untersuchten Radiolyseprodukte des Alkohols beträgt im Vakuum 9,6 Molekeln/100 eV bei Elektronenstrahlen und 8,3 Molekeln/100 eV bei Einwirkung von Röntgenstrahlung. Sie erreicht in Gegenwart von Sauerstoff Werte von 28 bzw. 25,6 Molekeln/100 eV.

Wenn man bei mit Sauerstoff bei Atmosphärendruck gesättigtem Alkohol auf jede O_2-Molekel $\sim$3000 Molekeln C_2H_5OH annimmt, so erscheint die Annahme begründet, daß die Strahlung ausschließlich mit den Alkoholmolekeln in Wechselwirkung tritt. Die dabei entstehenden aktiven Teilchen reagieren mit Sauerstoff und bilden Oxydationsprodukte. Sie können aber auch an solchen radiolytischen Prozessen teilnehmen, die in Abwesenheit von Sauerstoff verlaufen. Die geringe Sauerstoffkonzentration legt die Vermutung nahe, daß die Ausbeute bei Anwesenheit von Sauerstoff unverändert bleibt. Somit muß man für die Produkte, deren Ausbeute in Gegenwart von Sauerstoff wächst, verschiedene Bildungsreaktionen mit und ohne Beteiligung von Sauerstoff annehmen. Die Oxydationsradiolyse von Alkohol zeigt dies besonders deutlich bezüglich Wasserstoff, Aldehyden und Wasser.

Die Kenntnis von Art und Menge primärer Ionen und angeregter Molekeln, die in einem gegebenen System bei der Wechselwirkung mit Strahlung entstehen, ermöglicht die Aufstellung entsprechender Reaktionsmechanismen. Literaturangaben über Ionisationskoeffizienten [18–5] und massenspektroskopische Untersuchungen [18–6] an Alkoholdämpfen ermöglichen folgende Berechnung: Pro 100 eV absorbierter Strahlungsenergie bilden sich ~ 4 Ionenpaare, wobei das mittlere Ionisationspotential 13 bis 14 eV beträgt. Folglich werden zur Anregung der Molekeln 40 bis 50 eV verbraucht.

Die Natur dieser Ionen und die Menge der die Ionen begleitenden oder sich aus ihnen bildenden Radikale (z. B. CH_3, CH_2OH, H, OH) spielen eine wesentliche Rolle in den Folgereaktionen. Man kann annehmen, daß nur einige der festgestellten Produkte, z. B. Methan, Formaldehyd und Kohlenoxyd, quantitativ gebildet werden können. Die Bildung eines großen Teils der mit hoher Ausbeute entstehenden Verbindungen ist nicht allein durch Ionisation der Molekeln zu erklären. Man muß auch die primär angeregten Molekeln in Betracht ziehen. Unter Anregung von Alkoholmolekeln verlaufende Reaktionen sind aus photochemischen Untersuchungen bekannt.

So beschreibt z. B. PATAT [18–7] die Bildung von Acetaldehyd und Wasserstoff bei der Einwirkung von Licht auf dampfförmiges Äthanol. Nach FARKAS und HIRSCHBERG [18–8] übertrifft bei photochemischen Reaktionen in wäßrigen Äthanollösungen die Wasserstoffausbeute die Aldehydausbeute um das 10fache, was der gleichzeitigen Bildung von Keten nach folgenden Reaktionen zugeschrieben wird:

$$CH_3CH_2OH \xrightarrow{h\nu} CH_3CHO + H_2 \tag{18–1}$$

$$CH_3CH_2OH \xrightarrow{h\nu} CH_2{=}CO + 2\,H_2 \tag{18–2}$$

Die Quantenenergie in diesen Versuchen betrug ~ 6 eV. Man kann analog annehmen, daß bei Absorption einer Strahlenenergie von 100 eV im Alkohol gleichzeitig mit der Bildung von 4 Ionenpaaren ungefähr 8 Alkoholmolekeln in einen derartigen Anregungszustand übergehen, der die erste und auch die zweite Reaktion ermöglicht. Somit entsteht durch primäre Anregung der Alkoholmolekeln bei der Radiolyse von entgastem Alkohol Wasserstoff mit einer Ausbeute von 6 Molekeln/100 eV, sowie Acetaldehyd mit einer Ausbeute von 1 Molekel/100 eV. Die Temperaturabhängigkeit der Acetaldehydausbeute bestätigt den molekularen Mechanismus der

Reaktion. Die angeregten Molekeln können auch nach folgendem Schema in Radikale zerfallen:

$$CH_3CH_2OH \rightsquigarrow CH_3\dot{C}HOH + H. \qquad (18\text{-}3)$$

In flüssiger Phase ist die Wahrscheinlichkeit der Rekombination solcher Radikalpaare in Abwesenheit von Akzeptoren ziemlich groß. Diese Radikalpaare sind anscheinend auch an der Bildung von Glykolen beteiligt.

Die Bildung von Wasser bei der Radiolyse entgasten Alkohols ist sehr wahrscheinlich durch Ionisationszerfall zu erklären.

In Gegenwart von Sauerstoff beobachtet man ein starkes Anwachsen der Ausbeute an Wasserstoff (von 6 bis 12 Molekeln/100 eV), Aldehyd, Wasser und das Auftreten neuer sauerstoffhaltiger Produkte. Diese Besonderheiten der Oxydationsradiolyse sind durch Vereinigung des molekularen Sauerstoffs mit dem Radikal CH_3CHOH, das nach Reaktion (18-3) entsteht, zu erklären. Es ergeben sich daraus folgende Reaktionen:

$$CH_3\dot{C}HOH + O_2 \rightarrow CH_3\overset{\textstyle H}{\underset{\underset{\textstyle O-O-}{|}}{C}}-OH \qquad (18\text{-}4)$$

$$H + CH_3CH_2OH \rightarrow CH_3\dot{C}HOH + H_2 \qquad (18\text{-}5)$$

$$CH_3\overset{\textstyle H}{\underset{\underset{\textstyle O-O-}{|}}{C}}-OH + CH_3CH_2OH \rightarrow CH_3\overset{\textstyle H}{\underset{\underset{\textstyle O-OH}{|}}{C}}-OH + CH_3\dot{C}HOH. \qquad (18\text{-}6)$$

Eine weitere Wechselwirkung der nach (18-5) und (18-6) gebildeten Radikale mit Sauerstoff muß zu einer Kettenreaktion führen.

Aldehyd und Säure entstehen anscheinend aus dem gleichen Peroxydradikal, da eine Änderung der Temperatur und der Dosisleistung die Gesamtausbeute nicht beeinflußt. Mit Anwachsen der Aldehydausbeute fällt die Säureausbeute, wobei die Summe beider konstant bleibt.

Oxyäthylhydroperoxyd kann bei Abspaltung von Wasserstoffperoxyd in Acetaldehyd und bei Abspalten von Wasser in Essigsäure übergehen. Das gleichzeitige Anwachsen von Wasser- und Säureausbeute weist auf eine enge Verbindung hin. Die Bildung von Säure ist auch durch die Anlagerung von Sauerstoff an das Äthylenradikal und anschließenden Übergang in das Isomere möglich, jedoch ist die Bildung solcher Radikale bei Äthanol im Vergleich zur beobachteten Menge Säure zu klein.

Der Sauerstoff kann außerdem bei der Reaktion mit Keten unter Bildung von in dieser Arbeit nicht berücksichtigten Produkten verbraucht werden. Die große Ähnlichkeit der Ausbeuten an Wasserstoff in Gegenwart von Sauerstoff (12 Molekeln/100 eV) mit der Größe der Sauerstoffabsorption (11 Molekeln/100 eV) bestätigt diese Vermutung.

In Gegenwart von Sauerstoff spielt nach dem vorgeschlagenen Reaktionsschema die Reaktion der Radikale mit den Molekeln des Ausgangsalkohols, welche zu erneuter Bildung primärer Radikale führt, eine entscheidende Rolle.

Solche Reaktionen, die unter analogen Bedingungen bei den Kohlenwasserstoffen als wenig wahrscheinlich angesehen wurden, überwiegen im Alkohol infolge der großen Beweglichkeit des Wasserstoffs in der primären Alkoholgruppe.

Somit hängt der Charakter der ablaufenden strahlungschemischen Prozesse, insbesondere ein für die Größe der Ausbeute so wichtiges Moment wie Ketten- oder Nichtkettenmechanismus der Reaktionen, von der Anwesenheit einer bestimmten funktionellen Gruppe und ihrem Einfluß auf die chemische Stabilität der Molekel ab. Die Klärung der Abhängigkeit des Mechanismus und der Ausbeute der unter der Einwirkung ionisierender Strahlen verlaufenden Reaktionen von den chemischen Eigenschaften der bestrahlten Stoffe ist eine der wichtigsten Aufgaben der Strahlungschemie.

Zusammenfassung

a) Es wurde die Einwirkung von Elektronen- und Röntgenstrahlen auf Äthanol in Gegenwart und in Abwesenheit von molekularem Sauerstoff untersucht.

b) Bei der Radiolyse von entgastem Alkohol bilden sich Acetaldehyd, Wasser, Wasserstoff, Methan und Kohlenoxyd. Die Gesamtausbeute an diesen Produkten betrug $\sim$9 Molekeln/100 eV.

c) In Gegenwart von molekularem Sauerstoff steigt die Ausbeute an diesen Produkten stark an (z. B. für Wasserstoff von 6 auf 12 Molekeln/100 eV); außerdem entstehen Peroxyde und Säure. Die Gesamtausbeute übersteigt 25 Molekeln/100 eV.

d) Die relative Ausbeute an Aldehyd und Säure wird in Gegenwart von O_2 durch Änderung der Temperatur und der Dosisleistung beeinflußt. Dabei ändert sich die Gesamtausbeute jedoch nicht. Die Wirkung von Elektronen- und Röntgenstrahlung auf Äthanol zeigt keine wesentlichen Unterschiede.

e) Auf Grund der Ergebnisse über die Radiolyseprodukte werden Vorschläge für Reaktionsschemata gemacht. Danach überwiegt in Abwesenheit von Sauerstoff die Bildung von Aldehyd und Keten. In Gegenwart von Sauerstoff sind Radikalreaktionen unter Vereinigung des $CH_3\dot{C}HOH$-Radikals mit molekularem Sauerstoff zu erwarten.

LITERATURVERZEICHNIS

[18-1] Vorliegender Sammelband, S. 145 und 146.

[18-2] MAC DONNEL, W. R. und NEWTON, A. S., Chem. Abstr. **16**, 836 (1951).

[18-3] SKRABA, W. I., BURR, J. G. und HESS, A. S., J. chem. Physics, **21**, 1296 (1953); C. **1953**, 8823.

[18-4] NASH, L. K., Ind. Engng. Chem., analyt Edit., **18**, 505 (1946).

[18-5] LIND, S., The Chemical effects of α-particles and electrons. 1928, S. 36.

[18-6] GIFFORD, A. P., ROCK, S. M. und CAMAFORD, D. S., Analytic. Chem., **21**, 1026 (1949).

[18-7] PATAT, F. und HOCH, H., J. Elektrochem., **41**, 494 (1935).

[18-8] FARKAS, L. und HIRSCHBERG, J. J. Amer. chem. Soc., **59**, 2450, 1937.

19. N. A. BACH und W. W. SARAJEWA

Die Oxydation organischer Verbindungen durch molekularen Sauerstoff unter Einwirkung ionisierender Strahlung

IV. Die Oxydationsradiolyse von Essigsäure

Die vorangehenden Arbeiten [19–1] zeigten, daß bei der Einwirkung ionisierender Strahlung auf flüssige Kohlenwasserstoffe und Äthanol in Anwesenheit von Sauerstoff Peroxyde, Carbonylverbindungen, Säuren und Wasser entstehen. Bei der allgemeinen Ähnlichkeit der Radiolyseprodukte ändert sich der Verlauf ihrer Bildungsreaktionen entscheidend mit der Anwesenheit einer Hydroxylgruppe in der Ausgangsmolekel.

Man kann erwarten, daß die Empfindlichkeit organischer Verbindungen gegenüber der Oxydationsradiolyse von der Natur der in eine Molekel eingeführten funktionellen Gruppen abhängt. Von besonderem Interesse ist bei gleicher Anzahl von Kohlenstoffatomen in der Kette der Vergleich einer Hydroxylgruppe mit einer Carboxylgruppe, z. B. von Äthanol mit Essigsäure. Beide Molekeln enthalten eine Methylgruppe, so daß die unmittelbare Teilnahme ihrer Wasserstoffatome an den strahlungschemischen Prozessen zu einer deutlichen Analogie in Art und Ausbeute der entsprechenden Produkte führen müßte.

Wenn allerdings nach dem Reaktionsschema in Kapitel 18 angenommen wird, daß die große Ausbeute an Radiolyseprodukten bei der Oxydationsradiolyse von Alkohol mit der Beweglichkeit des Wasserstoffs in der Hydroxylgruppe zusammenhängt, so muß zwischen beiden Verbindungen ein deutlicher Unterschied vorhanden sein.

In der Literatur findet man zwar Angaben über die Wirkung von α-Teilchen auf gasförmige und feste Essigsäure in Abwesenheit von Sauerstoff [19–2], [19–3], aber keine Angaben über die Wirkung von Strahlung auf flüssige Essigsäure in Anwesenheit von Sauerstoff. Eine umfassende Untersuchung über die Wirkung beschleunigter Heliumionen auf wäßrige Essigsäure [19–4] ergab die Bildung von verschiedenen mehrbasischen Säuren und von Oxysäuren. Da jedoch in wäßrigen Lösungen bei den untersuchten Konzentrationen die Reaktion hauptsächlich zwischen Strahlung und Wasser, nicht aber mit dem gelösten Stoff stattfindet, können diese Ergebnisse zur Beurteilung des Verhaltens von Essigsäure bei unmittelbarer Bestrahlung wenig beitragen.

In der vorliegenden Arbeit wurde nun der Versuch gemacht, den vollständigen Zusammenhang zwischen den gebildeten Oxydationsprodukten und dem Sauerstoffverbrauch klarzustellen. Zu diesem Zwecke wurde die flüssige Phase auf Peroxyde, Aldehyde und Ketone und das entstehende Gas auf Wasserstoff, Kohlenoxyd,

Methan und Kohlendioxyd analysiert. In erster Linie interessierte die Bildung primärer Produkte der strahlungschemischen Reaktionen bei Beginn der Strahlungseinwirkung. Die Untersuchung wurde in einem genügend weiten Dosisintervall durchgeführt, um ein allgemeines Bild einschließlich der sekundären Prozesse zu erhalten, die mit dem Zerfall der peroxydartigen Verbindungen zusammenhängen und zur Bildung stabiler Endprodukte führen.

1. Methodik

Die Bestrahlung. Als Strahlungsquelle wurden Röntgenröhren der gleichen Type wie in Kapitel 16 benutzt.

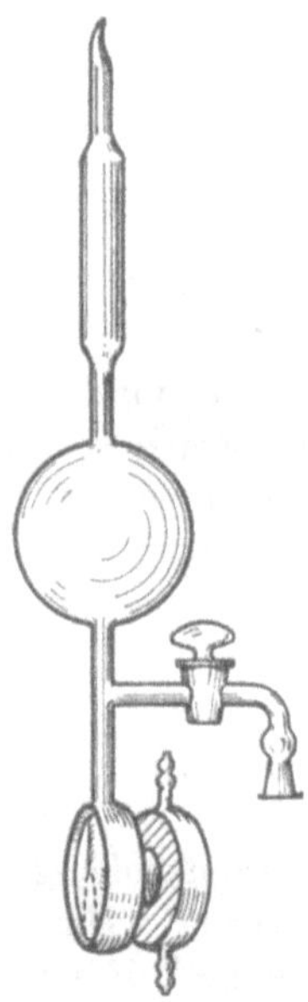

Abb. 19-1. Zelle zur Bestrahlung von Essigsäure

In Abb. 19-1 ist eine thermostatierte Membranzelle dargestellt, die zum Auffangen der entstehenden Gase diente und in Verbindung mit einer Gasanalyseapparatur stand. Die Sättigung mit Sauerstoff erfolgte durch eine Kapillare, die durch einen Ansatz eingeführt wurde. Dieser Ansatz wurde nach dem Einleiten des Gases abgeschmolzen und diente später bei der Gasanalyse zum Ausfrieren der Essigsäure.

Die Dosisleistung bei der Bestrahlung betrug $5 \cdot 10^{15}$ bis $1{,}4 \cdot 10^{16}$ eV/cm$^3 \cdot$ s, das Volumen der bestrahlten Flüssigkeit $\sim$5 bis 7 cm^3.

2. Analysenmethoden

Peroxydverbindungen. Die Bestimmung der Peroxyde vom Typ R_1OOR_2, ROOH und H_2O_2 basiert auf deren unterschiedlicher Reaktionsgeschwindigkeit mit HJ. Zum Unterschied von der in Kapitel 16 beschriebenen Methode wurden die Peroxyde vom Typ R_1OOR_2 statt durch Erwärmung oder 24stündiges Aufbewahren unter Zugabe von H_2SO_4 (Endverdünnung $^1/_5$) bestimmt. Die gleiche Genauigkeit dieser drei Methoden, d. h. Bestimmung des ausgeschiedenen Jods, konnte in Testversuchen nachgewiesen werden.

Die Peroxydbestimmung mit Titan-Reagens erfaßt die Summe aus Wasserstoffperoxyd und Acetylhydroperoxyd [19-5].

Aldehyde. Die Aldehyde wurden colorimetrisch mit Fuchsin bestimmt. Bei einem p_H-Wert von 2,7 bis 3 ergibt sowohl Formaldehyd als auch Acetyldehyd eine beständige Farbe, bei $p_H = 1$ jedoch nur Formaldehyd [19-6].

Aceton. Die Analyse des Acetons erfolgte colorimetrisch mit Salicylaldehyd [19-7].

Gasanalyse. H_2, CO, CH_4 und CO_2 wurden nach einer Standardverbrennungsmethode mit anschließender Absorption bestimmt. Die Analyse war für eine Gesamtgasmenge von 5 bis 7 cm^3 ausgearbeitet. Das Sauerstoffvolumen über der bestrahlten Flüssigkeit war groß genug (40 cm^3), um eine 10 bis 15% übersteigende Druckerhöhung während des Versuches zu vermeiden.

Zur genaueren Bestimmung des Gesamtgasvolumens über der Flüssigkeit in der Anfangsphase der Bestrahlung wurde eine von P. I. DOLIN ausgearbeitete Methode benutzt, bei der die Membran der Zelle als Manometer dient [19–8].

Diese Methode erlaubte, in Verbindung mit den Werten der Gasanalyse, die Bestimmung der Sauerstoffabsorption bei kleinen Gesamtdosen.

3. Untersuchungsergebnisse

Wie aus Abb. 19–2 hervorgeht, setzt mit Beginn der Bestrahlung der Essigsäure in Abwesenheit von Sauerstoff eine Gasentwicklung ein.

In dieser, wie in allen folgenden Kurven, ist auf der Abszisse die absorbierte Energie in eV/1 cm^3, und auf der Ordinate die Menge der gebildeten Produkte in Mikromolen, bezogen auf 1 cm^3 bestrahlte Flüssigkeit, aufgetragen. Bei der Bestrahlung von sauerstoffgesättigter Essigsäure entsteht bis zu Dosen von $\sim 2 \cdot 10^{20}$ eV/cm^3 praktisch kein Gas.

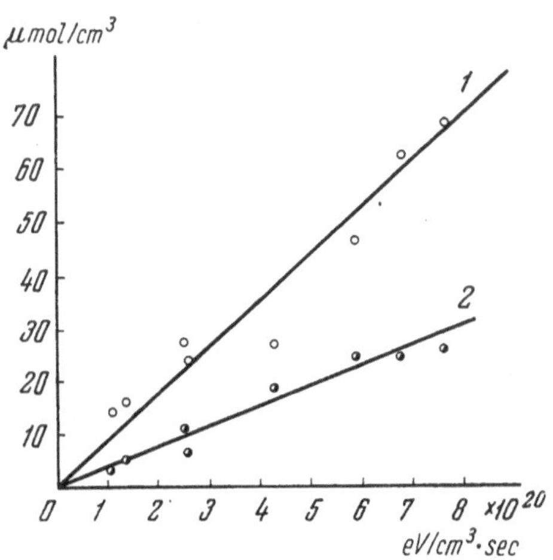

Abb. 19–2. Gasentwicklung bei Bestrahlung in Abwesenheit von Sauerstoff
1: Gesamtmenge; *2*: CO_2-Menge

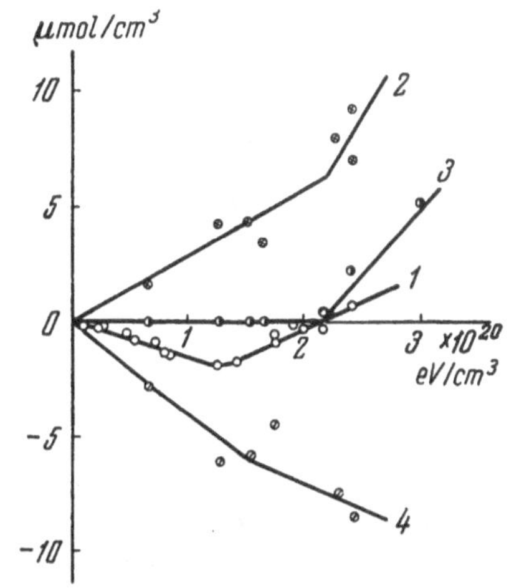

Abb. 19–3. Gasentwicklung bei Bestrahlung in Gegenwart von Sauerstoff
1: Gesamtänderung des Gasvolumens; *2*: CO_2-Entwicklung; *3*: Methan-Entwicklung; *4*: Sauerstoffabsorption

Die Gasanalyse ergab, daß sich während dieser Induktionsperiode nur CO_2 bildet. Danach entwickelt sich CH_4, während CO und H_2 praktisch bei allen Dosiswerten fehlen. Aus der Gesamtänderung der Gasmenge über der Flüssigkeit und der Menge des gebildeten CO_2 wurde das Volumen des absorbierten Sauerstoffs errechnet. Die entsprechenden Werte sind in Abb. 19–3 aufgezeichnet. Dem Ende der Induktionsperiode entspricht eine verstärkte CO_2-Entwicklung sowie das Auftreten von CH_4.

Gleichzeitig wurde die flüssige Phase auf Peroxyde und Aldehyde untersucht. Die mit der Gasanalyse kombinierten Versuche wurden ohne Durchmischung des

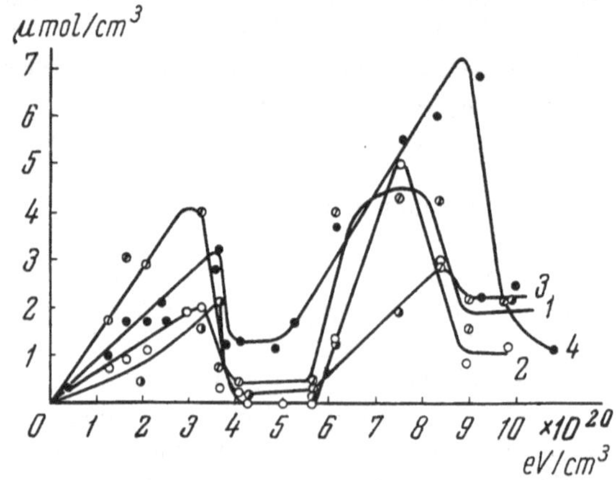

Abb. 19-4. Bildung von Peroxyden und Aldehyd bei Bestrahlung in Gegenwart von Sauerstoff im geschlossenen System ohne Durchmischung
1: ROOH; *2*: AcOOH + H_2O_2; *3*: R_1OOR_2; *4*: Aldehyd

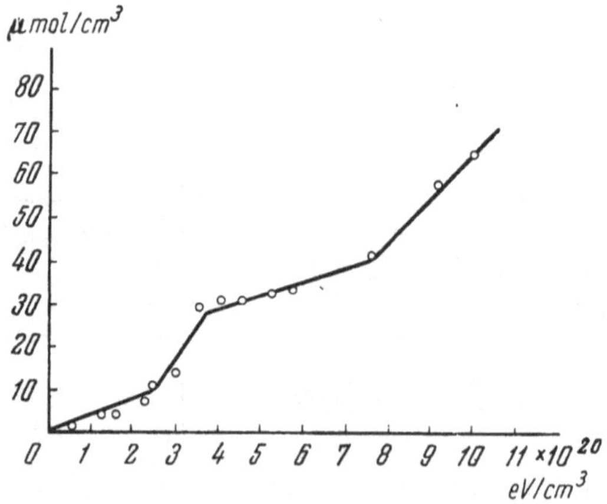

Abb. 19-5. Gesamtmenge an Kohlendioxyd und Methan bei Bestrahlung in Gegenwart von Sauerstoff

Systems durchgeführt. Der Sauerstoffzutritt aus der Gasphase in die Flüssigkeit war durch Diffusion aus einer Kapillare begrenzt. Abb. 19-4 zeigt die unter diesen Bedingungen erhaltenen Ergebnisse.

Die Bildung der Bestrahlungsprodukte weist eine deutliche Periodizität auf. Sie entstehen, entsprechend der Dosis, vor allem von Beginn der Gasentwicklung an bis zum Maximum der ersten Welle. Gleichzeitig mit der Gasbildung erfolgt der Zerfall der Peroxydverbindungen, wobei die intensive Gasentwicklung die Durchmischung der Flüssigkeit fördert. Einer erneuten Peroxydbildung entspricht eine Verlangsamung der Gasentwicklung, während, wie aus Abb. 19–5 hervorgeht, dem anschließenden Zerfall der Peroxyde eine neue Beschleunigung folgt.

Der relativ einfache Aufbau des Systems ermöglicht mit genügender Sicherheit die Peroxyde R_1OOR_2 und ROOH festzustellen. Eine Analyse auf Aldehyde ergibt, daß sich in Gegenwart von Sauerstoff nur Formaldehyd bildet. In Abwesenheit von Sauerstoff treten keine Aldehyde auf.

Die oben beschriebene Periodizität verschwindet, wenn während der Bestrahlung dauernd Sauerstoff durch das System strömt. Das Bild ist den für die Kohlen-

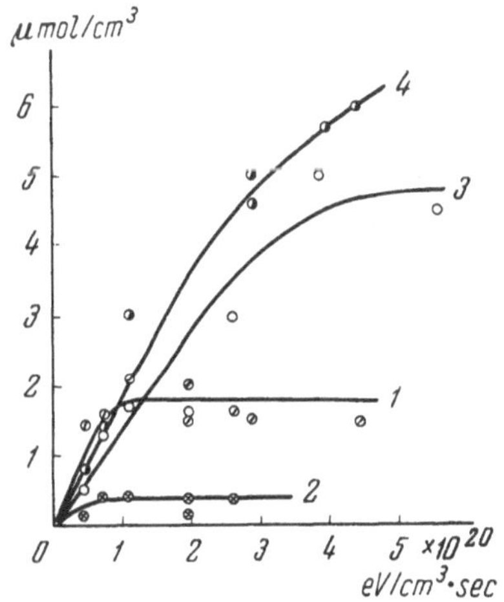

Abb. 19-6. Bildung von Peroxyden und Aldehyd in Essigsäure bei Bestrahlung im Sauerstoffstrom

1: ROOH; 2: AcOOH + H_2O_2; 3: R_1OOR_2; 4: Aldehyd

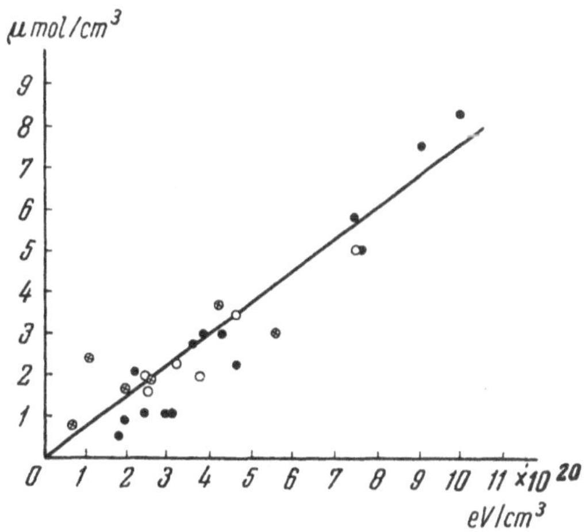

Abb. 19-7. Bildung von Aceton

○ in Stickstoff, ⊗ im Sauerstoffstrom

● im geschlossenen System

wasserstoffe und den Alkohol beschriebenen völlig analog. Entsprechende Werte zeigt Abb. 19-6. Ein Vergleich mit Abb. 19-4 ergibt, daß die relative Menge der Oxydationsprodukte durch die Bedingungen der Sauerstoffzufuhr beeinflußt wird.

Außer den Produkten der Oxydationsradiolyse treten in der bestrahlten Säure auch Stoffe auf, wie z. B. Aceton, die nicht von der Ab- oder Anwesenheit des Sauerstoffs abhängen. Nach Abb. 19-7 führt die Bildung von Aceton in Stickstoffatmosphäre, im ununterbrochenen Sauerstoffstrom oder bei Sauerstoffabwesenheit zur gleichen Ausbeute.

Aus der Anfangsneigung der Kurven wurden die entsprechenden Werte der strahlungschemischen Ausbeute in Abhängigkeit von der Gesamtdosis errechnet (siehe Tabelle 19-1).

Tabelle 19-1

Reaktionsprodukt	Ausbeute in Molekeln/100 eV		
	geschlossenes, mit O_2 gesättigtes System	im O_2-Strom	in Abwesenheit von O_2
Wasserstoffperoxyd und Acetylhydroperoxyd	0,38	0,36	—
Zweifach substituiertes Peroxyd (Acetylperoxyd)	0,30	0,78	—
Alkylhydroperoxyd (Methylhydroperoxyd)	0,83	1,1	—
Formaldehyd	0,53	1,1	—
Aceton	0,45	0,45	0,45
Kohlendioxyd	2,4	(2,4) *)	2,4
Gesamtgasmenge	2,4	—	5,4

*) Bei den im Sauerstoffstrom durchgeführten Versuchen wurde CO_2 nicht unmittelbar bestimmt.

4. Besprechung der Ergebnisse

Wie bereits erwähnt, kann man aus massenspektrometrischen Meßwerten die Natur der Ionen und Radikale aufklären, die sich bei der Einwirkung von Strahlung auf eine bestimmte organische Verbindung bilden. In Essigsäure wurden massenspektrometrisch [19-9] folgende Ionen festgestellt: CO^+, $COOH^+$ und CH_3CO^+. Bei der Bildung dieser Ionen aus der Molekel müssen die Radikale $\dot{C}H_3$ und OH entstehen. In den angeregten Molekeln, welche gleichzeitig mit den Ionen entstehen, kann man ähnliche Reaktionen wie bei photochemischem Zerfall erwarten.

Bei Einwirkung von ultraviolettem Licht ($\lambda = 1200$ Å, $h\nu = 10$ eV) dissoziiert die Essigsäuremolekel unter Abspaltung von Hydroxyl, d. h. unter Bildung der Radikale $CH_3\dot{C}O$ und $\dot{O}H$ [19-10]. Die Absorption von Quanten mit kleinerer Energie (~ 6 eV) führt zur Dissoziation der Molekel in die Radikale $\dot{C}H_3$ und $\dot{C}OOH$ [19-11]. Somit entstehen in Essigsäure bei Absorption von Strahlungsenergie sowohl durch Ionisation als auch durch Anregung die Radikale $CH_3\dot{C}O$, $\dot{C}H_3$, $\dot{O}H$ und $\dot{C}OOH$.

Die Bildung von Oxydationsradiolyseprodukten beruht auf der Reaktion dieser Radikale mit molekularem Sauerstoff. Es wurden Peroxydverbindungen, Formaldehyd und Aceton festgestellt, wobei — wie gezeigt wurde — die Entstehnng des Acteons unabhängig vom Sauerstoff ist. Die Peroxydverbindungen wurden in drei Gruppen eingeteilt. Zum ersten Typ gehören Acylhydroperoxyde und Wasserstoffperoxyd. In dem untersuchten System ist die Bildung von Acetylhydroperoxyd am wahrscheinlichsten. Sie verläuft vermutlich nach folgendem Schema:

$$CH_3\dot{C}O + O_2 \rightarrow CH_3C(=O)-O-\dot{O}$$

$$CH_3C(=O)-O-\dot{O} + CH_3COOH \rightarrow CH_3C(=O)-O-O-H + \dot{C}H_2COOH. \qquad (19-1)$$

Die Reaktion eines Radikals $R\dot{O}_2$ mit einer Molekel Essigsäure ist durch die genügend große Beweglichkeit des H-Atoms in der CH_3-Gruppe der Essigsäure möglich [19–12].

Zum zweiten Peroxydtyp gehören die Alkylhydroperoxyde. Im vorliegenden Falle kann sich als primäres Produkt nur Methylhydroperoxyd nach folgendem Schema bilden:

$$\dot{C}H_3 + O_2 \rightarrow CH_3{-}O{-}\dot{O}$$

$$CH_3{-}O{-}\dot{O} + CH_3COOH \rightarrow CH_3{-}O{-}O{-}H + \dot{C}H_2COOH. \qquad (19\text{-}2)$$

Dem dritten Typ gehören die zweifachsubstituierten Peroxyde vom Typ R_1OOR_2 an. Im Falle der Essigsäure können Acetylperoxyd, Methylacetylperoxyd und Dimethylperoxyd entstehen. Die Peroxyde vom Typ R_1OOR_2 dürften sich, wie bei den Kohlenwasserstoffen, durch Anlagerung des primären Radikals $\dot{R}_2$ an das Peroxydradikal $R_1O\dot{O}$ bilden.

Die Entstehung von Formaldehyd kann durch Isomerisierung und Spaltung des Radikals $CH_3{-}O{-}\dot{O}$ nach folgendem Schema erklärt werden [19–13]:

$$\mathrm{H\overset{H}{\underset{H}{C}}{-}O{-}\dot{O}} \rightarrow \mathrm{H\overset{H}{\underset{\substack{|\\ O-OH}}{C^{\cdot}}}} \rightarrow \mathrm{H\overset{H}{C}{=}O} + \dot{O}H \qquad (19\text{-}3)$$

Die Bildung von Aceton bei der Bestrahlung der Essigsäure erfordert die Beteiligung von zwei Molekeln. Diese Reaktion kann unter intermediärer Bildung von Acetessigsäure (CH_3COCH_2COOH) und nachfolgender Abspaltung von CO_2 verlaufen.

Eine Bestätigung des vorgeschlagenen Bildungsmechanismus der primären Oxydationsradiolyse-Produkte kann einerseits durch Vergleich der Ausbeute der unter CO_2-Bildung entstehenden Produkte, mit der gefundenen CO_2-Menge erbracht werden, sowie andererseits durch Vergleich der Ausbeute der sich unter Sauerstoffverbrauch bildenden Produkte mit der Menge des verbrauchten Sauerstoffs.

Die Tabellen 19–2 und 19–3 enthalten entsprechende Werte.

Tabelle 19–2

Kohlensäure-Bilanz

Gemessene CO_2-Menge in Molekeln/100 eV	Reaktion	Errechnete Ausbeute in Molekeln/100 eV
	1. $2\,CH_3COOH \rightarrow CH_3COCH_3 + CO_2 + H_2O$	0,45
	2. $CH_3COOH + O_2 \rightarrow CH_3OOH + CO_2$	0,83
	3. $CH_3COOH + O_2 \rightarrow CH_2O + CO_2 + H_2O$	0,53
2,4		Summe 1,8

Tabelle 19-3

Sauerstoff-Bilanz

O_2-Absorption in Molekeln/100 eV	Reaktion	O_2-Verbrauch in Molekeln/100 eV
	1. $CH_3\overset{O}{\overset{/\!/}{\dot{C}}} + O_2 \rightarrow CH_3\overset{O}{\overset{/\!/}{C}}-O-O^{\bullet}$	0,38
	2. $\dot{C}H_3 + O_2 \rightarrow CH_3-O-\dot{O}$	0,83
	3. $\dot{R}_1 + O_2 + \dot{R}_2 \rightarrow R_1-O-O-R_2$	0,30
	4. $\dot{C}H_3 + O_2 \rightarrow CH_2O + \dot{O}H$	0,53
2,4		Summe 2,0

Die gebildeten Mengen stimmen zu $\sim 80\,\%$ mit dem Sauerstoffverbrauch und den entsprechenden Kohlensäuremengen überein, was unter Berücksichtigung der kleinen absoluten Mengen der gebildeten Stoffe als befriedigende Übereinstimmung angesehen werden kann. Die wichtigsten strahlungschemischen Reaktionen werden somit durch die vorgeschlagenen Schemata richtig — wenn auch möglicherweise nicht erschöpfend — wiedergegeben.

Wie schon bei der Erörterung der Werte der Gasanalyse erwähnt wurde, entspricht das Ende der Induktionsperiode dem Zerfall der Peroxydverbindungen. Der Bildung von Methan geht eine zusätzliche Kohlensäurebildung parallel. Das Nichtauftreten von Methan während der Induktionsperiode zeigt, daß die im Falle der Essigsäurebestrahlung gebildeten $\dot{C}H_3$-Radikale sofort von molekularem Sauerstoff unter Bildung des Radikals $CH_3—O—\dot{O}$ abgefangen werden. Die Reaktion

$$\dot{C}H_3 + CH_3COOH \rightarrow CH_4 + \dot{C}H_2COOH$$

ist daher praktisch ausgeschlossen.

Wie Kahrasch [19-14] zeigte, entstehen beim thermischen Zerfall von Acetylperoxyd CO_2 und CH_4 nach folgenden Schema:

$$CH_3-\overset{O}{\overset{/\!/}{C}}-O-O-\overset{O}{\overset{/\!/}{C}}-CH_3 \rightarrow 2\,CH_3-\overset{O}{\overset{/\!/}{C}}-\dot{O}$$

$$CH_3\overset{O}{\overset{/\!/}{C}}-\dot{O} \rightarrow \dot{C}H_3 + CO_2 \qquad (19\text{-}4)$$

$$\dot{C}H_3 + CH_3COOH \rightarrow CH_4 + \dot{C}H_2COOH.$$

Dieses Schema erklärt die Entstehung von Gasen nach Beendigung der Induktionsperiode, wenn man voraussetzt, daß Acetylperoxyd und Acetylhydroperoxyd unter gleichen Bestrahlungsbedingungen nach einer analogen Reaktion zerfallen und die Peroxyde vom Typ R_1OOR_2 ohne Ausnahme als Acetylperoxyde vorliegen.

Beim Zerfall des Acetylhydroperoxyds bilden sich je eine, beim Zerfall des Acetylperoxyds je zwei Molekeln CO_2 und CH_4. Wie Abb. 19-4 zeigt, entspricht dies einer

CO_2- bzw. CH_4-Menge von 12,4 mol/cm³, während die Versuchsdaten aus Abb. 19-3 eine Gasmenge von 16 mol/cm³ ergeben. Dabei entstehen CO_2 und CH_4 in gleicher Menge. Methylhydroperoxyd zerfällt unter den gegebenen Bedingungen ohne Gasentwicklung.

Ein Vergleich der Gesamtausbeute der bei Bestrahlung von Essigsäure in Gegenwart und in Abwesenheit von Sauerstoff entstehenden Produkte ergibt nahezu gleiche Werte (6,2 Molekeln/100 eV und entsprechend 5,9 Molekeln/100 eV). Dies zeigt, daß in beiden Fällen in der Hauptsache die gleichen primären Radikale an den Reaktionen teilnehmen.

Nach Kapitel 18 betrug die Gesamtausbeute bei der Radiolyse von Äthylalkohol unter denselben Bestrahlungsbedingungen 25,6 Molekeln/100 eV in Gegenwart und 8,3 Molekeln/100 eV bei Abwesenheit von Sauerstoff. Äthylalkohol unterscheidet sich demnach von der Essigsäure nicht nur in der Gesamtausbeute der Produkte, sondern auch bezüglich des Einflusses von Sauerstoff und ist insgesamt empfindlicher gegen Strahleneinwirkung. Das strahlungschemische Verhalten organischer Molekeln ist somit stark von ihren allgemeinen chemischen Eigenschaften abhängig. In erster Linie ist für dieses Verhalten der Charakter der funktionellen Gruppen bestimmend, während die Zahl der Bindungen eine sekundäre Rolle spielt.

LITERATURVERZEICHNIS

[19-1] Vorliegender Sammelband, S. 145, 156 und 163.

[19-2] SCHEPPARD, C. W. und BURTON, V., J. Amer. chem. Soc., **68**, 1683 (1946).

[19-3] WHITEHEAD, W. L., GOODMAN, C. und BREGER, J. A., J. Chim. physique Physico-Chim. biol., **48** (1951) 184; C. **1952**, 622.

[19-4] GARRISON, W. M., HAYMOND, H. R., MORRISON, D. C., WEEKS, B. M., und GILE-MELCHER, J., J. Amer. chem. Soc., **75**, 2459 (1953); C. **1955**, 2398.

[19-5] EGGERSGLÜSS, W., Organische Peroxyde. Leipzig 1951.

[19-6] Векслер Р. И., Журнал Аналитической Химии. (WEKSLER, R. I., J. analyt. Chem.), **1**, 301 (1946); Журнал Аналитической Химии. (J. analyt. Chem.), **5**, 32 (1950); C. **1950**, II, 564.

[19-7] Блок Р. и Боллинг Д., Аминокислотный состав белков и пищевых продектов. (BLOK, R. und BOLLING, D., Aminosäuregehalt von Eiweiß und Lebensmitteln), Moskau 1949, S. 231.

[19-8] DOLIN, P. I., Vorliegender Sammelband, S. 7.

[19-9] KAMBARA, TOYOZO, J. physic. Soc. Japan, **5**, 84 (1950); C. **1955**, 6244.

[19-10] Теренин А. Н. (TERENIN, A. N.), Acta Physiocochimica URSS, **3**, 181 (1935); Журнал Физической Химии. (J. physik. Chem.), **7**, 160 (1936).

[19-11] CLUSIUS, K. und SCHWANZER, W., Ber. dtsch. chem. Ges., **75**, 1795 (1942).

[19-12] Миклухин Г. П., Журнал Физической Химии. (MIKLUCHIN, G. P., J. physik. Chem.), **25**, 688 (1951); C. **1955**, 7645.

[19-13] Семенов Н. Н., О некоторых проблемах химической кинетики и реакционнои способности. (SEMENOW, N. N., Über einige Probleme der chemischen Kinetik und Reaktionsfähigkeit), Moskau 1954, S. 69.

[19-14] KHARASCH, M. S. und GLADSTONE, M. T., J. Amer. chem. Soc., **65**, 151 (1943).

20. T. S. NIKITINA und CH. S. BAGDASARJAN

Die Absorptionsenergie bei der Strahlungspolymerisation und ihre Verteilung

Eine interessante Besonderheit strahlungschemischer Prozesse in Mehrkomponentensystemen ist die Tatsache, daß sich die Verteilung der anfangs absorbierten Energie zwischen den Komponenten des Gemisches ändern kann. Als Resultat dieser Erscheinung kann die Ausbeute an Radikalen bei der Radiolyse größer (oder kleiner) sein, als aus der Berechnung folgt, da hierbei eine Änderung der Energieverteilung nicht berücksichtigt wird. Ausgehend von dieser Überlegung wurden von BERTON Erscheinungen erklärt, die bei der Radiolyse von Gemischen organischer Verbindungen beobachtet wurden.

Die Polymerisation von Vinylverbindungen ist eine bequeme Methode zur Erforschung der Änderung der Verteilung der primär absorbierten Energie. Die hohe Empfindlichkeit der Methode und die gute Kenntnis der Polymerisationsreaktion erlauben sichere Schlußfolgerungen aus den Versuchsdaten.

In der vorliegenden Arbeit wurde die Änderung der Verteilung der absorbierten Energie an der Polymerisation einiger Monomerer in verschiedenen Lösungsmitteln untersucht. Bei einigen Versuchen erfolgte die Bindung der bei der Radiolyse der Gemische entstehenden Radikale mit Diphenylpikrylhydrazyl.

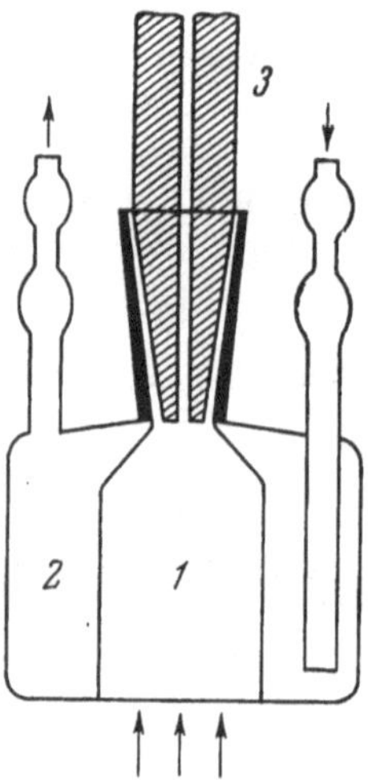

Abb. 20-1. Reaktionsgefäß — Dilatometer
1: Reaktionsgefäß; *2*: Mantelgefäß; *3*: Kapillare

1. Untersuchungsmethode

Als γ-Strahlungsquelle diente ^{60}Co (38 Curie). Die Versuche wurden in Dilatometern verschiedener Form und unterschiedlichen Volumens durchgeführt; ein derartiges Dilatometer ist in Abb. 20-1 dargestellt. Die Versuchstemperatur war in allen Fällen 25°. Alle Versuche erfolgten mit sorgfältig gereinigten Monomeren und Lösungsmitteln. Die Komponenten wurden vor dem Füllen des Dilatometers im Hochvakuum in einer geschlossenen Glasapparatur von gelöster Luft befreit; das Dilatometer wurde im Vakuum gefüllt.

Die Dosis wurde durch Oxydation von MOHRschem Salz in mit Luft gesättigter 0,8 n H_2SO_4 bestimmt. Der nicht oxydierte Teil des Fe^{2+} wurde potentiometrisch mit Cersulfat zurücktitriert. Verschiedene Strahlenintensitäten ergaben sich durch Veränderung der Entfernung zwischen Strahlungsquelle und Versuchsgefäß. Für jede Entfernung wurde die Größe der Dosis gemessen. Für die Berechnung der absoluten Ausbeute wurde zugrunde gelegt, daß 100 eV der absorbierten Energie 15,5 Fe^{2+}-Ionen oxydieren.

Die Polymerisation wurde bis zu einer 8% nicht überschreitenden Tiefe durchgeführt. Nach Beendigung der Bestrahlung wurde das Polymere vom Monomeren und dem Lösungsmittel im Vakuum getrennt und im Vakuum als dünnes Häutchen bis zur Gewichtskonstanz getrocknet. Die Viskosität der Lösungen des Polymeren wurde mit einem Ostwald-Viskosimeter bestimmt.

Die Konzentration des Diphenylpikrylhydrazyls wurde mit Hilfe eines registrierenden Spektrophotometers, CΦ-2M, bei 520 mμ (Maximum der Absorption im sichtbaren Gebiet) gemessen.

2. Polymerisation der Monomeren in „Masse", d. h. in der reinen Substanz ohne Lösungsmittel

Bei der Bestrahlung von Styrol, Methylmethacrylat und Vinylacetat in „Masse" verläuft die Polymerisation bis zu 8% Umsatz mit konstanter, der Quadtratwurzel der Strahlungsintensität proportionaler Geschwindigkeit. Diese Abhängigkeit weist darauf hin, daß der Abbruch der Reaktionsketten durch Wechselwirkung der polymeren Radikale erfolgt.

Mit dieser Schlußfolgerung stimmen auch die Messungen der Viskosität der gebildeten Polymere überein. Bei bimolekularem Abbruch ergibt sich zwischen der charakteristischen Viskosität und der Polymerisationsgeschwindigkeit V folgende Beziehung [20-1]; [20-2]

$$\lg[\eta] = m \lg \frac{M^2}{V} + m \lg \frac{k_p^2 K^{1/m}}{k_0}, \qquad (20\text{-}1)$$

wobei m und K Konstanten in der Gleichung $[\eta] = KP^m$ sind; M ist die Konzentration des Monomeren, k_p und k_0 die Konstanten der Wachstumsgeschwindigkeit und des Abbruchs der Reaktionsketten. Die charakteristische Viskosität der durch Strahlungsinitiierung erhaltenen Polymeren von Methylmethakrylat hängt vom M^2/V genau so ab, wie die Viskosität der durch Photoinitiierung entstehenden Polymeren [20-1], [20-2]. Dies bedeutet, daß die Punkte, die der photochemischen Initiierung und der Initiierung durch Azodiisobutyronitril[1]) entsprechen, für 50° auf einer analogen Kurve liegen. Man kann daraus schließen, daß die Natur der polymeren Radikale in allen Fällen die gleiche ist (Monoradikale), wobei der Mechanismus des bimolekularen Abbruchs der Ketten ebenfalls derselbe ist.

[1]) Diese Messungen wurden von S. A. SINIZINA durchgeführt.

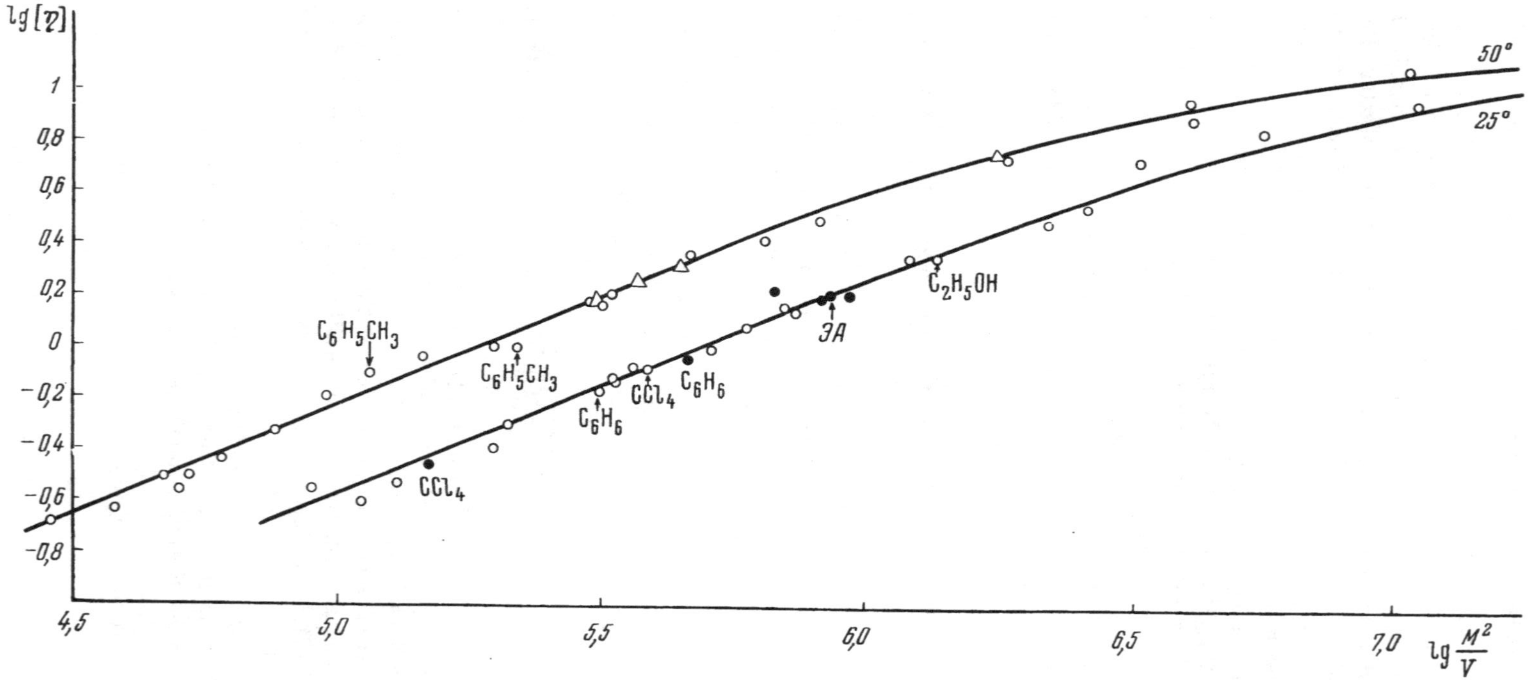

Abb. 20–2. Abhängigkeit des $\log [\eta]$ von $\lg M^2/V$ für Methylmethacrylat

○ Photoinitiierung in „Masse" und in Gemischen mit Äthylacetat; ● Strahlungsinitiierung; △ Initiierung mittels Azodiisobutyronitril

Hieraus folgt, daß unter unseren Versuchsbedingungen einer geringen Polymerisationstiefe keine feststellbare Depolymerisationsreaktion oder Verkettung der Polymere unter dem Einfluß von Strahlung eintritt, da in diesem Falle Abweichungen von der Beziehung (20-1) zu erwarten wären.

Tabelle 20-1 zeigt die Ergebnisse der in Gefäßen verschiedener Form und Volumina durchgeführten Untersuchungen der Polymerisation in „Masse".

Tabelle 20-1

Polymerisation in „Masse" unter der Einwirkung von γ-Strahlen bei 25°

Monomer	V in 10^{-6} mol/l · s	I_{abs} in 10^{18} eV/l · s	V_{In} in 10^{-8} mol/l · s	Ausbeute (G) der initiierenden Radikale in Radikalen/100 eV	Typ des verwendeten Reaktionsgefäßes
Styrol	8,42	2,42	1,56	0,4	I
Methylmethacrylat	143,5	2,42	14,0	3,5	I
Vinylacetat . . .	912,0	2,42	20,0	5,0	I
Methylmethacrylat	91,3	0,695	5,6	4,9	II
Vinylacetat . . .	642	0,695	8,65	7,5	II
Vinylacetat . . .	352	0,20	2,65	8,0	II
Vinylacetat . . .	141	0,030	0,42	8,6	II

Nach Tabelle 20-1 unterscheiden sich die Polymerisationsgeschwindigkeiten verschiedener Monomerer unter gleichen Bestrahlungsbedingungen bedeutend. Um zu klären, in welchem Maße dieser Unterschied der Polymerisationsgeschwindigkeiten von einer unterschiedlichen Initiierungswahrscheinlichkeit der Ketten unter dem Einfluß von Strahlung abhängt, wurde die Initiierungsgeschwindigkeit V_A nach der Formel

$$V = \frac{k_p}{k_0^{1/2}} V_{In}^{1/2} M \qquad (20-2)$$

berechnet. Eine kritische Durchsicht der Literaturangaben führt zu folgenden Werten für die Größe $k_p/k_0^{1/2}$ bei 25° (in $l^{1/2}/mol^{1/2}/s^{1/2}$): Methylmethacrylat $4{,}1 \cdot 10^{-2}$ (Abbruch durch Disproportionierung); Stryrol $0{,}80 \cdot 10^{-2}$ (Abbruch durch Vereinigung). Bei Vinylacetat erhielt man für die Größe $\beta^{1/2} k_p/k_0^{1/2}$ bei 25° den Wert 0,13 [20-3], [20-4] (wobei β die Effektivität der Initiierung durch Radikale, die sich beim Zerfall von Azodiisobutyronitril und Di-tert.-butylperoxyd bilden) bedeutet. Wenn man annimmt, daß $\beta \approx 0{,}4$ ist, erhält man den Wert $\simeq 0{,}2$ für $k_p/k_0^{1/2}$, welcher bei Berechnung von V_{In} auch verwendet wurde.

Die aus der Geschwindigkeit der Initiierung berechnete Größe der Ausbeute G der initiierenden Radikale ist für Styrol um eine Größenordnung kleiner als für Methylmethacrylat und Vinylacetat. Da die Form des Gefäßes II eine gleichmäßigere Bestrahlung der Flüssigkeit gewährleistet, kann man annehmen, daß die in den Versuchen mit diesem Gefäß erhaltenen G-Werte wahrscheinlicher sind. Interessant ist, daß G bei Verminderung der Strahlungsintensität größer wird.

Die von uns erhaltenen Resultate für Stryol, Methylmethacrylat und Vinylacetat wurden den Daten von CHAPIRO [20–5] gegenübergestellt, welcher die Polymerisation dieser Monomeren unter dem Einfluß von Radiumstrahlung untersuchte. Die Umrechnung der Daten von CHAPIRO mit den in der vorliegenden Arbeit angenommenen $k_p/k_0^{1/2}$-Werten führte zu einem Verhältnis von $G_{\mathrm{St}} : G_{\mathrm{Mm}} : G_{\mathrm{Va}} = 1 : 5{,}1 : 5{,}65$, während in der vorliegenden Arbeit $G_{\mathrm{St}} : G_{\mathrm{Mm}} : G_{\mathrm{Va}} = 1 : 8{,}75 : 12{,}5$ gefunden wurde.

Es ist auch interessant, die erhaltenen Resultate den Werten der Effektivität der photochemischen Initiierung gegenüberzustellen. In einigen Arbeiten [20–1], [20–2], [20–6], [20–7] wurden für die Effektivität der Photoinitiierung unter der Einwirkung von ultraviolettem Licht (303 bis 313 mμ) folgende Werte erhalten: Methylmethacrylat $\sim 0{,}1$, Methylacrylat $\sim 0{,}1$, Vinylacetat 0,02 bis 0,004, Styrol $\sim 0{,}001$. Für die drei ersten Monomeren wurde ein Anwachsen der Effektivität der Photoinitiierung bei Verdünnung des Monomeren mit Äthylacetat festgestellt. Somit werden bei der Photoinitiierung bedeutend größere Unterschiede in der Effektivität als bei der Strahlungsinitiierung festgestellt.

3. Polymerisation in Lösungen

In Abb. 20–3 und 20–4 ist die Abhängigkeit der Anfangsgeschwindigkeit der Polymerisation von Monomeren in verschiedenen Lösungsmitteln von der Zusammensetzung des Gemisches wiedergegeben. Für alle Kurven wurde die Polymerisationsgeschwindigkeit des Monomeren in „Masse„ als 1 angenommen.

Die charakteristische Viskosität der resultierenden Polymeren lg [η] ist für Methylmethacrylat (Abb. 20–2) und Styrol von lg M^2/V abhängig. Für die Polymeren des Vinylacetats wurden entsprechende Untersuchungen nicht durchgeführt.

In Abb. 20–3 und 20–4 sind besonders die Kurven mit einem Maximum interessant. Analoge Kurven der Abhängigkeit der Polymerisationsgeschwindigkeit von der Zusammensetzung des Gemisches sind in [20–2], [20–8] für die photochemische Polymerisation von Styrol und Isopren in einer CCl_4-Lösung dargestellt. Auch CHAPIRO [20–9] erhielt bei der Polymerisation von Styrol in CCl_4 und anderen Alkylhalogeniden unter dem Einfluß von Radiumstrahlung ähnliche Werte.

Für das Verständnis des verschiedenen Charakters der Abhängigkeit der Polymerisationsgeschwindigkeit von der Konzentration des Monomeren (Zusammensetzung des Gemisches) muß man vor allen Dingen in Betracht ziehen, daß erstens die ionisierende Strahlung in Mehrkomponentensystemen proportional der Elektronenzahl der Komponenten absorbiert wird und zweitens die Ausbeute an primären Radikalen pro Einheit absorbierter Energie für verschiedene Stoffe sehr unterschiedlich ist.

Unter der Annahme, daß in dem System kein Austausch der absorbierten Energie zwischen den Komponenten des Gemisches stattfindet, erhält man die für Gesamtgeschwindigkeit (V_{R}) der Bildung der primären Radikale die Gleichung

$$V_{\mathrm{R}} = k I_0 (\varepsilon_{\mathrm{A}} c_{\mathrm{A}} W_{\mathrm{A}} + \varepsilon_{\mathrm{B}} c_{\mathrm{B}} W_{\mathrm{B}}), \tag{20–3}$$

worin I_0 die Intensität der Bestrahlung, c_A und c_B die Konzentration der Komponenten A und B, ε_A und ε_B die Zahl der Elektronen in diesen Molekeln, W_A und W_B die Wahrscheinlichkeit der Umwandlung der angeregten Molekeln A und B in Radikale, und k eine Proportionalitätskonstante bedeutet.

Gleichung (20-3) scheint zu einer Vergrößerung der Konzentration der initiierenden Radikale zu führen, wenn man zum Monomeren A einen Stoff B mit einem großen W_B-Wert hinzufügt, so daß $W_B/W_A \gg 1$ wird. Für eine quantitative Untersuchung dieser Frage jedoch muß die Abhängigkeit der Effektivität der Initiierung von der Konzentration des Monomeren bekannt sein.

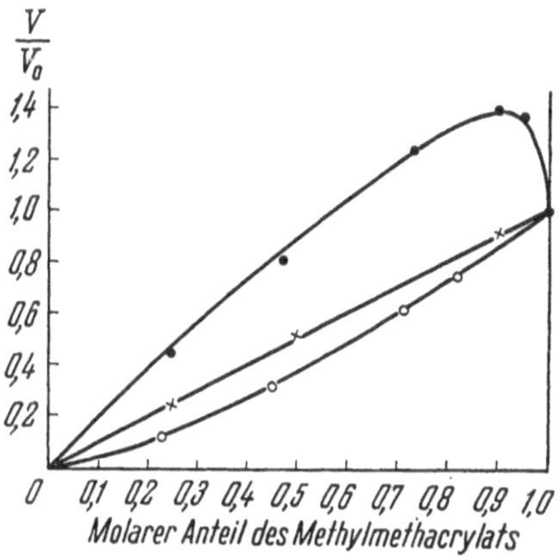

Abb. 20-3. Abhängigkeit der relativen Polymerisationsgeschwindigkeit des Methylmethacrylats von seinem molaren Anteil im Gemisch

● Methylmethacrylat + Tetrachlorkohlenstoff;
× Methylmethacrylat + Äthylacetat;
○ Methylmethacrylat + Benzol

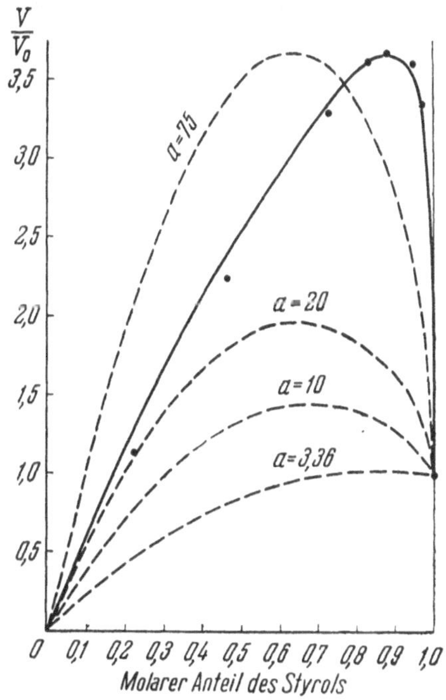

Abb. 20-4. Abhängigkeit der relativen Polymerisationsgeschwindigkeit von Styrol von seinem molaren Anteil im Gemisch mit Tetrachlorkohlenstoff. Die punktierten Kurven wurden nach Gleichung (20-5) für verschiedene a-Werte aufgestellt

Die durchgezogene Kurve entstand nach Gleichung (20-19)

Untersuchungen verschiedener Autoren erlauben die Schlußfolgerung, daß für „aktive" Monomere, wie Methylmethacrylat und Styrol, die Effektivität der Initiierung bis zu Molenbrüchen von 0,1 bis 0,2 nur sehr wenig von der Konzentration des Monomeren abhängt. So wurde von BRADBURY und MELVILLE [20-10] gezeigt, daß die Effektivität der Initiierung der Polymerisation von Styrol und Butylacrylat in Benzol mit Azodiisobutyronitril wenig von der Konzentration des Monomeren bei einem Molenbruch von über 0,1 bis 0,2 abhängt. Dasselbe folgt aus der Abhängigkeit der Polymerisationsgeschwindigkeit von Methylmethacrylat und

Styrol von der Konzentration des Monomeren [20–11] bis [20–13]. BAGDASARJAN und MILJUTINSKAJA [20–14] fanden, daß ein Zusatz von 0,2 Mol% Methylmethacrylat die Geschwindigkeit des Kettenzerfalls von Benzolperoxyd in Äthylacetat fast um das Zehnfache vermindert. Dies weist darauf hin, daß die Molekeln des Methylmethacrylats effektiv mit den sich aus Äthylacetat bildenden und zum Kettenzerfall des Benzoylperoxyds führenden Radikalen reagieren.

Aus den dargelegten Gründen ist anzunehmen, daß die Initiierungsgeschwindigkeit der Bildungsgeschwindigkeit der primären Radikale nahekommt, und daß sie für die „aktiven" Monomeren nicht von der Konzentration des Monomeren abhängt, wenn letztere größer als 2 molar ist. Man erhält dann für die Polymerisationsgeschwindigkeit folgenden Ausdruck:

$$V = \frac{k_p}{k_0^{1/2}} k^{1/2} I_0^{1/2} (\varepsilon_A c_A W_A + \varepsilon_B c_B W_B)^{1/2} c_A. \qquad (20\text{–}4)$$

Wenn man die Polymerisationsgeschwindigkeit in Lösung auf die Polymerisationsgeschwindigkeit V_1 des Monomeren in „Masse" bezieht und von den Konzentrationen zu den molaren Anteilen A und B übergeht, so ergibt sich folgende Gleichung:

$$\frac{V}{V_0} = \left(\frac{1}{A + B\frac{v_B}{v_A}}\right)^{3/2} \left(1 + \frac{\varepsilon_B W_B B}{\varepsilon_A W_A A}\right)^{1/2} A^{3/2}, \qquad (20\text{–}5)$$

worin v_A und v_B die Molvolumina des Monomeren und des Lösungsmittels sind. Der Faktor $\left(\frac{1}{A + B\frac{v_B}{v_A}}\right)^{3/2}$ ist nahe 1 und hängt wenig von der Zusammensetzung des Gemisches ab.

Eine Rechnung nach Gleichung (20–5) zeigt bei keinem Wert des Parameters $a = \varepsilon_B W_B / \varepsilon_A W_A$ eine Übereinstimmung mit den Versuchskurven für die Systeme mit Tetrachlorkohlenstoff. In Abb. 20–4 sind Kurven, die nach der Gleichung (20–5) mit verschiedenen Werten dieses Parameters errechnet wurden, für das System Styrol—Tetrachlorkohlenstoff aufgetragen.

CHAPIRO [20–5] berechnet die von ihm erhaltenen Resultate für die Polymerisation von Styrol in verschiedenen Lösungsmitteln nach einer der Gleichung (20–4) analogen Gleichung. Jedoch stimmen in den Systemen, in welchen die Polymerisationsgeschwindigkeit ein Maximum durchläuft (Tetrachlorkohlenstoff, Chloroform), die Versuchsdaten mit der theoretischen Kurve nur in dem Gebiet kleiner Tetrachlorkohlenstoffmengen überein, während bei großen Tetrachlorkohlenstoffkonzentrationen die Versuchsdaten stark von den theoretischen Kurven abweichen.

Somit gibt Gleichung (20–4) die Versuchsdaten für Gemische von Methylmethacrylat und Styrol mit Tetrachlorkohlenstoff nicht wieder, wenn man annimmt, daß ein Energieaustausch zwischen den Komponenten des Gemisches nicht stattfindet. Die weiteren Darlegungen zeigen, daß durch Berechnung des Effektes der Änderung der Energieverteilung die erhaltenen Resultate verständlich sind.

4. Berechnung der Änderung der Energieverteilung

Die Änderung der Verteilung der absorbierten Energie der ionisierenden Strahlung kann in Mehrkomponentensystemen auf verschiedenen Wegen erfolgen. Die Bedeutung dieser Erscheinung für die Strahlungschemie wurde von BURTON [20–15], bis [20–18] untersucht. In diesen Arbeiten wird auch eine halbempirische Gleichung vorgeschlagen, die den strahlungschemischen Effekt der Energieänderung berücksichtigt; diese Gleichung wurde jedoch nicht quantitativ geprüft.

Da eine Einzeluntersuchung aller bei der Radiolyse von Gemischen verlaufenden Prozesse zur Zeit nicht möglich erscheint, begnügen wir uns mit der Untersuchung des allgemeinen Schemas eines strahlungschemischen Prozesses in einem Zweikomponentensystem. Dies erlaubt, einfache Gleichungen für die Ausbeute der Radikale aus jeder Komponente des Gemisches (und die Gesamtausbeute an Radikalen), in Abhängigkeit von der Zusammensetzung des Gemisches, aufzustellen.

Ein angeregtes Molekel A* erfährt verschiedene Umwandlungen, die man zweckmäßig in drei Gruppen einteilt: 1. Prozesse, die zur Bildung von Radikalen führen, 2. Prozesse der Desaktivierung und der Bildung valenzgesättigter Molekeln, 3. Prozesse, in denen die Anregungsenergie auf eine Molekel B übergeht.

Die Prozesse der ersten beiden Gruppen sind monomolekular, die unter Energieübertragung verlaufenden Prozesse bimolekular. Analoge Umwandlungen verlaufen auch mit einer Molekel B*.

Somit kann man den strahlungschemischen Prozeß in einem Zweikomponentensystem durch folgendes Schema darstellen:

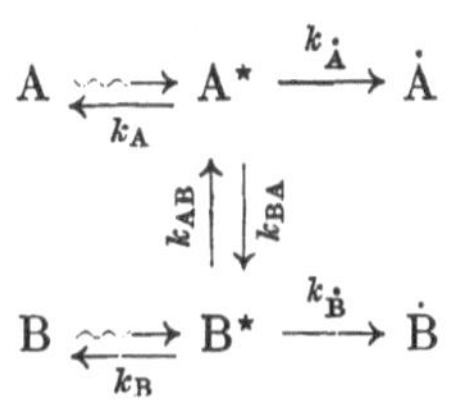

In diesem Schema stellen $k_{\dot{A}}$ und $k_{\dot{B}}$ bzw. k_A und k_B die Konstanten der Gesamtgeschwindigkeit der Prozesse der ersten bzw. zweiten Gruppe und k_{AB} und k_{BA} die Geschwindigkeitskonstanten der Prozesse mit Übergabe der Anregungsenergie von A zu B und von B zu A dar.

Das vorgeschlagene Schema führt zu folgenden Gleichgewichtsgleichungen für A^* und B^*:

$$k I \varepsilon_A c_A + k_{BA} c_{B*} c_A = k_A c_{A*} + k_{\dot{A}} c_{A*} + k_{AB} c_{A*} c_B \tag{20-6}$$

$$k I \varepsilon_B c_B + k_{AB} c_{A*} c_B = k_B c_{B*} + k_{\dot{B}} c_{B*} + k_{BA} c_{B*} c_A \tag{20-7}$$

Durch Auflösung dieser Gleichungen nach c_{A*} und c_{B*} kann man leicht die Ausdrücke für die Bildungsgeschwindigkeit der Radikale Ȧ und Ḃ errechnen. Im weiteren begrenzen wir die Untersuchungen auf einen speziellen Fall. Wir nehmen an, daß die Austauschgeschwindigkeit der angeregten Zustände zwischen den Molekeln A und B größer als die Geschwindigkeit aller anderen Prozesse ist. Dann gilt

$$k_{AB} c_{A^*} c_B = k_{BA} c_{B^*} c_A \tag{20-8}$$

$$kI = k_A c_{A^*} + k_{\dot{A}} c_{A^*} + k_B c_{B^*} + k_{\dot{B}} c_{B^*}, \tag{20-9}$$

hierbei ist

$$I = I_0 (\varepsilon_A c_A + \varepsilon_B c_B).$$

Aus Gleichung (20–8) folgt, daß unter oben gemachter Annahme das Konzentrationsverhältnis der angeregten Molekeln c_A und c_B nur durch die Zusammensetzung des Gemisches und die Übergangskonstanten k_{AB} und k_{BA} bestimmt wird. Die Gleichung (20–9) ist die Gleichgewichtsgleichung für die angeregten Molekeln $(A^* + B^*)$.

Aus den Gleichungen (20–8) und (20–9) erhalten wir

$$c_{A^*} = \frac{k I k_{BA} c_A}{k_{BA}(k_A + k_{\dot{A}}) c_A + k_{AB}(k_B + k_{\dot{B}}) c_B} \tag{20-10}$$

und einen analogen Ausdruck für c_{B^*}.

Für die Bildungsgeschwindigkeit der Radikale aus den Molekeln A erhalten wir den Ausdruck

$$V_{\dot{A}} = \frac{k I k_{BA} k_{\dot{A}} c_A}{k_{BA}(k_A + k_{\dot{A}}) c_A + k_{AB}(k_B + k_{\dot{B}}) c_B}. \tag{20-11}$$

Die Gleichung (20–11) ist dann anwendbar, wenn die Ausbeute eines bestimmten Radikaltypes errechnet werden soll, der sich aus A bildet. In diesem Falle ist $k_{\dot{A}}$ die Konstante der Bildungsgeschwindigkeit der Radikale eines gegebenen Typs. Die Konstanten der Bildungsgeschwindigkeit der übrigen Radikale sind in der Konstante k_B vereinigt. Nach einigen Umformungen kann die Gleichung (20–11) in folgender Form geschrieben werden:

$$V_{\dot{A}} = \frac{k I W_A}{1 + \frac{\alpha_{AB}}{\alpha_{BA}} \cdot \frac{c_B}{c_A}}, \tag{20-12}$$

worin $W_A = \frac{k_{\dot{A}}}{k_A + k_{\dot{A}}}$ wie oben die Wahrscheinlichkeit der Umwandlung des angeregten Molekels A in ein Radikal im Einkomponentensystem bezeichnet. $\alpha_{AB} = \frac{k_{AB} \cdot 1}{k_{AB} \cdot 1 + k_A + k_{\dot{A}}}$ ist die Wahrscheinlichkeit des Übergangs der Energie von A nach B bei einer Konzentration von B gleich Eins (z. B. 1 mol/l). Analoge Bedeutung hat auch der Ausdruck $\alpha_{BA} = \frac{k_{BA} \cdot 1}{k_{BA} \cdot 1 + k_A + k_{\dot{A}}}$.

Wenn $\alpha_{AB}/\alpha_{BA} > 1$ ist, finden in einem äquimolekularen Gemisch hauptsächlich Energieübergänge von A nach B statt. Für $\alpha_{AB}/\alpha_{BA} < 1$ verläuft der Energieübergang von B nach A. Bei einem Verhältnis gleich 1 wird

$$V_{\dot{A}} = \frac{k I W_A}{1 + \frac{B}{A}}, \tag{20-13}$$

worin B und A die molaren Anteile der Komponenten B und A sind.

In Prozessen, in denen keine Änderung der Energieverteilung eintritt, ergibt sich für $V_{\dot{A}}$

$$V_{\dot{A}} = \frac{k I_0 \varepsilon_A c_A W_A}{\varepsilon_A c_A + \varepsilon_B c_B}$$

oder

$$V_{\dot{A}} = \frac{k I_0 W_A}{1 + \frac{\varepsilon_B}{\varepsilon_A} \cdot \frac{B}{A}}. \tag{20-14}$$

Abweichend zu Gleichung (20–13) stehen im Nenner statt der Molenbrüche die Elektronenanteile der Komponenten.

Bei der Bildung gleicher Radikale aus den beiden Komponenten z. B. von Wasserstoffatomen bei der Radiolyse eines Gemisches von Kohlenwasserstoffen, erhält man für die Bildungsgeschwindigkeit der Radikale (V_R) aus dem Gemisch den Ausdruck

$$V_R = k I \left[\frac{W_A}{1 + \alpha \frac{c_B}{c_A}} + \frac{W_B}{1 + \frac{1}{\alpha} \cdot \frac{c_A}{c_B}}\right].$$

Durch Umformung ergibt sich

$$V_R = k I W_A \left[\frac{1 + \alpha\beta \frac{c_B}{c_A}}{1 + \alpha \frac{c_B}{c_A}}\right]. \tag{20-15}$$

Hierin ist

$$\alpha \equiv \frac{\alpha_{AB}}{\alpha_{BA}} \quad \text{und} \quad \beta \equiv \frac{W_B}{W_A}.$$

Die Gleichung (20–15) bestimmt auch die gesamte Bildungsgeschwindigkeit der Radikale aller Typen aus A und B. In diesem Falle haben W_A und W_B offensichtlich andere Werte als bei der Bildung von Radikalen eines Typs.

Wenn man in Gleichung (20–15) den Ausdruck für I einsetzt und von den Konzentrationen zu den Molenbrüchen übergeht, so entsteht die Gleichung

$$V_R = k I_0 \varepsilon_A W_A \frac{1}{v_A} \left(\frac{A + \frac{\varepsilon_B}{\varepsilon_A} B}{A + \frac{v_B}{v_A} B}\right) \left[\frac{1 + \alpha\beta \frac{B}{A}}{1 + \alpha \frac{B}{A}}\right]. \tag{20-16}$$

Der erste Bruch in dieser Gleichung stellt einen Korrekturfaktor ≈ 1 dar.

5. Vergleich der theoretischen Gleichungen mit den Versuchswerten

Wir untersuchen nun die Verwendbarkeit der Gleichung (20–15) für die strahlungschemische Polymerisation. Unter der Annahme, daß in den Systemen mit „aktiven“ Monomeren der Teil der primären Radikale, die die Reaktionsketten einleiten, nicht von der Konzentration des Monomeren abhängt, so erhält man für die Polymerisationsgeschwindigkeit die Gleichung

$$V = \frac{k_p}{k_0^{1/2}} k^{1/2} I^{1/2} W_A^{1/2} \left[\frac{1 + \alpha\beta \frac{c_B}{c_A}}{1 + \alpha \frac{c_B}{c_A}} \right]^{1/2} C_A, \qquad (20-17)$$

worin Index A zum Monomeren und B zum Lösungsmittel gehört.

Die Gleichung der Polymerisationsgeschwindigkeit des Monomeren in „Masse" ist

$$V_0 = \frac{k_p}{k_0^{1/2}} k^{1/2} I_1^{1/2} W_A^{1/2} c_{A_1}. \qquad (20-18)$$

Durch Division beider Gleichungen ergibt sich

$$\frac{V}{V_0} = \left(\frac{I}{I_0} \right)^{1/2} \left[\frac{1 + \alpha\beta \frac{c_B}{c_A}}{1 + \alpha \frac{c_B}{c_A}} \right]^{1/2} \frac{c_A}{c_{A_1}}.$$

Da $I = I_0(\varepsilon_A c_A + \varepsilon_B c_A)$ und $I_1 = I_0 \varepsilon_A c_A$ ist, erhält man beim Übergang von den Konzentrationen zu den Molenbrüchen

$$\frac{V}{V_0} = \frac{\left(A + \frac{\varepsilon_B}{\varepsilon_A} B \right)^{1/2}}{\left(A + \frac{\nu_B}{\nu_A} B \right)^{3/2}} \left[\frac{1 + \alpha\beta \frac{B}{A}}{1 + \alpha \frac{B}{A}} \right]^{1/2} A. \qquad (20-19)$$

Der erste Bruch in dieser Gleichung ist ein Korrekturfaktor. Er ist ≈ 1 und hängt wenig von der Zusammensetzung des Gemisches ab.

In Abb. 20-3 und 20-4 sind mit ausgezogener Linie die theoretischen Kurven aufgezeichnet, die nach der Gleichung (20–19) mit den α- und β-Werten, entsprechend Tabelle 20-2, errechnet wurden.

Tabelle 20-2

α- und β-Werte für einige Zweikomponenten-Systeme

System	α	β
Methylmethacrylat—Äthylacetat.	1	1
Methylmethacrylat—Benzol . . .	1,5	0,11
Methylmethacrylat—CCl_4	45	2,4
Styrol—CCl_4	30	19

In dem System Methylmethacrylat—Äthylacetat ist die Polymerisationsgeschwindigkeit dem molaren Anteil des Monomeren proportional. Daraus folgt, daß die Radikale aus Methylmethacrylat und Äthylacetat mit gleicher Wahrscheinlichkeit gebildet werden und daß $\alpha = 1$ ist. Die Wahrscheinlichkeit des Energieüberganges ist demnach in beiden Richtungen gleich. Es ist auch möglich, daß in diesem

System überhaupt keine Energieübergänge zwischen den Komponenten des Systems stattfinden.

In dem System Methylmethacrylat—Benzol geht die Anregungsenergie vom Methylmethacrylat zum Benzol über, welches mit bedeutend kleinerer Ausbeute als Methylmethacrylat in Radikale zerfällt.

Für die Systeme mit Tetrachlorkohlenstoff sind α- und β-Werte >1 charakteristisch. Somit ist der Wirkungsgrad kleiner Zusätze von Tetrachlorkohlenstoff eine Folge der effektiven Energieübergabe von den Monomeren zum Tetrachlorkohlenstoff, dessen Molekeln mit größerer Wahrscheinlichkeit in Radikale zerfallen als die Molekeln der Monomeren.

Im System Vinylacetat-Benzol beobachtet man bei Zugabe kleiner Benzolmengen ein starkes Absinken der Polymerisationsgeschwindigkeit. Es ist bekannt, daß Benzol eine verzögernde Wirkung auf die Polymerisation des Vinylacetats ausübt [20–19]. Daher sind ausführlichere Untersuchungen nötig, um einen Übergang der Anregungsenergie vom Vinylacetat zum Benzol festzustellen.

Im System Vinylacetat-Tetrachlorkohlenstoff ist keine Verzögerung der Polymerisationsgeschwindigkeit zu beobachten.

Die β-Werte der Tab. 20–2 erlauben, die angeführten Verbindungen in einer ihrer relativen Radikalbildungsfähigkeit bei Einwirkung von γ-Strahlung entsprechenden Reihenfolge anzuordnen. Bei Annahme von $W_{\text{Benzol}} = 1$ ergibt sich folgende Reihe:

Stoff	W
Benzol	1
Styrol	1,15
Methylmethacrylat	9
Äthylacetat	9
CCl_4	22

Die Reihenfolge dieser Verbindungen stimmt mit den Befunden von CHAPIRO [20–5] und PREVOT-BÉRNAS und Mitarbeitern [20–20] überein, obwohl der von uns gefundene Unterschied von W bedeutend kleiner ist. Auch die absoluten Werte der Ausbeute (G) für Methylmethacrylat, Vinylacetat und Styrol sind 2- bis 3mal kleiner als bei diesen Autoren [20–5], [20–20].

Es ist interessant, die erhaltenen Resultate mit der Photopolymerisation von Styrol in Tetrachlorkohlenstoff zu vergleichen [20–1], [20–2], [20–7]. Diese Untersuchungen wurden im langwelligen ultravioletten Licht durchgeführt, welches praktisch nicht von Tetrachlorkohlenstoff absorbiert wird. Die Vergrößerung der Initiierungsgeschwindigkeit ist daher der effektiv verlaufenden Reaktion der angeregten Styrolmolekeln mit den Tetrachlorkohlenstoffmolekeln zuzuschreiben. Es bilden sich folgende Radikale:

$$C_6H_5CH{=}\overset{*}{C}H_2 + CCl_4 \rightarrow C_6H_5\dot{C}H{-}CH_2Cl + \dot{C}Cl_3. \qquad (20\text{–}20)$$

Die unmittelbare Verwandlung der angeregten Styrolmolekel in ein Radikal (Biradikal) verläuft mit kleiner Effektivität (in der Größenordnung 0,001 [20–7], [20–2]).

Die Reaktion (20–20) ist kinetisch schwer von den nachfolgenden Prozessen zu unterscheiden:

$$C_6H_5CH{=}\overset{*}{C}H_2 + CCl_4 \rightarrow C_6H_5CH{=}CH_2 + \overset{*}{C}Cl_4 \rightarrow$$

$$\rightarrow \dot{C}l + \dot{C}Cl_3 + C_6H_5CH{=}CH_2 \rightarrow C_6H_5\dot{C}H{-}CH_2Cl + \dot{C}Cl_3. \qquad (20\text{–}21)$$

Diese Reaktionen verlaufen daher möglicherweise in beiden Fällen nach demselben Mechanismus.

6. Anwendung der Gleichung (20–15)

Die Anwendung der Gleichung (20–15) bei Radiolysereaktionen von Gemischen ist durch die ungenügende Kenntnis der sekundären Prozesse begrenzt. Nur in Sonderfällen, wenn der Mechanismus der sekundären Reaktionen genügend klar ist, ist die Gleichung (20–15) anwendbar.

Als Beispiel kann man die von GORDON und BURTON [20–16] untersuchte Reaktion der Radiolyse eines Gemisches von Benzol und deuteriertem Benzol ansehen. Die Abhängigkeit der Wasserstoffausbeute ($H_2 + HD + D_2$) von der Zusammensetzung des Gemisches wird durch eine Kurve dargestellt, die in Richtung der Achse der Gemischpartner gebogen ist. Dies weist auf eine Änderung der Energieverteilung zwischen den Komponenten des Gemisches in diesem System hin. Für die Gesamtbildungsgeschwindigkeit der H- und D-Atome ist die Gleichung (20–15) anwendbar. Die Größe W_B/W_A ($A = 4C_6H_6$, $B = C_6D_6$) kann man durch G_{D_2}/G_{H_2} ersetzen. Dies basiert auf der Annahme, daß das Verhältnis der Geschwindigkeitskonstanten der folgenden Reaktionen gleich ist, d. h. $\frac{k_1}{k_1'} = \frac{k_2}{k_2'}$.

$$H + C_6H_6 \xrightarrow{k_1} H_2 + C_6H_5 \qquad (20\text{–}22)$$

$$H + C_6H_6 \xrightarrow{k_1'} C_6H_7 \qquad (20\text{–}23)$$

$$D + C_6D_6 \xrightarrow{k_2} D_2 + C_6D_5 \qquad (20\text{–}24)$$

$$D + C_6D_6 \xrightarrow{k_2'} C_6D_7. \qquad (20\text{–}25)$$

Aus den Werten der genannten Arbeit ergibt sich α zu 1,8.

Somit geht in einem äquimolekularen Gemisch die absorbierte Energie vorzugsweise von C_6H_6 auf C_6D_6 über.

Interessant ist auch die Verwendung des Diphenylpikrylhydrazyls zur Untersuchung des Überganges der absorbierten Energie. Als Beispiel dient die von uns untersuchte Entfärbungsgeschwindigkeit von Diphenylpikrylhydrazyllösungen (10^{-4} mol/l) in verschiedenen Lösungen und Gemischen. Die Ergebnisse sind in Abb. 20–5 dargestellt.

Wie Abb. 20–5 zeigt, ist die Entfärbungsgeschwindigkeit von Diphenylpikrylhydrazyl in einem äquimolekularen Gemisch von Benzol und Vinylacetat nur wenig kleiner als in Vinylacetat. Dieses Resultat läßt einen Übergang der Energie von Benzol auf Vinylacetat vermuten.

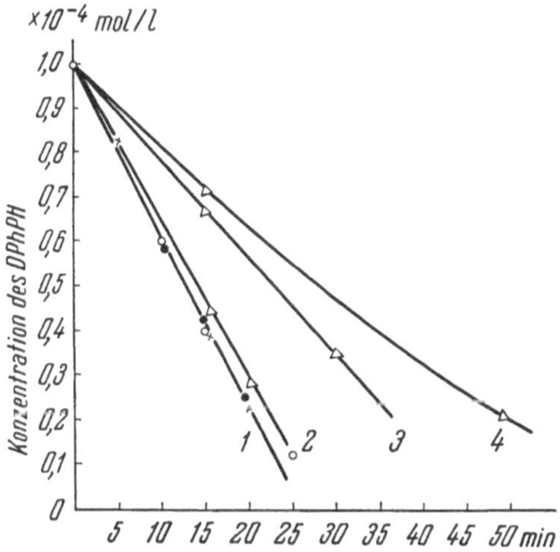

Abb. 20–5. Entfärbung von Diphenylpikrylhydrazyl in Gemischen verschiedener Zusammensetzung

Kurve *1*: ● -Äthylacetat, ○ -Vinylacetat, × -Vinylacetat + Äthylacetat (1:1); Kurve *2*: Benzol + Vinylacetat (1:1); Kurve *3*: Benzol + Vinylacetat (9:1); Kurve *4*: Benzol

Zusammenfassung

a) Es wurde die Kinetik der Polymerisation von Methylmethacrylat, Styrol und Vinylacetat in „Masse" und in Gemischen mit Äthylacetat, Benzol und Tetrachlorkohlenstoff unter dem Einfluß von ^{60}Co-Strahlung untersucht. Die Ausbeute an primären, die Polymerisation initiierenden Radikalen wurde pro 100 eV absorbierter Energie bestimmt.

b) Bei Gemischen von Styrol und Methylmethacrylat mit Tetrachlorkohlenstoff durchlaufen die Abhängigkeitskurven der Polymerisationsgeschwindigkeit ein von der Zusammensetzung des Gemisches abhängiges Maximum. Es zeigt sich, daß man diese Kurven durch Annahme einer unabhängigen Bildung der primären Radikale aus den Komponenten des Systems nicht verstehen kann.

c) Eine allgemeine Gleichung wurde aufgestellt, nach der die Ausbeute der primären Radikale in einem Zweikomponentengemisch unter Berücksichtigung des strahlungschemischen Effektes des Übergangs der absorbierten Energie berechnet werden kann.

d) Die Gleichung für die Ausbeute der primären Radikale stimmt gut mit den Versuchsergebnissen der Polymerisation von Monomeren in Gemischen überein. Sie kann auch für andere strahlungschemische Reaktionen in Gemischen organischer Stoffe verwendet werden.

Die Autoren danken Herrn Professor S. S. MEDWEDJEW, in dessen Laboratorium die vorliegende Untersuchung durchgeführt wurde, für das Interesse an dieser Arbeit und die gemeinsame Besprechung der Resultate.

LITERATURVERZEICHNIS

[20-1] Багдасарьян X. C., Журнал Фузической Химии. (BAGDASSARJAN, CH. S., J. physik. Chem.), **21**, 25 (1947).

[20-2] Багдасарьян X. C., Диссертация. Институт имини Л. Я. Карпова. (BAGDASARJAN, CH. S., Dissertation. Karpow-Inst.), Moskau 1950.

[20-3] KWART, H., BROADBENT, H. S. und BARTLETT, P. D., J. Amer. chem. Soc., **72**, 1060 (1950); C. **1950**, II, 1959.

[20-4] MATHESON, M., AUER, E., BEVILACQUA, E. und HART, E., J. Amer. chem. Soc., **71**, 2600 (1949).

[20-5] CHAPIRO, A., J. Chim. physique, **47**, 764 (1950).

[20-6] Багдасарьян X. C., Журнал Физической Химии. (BAGDASARJAN, CH. S., J. physik. Chem.), **22**, 1181 (1948).

[20-7] Багдасарьян X. C., Доклады к Шестой конференции по высокомолекулярным соединениям. (BAGDASARJAN, CH, S., Vorträge zur Sechsten Konferenz über hochmolekulare Verbindungen). Изд-во AH CCCP, Moskau-Leningrad 1949, S. 339.

[20-8] Багцасарьян X. C. и Милютинская P. И., Журнал Физической Химии (BAGDARSARJAN, CH. S. und MILJUTINSKAJA, R. I., J. physik. Chem.), **28**, 498 (1954); C. **1955**, 7225.

[20-9] CHAPIRO, A., J. Chim. physique, **47**, 747 (1950).

[20-10] BRADBERY, J. H. und MELVILLE, H. W., Proc. Roy. Soc. (London), Ser. A. **222**, 456 (1954); C. **1954**, 10495.

[20-11] Багдасарьян X. C., Журнал Физической Химии. (BAGDASARJAN, CH. S., J. physik. Chem.), **27**, 542 (1953).

[20-12] CONIX, A. und SMETS, G., J. Polymer. Sci., **10**, 525 (1953).

[20-13] HORIKX, M. M. und HERMANS, J. J., J. Polymer. Sci., **11**, 325 (1935); C. **1955**, 5088.

[20-14] Багдасарьян X. C. и Милютинская P. И., Журнал Физической Химии. (BAGDASARJAN, CH. S. und MILJUTINSKAJA, R. I., J. physik. Chem.), **27**, 420 (1953); C. **1956**, 10681.

[20-15] MANION, J. und BURTON, M., J. physic. Chem. **56**, 560 (1952); C. **1954**, 9260.

[20-16] GORDON, S. und BURTON, M., Discuss. Faraday Soc., 1952, Nr. **12**, 88; C. **1953**, 6220.

[20-17] BURTON, M. und PATRICK, W. N., J. physic. Chem., **58**, 421 (1954); C. **1955**, **1243**.

[20-18] PATRICK, W. N. und BURTON, M., J. physic. Chem., **58**, 424 (1954); C. **1955**, **1244**.

[20-19] Багдасарьян X. C., Журнал Физической Химии. (BAGDASARJAN, CH. S., J. physik. Chem.), **18**, 294 (1944).

[20-20] PREVOT-BÉRNAS, A., CHAPIRO, A., COUSIN, C., LANDLER, Y., MAGAT, M., Discuss. Faraday Soc., **1952**, Nr. 12, 98; C. **1953**, 6220.

21. N. A. SLOWOCHOTOWA und W. L. KARPOW

Die Untersuchung chemischer Veränderungen in Polymeren unter dem Einfluß ionisierender Strahlung mittels Infrarotspektroskopie

I. Die Einwirkung schneller Elektronen auf Polyäthylen

Die wesentlichen Veränderungen der physikalischen Eigenschaften von der Einwirkung von Strahlung großer Energie unterworfenen Polymeren sind weitgehende strukturelle Umwandlungen durch Radiolyse.

CHARLESBY [21-1] bis [21-4] deutete die Veränderungen der physikalischen Eigenschaften einiger Polymerer (Polyäthylen, Nylon, Polystryrol, Polyvinylalkohol, Polyvinylchlorid, natürlicher Gummi, Neopren und Guttapercha) durch „Vernetzung" der polymeren Molekeln bei der Radiolyse. Die Vernetzung erfolgt durch Ablösung eines Wasserstoffatoms von der Polyäthylenmolekel und Rekombination der dabei entstandenen freien Radikale unter Bildung neuer Bindungen zwischen den Molekeln. Für eine solche Erklärung spricht nach CHARLESBY die Tatsache, daß die Hauptmenge des bei der Radiolyse von Polyäthylen entstehenden Gases Wasserstoff ist. Die Möglichkeit der Bildung von Doppelbindungen wird von ihm nicht in Betracht gezogen. Außerdem stellte er bei Bestrahlung polymerer Molekeln in Anwesenheit von Luftsauerstoff Oxydationsprozesse fest, z. B. an der Oberfläche von Polyäthylen. Die Schlußfolgerungen CHARLESBYs auf Strukturveränderungen im Polyäthylen basieren auf indirekten Werten, d. h. auf der Veränderung der Eigenschaften und physikalischen Konstanten der Polymeren nach der Radiolyse (Löslichkeit, Schmelzpunkt, Dichte, Gewichtsveränderung usw.).

DOLE, KEELING und ROSE [21-5] stellten durch Infrarotspektroskopie und Bromierung von bestrahltem Polyäthylen fest, daß bei Bestrahlung dieses Stoffes nur 20 bis 40% des gebildeten Wasserstoffs durch Vernetzung der polymeren Molekeln entsteht. Die Hauptmenge des bei Bestrahlung von Polyäthylen gebildeten Wasserstoffs entsteht als Folge der Zunahme ungesättigter Bindungen. Die Infrarotspektren von bestrahltem Polyäthylen wurden auch von BALLENTINE und anderen [21-6] untersucht. Sie beobachteten in diesen Spektren außer einer Absorptionsbande im Bereich 964 cm^{-1}, die einer Doppelbindung entspricht, Banden im Gebiet 3400 und 1710 cm^{-1}, welche OH- und C=O-Gruppen zuzuordnen sind.

Die in Polymeren bei der Bestrahlung mit ionisierenden Strahlen auftretenden strukturchemischen Veränderungen wurden jedoch bis jetzt nicht ausführlich untersucht.

Experimenteller Teil

1. Methotik

Polyäthylenfilme mit einer Dicke von 25, 65 und 70 μ wurden im Vakuum (0,1 Torr) und an der Luft mit schnellen Elektronen eines Linearbeschleunigers von 415 kV und 10 μA, bzw. 275 kV und 20 μA bestrahlt. Die Bestrahlungszeit betrug 10, 20, 30 und 40 Minuten. Außerdem erfolgte noch eine Bestrahlung von Polyäthylen in Kontakt mit Luft mit dem Ultraviolett-Licht einer Quecksilberlampe (Typ ПРК-2).

Die Infrarotspektren im Bereich von 4000 bis 650 cm^{-1}, wurden mit einem Einstrahl-Hilger-Spektrometer, Modell D—209 mit Steinsalzprisma, die Ultraviolett-Absorptionsspektren mit einem Beckmann-Spektrophotometer ausgemessen.

2. Ergebnisse

Die Infrarotspektren der mit schnellen Elektronen bestrahlten Polyäthylenschichten (Abb. 21-1, 21-2) zeigen wesentliche Veränderungen im Vergleich zu den Spektren des unbestrahlten Polymeren.

1. Bei Bestrahlung an der Luft erscheint eine Absorptionsbande bei 1710 cm^{-1}, deren Intensität mit Verlängerung der Bestrahlungszeit wächst. In den Spektren der im Vakuum bestrahlten Proben erscheint diese Bande mit sehr kleiner Intensität erst nach einer Bestrahlung von 30 Minuten Dauer.
2. Das Maximum der Bande 1470 cm^{-1} wird nach 1462 cm^{-1} verschoben.
3. Die Intensität der Bande 1374 cm^{-1} wächst, wobei sich gleichzeitig das Intensitätsmaximum nach 1367 cm^{-1} verschiebt.
4. Die Intensität der Bande 1301 cm^{-1} wächst mit Vergrößerung der Bestrahlungszeit.
5. Bei Bestrahlung an Luft wächst die Gesamtabsorption im Beıeich 1300 bis 1100 cm^{-1}. In diesem Gebiet erscheinen bei 1270 und 1175 cm^{-1} schwache Banden, deren Intensität mit Verlängerung der Bestrahlungszeit wächst. Deutlicher treten diese Banden im Spektrum einer bestrahlten 25 μ-Polyäthylenschicht (Abb. 21-3) hervor, deren allgemeiner Untergrund nicht so stark ist.
6. Im Bereich 964 cm^{-1} erscheinen Banden mittlerer Intensität; die Intensität wächst mit Verlängerung der Bestrahlungszeit.
7. Im Bereich 730 bis 715 cm^{-1} verschwindet bei einer Bestrahlung von 20 Minuten und mehr eine Komponente des Dubletts 730 cm^{-1} (Abb. 21-4).

Das Infrarotspektrum des UV-bestrahlten Polyäthylens (Abb. 21-5) unterscheidet sich sowohl vom Spektrum des unbestrahlten als auch vom Spektrum des mit schnellen Elektronen bestrahlten Polymeren. Im Spektrum des mit UV bestrahlten Polyäthylens beobachtet man, genau wie im Spektrum des an Luft mit schnellen Elektronen bestrahlten, eine Absorptionsbande im Bereich 1710 bis 1730 cm^{-1}. Die Intensität der Bande 1374 cm^{-1} ist größer. Die Gesamtabsorption wächst im Bereich 1300 bis 1100 cm^{-1}, auf dessen Hintergrund man schwache Absorptionsbanden bei 1270

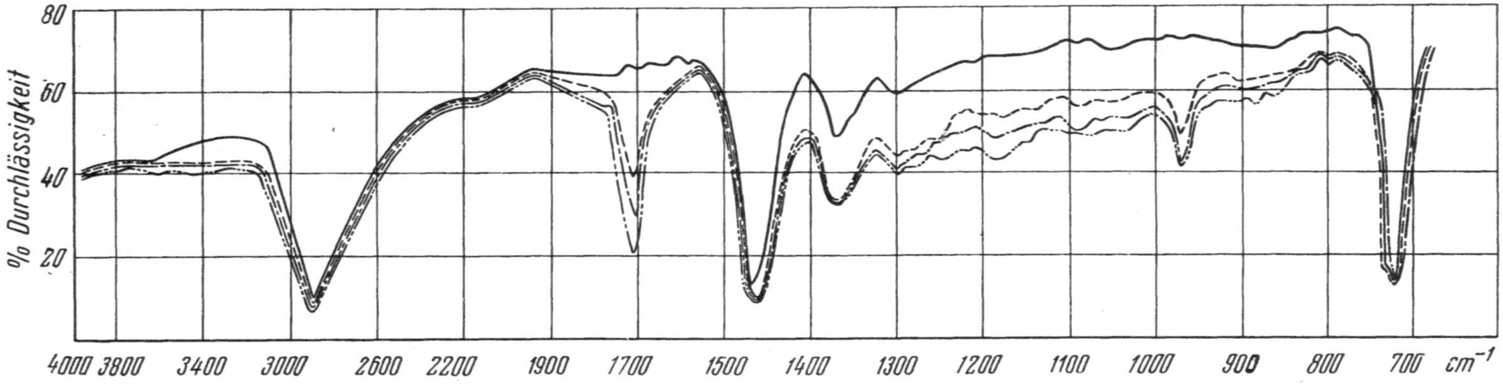

Abb. 21–1. Infrarotspektren von mit schnellen Elektronen im Vakuum bestrahltem Polyäthylen (Schichtdicke 70 μ)
—— unbestrahlt; ---- 10 min bestrahlt; -·-·- 20 min bestrahlt; -··-··- 30 min bestrahlt

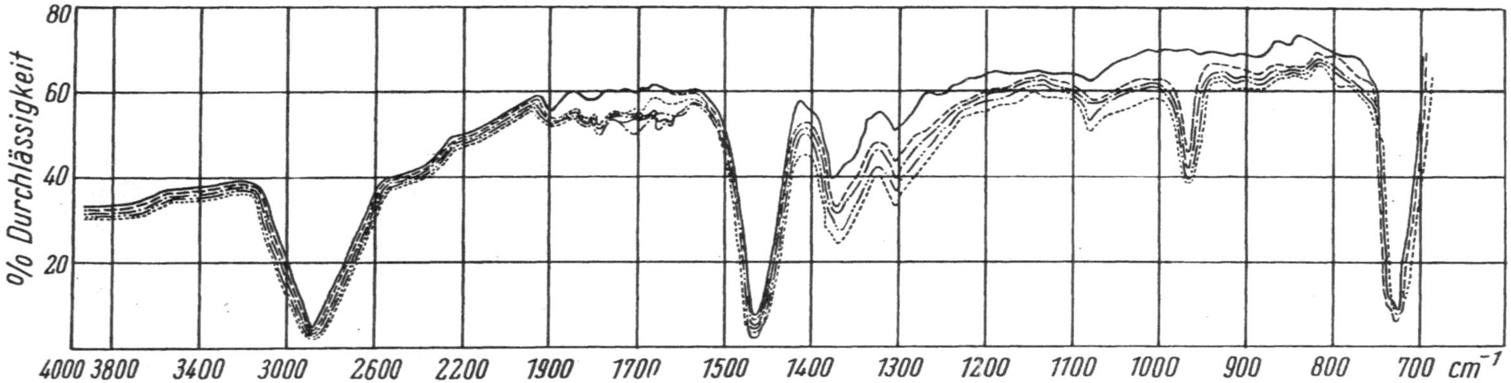

Abb. 21–2. Infrarotspektren von mit schnellen Elektronen in Luft bestrahltem Polyäthylen (Schichtdicke 65 μ)
—— unbestrahlt; ---- 10 min bestrahlt; -·-·- 20 min bestrahlt; -··-··- 30 min bestrahlt; ····· 40 min bestrahlt

und 1175 cm^{-1} feststellen kann. Außerdem findet man im Spektrum des UV-bestrahlten Polyäthylens eine sehr schwache, verschwommene Absorptionsbande bei 3400 cm^{-1}; eine weitere Bande liegt im Bereich 910 cm^{-1} und eine außerordentlich schwache Bande bei 990 cm^{-1}. Bei 964 cm^{-1} beobachtet man eine kaum bemerkbare

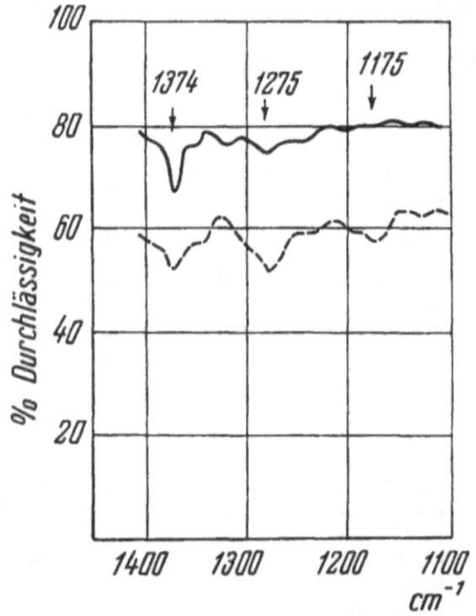

Abb. 21-3. Infrarotspektren von mit schnellen Elektronen in Luft bestrahltem Polyäthylen (Schichtdicke 25 μ)
— unbestrahlt ----- 30 min bestrahlt

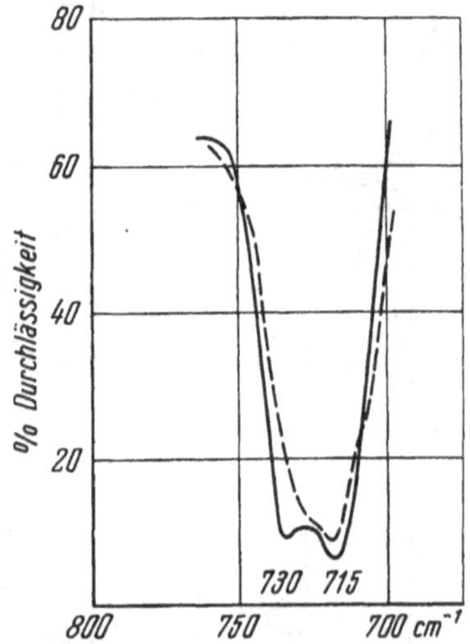

Abb. 21-4. Infrarotspektren von Polyäthylen (Schichtdicke 70 μ) im Gebiet 750 bis 700 cm^{-1}
— unbestrahlt; ----- bestrahlt mit schnellen Elektronen 40 min im Vakuum

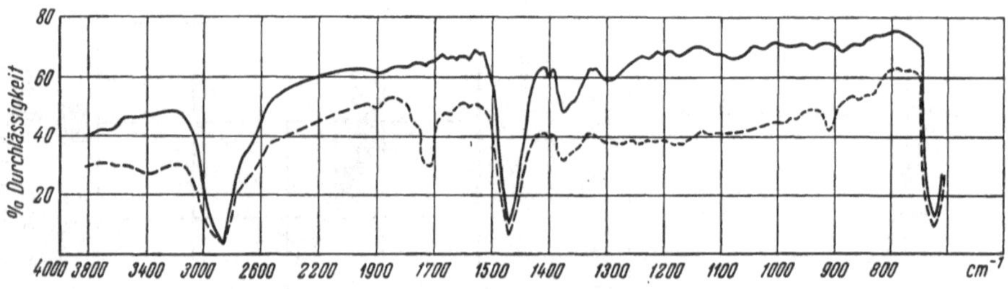

Abb. 21-5. Infrarotspektrum von mit ultraviolettem Licht 42 Stunden bestrahltem Polyäthylen (Schichtdicke 65 μ)
— unbestrahlt; ----- bestrahlt

Vergrößerung der Absorption, während im Infrarotspektrum einer mit schnellen Elektronen bestrahlten Probe in diesem Bereich eine Bande mittlerer Intensität festzustelllen ist.

In den UV-Spektren des mit schnellen Elektronen und UV-Licht bestrahlten Polyäthylens zeigt sich im Bereich von 220 bis 240 mμ vollständige Absorption, während nicht bestrahltes Polyäthylen in diesem Gebiet keine Absorption zeigt.

Im Spektrum der bestrahlten Proben ist bei 240 bis 300 mμ eine starke Absorption festzustellen. Bei Vergrößerung der Bestrahlungszeit wächst die Intensität der Absorption und das Absorptionsband verbreitert sich in das langwellige Gebiet, wobei in den Spektren der an Luft bestrahlten Proben die Intensität der Absorption und ihre Verschiebung in das langwellige Gebiet größer ist als in den Spektren der im Vakuum bestrahlten Proben.

3. Besprechung der Ergebnisse

Bei Einwirkung ionisierender Strahlung auf Polyäthylen werden in den Molekeln Ionisations- und Anregungsprozesse ausgelöst. Die Neutralisierung der gebildeten Ionen führt letzten Endes ebenfalls zur Anregung von Molekeln. Eine sehr wahrscheinliche Folge einer solchen Anregung ist der weitere Zerfall der Molekeln in freie Radikale.

Die großen und wenig beweglichen, sich beim Bruch von C—C-Bindungen bildenden polymeren Radikale rekombinieren, bevor sie aus der Reaktionssphäre verschwinden, besonders deshalb, da diese Prozesse in der festen Phase vor sich gehen. Nur solche Radikale wie H, CH_3, C_2H_5, C_3H_7, C_4H_9 entreißen den polymeren Molekeln ein Wasserstoffatom unter Bildung flüchtiger Produkte, was durch Analyse der entstandenen Gase bestätigt wird.

Die Bildung freier Radikale als Folge der Zerstörung von C—H-Bindungen unter dem Einfluß ionisierender Strahlen kann durch folgendes Schema wiedergegeben werden:

$$RCH_2CH_2R \rightarrow RCH_2\dot{C}HR + H \qquad (21-1)$$

$$\begin{matrix}R\\R\end{matrix}\!\!>CH-CH_2R \rightarrow \begin{matrix}R\\R\end{matrix}\!\!>CH-\dot{C}HR + H \qquad (21-2)$$

$$\begin{matrix}R\\R\end{matrix}\!\!>CH-CH_2R \rightarrow \begin{matrix}R\\R\end{matrix}\!\!>\dot{C}-CH_2R + H. \qquad (21-3)$$

Die leichten, beweglichen Wasserstoffatome verschwinden schnell aus dem Reaktionsraum, wodurch Rekombinationsreaktionen, die den Reaktionen (21-1), (21-2) und (21-3) entgegengelaufen, wenig wahrscheinlich erscheinen.

Die gebildeten freien Radikale können den umgebenden Molekeln Wasserstoff entnehmen oder Isomere bilden, wodurch neue Radikale entstehen. Die Rekombination solcher Radikale führt zur Bildung verzweigter und vernetzter Polyäthylenmolekeln. Das Wachsen des Vernetzungsgrades von Polyäthylen wird gewöhnlich von der Vergrößerung einer amorphen Phase begleitet [21-7]. Die Veränderungen, die man im Infrarotspektrum der mit schnellen Elektronen bestrahlten Proben feststellen kann, deuten im Vergleich zum Spektrum des unbestrahlten Polyäthylens (Abb. 21-1, 21-2, 21-4) auf einen Übergang aus dem kristallinen in den amorphen Zustand hin. Ein unmittelbarer Beweis dafür ist, daß man dieselben Veränderungen des Infrarotspektrums beim Schmelzen des Polyäthylens beobachtet (Abb. 21-7).

Es erfolgt dabei eine Verschiebung der Bande 1470 cm^{-1} ins langwellige Gebiet, eine Vergrößerung der Intensität der zwei letzten Banden des Tripletts 1374, 1367, 1355 cm^{-1}, das Wachsen der Intensität der Bande 1301 cm^{-1} und das Verschwinden der ersten Komponente des Dubletts 730 bis 715 cm^{-1}. Dies stimmt außerdem vollkommen mit Beobachtungen überein, die auf Grund elektronographischer Untersuchungen von bestrahltem Polyäthylen [21-8] gemacht wurden. Die Verschiebung des Maximums der Triplettbanden ist jedoch nicht so stark wie im Spektrum von geschmolzenem Polyäthylen. Mit Vergrößerung der Zahl endständiger CH_3-Gruppen tritt bei Bestrahlung eine verstärkte Verzweigung der Polyäthylenketten ein, was seinerseits zu einem Wachsen der Intensität der ersten Komponente des Tripletts 1374 cm^{-1} im Spektrum von bestrahltem Polyäthylen führen muß, da die Bande 1374 cm^{-1} den CH-Deformationsschwingungen in der CH_3-Gruppe entspricht [21-9].

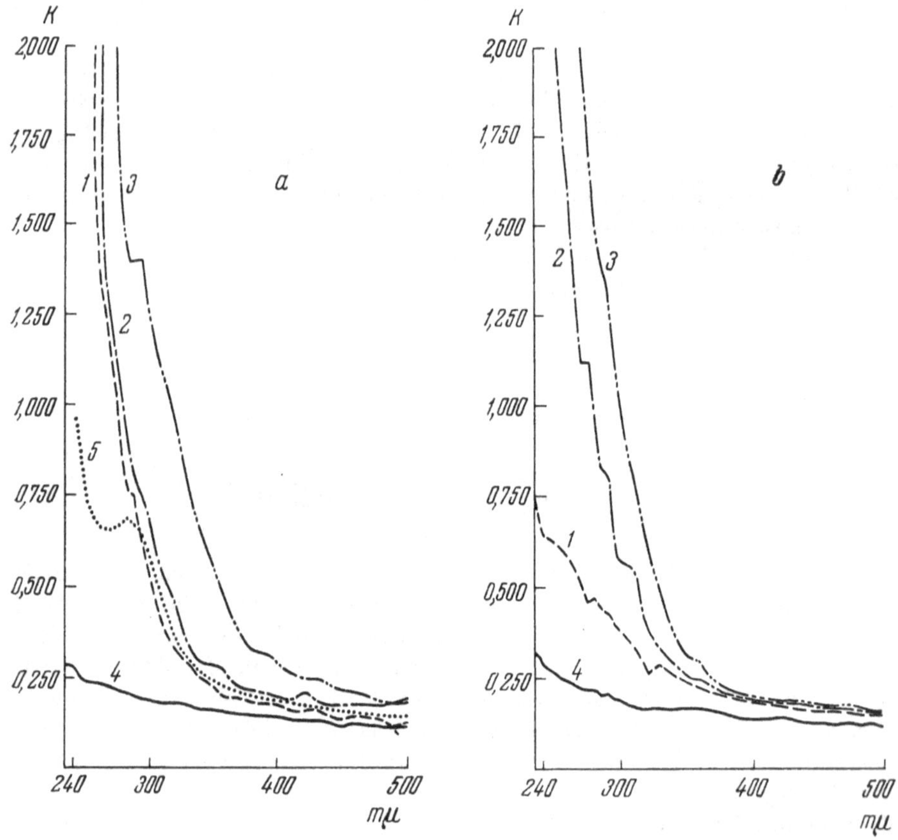

Abb. 21-6. Absorptionsspektrum von Polyäthylen im ultravioletten Gebiet. a) Bestrahlung in Luft; Schichtdicke des Polyäthylens 65 μ; b) Bestrahlung im Vakuum; Schichtdicke des Polyäthylens 70 μ

1; *2*; *3*: Polyäthylen, 10, 20 und 30 min mit schnellen Elektronen bestrahlt; *4*: unbestrahltes Polyäthylen; *5*: Polyäthylen, 42 Std. in Luft mit UV-Licht bestrahlt

Im Polyäthylen kann bei Einwirkung ionisierender Strahlung neben der Bildung von „Kreuz"bindungen auch teilweise eine Zerstörung der Molekeln eintreten. Die nach den Reaktionen (21-1), (21-2) und (21-3) entstehenden freien Radikale, die einen Überschuß an Energie besitzen, können im weiteren Verlauf der Reaktionen zu einer Depolymerisation führen:

$$RCH_2\dot{C}HR' \rightleftharpoons RCH{=}CHR' + \dot{H} \qquad (21\text{-}4)$$

$$RC\dot{H}_2CHR' \rightleftharpoons R'CH{=}CH_2 + \dot{R}' \qquad (21\text{-}5)$$

$$\genfrac{}{}{0pt}{}{R}{R'}\!\!>\!CH{-}\dot{C}HR'' \rightleftharpoons RCH{=}CHR'' + \dot{R}' \qquad (21\text{-}6)$$

$$\genfrac{}{}{0pt}{}{R}{R'}\!\!>\!\dot{C}{-}CH_2R'' \rightleftharpoons \genfrac{}{}{0pt}{}{R}{R'}\!\!>\!C{=}CH_2 + \dot{R}''. \qquad (21\text{-}7)$$

Die nach diesen Reaktionen verlaufende Depolymerisation durch die freien Radikale führt zur Bildung verschiedener Molekeltypen mit Doppelbindungen. Bei der UV-Bestrahlung von Polyäthylen bilden sich hauptsächlich Vinyl-Gruppen ($RCH{=}CH_2$).

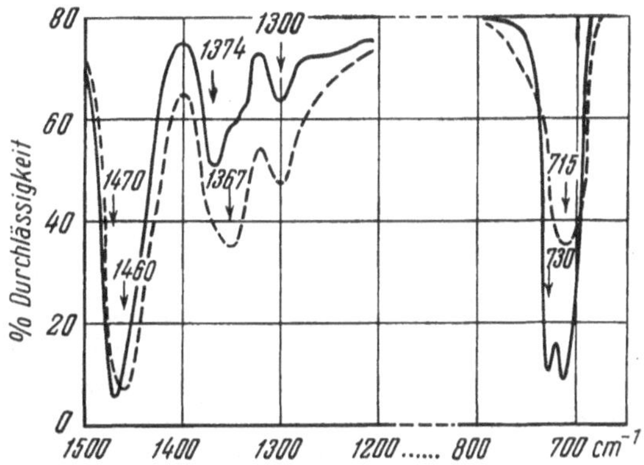

Abb. 21-7. Infrarotspektrum von Polyäthylen (Schichtdicke 65 μ)
—— bei 20°; ----- bei 140°

Im infraroten Spektrum solcher Proben (Abb. 21-5 und 21-8) findet man eine Bande mit größter Intensität bei 909 cm^{-1}, entsprechend den „Deformationsschwingungen" der CH-Bindung in der Vinyl-Gruppe [21-10]. Diesem entspricht ebenfalls eine wenig intensive Bande 990 cm^{-1}. In bedeutend geringerem Maße entstehen im Polyäthylen bei UV-Bestrahlung $RCH{=}CHR'$ (trans)-Gruppen. Die entsprechenden Banden im Gebiet 964 cm^{-1} werden im Spektrum nur mit geringer Intensität beobachtet. Bei der Pyrolyse von Polyäthylen bilden sich nach Beachel u. a. [21-11] ebenfalls hauptsächlich $RCH{=}CH_2$-Gruppen.

Im Infrarotspektrum von mit schnellen Elektronen bestrahltem Polyäthylen beobachtet man eine Bande mit größter Intensität bei 964 cm^{-1}, welche der Gruppe

RCH=CHR′ entspricht (Abb. 21-1 und 21-2). Ein derartiger Unterschied in den Endprodukten der photochemischen und der strahlungschemischen Reaktion kann dadurch erklärt werden, daß sich die bei Strahlungsprozessen entstehenden Radikale und Molekeln auf einem energetisch höheren Anregungsniveau befinden und deshalb reaktionsfähiger sind als die sich bei photochemischen Prozessen bildenden Radikale und Molekeln. Da Verzweigungen im Polyäthylen verhältnismäßig selten sind, werden die Reaktionen (21-1), (21-4) und (21-5) häufiger als die übrigen realisiert. Da die Spaltungsenergie der C—H-Bindungen größer als die der C—C-Bindung ist, werden nach Reaktionen (21-4) die Radikale zerfallen, die eine größere Energie besitzen, als für den Zerfall eines Radikals nach Reaktion (21-5) nötig ist. Daraus folgt, daß die Wahrscheinlichkeit des Zerfalls der Radikale nach Reaktion (21-4) bei strahlungschemischen Prozessen größer als bei photochemischen ist. Im ersteren Falle werden sich mehr Molekeln vom Typ RCH=CHR′ bilden als im letzteren Falle. Außerdem müssen bei Einwirkung ionisierender Strahlung auf ein Polymeres die den Reaktionen (21-4) bis (21-7) entgegengesetzte Polymerisationsreaktionen intensiver verlaufen, als bei photochemischen Prozessen. Hierauf weist BURTON [21-12] hin.

Am leichtesten polymerisieren solche Molekeln, die an den Enden der Kette Doppelbindungen aufweisen. Der Umsatz dieser Molekeln muß daher bei strahlungschemischen Prozessen größer sein, als der von Molekeln mit Doppelbindungen in der Mitte der Kette. Mit dieser Tatsache kann das Fehlen einer Absorptionsbande im Infrarotspektrum von Polyäthylen-Vinylgruppen im Bereich 909 cm^{-1} nach Bestrahlung mit schnellen Elektronen erklärt werden.

Aus der Intensität der Absorptionsbande bei 964 cm^{-1} wurde die Menge der Doppelbindungen errechnet, die sich bei Bestrahlung mit schnellen Elektronen bildet.[1])

Wie aus der Tabelle 21-1 hervorgeht, sinkt die Zahl der in der Zeiteinheit pro Polyäthylenmolekel bei Bestrahlung mit schnellen Elektronen im Vakuum gebildeten Doppelbindungen mit Verlängerung der Bestrahlungszeit. Das bestätigt die Annahme, daß die bei Bestrahlung entstehenden Doppelbindungen an den weiteren Reaktionen beteiligt sind.

Tabelle 21-1

Bestrahlungszeit in min	Zahl der C=C-Bindungen pro Polyäthylenmolekel	Mittelwert der Anzahl der sich pro Minute je Polyäthylenmolekel bildenden C=C-Bindungen
10	3,6	0,36
20	4,8	0,24
30	5,8	0,19
40	6,5	0,16

Bei der Reaktion von Molekeln, deren Doppelbindung in der Mitte der Kette liegt, mit freien Radikalen wird die Anlagerung der Radikale an die Doppelbindung aus

[1]) Der Wert des Extinktionskoeffizienten für die Bande bei 964 cm^{-1} wurde der Arbeit [21-14] entnommen.

sterischen Gründen erschwert. Wahrscheinlicher ist die Abspaltung eines Wasserstoffatoms von einer solchen Molekel und seine Verbindung mit einem freien Radikal:

$$R'CH{=}CH(CH_2)_n{-}CH_2CH_2R'' + R^{\cdot} \rightarrow$$

$$\rightarrow R'CH{=}CH(CH_2)_n{-}\dot{C}HCH_2R'' + RH. \qquad (21\text{-}8)$$

Das in Reaktion (21-8) entstehende sekundäre freie Radikal kann unter Bildung einer Molekel mit zwei Doppelbindungen depolymerisiert werden:

$$R'CH{=}CH(CH_2)_n{-}\dot{C}HCH_2R'' \rightarrow R'CH{=}CH(CH_2)_nCH{=}CH_2 + \dot{R}''. \qquad (21\text{-}9)$$

Die Abspaltung des Wasserstoffs ist am leichtesten an dem der Doppelbindung benachbarten C-Atom möglich. Es ist bekannt [21-13], daß die Energie der C—H-Bindung in diesem Falle kleiner ist als die der C—H-Bindung in einer gesättigten Kohlenwasserstoffkette. Dies fördert die Bildung konjugierter Doppelbindungen. Damit kann auch die Entstehung einer intensiven, sich vom kurzwelligen Bereich hier bis ~350 bis 400 mμ erstreckenden Bande (Abb. 21-6) im ultravioletten Gebiet des Absorptionsspektrums von Polyäthylen erklärt werden. Es ist bekannt, daß die einzelnen Doppelbindungen entsprechende Absorptionsbande bei 180 mμ liegt.

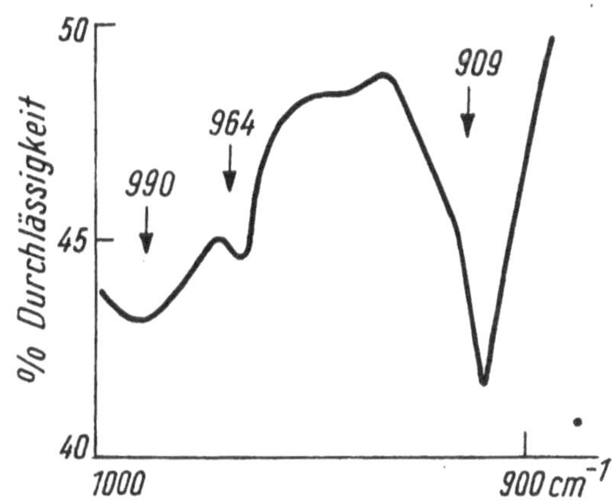

Abb. 21-8. Infrarotspektrum von mit UV-Licht im Bereich 1000 bis 900 cm^{-1} bestrahltem Polyäthylen (Schichtdicke 65 μ)

Mit den hier entwickelten Vorstellungen kann man den Abbau eines Polymeren, wie Polyisobutylen, unter der Einwirkung ionisierender Strahlen erklären. Bei Anregung einer Polyisobutylenmolekel zerreißt die C—H-Bindung beim zweiten C-Atom leichter als beim ersten [21-13]. Am wahrscheinlichsten bildet sich dabei ein Radikal vom Typ $RC(CH_3)_2{-}\dot{C}H{-}C(CH_3)_2R'$. Die Rekombination solcher Radikale ist aus sterischen Gründen erschwert, und die Bildung „vernetzter" Molekeln ist wenig wahrscheinlich. Wahrscheinlicher ist die Depolymerisation solcher Radikale:

$$RC(CH_3)_2{-}\dot{C}H{-}C(CH_3)_2R' \begin{cases} \nearrow R{-}C(CH_3)_2{-}CH{=}C\!\left\langle{}^{CH_3}_{CH_3}\right. + \dot{R}' \\ \searrow R{-}C(CH_3)_2{-}CH{=}C\!\left\langle{}^{R'}_{CH_3}\right. + \dot{C}H_3 \end{cases} \qquad (21\text{-}10)$$

Eine nach Reaktion (21-10) gebildete Doppelbindung in einer Molekel ist aus sterischen Gründen ebenfalls wenig reaktionsfähig. Deshalb sind in diesem Falle Depolymerisationsreaktionen wesentlich wahrscheinlicher als Polymerisationsreaktionen, was zum Abbau des Polymeren führt.

Die im Infrarotspektrum von mit schnellen Elektronen an der Luft bestrahltem Polyäthylen (Abb. 21-2, 21-3) beobachteten Absorptionsbanden im Bereich 1710, 1270, 1175 cm^{-1} zeugen von einer Oxydation bei der Bestrahlung unter Bildung von Carbonylgruppen (Bande 1270 cm^{-1}), Äthergruppen $>C-O-C<$ (Bande 1710 cm^{-1}) und Gruppen, die den Estern entsprechen (Bande 1175 cm^{-1}). Bei der UV-Bestrahlung von Polyäthylen an der Luft entstehen außerdem Hydroxylgruppen (Bande 3400 cm^{-1}).

Die Entstehung von Carbonylgruppen in Polyäthylen bei Bestrahlung an der Luft wird auch durch die UV-Spektren der bestrahlten Proben (Abb. 21-6a) bestätigt. Die Absorptionsbanden, die den konjugierten Kohlenstoff-Doppelbindungen entsprechen, überlagern sich den Absorptionsbanden, die den Carbonylgruppen zuzuordnen sind. Deshalb erstreckt sich die Absorption im UV-Spektrum von an Luft bestrahltem Polyäthylen weiter in das langwellige Gebiet, als die Absorption von im Vakuum bestrahltem Polyäthylen. Nur im Absorptionsspektrum von mit UV-bestrahltem Polyäthylen (Kurve *5*, Abb. 21-6a) beobachtet man getrennte Banden. Das der Carbonylgruppe entsprechende Maximum bei 280 mμ tritt vollkommen klar hervor.

In verschiedenen, sich mit der Pyrolyse und Photolyse von Polymeren befassenden Arbeiten [21-11], [21-14] bis [21-17] wird das Auftreten von Infrarotbanden beschrieben, die den Hydroxyl-, Carbonyl- und Äthergruppen entsprechen. Die Autoren der Mehrzahl der angeführten Arbeiten vertreten die Peroxydtheorie, nach welcher man die Oxydationsradiolyse des Polyäthylens nach folgendem Schema darstellen kann:

$$R-CH_2-CH_2-R' \rightsquigarrow RCH_2\dot{C}HR' \xrightarrow{O_2}$$

$$\rightarrow R-CH_2-\underset{\displaystyle OOH}{\underset{|}{CH}}-R' \rightarrow R-CH_2-C\genfrac{}{}{0pt}{}{\nearrow O}{\searrow H} + R'OH. \qquad (21\text{-}11)$$

Die schwache Intensität der der Hydroxylgruppe entsprechenden Bande im Spektrum von UV-bestrahltem Polyäthylen und ihr völliges Fehlen im Spektrum von mit schnellen Elektronen bestrahltem Polyäthylen spricht dafür, daß die gebildeten, Hydroxylgruppen enthaltenden Molekeln unter Bildung neuer Ätherbindungen reagieren. Somit verläuft die Vernetzung der Polyäthylenmolekeln bei Bestrahlung an Luft z. T. als Folge einer Bildung von Sauerstoffbrücken zwischen den Molekeln. Die Tiefe der Oxydation des Polyäthylens bei der Radiolyse ist offensichtlich durch die Eindringtiefe des Sauerstoffs infolge Diffusion und durch seine Löslichkeit in Polyäthylen begrenzt.

Zusammenfassung

Die Untersuchung der Schwingungsspektren des Polyäthylens zeigte, daß in dieser Verbindung bei Bestrahlung mit schnellen Elektronen tiefe Veränderungen der chemischen Struktur eintreten: Es entstehen C=C-Bindungen und die Verzweigbarkeit der Ketten wächst; Polyäthylen geht aus dem kristallinen in einen amorphen Zustand über. Bei Bestrahlung an der Luft oxydiert Polyäthylen, wobei verschiedene Typen von Carbonyl- und Äthergruppen entstehen.

LITERATURVERZEICHNIS

[21-1] CHARLESBY, A., Proc. Roy. Soc. (London), Ser. A, **215**, 187 (1952).

[21-2] CHARLESBY, A. und ROSS, M., Proc. Roy. Soc. (London), Ser. A, **217**, 122, 245 (1953); C. **1956**, 8645.

[21-3] CHARLESBY, A. und HANCOCK, N. H., Philos. Mag., (7), **44**, 578 (1953); C. **1955**, 2685.

[21-4] Ind. Engng. Chem., **45**, N 9, 11 A (1953).

[21-5] DOLE, M., KEELING, C. D., ROSE, D. G., J. Amer. chem. Soc., **76**, 4304 (1954); C. **1950/54**, 2675.

[21-6] BALLENTINE, D. S., DIENES, G. J., MANOWITZ, B., ANDER, P. und MESROBIAN, R. B., J. Polymer Sic., **13**, 410 (1954); C. **1955**, 1524.

[21-7] RUGG, F. M., SMITH, J. J. und WARTMANN, L. H., J. Polymer Sci., **11**, 1 (1953); C. **1954**, 6961.
Annales N. Y. Academy Sic., **57**, 398 (1953).

[21-8] KARPOW, W. L. und SWERJEW, D. I., Vorliegendes Sammelwerk S. 215.

[21-9] Чулановский В. М., Введение в молекулярный спектральный анализ. (TSCHULANOWSKI, W. M., Einführung in die molekulare Spektralanalyse), Гостехиздат, Moskau-Leningrad 1951.

[21-10] MCMURRY, H. L., THORNTON, V., Analytic Chem., **24**, 318 (1952); C. **1956**, 11375.

[21-11] BEACHEL, H. S., FOFIS, P. und HUCKS, J., J. Polymer Sci., **7**, 353 (1949).

[21-12] BURTON, M., J. physic. Colloid Chem., **52**, 564 (1948).

[21-13] SMITH, J. O. und TAYLOR, H. S., J. chem. Physics, **8** 543 (1940).
SMITH, J. O. und TAYLOR, H. S., J. chem. Physics, **7**, 390 (1939).

[21-14] CROSS, L. H., RICHARDS, R. B. und WILLIS, H. A., Discuss. Faraday Soc., Nr. 9, 235 (1950); C. **1955**, 5327.

[21-15] ACHHAMMER, B. G., REINEY, M. J. und REINHART, F. M., J. Res. nat. Bur. Standarts, **47**, 116 (1951); C. **1952**, 3989.

[21-16] COLE, J. C. und FIELD, J. E., Ind. Engn. Chem., **39**, 174 (1947).

[21-17] Догадкин Б., Касаточкин В., Клаузен Н. и Смирнова А., Известия Академии Наук СССР, Серия Физическая. (DOGADKIN, B., KASSATOTSCHKIN, W., KLAUSEN, N. und SMIRNOWA, A., Nachr. Akad. Wiss. UdSSR, physik. Ser. physik.), **12**, 616 (1948).

[21-18] KELLÖ, V. und TCÁC, Chem. Zvesti, **7**, 129, 257 (1953); C. **1955**, 9348.

22. N. A. SLOWOCHOTOWA und W. L. KARPOW

Die Untersuchung chemischer Veränderungen in Polymeren unter dem Einfluß ionisierender Strahlung mittels Infrarotspektroskopie

II. Die Einwirkung von γ-Strahlung auf Polyäthylen

Experimenteller Teil

Die Polyäthylenproben wurden an Luft und im Vakuum mit γ-Strahlung (^{60}Co) einer Aktivität von 137 g-Äquivalent Ra bestrahlt. Die Bestrahlung im Vakuum erfolgte in abgeschmolzenen Glasampullen bei 10^{-5} Torr. Zur Messung der Infrarotspektren wurde das in Kapitel 21 beschriebene Spektrometer verwendet [22–1].

Im Infrarotspektrum von Polyäthylenschichten beobachtet man bei der Bestrahlung mit γ-Strahlen wie auch mit schnellen Elektronen im Vakuum im Vergleich zum Spektrum des unbestrahlten Polymeren die gleichen Veränderungen.

Das Spektrum einer unbestrahlten Polyäthylenprobe von 0,6 mm Dicke weist eine Bande bei 888 cm^{-1} auf. Im Spektrum derselben Probe ist nach Bestrahlung im Vakuum mit einer Dosis von 10^8 Röntgen die Intensität dieser Bande stark vermindert und es erscheint eine Bande bei 964 cm^{-1} (Abb. 22–1). Längere Bestrahlung führt zur Verstärkung der Intensität einiger Banden, die Intensität der Bande 964 cm^{-1} jedoch wächst schneller. Außerdem wird eine sehr schwache Bande bei 909 cm^{-1} beobachtet. Im Anfangsstadium der Bestrahlung von Polyäthylen mit γ-Strahlen an Luft (bis 100 Std.) ist das Spektrum (Abb. 22–2) dem einer mit schnellen Elektronen an Luft bestrahlten Probe [22–1] sehr ähnlich: In beiden Fällen erscheint in den Spektren eine intensivere Bande bei 1710 cm^{-1}; die Intensität der Bande 1370 cm^{-1} und der Gesamtabsorption im Bereich 1300 bis 800 cm^{-1} nimmt zu. Jedoch ist im Spektrum von γ-bestrahltem Polyäthylen bei 964 cm^{-1} eine kaum wahrnehmbare Absorptionsbande feststellbar, während im Spektrum von mit schnellen Elektronen bestrahltem Polyäthylen in diesem Bereich eine Bande mittlerer Intensität auftritt. Bei Verlängerung der Bestrahlungszeit von Polyäthylen mit γ-Strahlung an der Luft wachsen die Intensitäten der Bande 1710 cm^{-1} und der Gesamtabsorption im Bereich 1470 bis 800 cm^{-1} recht bedeutend; im Bereich 3500 bis 3000 cm^{-1} erscheint eine sehr breite Bande, deren Intensität mit Verlängerung der Bestrahlungszeit ebenfalls merkbar ansteigt.

1. Besprechung der Ergebnisse

Die Ähnlichkeit der Infrarotspektren von mit schnellen Elektronen und mit γ-Strahlung im Vakuum bestrahlten Polyäthylenproben zeigt, daß der Mechanismus der chemischen Reaktionen bei der Strahlungseinwirkung auf dieses Polymere in

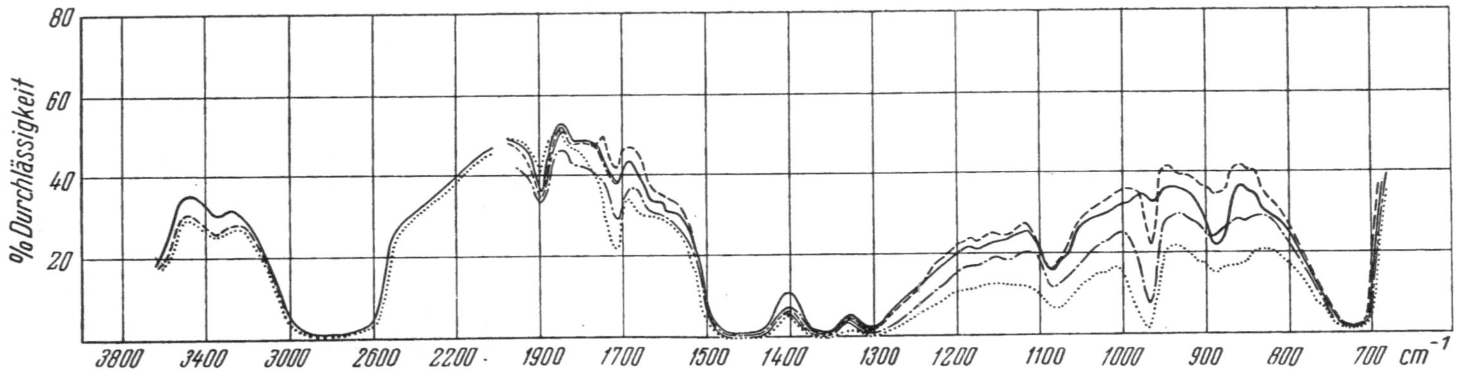

Abb. 22-1. Infrarotspektren von Polyäthylen (Dicke der Probe 0,6 mm)

—— unbestrahlt; ---- bestrahlt mit γ-Strahlen im Vakuum mit einer Dosis von 10^8 Röntgen; -·-·- Dosis $6 \cdot 10^8$ Röntgen; ..... Dosis $12 \cdot 10^8$ Röntgen

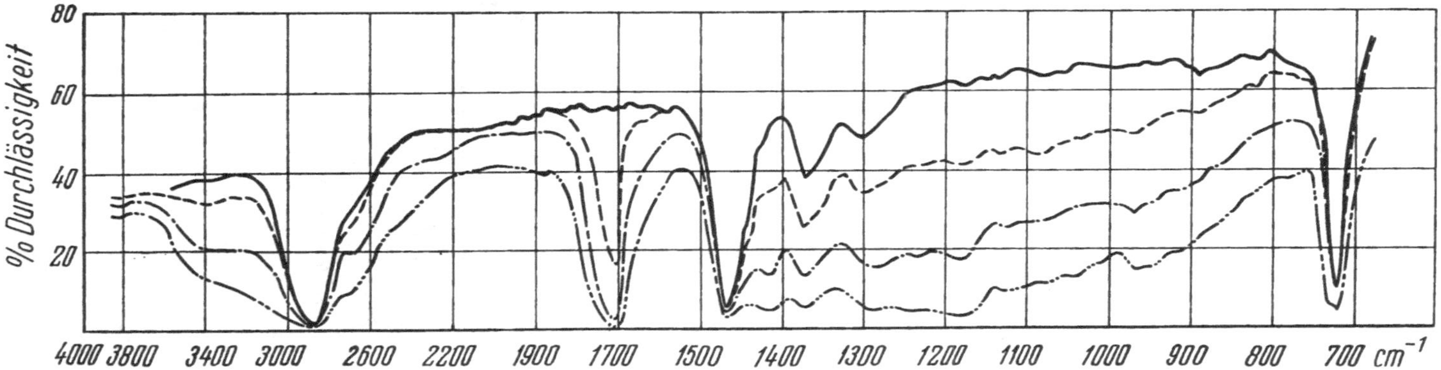

Abb. 22-2. Infrarotspektren von Polyäthylen (Schichtdicke 85 μ)

—— unbestrahlt; ---- 100 Std. bestrahlt mit γ-Strahlen an Luft; -·-·- 300 Std. bestrahlt; -··-··- 600 Std. bestrahlt

beiden Fällen derselbe ist. Das Herausschlagen von Elektronen bei der Compton-Streuung der γ-Strahlen wird von der Bildung positiver Ionen begleitet:

$$h\nu + R{-}CH_2{-}CH_2{-}R \rightarrow R{-}\overset{+}{C}H_2{-}CH_2{-}R + e^- + h\nu_1. \qquad (22\text{-}1)$$

Die anschließende Neutralisierung der Ionen führt zur Bildung freier Radikale:

$$R{-}\overset{+}{C}H_2{-}CH_2R + e^- \rightarrow R{-}\dot{C}H{-}CH_2R + H^{\cdot}. \qquad (22\text{-}2)$$

Infolge der Rekombination der freien Radikale vergrößert sich die Verzweigung der Polyäthylenmolekeln und es tritt eine Vernetzung ein.

Wie schon in Kapitel 21 [22-1] bemerkt wurde, weist die Vergrößerung der Intensität der Bande 1374 cm^{-1} im Infrarotspektrum von mit schnellen Elektronen bestrahltem Polyäthylen auf eine Vergrößerung der Verzweigung des Polyäthylens bei der Bestrahlung hin. Die Vergrößerung der Intensität dieser Bande kann jedoch auch auf einem Übergang des Polyäthylens in den amorphen Zustand bei der Bestrahlung beruhen, da sich die Intensität dieser Bande im Spektrum von geschmolzenem Polyäthylen mehr als eineinhalbmal im Vergleich zu ihrer Intensität im Spektrum des festen Polymeren vergrößert. Im Spektrum von 600 Std. mit β-Strahlen bestrahltem Polyäthylen (Abb. 22-2) wird die Intensität der Bande 1370 cm^{-1} nahezu gleich der Intensität der Bande 1470 cm^{-1}, d. h. sie vergrößert sich fast um das Dreifache. Eine solche Verstärkung der Intensität der Bande 1370 cm^{-1} kann nur infolge einer starken Vergrößerung des Verzweigungsgrades des Polyäthylens bei Bestrahlung erfolgen.

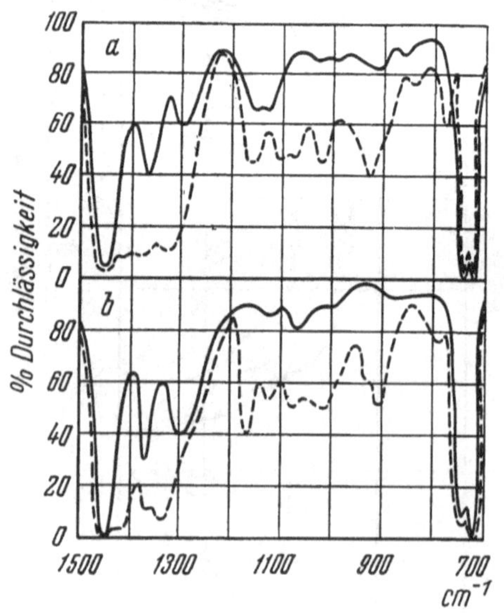

Abb. 22-3. Infrarotspektren von Polymethylenen [22-3]

a: —— nichtverzweigtes Polymethylen;
----- Polymethylen mit Methylverzweigungen.
b: —— Polymethylen mit n-Undecyl-Verzweigungen;
----- Polymethylen mit n-Amyl-Verzweigungen

Der allgemeine, ziemlich starke Anstieg der Absorption im Infrarotspektrum von bestrahltem Polyäthylen (Abb. 22-2) im Bereich 1400 bis 1700 cm^{-1} ist mit einer Vergrößerung der Verzweigung des Polyäthylens verbunden, da in diesem Gebiet Absorptionsbanden liegen, die für verschiedene Arten von Verzweigungen charakteristisch sind [22-2]. Ein Vergleich der Spektren nicht verzweigter und verzweigter Polymethylene [22-3] (Abb. 22-3) zeigt, daß in den Spektren der Polymeren mit kurzen Verzweigungen die Banden 1470, 1370, 1300 cm^{-1} in eine intensive Bande zusammenfließen. Dagegen sind die in den Spektren nicht verzweigter Polymethylene und von Polymethylen mit Undecyl-Verzweigungen diese drei Banden sehr deutlich getrennt, wobei die Intensität der Bande 1370 und 1300 cm^{-1} ungefähr zweimal kleiner ist, als die Intensität der Bande 1470 cm^{-1}. Die Intensität der Gesamtabsorption im Bereich 1200 bis 800 cm^{-1} ist im Spektrum von Polymethylen mit kurzen Verzweigungen bedeutend größer als im Spektrum von nicht verzweigtem Polymethylen und von Polymethylen mit langen Verzweigungen. Das Spektrum des mit γ-Strahlen bestrahlten Polyäthylens ist dem Spektrum der Polymethylene mit kurzen Verzweigungen sehr ähnlich: Im Spektrum von bestrahltem Polyäthylen fließen die Banden 1470, 1370 und 1300 cm^{-1} genau wie im Spektrum der verzweigten Polyäthylene in eine intensive Bande mit einigen Maxima zusammen, wobei sich die Intensität der Gesamtabsorption in Bereich 1200 bis 800 cm^{-1} vergrößert. Diese Veränderungen im Spektrum des Polyäthylens zeugen davon, daß seine kurzkettige Verzweigung bei Bestrahlung wächst.

BRYANT und VOTER [22-4] schlossen aus dem Vergleich der Banden im Infrarotspektrum von Polymethylen und von Polyäthylen im Bereich 790 bis 700 cm^{-1} auf Äthyl- und Allylverzweigungen im Polyäthylen. Die Vergrößerung der Absorption im Spektrum von bestrahltem Polyäthylen im Bereich 769, 740 und 720 cm^{-1} im Vergleich zum Spektrum von unbestrahltem Polyäthylen (Abb. 22-1 und 22-2) spricht ebenfalls für Äthyl- (769 cm^{-1}), Allyl- (740 cm^{-1}) und längere Verzweigungen (718 cm^{-1}) in den bestrahlten Proben.

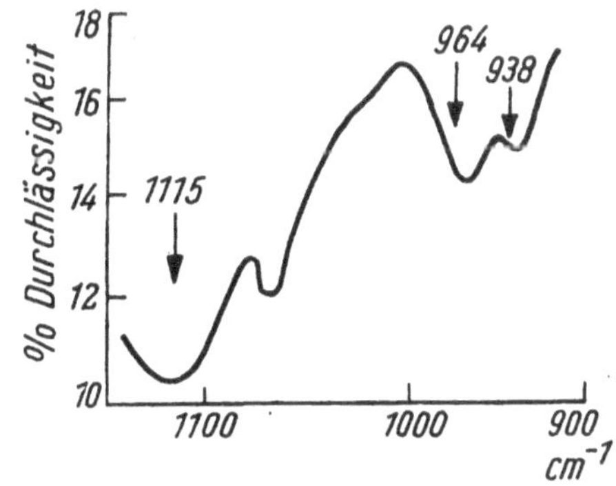

Abb. 22-4. Infrarotes Spektrum von Polyäthylen (Schichtdicke 85 μ) 600 Std. bestrahlt mit γ-Strahlung

Im Spektrum von längere Zeit mit γ-Strahlen (Abb. 22-4) bestrahltem Polyäthylen erscheint außerdem eine sehr schwache Bande bei 938 cm^{-1}. In diesem Gebiet liegen die Absorptionsspektren von Kohlenwasserstoffen der folgenden Struktur [22-2]:

$$\begin{array}{c}CH_3\\ |\\ RCH_2-C-CH_2R\\ |\\ CH_3\end{array}\qquad \begin{array}{c}CH_3\\ |\\ CH_3-C-CH_2R\\ |\\ CH_3\end{array}\qquad \begin{array}{ccccc} & & CH_3 & & \\ & & | & & \\ R-CH & - & C & - & CH-R\\ | & & | & & |\\ R & & CH_3 & & R\end{array}$$

Die beiden ersteren Strukturen entsprechen Verzweigungen mit kurzen Ketten in Polyäthylen nach Bestrahlung, die letztere entspricht einer Verzweigung mit langen Ketten oder der „Vereinigung“ zweier Polyäthylenmolekeln durch zwei an ein Kohlenstoffatom gebundene Methylgruppen. Für die Vereinigung der Molekeln bei der Bestrahlung spricht im Spektrum von γ-bestrahltem Polyäthylen auch eine schwache Absorptionsbande bei 1115 cm^{-1}, die man im Spektrum von Kohlenwasserstoffen folgender Struktur beobachtet [22-2]:

$$\begin{matrix}R\\R\end{matrix}\!>CH-CH<\!\begin{matrix}R\\R\end{matrix}.$$

Im Bereich 1400 bis 1000 cm^{-1} liegen Absorptionsbanden, die für verschiedene sauerstoffhaltige Verbindungen [22–5], [22–6] charakteristisch sind. Die Vergrößerung der Absorption ist folglich in diesem Bereich des Spektrums von an der Luft bestrahltem Polyäthylen mit einer Oxydation verbunden.

Die Depolymerisation durch freie Radikale, die überschüssige Energie besitzen, führt zur Bildung verschiedenartiger Molekeln mit Doppelbindungen. In Kapitel 21 [22–1] war angenommen worden, daß bei Einwirkung ionisierender Strahlen auf Polymere eine Anlagerung der freien Radikale an die Doppelbindungen eintritt, d. h. eine Reaktion, die den Depolymerisationsreaktionen durch freie Radikale entgegengesetzt ist. Am leichtesten gehen die endständige Doppelbindungen enthaltenden Molekeln Polymerisationsreaktionen ein. Der Verbrauch solcher Molekeln muß deshalb bei Einwirkung ionisierender Strahlen auf Polyäthylen größer sein als der Verbrauch von Molekeln mit mittelständiger Doppelbindung. Ein Vergleich der Infrarotspektren von unbestrahlten und bestrahlten Polyäthylenproben mit einer Schichtdicke von 0,6 mm (Abb. 22–1) bestätigt diese Vermutung. Die im Polyäthylen vorhandenen Gruppen $\genfrac{}{}{0pt}{}{R}{R}\!\!>\!C{=}CH_2$ (Bande 888 cm^{-1}) verschwinden bei Bestrahlung, während die Gruppen RCH=CHR′ (trans) (Bande 964 cm^{-1}) hervortreten. Bei weiterer Bestrahlung bilden sich sowohl die Gruppen RCH=CHR′ als auch $RCH{=}CH_2$ (Bande 909 cm^{-1}), jedoch wächst die Konzentration der Gruppen RCH=CHR′ bedeutend schneller als die Konzentration der Gruppen $\genfrac{}{}{0pt}{}{R}{R}\!\!>\!C{=}CH_2$ und $RCH{=}CH_2$.

Die Beurteilung der Reaktionsfähigkeit der verschiedenen Arten von Doppelbindungen, die in Polymeren entstehen, ist natürlich sehr relativ. Die Wechselwirkung der mittelständigen Doppelbindung mit Kohlenwasserstoffradikalen innerhalb des Polymeren ist aus sterischen Gründen erschwert. Bei Bestrahlung an Luft entstehen jedoch in den Oberflächenschichten, in denen Luft absorbiert wird, $\dot{H}O_2$-Radikale und aktivierter Sauerstoff, die leicht mit beliebigen Doppelbindungen reagieren können.

Im Spektrum von an Luft mit γ-Strahlen bestrahltem Polyäthylen (Abb. 22–2) wächst die Intensität der Bande 964 cm^{-1} im Vergleich zur Zunahme der Intensität der Bande 1710 cm^{-1} bei Verlängerung der Bestrahlungszeit wesentlich langsamer, als man das im Spektrum von mit schnellen Elektronen bestrahltem Polyäthylen beobachtet. Dies bedeutet, daß die Konzentration der C=O-Gruppen, im Vergleich zur Konzentration der Gruppen RCH=CHR′, bei Bestrahlung von Polyäthylen mit γ-Strahlen schneller wächst, als bei Bestrahlung mit schnellen Elektronen.

Bei der Erklärung dieses Effektes muß man berücksichtigen, daß unter den gegebenen Versuchsbedingungen die Intensität des Elektronenbündels um einige Größenordnungen größer ist als die Intensität der γ-Strahlen. Deshalb verlaufen die chemischen Veränderungen in Polyäthylen bei der Einwirkung von γ-Strahlen bedeutend langsamer als bei der Bestrahlung mit schnellen Elektronen. Merkbare Veränderungen im Polyäthylenspektrum bei Einwirkung von γ-Strahlen beobachtet man erst bei einer Bestrahlungszeit von 100 Std., während sich das Spektrum von 10 Min. mit schnellen Elektronen bestrahltem Polyäthylen [22-1] schon merkbar vom Spektrum des unbestrahlten Stoffes unterscheidet. Die in den Oberflächenschichten des Polyäthylens absorbierten Sauerstoff- und Wasserstoffmolekeln werden für eine Reaktion mit den im Laufe der Bestrahlung gebildeten Doppelbindungen verbraucht. Eine der möglichen Oxydationsreaktionen des Polyäthylens ist die Anlagerung von Sauerstoff an die Doppelbindung:

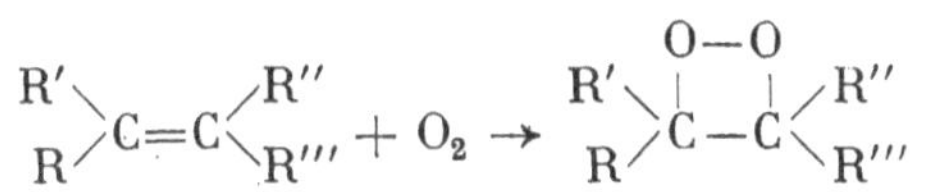

(22-3)

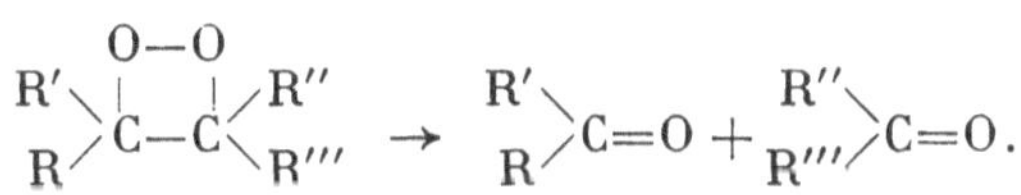

(22-4)

Die Oxydationsgeschwindigkeit der Doppelbindungen ist begrenzt durch die Absorptionsgeschwindigkeit des Wassers und des Sauerstoffs aus der umgebenden Luft und durch die Bildungsgeschwindigkeit der Doppelbindungen selbst. Offenbar ist die Bildungsgeschwindigkeit der Doppelbindungen bei der Bestrahlung von Polyäthylen mit γ-Strahlen vergleichbar mit der Absorptionsgeschwindigkeit der H_2O- und O_2-Molekeln, die für die Oxydation dieser Doppelbindungen verbraucht werden, während bei Bestrahlung mit schnellen Elektronen die Bildungsgeschwindigkeit der Doppelbindungen die Absorptionsgeschwindigkeit dieser Molekeln übertrifft. Man beobachtet sogar bei Bestrahlung von Polyäthylen mit γ-Strahlen im Vakuum die Banden 1710 und 3350 cm^{-1} (Abb. 22-1), d. h. Polyäthylen wird unter Bildung von C=O- und OH'-Gruppen oxydiert. In diesem Falle kann die Oxydation des Polyäthylens nur durch Wasser oder Sauerstoff erfolgen, die im Polymeren oder im Glas der Ampullen absorbiert sind.

Es wäre unrichtig, anzunehmen, daß sich die Rolle des Sauerstoffs bei der Einwirkung ionisierender Strahlen mit der Oxydation des Polyäthylens durch Anlagerung des Sauerstoffs an die entstehenden Doppelbindungen erschöpft. Wie aus Untersuchungen des Polymerisationsprozesses von Äthylen [22-7] bekannt ist, verursacht der aktivierte Sauerstoff die Bildung freier Radikale durch Abspaltung von Wasserstoff aus den Kohlenwasserstoffmolekeln:

$$RH + O_2 \rightarrow \dot{R} + H\dot{O}_2. \qquad (22\text{-}5)$$

Die Abspaltung des Wasserstoffs aus der Polyäthylenmolekel wird dort stattfinden, wo die Energie der C—H-Bindung am kleinsten ist, d. h. an den Verzweigungsstellen und an den Kohlenstoffatomen, die den Doppelbindungen benachbart sind

[22-8]. In diesem Falle bilden sich C=O-Gruppen, die mit C=C-Bindungen konjugiert sind:

$$RCH{=}CH{-}CH_2R' + O_2 \rightarrow RCH = CH{-}\overset{\displaystyle OOH}{\overset{|}{C}H}{-}R' \qquad (22\text{-}6)$$

$$RCH = CH{-}\overset{\displaystyle OOH}{\overset{|}{C}H}{-}R' \rightarrow RCH{=}CH{-}C\begin{smallmatrix}{\nearrow O}\\{\searrow H}\end{smallmatrix} + R'OH. \qquad (22\text{-}7)$$

Die Konjugation der durch Bestrahlung entstehenden C=O-Gruppen mit C=C-Gruppen wird im Spektrum von bestrahltem Polyäthylen durch die Lage des Maximums der Absorptionsbande 1710 cm^{-1} bewiesen, welche den Carbonylgruppen zuzuordnen ist. Es tritt also eine Verschiebung des Maximums der Bande um 10 bis 30 cm^{-1} ins langwellige Gebiet im Vergleich zur Lage derjenigen Absorptionsbanden ein, die für die Carbonylgruppen in den Spektren gesättigter Verbindungen charakteristisch sind.

Der Zerfall des sich durch Reaktion von Sauerstoff mit einer Polyäthylenmolekel bildenden Peroxyds führt nach Reaktion (22-7) zur Bildung von Aldehyd und Alkohol. In der Tat beobachtet man in den Spektren von mit γ-Strahlen bestrahltem Polyäthylen eine breite Absorptionsbande im Bereich 3500 bis 3000 cm^{-1}, welche für das Vorhandensein von OH-Gruppen spricht, die durch Wasserstoff verbunden sind. Mit Verlängerung der Bestrahlungszeit wächst allerdings die Intensität der Absorptionsbande 3500 bis 3000 cm^{-1} langsamer, als die Intensität der Bande 1710 cm^{-1} (Abb. 22-2). Eine Berechnung zeigt, daß im 300 Std. mit γ-Strahlen an Luft bestrahltem Polyäthylen das Verhältnis der Konzentration der OH-Gruppen zur Konzentration der C=O-Gruppen ungefähr 0,7 ist (der Extinktionskoeffizient der OH-Bande ist mit 54, der Koeffizient der C=O-Bande mit 188 angenommen [22-8]). Folglich erhält man bei der Oxydation von Polyäthylen unter dem Einfluß von Strahlung mehr C=O- als OH-Gruppen. Nach Reaktion (22-7) müssen sich $R{-}C\begin{smallmatrix}{\nearrow O}\\{\searrow H}\end{smallmatrix}$ und ROH in äquimolekularen Mengen bilden. Der Überschuß an C=O-Gruppen in bestrahltem Polyäthylen kann mit dem gleichzeitigen Ablauf der Reaktion (22-4) erklärt werden, bei der nur Carbonylverbindungen entstehen. Außerdem kann die Oxydation über OH- zu C=O-Gruppen weiterlaufen, was bei weiterer Oxydation zur Bildung von Carboxylgruppen führt.

Das Vorhandensein von Carboxylgruppen in bestrahltem Polyäthylen konnte nachgewiesen werden. Ein 200 Std. mit γ-Strahlen bestrahlter Polyäthylenfilm wurde einige Stunden in 2%iger Natronlauge gekocht, um alle vorhandenen Carbonsäuren und deren Ester in Natriumsalze überzuführen. Das Spektrum des Films wurde vor und nach dem Kochen aufgenommen. Im Spektrum des nach dem Kochen in Lauge gemessenen Films (Abb. 22-5) beobachtet man eine intensive Absorptionsbande bei 1550 cm^{-1}, welche dem Ion $\left[R{-}C\begin{smallmatrix}{\nearrow O}\\{\searrow O}\end{smallmatrix}\right]^-$ eines Carbonsäuresalzes entspricht [22-9]. Die Intensität der Bande 1710 cm^{-1} vermindert sich im

Spektrum des mit Lauge behandelten Films nur wenig. Daraus folgt, daß die 1710 cm^{-1}-Bande in Wirklichkeit aus mehreren Absorptionsbanden besteht, die verschiedenen C=O-Gruppen zuzuordnen sind. Deshalb müßte man bei Berechnung

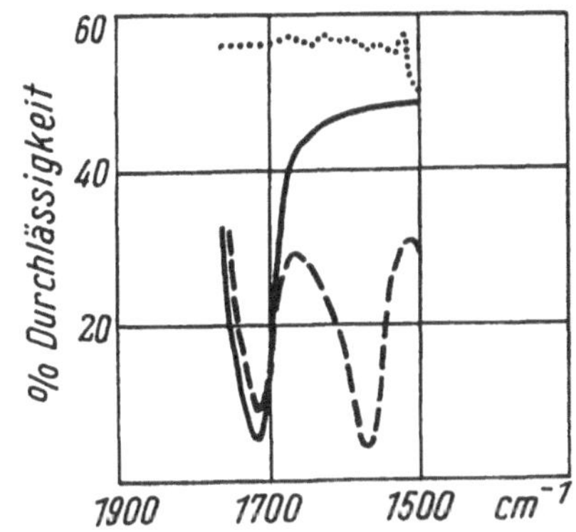

Abb. 22-5. Infrarotspektren von Polyäthylen (Schichtdicke 85 μ)
...... unbestrahlt; —— 200 Std. bestrahlt mit γ-Strahlen vor Behandlung mit Lauge; ----- nach Behandlung mit Lauge

der C=O-Konzentration die Gesamtintensität dieser Bande einsetzen und die verschiedenen Extinktionskoeffizienten für die Carbonyl- und Carboxylgruppen berücksichtigen. Vermutlich würde man bei einer solchen Berechnung eine bedeutend größere C=O-Konzentration erhalten.

Zusammenfassung

a) Das Auftreten von Absorptionsbanden in den Infrarotspektren von bestrahltem Polyäthylen, die eine Vergrößerung der Verzweigung und das Vorhandensein „vernetzter" Molekeln, aber auch verschiedener Arten von Kohlenstoffdoppelbindungen, Hydroxyl, Carbonyl- und Carboxylgruppen charakterisieren, erlaubt Schlußfolgerungen auf in Polyäthylen bei der Einwirkung ionisierender Strahlen auftretende Prozesse.

b) Die chemischen Veränderungen im Polyäthylen unter der Einwirkung ionisierender Strahlung kann man durch Reaktionen der freien Radikale erklären, die bei der Bestrahlung gebildet werden.

c) Die Rekombination der Radikale führt zur Vernetzung der Polyäthylenmolekeln und zur Bildung verketteter Molekeln. Die Depolymerisation durch solche Radikale führt zur Bildung ungesättigter Molekeln. Die dabei gebildeten Molekeln mit endständigen Doppelbindungen gehen leicht mit den freien Radikalen weitere Polymerisationsreaktionen ein.

d) Bei Bestrahlung von Polyäthylen an der Luft kann Sauerstoff an die im Prozeß der Bestrahlung gebildeten Doppelbindungen unter Bildung von Carbonylverbindungen angelagert werden. Der bei der Bestrahlung aktivierte Sauerstoff kann auch an Kettenreaktionen teilnehmen. Die Reaktion des Sauerstoffs mit Polyäthylenmolekeln kann zur Bildung von Hydroxyl-, Carbonyl- und Carboxylgruppen führen.

Es ist eine angenehme Pflicht, dem Mitglied der Akademie der Wissenschaften, Herrn W. A. KARGIN für sein Interesse an dieser Arbeit und für wertvolle Ratschläge zu danken.

LITERATURVERZEICHNIS

[22-1] SLOWOCHOTOWA, N. A. und KARPOW, W. Z., Vorliegender Sammelband, S. 196.

[22-2] MCMURRY, H. L. und THORNTON, V., Analytic. Chem., **24**, 318 (1952); C. **1956**, 11375.

[22-3] BUCKLEY, G. D. und RAY, N. M., J. chem. Soc. (London), **1959**, 3701; C. **1953**, 4705.

[22-4] BRYANT, W. M. D. und VOTER, R. C., J. Amer. chem. Soc., **75**, 6113 (1953); C. **1956**, 139.

[22-5] FRANCIS, S. A., J. chem. Physics, **19**, 942 (1951); C. **1952**, 5707.

[22-6] KIRRMANN, A. und CHANCEL, P., Bull. chim. France (Mem), (5), **21**, 1338 (1954); C. **1955**, 3099.

[22-7] RUGG, F. M., SMITH, J. J., WARTMAN, L. H., Annals N. Y. Academy Sci., **57**, 398 (1953).

[22-8] SMITH, J. O. und TAYLOR, H. S., J. chem. Physics, **7**, 390 (1939).
TAYLOR, H. S., SMITH, J. O., J. chem. Physics, **8**, 543 (1940).

[22-9] CROSS, L. H., RICHARDS, R. B. und WILLIS, H. A., Discuss, Faraday Soc., Nr. 9, 235 [1950); C. **1955**, 5327.

23. W. L. KARPOW und B. I. SWERJEW

Die Änderung des Ordnungsgrades in kristallinen Polymeren unter Einwirkung energiereicher Strahlung

Beim Durchgang schwerer Teilchen (α-Teilchen, Protonen, Rückstoßkerne usw.) durch Kristalle treten Veränderungen im Kristallgitter ein, indem die Gleichgewichtslage der Bausteine in den Gitterpunkten gestört wird. Diese Erscheinung wurde an Metallen und Halbleitern untersucht und ist in der Literatur vielfach beschrieben [23-1], [23-2].

In Analogie zu den Prozessen beim Härten nennt man die Störungen des Kristallgitters der Metalle bei der Bestrahlung mit schweren Teilchen den „Härtungseffekt". Durch nachfolgende thermische Behandlung ist es möglich, diese Störungen des Gitters zu beseitigen, was als „Temperungseffekt" bezeichnet wird. Bei der Einwirkung leichter Teilchen (Elektronen) und γ-Strahlen auf Metalle werden ähnliche Effekte nicht beobachtet.

Bei Isolatoren, zu denen die Stoffe mit Molekelgitter gehören, können die Veränderungen der Kristalle bei der Einwirkung energiereicher Strahlung einen anderen Charakter haben als bei Metallen. Beim Durchgang leichter Teilchen oder von γ-Strahlen durch Isolatoren sind zwar auch Störungserscheinungen im Gitter ähnlich jenen in Metallen möglich, aber derartige Prozesse sind verhältnismäßig wenig untersucht worden. Dagegen stellten wir schon 1950 fest, daß bei Einwirkung von β- und γ-Strahlen aus Radon und seinen Folgeprodukten sowie schnellen Elektronen auf kristalline Polymere wie Polyäthylen, Teflon, Polyamide, Mischpolymere von Vinylchlorid und Vinylidenchlorid die kristallinen Phasen irreversibel in den amorphen Zustand übergehen. Die vorliegende Untersuchung wurde mit dem Ziel einer genaueren Erforschung dieser Erscheinung durchgeführt.

Experimenteller Teil

In der vorliegenden Arbeit wurden hauptsächlich zwei verschiedene Polyäthylenproben untersucht, die sich durch ihre mechanischen Eigenschaften unterschieden. Die erste Probe wies eine Dehnung von $\sim 150\%$ gegenüber der Ausgangslänge, die zweite Dehnung von 500 bis 600% auf. Diesem unterschiedlichen Verhalten lagen entsprechend verschiedene Verzweigungsgrade zugrunde.

Die Präparate der ersten Probe wurden einer speziellen Reinigung zur Abtrennung der unlöslichen Bestandteile unterworfen; diese bestand im Lösen des Polyäthylens in 90° heißem Toluol, Filtrieren durch eine Glasfritte, Fällen des Polyäthylens aus dem Filtrat und darauffolgendem Trocknen im Vakuum. Das getrocknete Polyäthylen wurde in der Kälte mit reinem Benzol gewaschen. Die Reinigung der zweiten Probe erfolgte nur mit Benzol. Nach der Reinigung zeigte die erste Probe ebenfalls einen hohen Wert der Dehnung; ungefähr 500 bis 600%.

Die Proben für elektronographische Untersuchungen wurden aus einer heißen Lösung der Stoffe in Benzin oder Benzol hergestellt. Ein Tropfen einer solchen Lösung wurde auf die Oberfläche von heißem Wasser (90°) gebracht; der auf der Wasseroberfläche gebildete Film wurde auf eine Lochblende des Elektronographen ЭМ-4 [23-3] überführt. Vor der Bestrahlung erfolgte eine elektronographische Untersuchung der Präparate, wobei für die weitere Arbeit diejenigen Proben ausgewählt wurden, die eine geeignete Dicke hatten und ein klares Beugungsbild mit minimal diffusem Untergrund gaben. Die Dicke solcher Filme kann mit einigen hundert Å angenommen werden. Für die Bestrahlung wurden γ-Strahlen eines 37 g Radiumäquivalent ^{60}Co-Präparates und schnelle Elektronen verwendet.

Die eindeutigsten Ergebnisse wurden bei den Versuchen mit schnellen Elektronen erzielt. Die maximale Energie der Elektronen betrug 300 keV, jedoch schwankte dieser Wert bei den einzelnen Versuchen. Die Bestrahlung wurde im Vakuum (Restdruck $\sim$0,1 Torr) unter Verwendung einer Metallkammer durchgeführt, die es ermöglichte, nacheinander 5 Proben ohne Lufteinlaß zu bestrahlen. Die Stromstärke wurde mit einem Mikroamperemeter gemessen. Die Bestimmung der von der Probe absorbierten Energie erfolgte, wie bei Eichung der Quelle, mittels Ce^{4+}-Dosimetrie in wäßriger Lösung. Um ein Elektronenbündel zu erhalten, das eine gleichmäßige Bestrahlung des Objektes gewährleistete, wurde eine elektromagnetische Linse verwendet, die am Austritt des Elektronenbündels vor dem Objekt aufgestellt war. Durch Veränderung der Breite des Elektronenbündels und des Heizstromes konnte die Menge der auf das Objekt wirkenden schnellen Elektronen reguliert werden. Zur Kontrolle eines gleichmäßigen Strahlenfeldes wurden Filme aus Polyvinylchlorid verwendet, die mit einem Farbstoff dotiert waren. Die Bestrahlung der Präparate erfolgte direkt auf der Lochblende. Vor und nach der Bestrahlung wurden die Elektronogramme mit einem Elektronographen ЭМ-4 aufgenommen. Neben Polyäthylen wurden noch einige andere Stoffe, insbesondere polymeres Vinyliden- und Vinylchlorid, untersucht, an denen man ebenfalls einen Übergang aus dem kristallinen in den amorphen Zustand beobachtet hatte. Die erhaltenen Elektronogramme konnten wegen der schlechten Löslichkeit des Materials und der Schwierigkeit der Herstellung genügend dünner Filme nur eine qualitative Bestätigung der beobachteten Effekte geben.

1. Versuchsergebnisse mit Polyäthylen

Bei der Bestrahlung von dünnen Polyäthylenfilmen mit schnellen Elektronen wurden sowohl die Bestrahlungszeit (integrale Dosis), als auch die Stromstärke des Elektronenbündels (differentiale Dosis) variiert. In Vorversuchen war gefunden

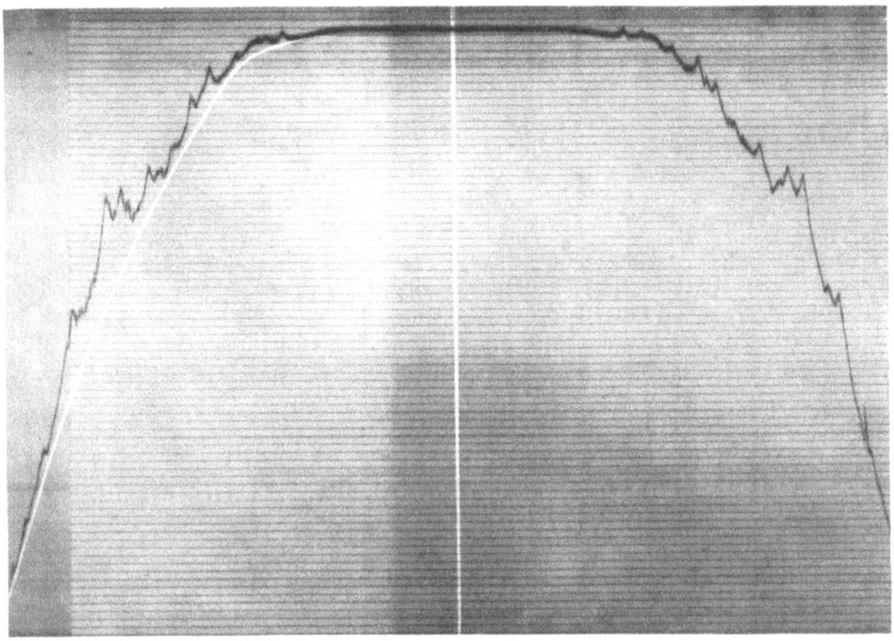

a

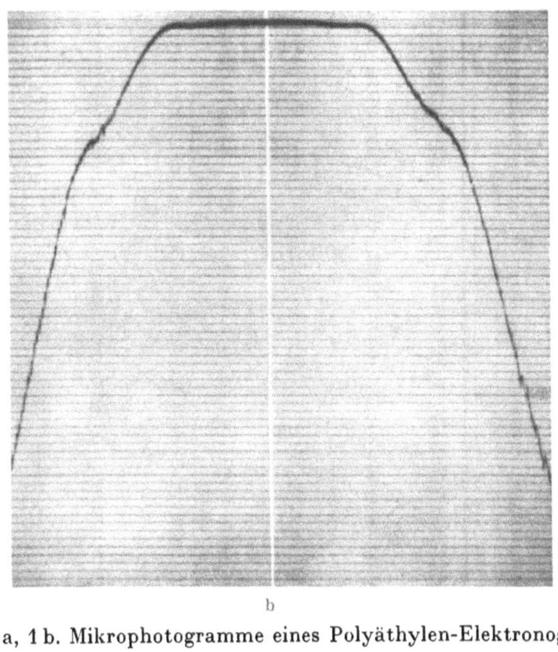

b

Abb. 23-1a, 1b. Mikrophotogramme eines Polyäthylen-Elektronogramms

a: Bestrahlung mit schnellen Elektronen, Bestrahlungszeit 2 Minuten;
b: Bestrahlungszeit 16 Minuten

worden, daß die Wirkung von der differentialen Dosis im Intervall von 2 bis 20 μA unabhängig ist. Es wurde zunächst eine Versuchsserie mit zunehmender Bestrahlungszeit von 2, 4, 8 und 16 Minuten bei einer Stromstärke des Elektronenbündels von 19 μA (berechnet auf das gesamte Objekt) durchgeführt. Die hierbei erhaltenen Elektronogramme zeigen eine fortschreitende Veränderung des Beugungsbildes von Polyäthylen: Mit zunehmender Bestrahlungszeit beobachtet man einen Übergang aus dem kristallinen in den amorphen Zustand. In Abb. 23-1 sind die Mikrophotogramme der Elektronogramme von Polyäthylen nach einer Bestrahlungszeit von 2 und 16 Minuten wiedergegeben. Während Abb. 23-1a deutliche Spitzen zeigt, entsprechend scharfen Maxima im Beugungsbild der Kristalle, fehlen in Abb. 23-1b diese Maxima und man sieht Stufen in der Schwärzungskurve, die verschwommenen diffusen Ringen zuzuordnen sind. Die Durchmesser dieser diffusen Ringe entsprechen den folgenden „Netzebenen-Abständen"[1]).

Nr. des diffusen Ringes	Durchmesser in Å	Intensität
1	4,4	sehr stark
2	2,28	mittel
3	1,27	schwach

Es ist wichtig, daß die Lage der diffusen Ringe nicht mit der Lage der Ringe der Kristalle übereinstimmt. Die Beugungslinien der Kristalle ändern bei der Bestrahlung weder ihre Lage noch ihre Breite. Die Werte der „Netzebenen-Abstände" und der Intensitäten für unter verschiedenen Bedingungen bestrahlte Polyäthylenproben sind in Tabelle 23-1 zusammengestellt. .

Mit Vergrößerung der Dosis beobachtet man als einzige Veränderung eine Intensitätszunahme des „Streubildes" des amorphen Zustandes und eine Intensitätsabnahme des „Kristallbildes". Bei einer Bestrahlungszeit von 16 Minuten verschwindet das Kristallbild fast vollkommen, und daß Streubild des amorphen Zustandes wird sehr intensiv. Man kann somit die entstehenden Bilder der diffusen Streuung nicht als Resultat einer Spaltung der Polyäthylenkristalle in kleinere Kriställchen deuten, da sich in diesem Falle die diffusen Ringe infolge einer Verbreiterung der Kristallinien bilden müßten. Die zweite hervorzuhebende Tatsache ist die Irreversibilität der eintretenden Veränderungen. Weder eine Erwärmung der bestrahlten Präparate bei einer Temperatur, die oberhalb des Schmelzpunktes des unbestrahlten Polyäthylens liegt (120°)[2]), noch langes Liegen bei Zimmertemperatur (mehr als 2,5 Monate) führen bei nochmaliger Aufnahme eines Elektronogrammes zur Wiederherstellung des anfänglichen Beugungsbildes.

---

[1]) Im vorliegenden Fall, d. h. im amorphen Zustand werden die „Netzebenenabstände", berechnet nach der Wulf-Braggschen Formel, nur durch die Winkelzustände der Maxima der diffusen Beugungsringe charakterisiert.

[2]) Die Erwärmung der bestrahlten Proben auf 120° führt nicht zum Schmelzen, da Polyäthylen infolge der Bestrahlung in einen nichtschmelzenden und unlöslichen Zustand übergeht.

Somit ist der Übergang der Polyäthylenkristalle in einen ungeordneten Zustand mit irreversiblen Prozessen verbunden, d. h. mit chemischen Veränderungen, die durch Strahlungseinwirkung eintreten. In den Versuchen mit ^{60}Co-γ-Strahlung konnte ein Übergang von kristallinem Polyäthylen in den amorphen Zustand nur in wesent-

Tabelle 23-1

Nr. der Aufnahme	47		35		39		44[2])		
Nr. des diffusen Ringes	Nicht bestrahlt		Integraldosis 38 $\mu A \times$ min		Integraldosis 152 $\mu A \times$ min		Integraldosis 304 $\mu A \times$ min		
	Intensität[1])	*d* in Å	Intensität	*d* in Å	Intensität	*d* in Å	Intensität	*d* in Å	*hkl*
1	e. st.	4,14	s. st.	4,15	s. st.	4,16	—	—	110
2	st.	3,74	st.	3,78	m.	3,78	—	—	200
3	—	—	—	—	—	—	—	—	210
4	s. st.	2,48	s. st.	2,48	s. st.	2,48	—	2,48	020
5	schw.	2,37	e. schw.	2,35	—	—	—	—	120
6	m.	2,26	m.	2,26	s. sch.	2,27	—	2,25	011
7	schw.	2,17	schw.	2,18	—	—	—	—	111
8	schw.	2,10	s. schw.	2,10	—	—	—	—	201
9	s. schw.	2,07	s. schw.	2,07	s. sch.	2,07	—	2,07	—[3])
10	m.	1,94	schw.	1,93	s. schw.	1,93	—	1,93	211
11	m.	1,73	st.	1,73	s. schw.	1,72	—	1,71	121
12	schw.	1,67	s. schw.	1,68	—	—	—	—	311
13	schw.	1,61	m.	1,61	s. schw.	1,61	—	1,60	130
14	—	—	e. schw.	1,51	s. schw.	1,51	—	1,51	230
15	—	—	—	—	—	—	—	—	510
16	—	—	e. schw.	1,39	s. schw.	1,36	—	1,36	031
17	—	—	e. schw.	1,30	—	—	—	—	231
18	—	—	schw.	1,27	s. schw.	1,27	—	1,27	002
19	—	—	schw.	1,21	s. schw.	1,20	—	1,21	112
20	—	—	s. schw.	1,10	—	—	—	1,12	310

[1]) Die Intensitäten wurden visuell abgeschätzt (e. st. = extrem stark; s. st. = sehr stark; st. = stark; m. = mittel; schw. = schwach; s. schw. = sehr schwach; e. schw. = extrem schwach).

[2]) Aufnahme 44 wurde bei einer maximalen Gesamtbestrahlungsintensität des Präparates mit schnellen Elektronen (304 $\mu A \times$ min) und größter Exposition hergestellt. Auf den von diesem Präparat bei kleineren Expositionen hergestellten Elektronogrammen sind die Kristallinen kaum feststellbar.

[3]) Der diffuse Ring ist vermutlich durch eine Verunreinigung bedingt.

lich geringerem Ausmaß beobachtet werden. Dies liegt vermutlich daran, daß die verwendeten Dosen zu klein waren. Ein völliger Übergang in den amorphen Zustand wurde bei langer Einwirkung von Radonstrahlung, mit einer Anfangsaktivität von 14 Curie pro Liter, festgestellt.

2. Besprechung der Ergebnisse

Es ist zunächst nötig, auf einige Besonderheiten des kristallinen Zustandes hochpolymerer Stoffe hinzuweisen. Da die Kettenmolekeln solcher Polymerer aus vielen tausend — bis zehntausend und mehr — Einzelmolekeln bestehen, kann eine Polymermolekel die Größe der Kristallite übersteigen. Daher kann eine Molekel Bestandteil zweier oder mehrerer Kristalle sein. Das Ergebnis davon ist das gleichzeitige Nebeneinander von geordneten (kristallinen) und ungeordneten (amorphen) Zuständen im Polymeren.

Solche nebeneinander bestehenden Zustände wurden von A. P. ALEXANDROW untersucht [23-4]. Die Möglichkeit einer zeitlich langen Existenz solcher Zustände führt zu einer Reihe von Anomalien der Eigenschaften der polymeren Kristalle (Schmelztemperaturintervall statt definierten Schmelzpunktes, Unterschiede in Kristallisations- und Schmelztemperatur u. a.). Eine weitere Besonderheit ist eine scharfe Anisotropie von Kristallen linearer Polymerer. Das Gitter solcher Kristalle besteht aus langen, parallel ausgerichteten Kettenmolekeln, in denen die einzelnen Atome durch kovalente Bindung, die Molekeln untereinander aber durch verhältnismäßig schwache zwischenmolekulare Kräfte verbunden sind. Diese Unterschiede in Natur und Größe der Kräfte, die die Atome im Gitter zusammenhalten, d. h. in den Richtungen längs und quer zu den Molekelketten im Kristall, bedingen eine Anisotropie der polymeren Kristalle.

Die dritte mit den beiden ersten in Zusammenhang stehende Besonderheit liegt darin, daß das Gitter der polymeren Kristalle relativ leicht umgebaut werden kann. Die kleine Energie der zwischenmolekularen Kräfte im Gitter eines polymeren Kristalles und die Möglichkeit einer leichten Energieweitergabe entlang der Molekelketten bedingt die niedrige Schmelztemperatur und die Leichtigkeit eines Gitterumbaues durch äußere Einwirkungen (z. B. Rekristallisation bei Einwirkung einer Zugkraft, die Spannungen im Material hervorruft [23-5]). Die Berücksichtigung dieser Besonderheiten der polymeren Kristalle ist notwendig, um den von uns festgestellten Übergang des Polyäthylens aus dem kristallinen in den amorphen Zustand zu erklären.

Die Kristallstruktur von unorientiertem Polyäthylen entspricht einer rhombischen Zelle mit den Größen $a = 7{,}47$, $b = 4{,}97$ und $c = 2{,}53$ Å [23-5]. In den Elektronogrammen findet man einen diffusen Ring, dessen Radius einem „Netzebenenabstand" von 4,5 Å entspricht. Durch die Basisfläche der Zelle, parallel zur C-Achse, gehen zwei Kettenmolekeln, die eine ebene trans-Konfiguration haben. Der zwischenatomare Abstand der C—C-Bindung ist 1,53 Å, der Valenzwinkel der Bindungen 112°. Der kleinste Abstand zwischen benachbarten Molekeln beträgt 4,12 Å [23-6]. Bei Normaldruck und einer Temperatur von 20° beträgt der kristalline Anteil ungefähr 50%.

Der diffuse Ring in den Elektronogrammen von kristallinem Polyäthylen entspricht, gemäß dem effektiven d (4,5 Å), etwa dem ersten diffusen Ring auf dem Beugungsbild von bestrahltem Polyäthylen ($d = 4{,}4$ Å). Die Lage der übrigen Ringe in den Elektronogrammen von kristallinem, z. T. aber schon amorphem Polyäthylen verändert sich im Vergleich zu unbestrahltem Material nicht. Es vermindert sich nur ihre Intensität, d. h. der kristalline Anteil verringert sich, während der amorphe Anteil zunimmt. Das Ergebnis der strahlungschemischen Reaktion bei Einwirkung schneller Elektronen auf Polyäthylen ist der Übergang in einen nicht schmelzbaren und unlöslichen Zustand.

Diese Änderungen der Eigenschaften weisen auf Veränderungen der molekularen Struktur des Polyäthylens hin. Insbesondere tritt im Material ein Vernetzungsprozeß ein, wobei sich die einzelnen Molekeln infolge der Bestrahlung durch chemische Bindungen zu einem homogenen räumlichen Netz verbinden. Die Vernetzung ist vermutlich durch das Abreißen eines Wasserstoffatoms von der Hauptkette des Polymers infolge der Absorption von Strahlungsenergie bedingt, wodurch freie Radikale gebildet werden. Unter den bei der Bestrahlung entstehenden gasförmigen Produkten bildet der Wasserstoff den Hauptbestandteil. Die Anfangsausbeute an Wasserstoff ist relativ groß und beträgt 5 Molekeln/100 eV absorbierter Energie. Kettenbruchstücke der Struktur C_nH_m, die beim Zerreißen der Hauptmolekelkette entstehen, treten nur in unbedeutender Menge auf. Die Reaktion der Abspaltung des Wasserstoffs überwiegt zweifellos die des Zerreißens der Hauptkette. Dies ist allerdings nicht mit der verschiedenen Bindungsenergie von C—H- und C—C-Bindungen zu erklären, da die Bindungsenergie von C—H größer ist, als die von C—C (85 kcal für C—H und 63 kcal für C—C). Man kann diese Erscheinung u. U. dadurch erklären, daß für die bei einer Zerreißreaktion der C—C-Bindungen entstehenden freien Polymerradikale die Wahrscheinlichkeit der Rekombination der Radikale unter Wiederherstellung der zerrissenen Bindung groß ist, da sich diese Radikale im festen Polymeren nur wenig voneinander entfernen können. Ein abgespaltenes Wasserstoffatom kann sich dagegen dank seiner beträchtlichen Diffusionsgeschwindigkeit relativ schnell von der Abspaltungsstelle entfernen, wodurch die Wahrscheinlichkeit einer möglichen Rekombinaton vermindert wird.

Im gebildeten Polymerradikal kann die freie Valenz durch Bildung einer Doppelbindung unter Abspaltung eines zweiten Wasserstoffatoms vom benachbarten Glied derselben Molekelkette abgesättigt werden, oder es wird ein Wasserstoffatom von einer benachbarten Molekel abgespalten, wodurch sich beide Radikale verbinden können. Der Ablauf dieser Prozesse ist in folgender Weise vorstellbar:

$$\begin{aligned} &\cdots -CH_2-CH_2-\dot{C}H-CH_2-CH_2- \cdots + H \rightarrow \\ &\rightarrow -CH_2-CH{=}CH-CH_2-CH_2- \cdots + H_2 \end{aligned} \tag{23-1}$$

oder

$$\begin{aligned} &\cdots -CH_2-CH_2-\dot{C}H-CH_2-CH_2- \cdots + H + \\ &+ \cdots -CH_2-CH_2-CH_2-CH_2-CH_2- \cdots \rightarrow \\ &\rightarrow \cdots -CH_2-CH_2-CH-CH_2-CH_2- \cdots \\ &\qquad\qquad\qquad\quad | \\ &\cdots -CH_2-CH-CH_2-CH_2-CH_2- \cdots + H_2. \end{aligned} \tag{23-2}$$

Die Bildung von Doppelbindungen in Polyäthylen wurde von N. A. SLOWOCHOTOWA und W. L. KARPOW [23-7] bei der Untersuchung der Infrarot-Absorptionsspektren von im Vakuum bestrahltem Polyäthylen festgestellt. Die Erhöhung des Gehaltes an tertiären Kohlenstoffatomen, die für die Vernetzung und allgemein für die Verzweigung der Kettenmolekeln charakteristisch sind, sowie die Veränderungen der mechanischen Eigenschaften und der Löslichkeit des Polyäthylens bei Bestrahlung zeigen unzweifelhaft, daß ein Vernetzungsprozeß stattfindet. Unter Zugrundelegung der Werte der Anfangswasserstoffausbeute bei der Radiolyse von Polyäthylen kann man den Grad der Umwandlung in den Polymermolekeln bei den von uns angewandten Dosen abschätzen.

Die mittlere Dosisleistung für das Elektronenbündel eines Linearbeschleunigers entspricht bei einem Strom von $1\,\mu A$, umgerechnet auf 1 cm^2 Objektgröße, $0.91 \cdot 10^{18}$ eV · min^{-1}. Die maximal absorbierte Energie E_m beträgt bei unseren Bestrahlungsversuchen für Polyäthylenpräparate bei $19\,\mu A$ und 16 Minuten Dauer $= 2{,}8 \cdot 10^{20}$ eV. Schnelle Elektronen mit einer Energie von 300 kV werden in Polyäthylen in einer Tiefe von weniger als 0,8 mm vollständig absorbiert. Die Gesamtzahl der Glieder ($-CH_2-CH_2-$) in einer Polyäthylenschicht von 1 cm^2 Fläche und 0,8 mm Dicke bei einem spez. Gewicht von ~ 1 beträgt $\frac{6 \cdot 10^{23}}{28} \cdot 0{,}08 = 1{,}72 \cdot 10^{21}$. Die Zahl der Glieder, die einer chemischen Umwandlung unterliegen, ist unter diesen Bedingungen $2{,}8 \cdot 10^{20} \cdot 0{,}05 = 1{,}4 \cdot 10^{19}$, wenn man voraussetzt, daß jedes umgewandelte Glied 1 Molekel Wasserstoff abgibt (die Zahl der veränderten C—C-Bindungen wird bei dieser Berechnung vernachlässigt, da sie verhältnismäßig klein ist). Das Verhältnis der Zahl der chemisch reagierenden Glieder zur Gesamtzahl ist dann

$$\frac{1{,}4 \cdot 10^{19}}{1{,}72 \cdot 10^{21}} = 0{,}0081.$$

Damit wird unter unseren Versuchbedingungen 1 Glied von 123 Gliedern chemisch verändert. Da das mittlere Molekulargewicht des untersuchten Polyäthylens ungefährt 25000 beträgt, was ~ 900 Gliedern entspricht, kommen auf eine Molekel rund sieben Glieder, die chemischen Veränderungen unterworfen werden. Dies bezieht sich allerdings nicht nur auf die Bindungen zwischen verschiedenen Molekeln (Vernetzung). Wie gezeigt wurde [23–7], bilden sich bei der Bestrahlung im Vakuum 3,6 C=C-Doppelbindungen pro Molekel, während die Gesamtzahl der Glieder, die verändert werden, entsprechend der Wasserstoffausbeute unter diesen Bedingungen 4,8 pro Molekel ist. Somit können im Mittel 1,2 Glieder pro Molekel für die Bildung von Verzweigungen und die Vernetzung der Polyäthylenmolekel verwendet werden. Da in dem oben genannten Schema Reaktion (23–1) bedeutend wahrscheinlicher ist als Reaktion (23–2) (wegen des Unterschieds der zwischenatomaren Abstände), ist es nicht ausgeschlossen, daß der Vernetzungsprozeß unter Teilnahme der sich primär nach Schema (23–1) bildenden Doppelbindungen verläuft. Das wird auch durch den beobachteten, nicht linearen Verlauf der Bildungsgeschwindigkeit der Doppelbindungen bei wachsender Dosis bestätigt. Es ist daher durchaus denkbar, daß unter diesen Bedingungen alle chemischen Veränderungen der Molekeln in jedem Falle zu einer Zerstörung des Kristallgitters des Polyäthylens führen sollten. Die primären Ionisations- und Anregungsvorgänge, die von einer

Radikalbildung begleitet werden, können in der Makromolekel mit gleicher Wahrscheinlichkeit in einem beliebigen Glied einsetzen. Deshalb können die sekundären chemischen Umwandlungen der Glieder sowohl im kristallinen als auch im amorphen Teil stattfinden. Bei der Vernetzung benachbarter Molekeln muß im Kristall eine ziemlich starke Verkürzung des Abstandes zwischen zwei Atomen, die vorher zwei verschiedenen Molekeln angehörten (von 4 auf 1,54 Å), eintreten. Dabei muß sich nicht nur die Lage der Atome, zwischen denen eine chemische Bindung stattfand, verändern, sondern auch die der Nachbaratome infolge der Weitergabe der entstehenden Spannungen entlang der Molekelketten.

Zu einer ähnlichen „Zerstörung des Ordnungszustandes" der Kristalle sollte auch die Bildung von Doppelbindungen führen, da bei dem Tausch einer C—C-Einfachbindung gegen eine Doppelbindung ebenfalls eine starke Veränderung der zwischenatomaren Abstände vor sich geht. Auf ähnliche Weise können als Folge entstehender Spannungen Sekundärreaktionen wirken, die im amorphen Teil stattfinden. Die zur Zerstörung des Kristallgitters von Polyäthylen nötige Energie stammt offensichtlich aus der Strahlungsenergie, da nur ein kleiner Teil der letzteren für chemische Umwandlungen verbraucht wird, während der größere Teil in Wärme umgewandelt wird. Die Bindungsenergie von C—H ist 3,7 eV, während die Aktivierungsenergie zur Abspaltung eines Wasserstoffatoms ungefähr 2 eV beträgt. Dies entspricht nur 5 bis 6% der Gesamtenergie, welche für die Bildung eines Ionenpaares absorbiert wird. Die gebildeten Polymerradikale müssen sich daher in einem hochangeregten Zustand befinden.

Somit führt die verhältnismäßig kleine Zahl der durch strahlungschemische Reaktionen entstehenden starken Veränderungen des Polyäthylens zu einer spezifischen Phasenänderung, indem ein bedeutender Teil des Polymers aus dem kristallinen in den amorphen Zustand übergeht.

CHARLESBY [23-8] versucht die Beugungsbilder des amorphen Teiles mit der Streuung von Elektronen an einer regellos gebogenen Kettenmolekel zu erklären. Jedoch ist die Übereinstimmung der für das dargestellte Molekelmodell berechneten Intensitätskurve mit der experimentell ermittelten nicht sehr befriedigend. Die Berücksichtigung einer zwischenmolekularen Streuung führt entsprechend [23-9] zu einer bessersen Übereinstimmung. Ein klares Bild der molekularen Struktur kann man möglicherweise erhalten, wenn man den Vorschlag einer radialen Verteilung entsprechend einer von L. I. TATARINA [23-10] vorgeschlagenen Methode annimmt.

Wir betrachten es als angenehme Pflicht, Herrn Prof. W. A. KARGIN, Mitglied der Akademie der Wissenschaften, für sein ständiges Interesse an dieser Arbeit und für wertvolle Ratschläge zu danken.

LITERATURVERZEICHNIS

[23-1] SLATER, J., J. appl. Physics, **22**, 237 (1951); C. **1952**, 7771.

[23-2] SEITZ, F., Discuss. Faraday Soc., **5**, 271 (1949).
STECH, B., Naturforsch., **7a**, 175 (1952); C. **1953**, 1298.

[23-3] Багдыкьянци Г. А., Заводская Лаборатория. (BAGDYKJANZ, G. A., Betriebs-Lab.), **16**, 1445 (1950); C. **1951**, II. 1251.

[23-4] Александров А. П., Труды I-ои и 2-ои конференций по высокомолекульяриым соединениям, рефераты и доклады. (ALEXANDROW, A. P., Arbeiten der 1. und 2. Konferenz über hochmoleküle Verbindungen. Referate und Vorträge), Изд-во АН СССР, Moskau-Leningrad 1945.

[23-5] Рылов Е. Е. и Карпов В. Л., Журнал Физической Химии. (RYLOW, E. E. und KARPOW, W. L., J. physik. Chem.), **27**, 579 (1953); C. **1955**, 11589.

[23-6] BUNN, C. W., Trans. Faraday Soc., **35**, 482 (1939).

[23-7] SLOWOCHOTOWA, N. A. und KARPOW, W. L., Vorliegende Sammlung, S. 196.

[23-8] CHARLESBY, A., J. Polymer Sci., **10**, 201 (1953); C. **1954**, 10015.

[23-9] SIEGEL, L. A., J. Polymer Sci., **11**, 187 (1953); C. **1954**, 7199.

[23-10] Пинскер З. Г. и Татаринова Л. И., Доклады Академии Наук СССР. (PINSKER, S. G. und TATARINOWA, L. I., Ber. Akad. Wiss. UdSSR), (N. S.), **95**, 265-268 (1954); C. **1955**, 2847.

24. N.N.TUNITZKI, S.E.KUPRIJANOW und M.W.TICHOMIROW

Die Ionisation und Dissoziation einiger halogensubstituierter Kohlenwasserstoffe unter Einwirkung von Elektronen verschiedener Energie

Die massenspektrometrische Untersuchung von Dissoziationsprozessen chlor- und fluorsubstituierter Kohlenwasserstoffe unter der Einwirkung eines Elektronenstoßes ist von großer Bedeutung für die Strahlungschemie, da sie es ermöglicht, Aufschlüsse über den Verlauf der Elementarprozesse bei Bestrahlung mit hoher Energie zu erhalten.

Gewöhnlich werden massenspektrometrische Untersuchungen bei einer Elektronenenergie von größenordnungsmäßig 100 V durchgeführt. Inwieweit solche Elektronen gewöhnlich bei hohen Energien vor sich gehende Dissoziationsprozesse beeinflussen können, ist bisher ungeklärt. Es ist jedoch bekannt [24-1], [24-2], daß die Strahleneinwirkung auf einen Stoff von einer Reihe von Faktoren, z. B. von Energie und Masse der einwirkenden Teilchen, vom Aggregatzustand des bestrahlten Stoffes, seiner Struktur usw. abhängt. Im Zusammenhang damit wurde in dieser Arbeit die Abhängigkeit der Massenspektren einiger Stoffe von der Energie der Elektronen bis zu Energien von 1000 V, sowie der Einfluß des Druckes in der Ionenquelle auf die Dissoziation dieser Stoffe untersucht.

Massenspektrometrische Methoden können auch für die Analyse von Gemischen halogensubstituierter Kohlenwasserstoffe verwendet werden. Die Massenspektren reiner Stoffe sind daher für die Analyse von Gemischen von großem praktischen Wert. In der Literatur fehlen jedoch systematische Angaben fast völlig.

So sind in einer fast die gesamte Literatur bis 1951 erfassenden Übersicht [24-3] nur einige Arbeiten über Massenspektren von halogenierten Kohlenwasserstoffen angeführt. Auch andere Arbeiten [24-4] bis [24-10] beschäftigen sich mit diesem Problem. In einer die Fortsetzung der Arbeit [24-12] darstellenden Untersuchung [24-4] wurden unvollständige Massenspektren von fluorierten Kohlenwasserstoffen veröffentlicht und erläutert.

Es muß festgestellt werden, daß ein Molekel-Ion bei Anregung in den Massenspektren dieser Stoffe entweder nur eine kleine oder keine Intensität besitzt. In der Arbeit [24-5] werden Ionisation und Dissoziation von CCl_4- und CCl_2F_2-Dämpfen bei einer Elektronenenergie von 75 V untersucht, in [24-6] werden die Potentiale der Radikale CH_3^+ und CF_3^+ aus $C_2H_3F_3$ erörtert. [24-7] beschreibt eine massenspektrometrische Methode zur Analyse von sich bei der thermischen Zersetzung von Chloroform bildenden Gemischen.

Andere Mitteilungen [24–8] bis [24–10] sind einzelnen Fragen gewidmet, die mit der Ionisation und der Dissoziation von Halogenderivaten von Kohlenwasserstoffen, des Schwefels und des Siliciums zusammenhängen. In der letzten Zeit erschien eine ausführliche Arbeit [24–11], in welcher die Ionisation von CH_4, CH_3Cl, CH_3Br und CH_3J massenspektrometrisch untersucht wurde; es werden die Bildungspotentiale der Molekel-Ionen dieser Stoffe angegeben, nicht jedoch deren Massenspektren. In [24–20] sind die bei einer Elektronenenergie von 90 V beobachteten polyisotopen Massenspektren von CH_2Cl_2, CH_3Cl, CH_2Br_2 und CH_3Br angeführt.

In vielen der veröffentlichten Arbeiten über die Ionisation und Dissoziation von halogenierten Kohlenwasserstoffen ist die Beschreibung der Methodik und der Massenspektren sehr mangelhaft.

Dieser Mangel fordert daher eine eingehende Untersuchung der Ionisation und Dissoziation von Kohlenwasserstoffhalogeniden.

Eine Theorie des Zusammenstoßes der Elektronen mit den Molekeln ist zur Zeit noch weitgehend auf entsprechende experimentelle Tatsachen angewiesen. Die Gegenüberstellung der Massenspektren von Kohlenwasserstoffen mit denen ihrer Deuteroderivate war bei der Aufklärung eines qualitativen Bildes der Dissoziationsprozesse beim Elektronenstoß [24–13] bis [24–16] recht erfolgreich. Man kann daher annehmen, daß der Vergleich der Massenspektren von Kohlenwasserstoffen mit denen ihrer Halogenderivate ein noch tieferes Verständnis der Elektronenstoßprozesse ermöglicht. In der vorliegenden Arbeit wird ein solcher Versuch unternommen.

1. Apparatur und Methodik der Arbeit

Die Untersuchung der Ionisations- und Dissoziationsprozesse von halogenierten Kohlenwasserstoffen wurde mit einem Massenspektrographen vom Typ MC-1 durchgeführt.

Die Zerlegung des Massenspektrums erfolgt durch veränderliche Magnetfelder. Die Ionen werden durch ein elektrisches Feld zwischen 2300 und 3000 V beschleunigt. Das Vakuum in dem System wird mit zwei Quecksilberdiffusionspumpen und einer mechanischen Ölpumpe erzeugt. Die Vakuummessung erfolgt mit Ionisationsmanometern in der Ionisationskammer und in der Röhre des Analysators. Das gesamte Hochvakuum-System wird erwärmt.

Folgende Zusatzgeräte zum Spektrometer erleichtern das praktische Arbeiten: 1. eine automatische Zerlegung der Massenspektren, 2. eine automatische Registrierung der Spektren und 3. eine Vorrichtung zum Einbringen des zu untersuchenden Stoffes in die Ionenquelle.

a) Die automatische Zerlegung des Massenspektrums

Die Zerlegung des Massenspektrums erfolgt durch eine spezielle in Abb. 24–1 dargestellte Vorrichtung.

Dieses Gerät besteht aus einem Synchronmotor 1 und zwei Paar Zahnrädern 2. Durch Vertauschen eines Paares kann man die Zerlegungsgeschwindigkeit auf 4, 8 oder 12 Minuten pro Umdrehung verändern. Nachdem ein bestimmter Strombereich des Elektromagneten durchlaufen ist, wird der Motor automatisch mit Hilfe des Stiftes 3 und des Kontaktes 4 abgeschaltet. Hebel 5 löst die Kupplung der Zahnräder. Das Handrad 6, das zur Einstellung des Potentiometers für die Grobzerlegung dient, wird mit dem auf gleicher Achse sitzenden Zahnrad zurückgedreht und der

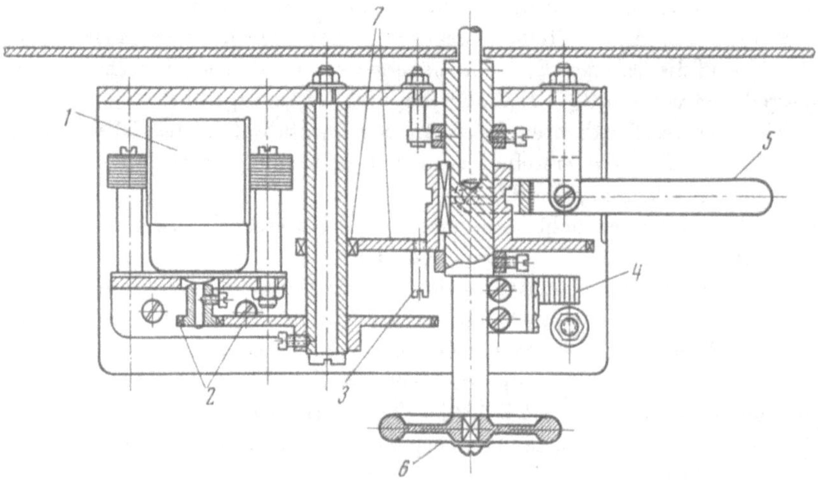

Abb. 24-1. Vorrichtung zur automatischen Zerlegung des Massenspektrums

Strom des Elektromagneten auf den folgenden Bereich umgeschaltet. Dann werden die Zahnräder 7 gekuppelt, und wieder beginnt die Zerlegung des Spektrums.

In gleicher Weise erfolgt die Zerlegung in den anderen Bereichen. Diese einfache Vorrichtung erlaubt die automatische Zerlegung eines Spektrums, das bis zu 100 Massen enthält, in 25 bis 30 Minuten, wenn die Linien mit einem automatischen Potentiometer registriert werden.

b) Die automatische Registrierung der Massenspektren

Die Registrierung der Massenspektren erfolgt mit Hilfe eines schnell arbeitenden automatischen Potentiometers, welches durch einen Spannungsteiler mit dem Ausgang des Ionenstromverstärkers verbunden ist. Der Spannungsteiler ist aus Manganindraht hergestellt. Der Einbau dieses neuen Teilers ermöglicht die Registrierung des Ionenstroms sowohl mit Hilfe des Autopotentiometers als auch mit dem Gerät MC-1 ohne zusätzliche Umschaltung oder Nacheichung der Skalen.

Die wesentlichsten Angaben sind:

1. Ein Autopotentiometer vom Typ „Speedomax Leeds" mit einer Durchlaufgeschwindigkeit der Schreibfeder über die ganze Skala von 3 sek; durch einen einfachen Umbau wurde die Geschwindigkeit auf 0,7 sek herabgesetzt. Das Registrierpapier hat eine Breite von 254 mm. Die Empfindlichkeit kann kontinuierlich zwischen 10 und 30 mV über die ganze Skala reguliert werden.

2. Der Spannungsteiler hat folgende Einteilungen: 1, 2, 4, 10, 20, 40, 100, 400, 1000 und 2000.

c) *Die Vorrichtung zum Einbringen der zu untersuchenden Probe in die Ionenquelle des Massenspektrometers*

Wie bereits erwähnt, dauert die Registrierung eines Spektrums von etwa 100 Massen 25 bis 30 Minuten. Damit sich während des Meßprozesses die Menge des in die Quelle eintretenden Stoffes nicht verändert, wird ein Glasballon mit einem Fassungsvermögen von 3 Litern verwendet. Das Einlaßsystem besteht nach Abb. 24–2 aus dem Gefäß 1 mit einem Volumen von 3 Litern, dem Verteiler 2, dem Einlaßventil 3 und anderen Teilen. Die Glasteile sind mit dem Verteilern und dem Ventil durch Kovareinschmelzungen verbunden. Das Einlaßsystem wird, vor dem Einbringen des zu untersuchenden Stoffes aus Ampulle 4, mit einer Quecksilberdiffusionspumpe auf 10^{-4} Torr evakuiert. Zur Vakuumkontrolle dient das Ionisationsmanometer 5. Das Einlaßsystem arbeitet folgendermaßen: Das ganze System wird evakuiert. Dann wird die zu untersuchende Probe bis zu einem bestimmten Druck in das Manometer 6 und das System der Verbindungsröhren eingeführt. Mit Hilfe des Verteilers wird nun die Verbindung zwischen Ampulle und Manometer 6 getrennt. Dieses wird mit Ballon 1 verbunden, wobei der Druck im Manometer bis zur erforderlichen Höhe absinkt. Danach erfolgt der Einlaß in die Ionisationskammer des MC—1. Das ganze System kann auf höhere Temperatur erwärmt werden. Beim Einlaß in die Quelle befindet sich das Gas in molekularem Zustand.

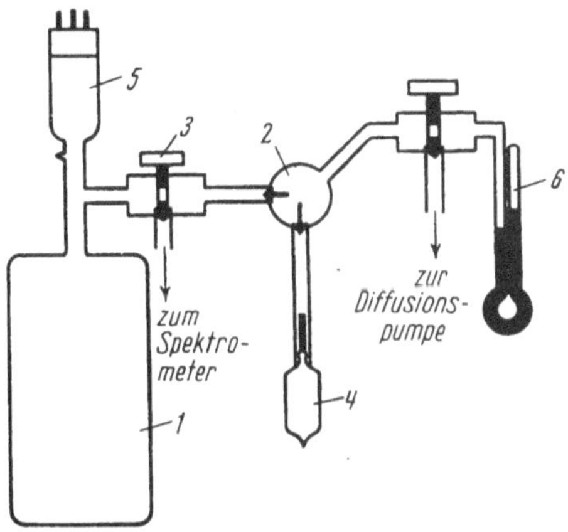

Abb. 24–2. Apparatur zum Einbringen der Proben in die Ionenquelle des Massenspektrometers

Alle untersuchten Verbindungen waren chemisch rein. Sie wurden vor dem Einbringen in das Gerät über eine kleine Rektifikationskolonne mit 10 bis 15 theoretischen Böden destilliert. Die Massenspektren der untersuchten Stoffe enthielten bis auf wenige Ausnahmen einschließlich der Restgase im Spektrometer nicht mehr als 1% Verunreinigungen.

2. Die Massenspektren einiger halogensubstituierter Kohlenwasserstoffe

Es wurden die Massenspektren von Methan, Methylchlorid, Dichlormethan, Chloroform, Tetrachlorkohlenstoff, Methyljodid, Methylbromid, 1,1-Dichloräthan und Tetrachloräthan untersucht. In Tabelle 1 sind die auf das Halogen bezogenen Einisotopen-Massenspektren einiger dieser Stoffe zusammengestellt. In allen Fällen ist die maximale Linie mit 100 angenommen, die übrigen Linien sind auf diesen Wert bezogen. Alle Massenspektren wurden bei einem elektrischen Beschleunigungsfeld von 2500 V aufgenommen. Die Elektronenenergie betrug 70 V, der Emissionsstrom 0,5 mA und der Druck in der Quelle $3 \cdot 10^{-6}$ Torr. Der Druck im Analysator war dabei nicht größer als $5 \cdot 10^{-7}$ Torr. Vor dem Einbringen der Probe wurde das Gerät nach Erwärmung (30 bis 40 Min.) auf 10^{-7} bis $7 \cdot 10^{-8}$ Torr evakuiert. Der Druck im Einlaßsystem war so gering, daß fast immer bei vollkommen geöffnetem Regulierventil gearbeitet werden konnte. Die Temperatur der Quelle wurde nicht kontrolliert. Unter gleichen Versuchsbedingungen waren die Massenspektren mit einem Fehler von 3 bis 5% reproduzierbar.

Wie Tabelle 24–1 zeigt, unterscheiden sich die Massenspektren von CH_4 und CCl_4 ganz wesentlich. Danach ist die Wahrscheinlichkeit der Ionisation eines CH_4-Molekels größer als die einer Dissoziation unter Ionenbildung (die Intensitäten der Linien sind für CH_4^+: 100,0; für CH_3^+: 78,5). Bei der CCl_4-Molekel jedoch ist die Dissoziation größer als die Ionisation (CCl_4^+: 0,05; CCl_3^+: 100,0).

Tabelle 24–1

Monoisotope Massenspektren

Ion	Stoff						
	CH_4	CH_3Cl	CH_2Cl_2	$CHCl_3$	CCl_4	CH_3Br	CH_3J
X^+		8,38	15,4	15,5	15,8	42,0	54,4
X_2^+		—	2,81	1,56	3,00		
HX^+		9,57	11,6	5,59	—	7,70	5,25
HX_2^+		—	0,0175	0,023			
C^+	2,20	1,30	1,45	1,40	1,58	1,85	0,608
CX^+		7,36	20,5	25,7	17,1	8,45	4,33
CX_2^+		—	2,9	4,67	19,8		
CX_3^+		—		2,29	100,0		
CX_4^+		—			0,05		
CH^+	5,3	2,26	2,98	2,69		3,90	1,18
CHX^+ . . .		2,65	8,4	11,2		4,31	3,80
CHX_2^+ . . .		—	2,82	100,0			
CHX_3^+ . . .		—	—	3,00			
CH_2^+	12,4	3,38	3,09			6,50	2,40
CH_2X^+ . . .		8,87	100,0			9,30	13,1
$CH_2X_2^+$ . . .		—	93,7				
CH_3^+	78,5	34,4				47,0	19,1
CH_3X^+ . . .		100,0				100,0	100,0
CH_4^+	100,0						
CX^{++}		0,044	0,0145	0,009	0,018		0,012
CX_2^{++}			4,06	0,182	0,526	—	
CX_3^{++}				0,141	2,23		
X^{++}		0,044	0,184	0,103	0,102		0,844
HX^{++}. . . .		0,04					0,120
CHX^{++} . . .		0,96	0,0638				0,13
CHX_2^{++} . . .			0,19	0,36			—
CHX_3^{++} . . .				0,62			
CH_2X^{++}. . .		0,38	0,362				0,10
$CH_2X_2^{++}$. . .			1,52				
CH_3X^{++}. . .		0,50					0,26

Untersucht man die zur Entstehung der Ionen vom Typ CX_4^+ und CX_3^+ aus Methan und CCl_4 führenden primären Prozesse, so ergibt sich:

$$CH_4 + e \rightarrow \begin{cases} CH_4^+ + 2e & (24\text{-}1) \\ CH_3^+ + H + 2e & (24\text{-}2) \\ CH_3^+ + H^- + e & (24\text{-}3) \end{cases} \quad \text{(24-2), (24-3): A} \qquad CCl_4 + e \rightarrow \begin{cases} CCl_4^+ + 2e & (24\text{-}4) \\ CCl_3^+ + Cl + 2e & (24\text{-}5) \\ CCl_3^+ + Cl^- + e & (24\text{-}6) \end{cases} \quad \text{(24-5), (24-6): A}$$

In der Literatur wurde mehrfach erwähnt, daß die Massenspektren von Kohlenwasserstoffderivaten mit hohem Halogengehalt fast keine molekularen Ionen enthalten [24-4], [24-5], [24-8], [24-12]. Tabelle 24-2 enthält Angaben über die Intensitäten von Molekelionen, d. h. von Ionen, die durch das Abreißen eines Halogenatoms oder eines Wasserstoffatoms von der Molekel gebildet werden, sowie von entsprechend ihrer Intensität sekundär entstehenden Ionen. Die Angaben der Tabelle 24-2 lassen vermuten, daß die Ionisations- und Dissoziationsprozesse der Kohlenwasserstoffe und ihrer Halogenderivate verschiedenartig verlaufen.

Tabelle 24-2

Ionentyp	Stoff								
	CH_4	CH_3Cl	CH_2Cl_2	$CHCl_3$	CCl_4	$CDCl_3$ [1]	CF_4 [2]	CH_3Br	CH_3J
Molekelion	CH_4^+ 100,0	CH_3Cl^+ 100,0	$CH_2Cl_2^+$ 93,7	$CHCl_3^+$ 3,00	CCl_4^+ 0,05	$CDCl_3^+$ 2,25	CF_4^+ 0	CH_3Br^+ 100,0	CH_3J^+ 100,0
Durch Abspalten eines Halogenatoms gebildetes Ion		CH_3^+ 34,4	CH_2Cl^+ 100,0	$CHCl_2^+$ 100,0	CCl_3^+ 100,0	$CDCl_2^+$ 100,0	CF_3^+ 100,0	CH_3^+ 47,0	CH_3^+ 19,1
Durch Abspalten eines Wasserstoffatoms gebildetes Ion	CH_3^+ 78,5	CH_2Cl^+ 8,87	$CHCl_2^+$ 2,82	CCl_3^+ 2,29	—	CCl_3^+ 0,44	—	CH_2Br^+ 9,30	CH_2J^+ 13,1
Sekundäres Ion	CH_3^+ 78,5	CH_3^+ 34,4	$CH_2Cl_2^+$ 93,7	CCl^+ 25,7	CCl_2^+ 19,8	CCl^+ 28,4	CF_2^+ 11,8	CH_3^+ 47,0	J^+ 54,4

[1]) siehe [24-3] [2]) siehe [24-4]

Methan. Nach Tabelle 24-2 erfolgt die Ionisation von CH_4 mit größter Wahrscheinlichkeit nach Prozeß (24-1), d. h. Ionisation der Molekel. Prozeß A, die Dissoziation der Methanmolekel unter Bildung eines Ions CH_3^+ ist zweitrangig. Hierbei geht die Dissoziation hauptsächlich nach Reaktion (24-2) vor sich [24-21].

Tetrachlorkohlenstoff. Aus der gleichen Tabelle ergibt sich, daß beim CCl_4 die Wahrscheinlichkeit der Reaktion (24-4) klein ist, während Prozeß (24-6), d. h. die Bildung eines Ions CCl_3^+ unter Abspaltung eines negativen Cl^--Ions, mit größter Wahrscheinlichkeit verläuft [24-5].

In den Arbeiten [24–5], [24–8], [24–18], [24–19] wird auf die große Wahrscheinlichkeit folgender Reaktion hingewiesen:

$$CX_4 + e \rightarrow CX_3^+ + X^- + e.$$

Nach [24–5] stimmen die Bildungspotentiale der Ionen CCl_3^+ und Cl^- innerhalb der Fehlergrenzen überein. Auch die Intensitäten dieser Ionen sind gleich, was jedoch möglicherweise zufällig ist. Bei der Untersuchung der Ionisation von CCl_4 unter dem Einfluß von Elektronen mit einer Energie von 70 V entdeckten wir ebenfalls negative Cl^--Ionen. Die Werte für diese Ionen sind nicht angegeben, da sie unter anderen Bedingungen gefunden wurden.

Aus Tabelle 24–1 folgt, daß mit wachsender Zahl der Halogenatome in der Molekel das Maximum der Intensität der Ionenströme von den Molekelionen zu den durch Abspaltung eines Atoms gebildeten Ionen verschoben wird. Damit ist mit wachsender Zahl der Halogenatome die Dissoziation stärker als die Ionisation.

Man kann annehmen, daß Ionisation und Dissoziation bei kleinen Elektronenenergien ($E_e = 100$ eV) von der Bindungsenergie, der Elektronenaffinität, der Zahl der Bindungen und anderen Faktoren abhängen.

In den Massenspektren von halogenierten Kohlenwasserstoffen wurden zweifachgeladene Ionen festgestellt. Diese Tatsache ist für alle untersuchten Verbindungen charakteristisch. Analoge Ionen sind auch in den Massenspektren der Kohlenwasserstoffe enthalten, jedoch in relativ geringer Menge.

Nach Tabelle 24–1 ist die Bildung atomarer X^+-Ionen bei der Ionisation halogensubstituierter Kohlenwasserstoffe wahrscheinlicher als die Bildung molekularer X^+-Ionen. Diese Gesetzmäßigkeit stimmt qualitativ mit der Wahrscheinlichkeit der Bildung von H^+- und H_2^+-Ionen im Massenspektrum von Methan überein, in welchem die H^+-Ionen ebenfalls häufiger sind als die H_2^+-Ionen [24–17].

3. Anomale Linien und sekundäre Prozesse

Bei Erhöhung des Druckes in der Quelle auf $2 \cdot 10^{-5}$ Torr und im Analysator auf $4{,}6 \cdot 10^{-6}$ Torr treten im Methanspektrum bei den Massen 10 und 11 zwei Linien auf, deren Werte 0,015 und 0,01 % der Intensität der CH_4^+-Linie entsprechen. Bei weiterer Erhöhung des Druckes in der Quelle auf $1{,}4 \cdot 10^{-4}$ Torr und im Analysator $1{,}2 \cdot 10^{-5}$ Torr erscheinen weitere zwei Linien nahe den Massen 9 und 8, deren Intensität 0,003 beträgt. Nach Literaturangaben [24–22], [24–23] wurden im Methanspektrum bei erhöhten Drucken bei den Massen 9, 10 und 11 ebenfalls Linien beobachtet. Es wird angenommen, daß ihre Bildung mit der Dissoziation beschleunigter Ionen zusammenhängt, die im Raum zwischen dem elektrischen und dem magnetischen Feld bei schlechtem Vakuum im Analysator wie folgt entstehen:

$$CH_3^+ \rightarrow C^+ + 3H\,(9^3/_5); \quad CH_2^+ \rightarrow C^+ + 2H\,(10^2/_7); \quad CH^+ \rightarrow C^+ + H\,(11^1/_{13}).$$

Die Lage der im Massenspektrogramm infolge dieser Prozesse auftretenden Linien ist durch die scheinbare Masse m^* bestimmt, die nach $m^* = \frac{m_k^2}{m_n}$ berechnet wurde. Hierbei ist m_k die Masse eines Ions, welches durch die Dissoziation des Ausgangsions m_n beim Zusammenstoß mit den Molekeln des zu untersuchenden Stoffes gebildet wird [24-22].

Nach [24-21], [24-24] werden sog. „Teil"-Massen von etwa 10 und 11 beim Zusammenstoß von CH_2^+- und CH^+-Ionen mit Methanmolekeln gebildet, d. h., sie sind die Folge sekundärer Prozesse (die Intensität ist dem Quadrat des Druckes proportional). Bei denselben Drucken wurde ein „schweres" CH_5^+-Ion festgestellt, dessen Entstehung nach W. L. TALROSE und A. K. LJUBIMOWA [24-25] durch Zusammenstoß einer Methanmolekel mit ihrem Ion, nach $CH_4^+ + CH_4 \rightarrow CH_5^+ + CH_3$, zu erklären ist.

Die Abb. 24-3 und 24-4 zeigen Photographien der Massenspektren von Methan bei verschiedenen Drucken im Analysator (p_a) und in der Quelle (p_q). Man sieht, daß

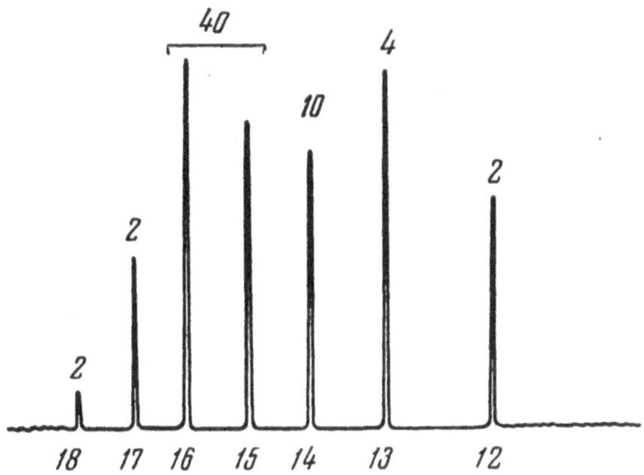

Abb. 24-3. Massenspektrum von CH_4 bei einem Druck von $4{,}3 \cdot 10^{-6}$ Torr in der Quelle und $7 \cdot 10^{-7}$ Torr im Analysator

bei einem Druck von $p_q = 4{,}3 \cdot 10^{-6}$ Torr und $p_a = 7{,}0 \cdot 10^{-7}$ Torr und bei Massen < 12 keine Linien vorhanden sind, während solche bei $p_q = 1 \cdot 10^{-4}$ Torr und $p_a = 4{,}2 \cdot 10^{-5}$ Torr für Massen < 12 auftreten.

Abb. 24-4 zeigt ferner, daß die Hauptlinien des Methanspektrums durch „Teil"-Linien überlagert werden.

Im Massenspektrum von CCl_4 wurde bei Druckerhöhung auf $2 \cdot 10^{-5}$ Torr eine große Anzahl von „Teil"-Linien im Gebiet der Massen < 12 sowie eine Überlagerung der Hauptlinien festgestellt. Eine genaue Untersuchung des Bildungsmechanismus dieser Linien wurde nicht durchgeführt, man kann jedoch annehmen, daß eine Analogie zum Bildungsmechanismus der „Teil"-Linien im Methan-Spektrum besteht.

Im Massenspektrum von 1,1-Dichloräthan wurden bei $1{,}3 \cdot 10^{-6}$ Torr in der Quelle und $2{,}7 \cdot 10^{-7}$ Torr im Analysator anomale Linien etwa bei den Massen 11 und 11,5 festgestellt. Ihre Intensitäten entsprechen 0,16% und 0,5% der Intensität der mole-

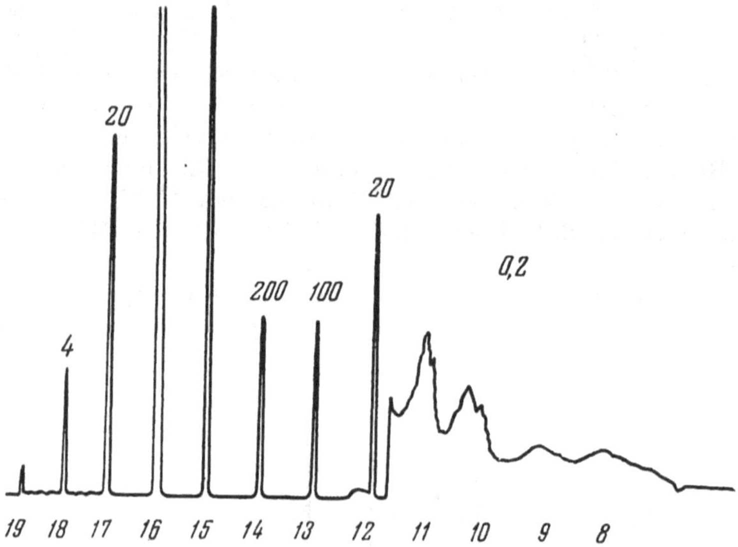

Abb. 24-4. Massenspektrum von Methan bei einem Druck von $1 \cdot 10^{-4}$ Torr in der Quelle und $2 \cdot 10^{-5}$ Torr im Analysator

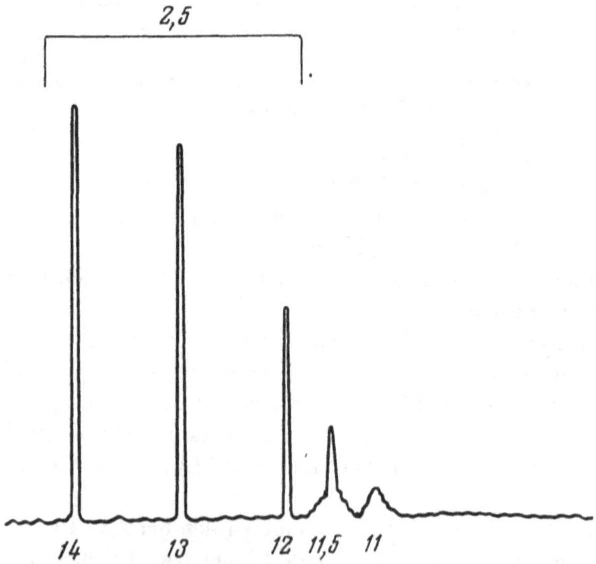

Abb. 24-5. „Teil"-Linien im Massenspektrum von 1,1-Dichloräthan

kularen Linie von $C_2H_4Cl_2^+$, die zu 100 angenommenen ist. Abb. 24–5 zeigt die Photographie eines Teils des Spektrums von $C_2H_4Cl_2$. Im Massenspektrum dieser Verbindung wurde bei denselben Drucken eine ganze Serie anomaler Linien bei den Massen 28,3; 28,5; 28,7; 30,5; 31,5; 40,5; 45,5; 47,5; 48,5 beobachtet, deren Intensitäten 0,01 bis 0,1 Teile der Linien-Intensität von $C_2H_4Cl_2^+$ betragen. Die

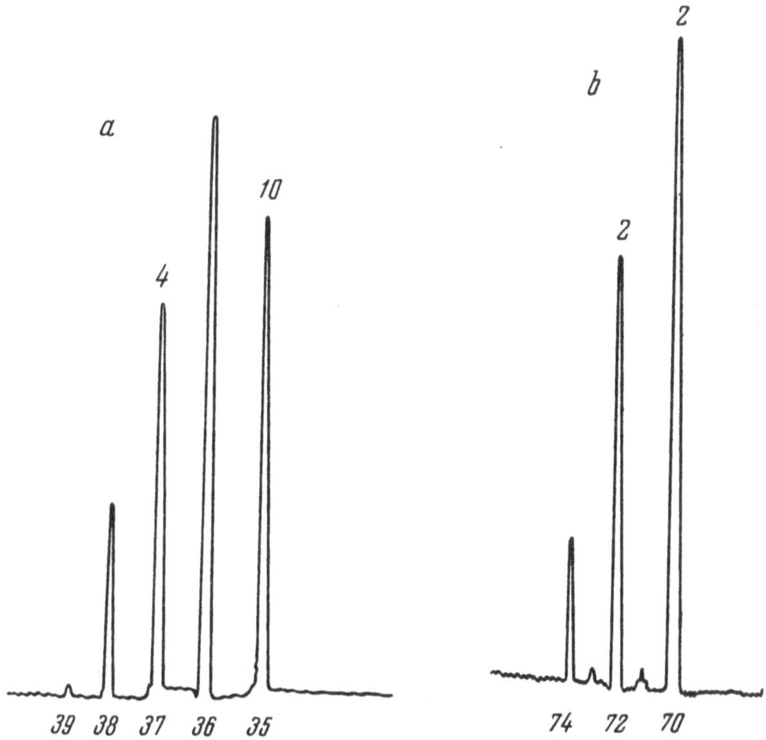

Abb. 24–6 a, b. Ausschnitte aus dem Massenspektrum von Dichlormethan

Linien bei 11,5 und 11 sind am besten mit dem spontanen Zerfall der $C_2H_4Cl^+$-Ionen nach folgenden Reaktionen zu erklären:

$$C_2H_4Cl^{35+} \rightarrow C_2H_3^+ + [HCl^{35}] \qquad m^* = 11^{36}/_{63}$$

$$C_2H_4Cl^{37+} \rightarrow C_2H_3^+ + [HCl^{37}] \qquad m^* = 11^{14}/_{65}.$$

Bei Druckerhöhung können vermutlich auch sekundäre Prozesse auf die Intensitäten einwirken, so z. B. Zerfallsprozesse nach den angeführten Schemata, soweit ein Zusammenstoß mit Molekeln stattfindet.

Das Auftreten von HCl^+-Ionen in den Massenspektren von Chlorderivaten hängt möglicherweise mit primären und sekundären Prozessen zusammen.

In den Massenspektren der Halogenderivate wurden Ionen vom Typ HgC^+, HgC_2^+ und $HgCl^+$ festgestellt, deren Bildungsmechanismus zunächst noch unklar ist. Sie erscheinen bei einem großen Quecksilberhintergrund. In der Literatur [24–26] sind die Massenspektren eines Quecksilber-Wasserstoff-Gemisches beschrieben worden. Es treten dabei sekundäre Prozesse auf, die zur Bildung von HgH^+ führen. Wir entdeckten in einigen Verbindungen Ionen vom Typ Cl_2^+, HCl_2^+ und anscheinend H_2Cl^+. Auf das Ion H_2Cl^+ weist die Linie 39 hin, die bei fast allen in der Molekel sowohl H- als auch Cl-Atome enthaltenden Halogenderivaten erscheint. Abb. 24–6 zeigt Teilspektren, die das Auftreten der Ionen H_2Cl^+, HCl^+, Cl_2^+ und HCl_2^+ im Massenspektrum von CH_2Cl_2 bestätigen.

Abb. 24–7 ist die Photographie eines Teilspektrums von CH_4Br mit den Linien der Ionen Br^+, HBr^+ und H_2Br^+. Eine genaue Untersuchung aller dieser Linien wurde nicht durchgeführt. Man kann allerdings annehmen, daß ein Ion sekundären Ursprungs ist, wenn es nicht aus den Atomen einer Molekel besteht. Wird jedoch ein gegebenes Ion aus den Atomen einer Molekel aufgebaut, so ist dies noch kein Beweis für seine primäre Bildung, da auch ein sekundärer Prozeß möglich ist.

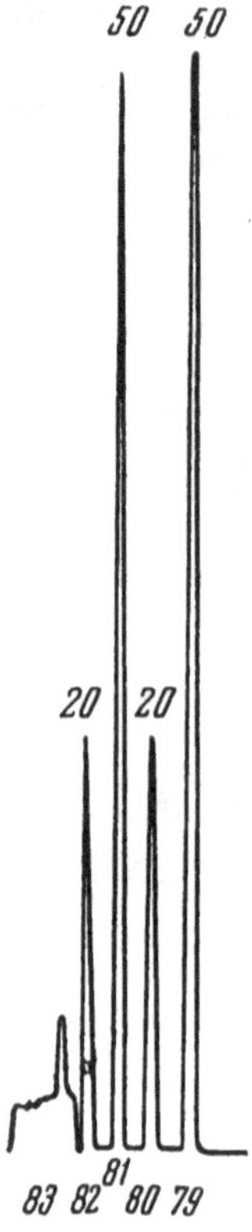

Abb. 24–7. Teilspektrum von Methylbromid

4. Der Einfluß der Energie der ionisierenden Elektronen auf den Charakter des Massenspektrums

Zum Verständnis der bei der Wechselwirkung energiereicher Strahlung mit verschiedenen Stoffen eintretenden chemischen Umwandlungen ist die Erforschung der ablaufenden Elementarprozesse notwendig. Es wurde daher der Versuch unternommen, den Charakter der Ionisation und Dissoziation in der Ionenquelle des Massenspektrometers durch Änderung der Energie der ionisierenden Elektronen um mehr als eine Größenordnung zu untersuchen. Soviel bekannt ist, sind ähnliche Untersuchungen in der Literatur bisher nicht veröffentlicht worden. Es werden lediglich Untersuchungen über die Wahrscheinlichkeit der Ionisation bei verschiedenen Energien beschrieben [24–27]; diese sind aber nicht mit einem Massenspektrometer, sondern mit den Gesamtionenstrom registrierenden Spezialgeräten durchgeführt worden. Außerdem wurden für diese Versuche nur verhältnismäßig einfache Gase (He, N_2 CO_2) verwendet.

Wir untersuchten den Einfluß der Energie der ionisierenden Elektronen auf die Dissoziation und Ionisation folgender Verbindungen: CH_3Br, CH_3J, CH_3Cl und $C_2H_2Cl_4$.

In Tabelle 24–3 sind die Meßwerte für das Massenspektrum von CH_3J bei Elektronenenergie von 20, 70, 120, 300 und 420 V zusammengestellt. Danach sind bei $E_e = 20$ V vornehmlich die Ionen CH_3J^+, J^+, JH^+ und CH_3^+ im Massenspektrum vertreten. Dies war vorauszusehen, denn Elektronen mit kleiner Energie können keine Dissoziationsprozesse auslösen, da hierzu größere Energien erforderlich sind. Bei $E_e = 70$ V vergrößert sich die Intensität sämtlicher Ionen relativ zur Intensität des CH_3J^+. Einschließlich der zweifach geladenen sind Ionen feststellbar, die aus der Strukturformel des CH_3J zu erwarten sind.

Tabelle 24–3

Die Abhängigkeit des CH_3J-Massenspektrums von der Energie der ionisierenden Elektronen

m/e	Elektronenenergie E_e in V					
	20	60	120	300	420	Ionen
12	—	0,61	0,75	1,0	0,587	C^+
13	—	1,18	1,07	1,29	0,75	CH^+
14	—	2,4	2,28	2,64	1,73	CH_2^+
15	9,0	19,1	23,8	26,0	26,7	CH_3^+
63,5	—	0,844	3,80	6,05	5,05	J^{2+}
64	—	0,12	0,118	0,138	0,111	JH^{2+}
69,5	—	0,012	0,029	0,035	0,030	CJ^{2+}
70	—	0,13	0,132	0,104	0,101	CHJ^{2+}
70,5	—	0,10	0,14	0,115	0,121	CH_2J^{2+}
71	—	0,26	0,228	0,15	0,161	CH_2J^{2+}
127	2,22	54,4	59,0	61,8	48,5	J^+
128	1,96	5,25	4,85	5,20	4,65	JH^+
139	—	4,33	3,93	3,52	3,23	CJ^+
140	0,111	3,8	3,6	3,42	3,34	CHJ^+
141	1,70	13,1	13,6	14,0	14,3	CH_2J^+
142	100,0	100,0	100,0	100,0	100,0	CH_3J^+
254	—	0,05	—	—	—	—

Gewöhnlich werden die massenspektrometrischen Analysen von Stoffen mit Elektronen dieser Energie durchgeführt. Bei nochmaliger Vergrößerung der Elektronenenergie vergrößern sich die Intensitäten aller Linien ebenfalls. In der Literatur [24–8], [24–3] wird eine analoge Vergrößerung der Intensitäten der „Splitterionen" mit Änderung von E_e zwischen 50 und 120 V beschrieben. DIBELER und MOHLER [24–8] untersuchten massenspektrometrisch die Dissoziation von SF_6, CF_4 und SiF_4 durch Elektronenstoß. Es zeigt sich, daß mit einem Anwachsen der Elektronenenergie von 50 auf 100 V eine entsprechende Vergrößerung der Intensitäten aller Ionen, einschließlich der molekularen, zu beobachten ist. Das Wachsen der Intensität der Linien ist leicht zu verstehen, da für fast alle Stoffe für $E_e = 90$ bis 150 V ein Maximum der Ionisation festzustellen ist.

Wenn man die Intensitätsmaxima mit 100,0 annimmt, und die Einzelangaben dieser Arbeit [24–8] entsprechend umrechnet (Tabelle 24–4), so ist eine Analogie zu Tabelle 24–3 offensichtlich. Eine relative Anreicherung an Splitterionen bei Vergrößerung der Elektronenenergie von 50 auf 70 V wurde auch in den Massenspektren von $CHCl_3$ und $CDCl_3$ [24–3] beobachtet.

Tabelle 24–4

Ion	Elektronenenergie E_e in V			Stoff
	50	70	100	
F^+	1,18	1,85	2,33	SiF_4
Si^+	2,89	4,09	4,7	
SiF^+	3,57	3,82	3,17	
SiF_2^+	0,66	0,647	0,496	
SiF_3^+	100,0	100,0	100,0	
SiF_4^+	1,79	1,77	1,80	
F^+	3,37	4,95	7,7	SF_6
S^+	5,60	8,8	11,5	
SF^+	8,66	9,7	9,9	
SF_2^+	5,74	5,5	5,5	
SF_3^+	27,6	29,6	30,5	
SF_4^+	8,98	9,6	9,9	
SF_5^+	100,0	100,0	100,0	
SF_6^+	0	0	0	
C^+	6,72	8,45	8,3	CF_4
F^+	3,09	4,95	6,1	
CF^+	3,67	4,05	4,65	
CF_2^+	12,4	12,8	11,7	
CF_3^+	100,0	100,0	100,0	
CF_4^+	0	0	0	

Bei $E_e = 300$ V tritt eine Änderung des Spektrums auf. Während die Intensität einiger Linien wie C^+, CH^+, CH_2^+, CH_3^+, J^+ weiterhin wächst, nimmt die Intensität anderer Linien wie CJ^+, CHJ^+ ab. Bei $E_e = 420$ V vermindert sich die Intensität fast aller Linien mit Ausnahme der Ionen CH_3^+ und CH_2J^+, deren Intensität weiterhin wächst.

Die Ionen CH_3^+ und CH_2J^+ entstehen durch Abspaltung je eines Teilchens, deren Massen jedoch verschieden sind. Es muß noch erwähnt werden, daß die Intensität der CJ^+-Linie in allen Fällen die der CHJ^+-Linie übertrifft, während bei $E_e = 420$ V eine Verminderung der Intensität der CJ^+-Linie eintritt. Somit erfolgt bei einer Elektronenenergie von mehr als 300 V eine Verarmung des Massenspektrums an Splitterionen.

Tabelle 24–5 zeigt deutlich, daß das Verhältnis der Dissoziation unter Ionenbildung zur einfachen Ionisation bei Vergrößerung der Elektronenenergie zugunsten der Dissoziation verschoben wird.

Tabelle 24-5

Monoisotopes Spektrum von CH_3Br

Ion	Elektronenenergie E_e in V		
	30	70	120
	%	%	%
C^+	0,039	1,85	2,93
CH^+	0,16	3,90	5,10
CH_2^+	1,85	6,50	7,70
CH_3^+	24,0	47,0	58,5
Br^+	7,3	42,0	79,0
HBr^+	5,9	7,70	12,1
CBr^+	1,96	8,45	10,3
$CHBr^+$	2,58	4,30	5,00
CH_2Br^+	11,0	9,30	14,0
CH_3Br^+	100,0	100,0	100,0

In Tabelle 24-6 ist die Abhängigkeit der Intensitäten der Ionenströme einiger, sich bei Änderung der Elektronenenergie von 30 auf 720 V aus $C_2H_2Cl_4$ bildender Ionen zusammengestellt.

Tabelle 24-6

Die Abhängigkeit der Intensität der Ionenströme einiger bei Änderung der Elektronenenergie aus $C_2H_2Cl_4$ *entstehender Ionen*

m/e	Elektronenenergie E_e in V				
	30	70	100	120	720
12		0,85	1,19	0,94	0,22
13		1,03	1,09	0,88	0,22
47	1,01	8,4	8,15	6,95	2,3
48	1,13	5,5	5,30	4,61	1,87
82	100,0	100,0	100,0	100,0	100,0
83	1,63	2,30	2,32	2,48	2,8
164	6,13	6,10	5,7	5,6	8,2
166	5,70	5,6	5,3	5,4	7,8

Aus den Werten der Tabelle 24-7 ergibt sich, daß das Intensitätsverhältnis der Ionen X_2^+ oder HX^+ zu den Ionen X^+ in den Massenspektren von $C_2H_2Cl_4$, CCl_4, CH_3J, CH_3Br und $CHCl_3$ praktisch nicht von der Energie der ionisierenden Elektronen abhängt. Erst mit der Verminderung der Elektronenenergie unter 70 V ist eine Abhängigkeit festzustellen. Für CH_3Cl vergrößert sich das Verhältnis $\frac{J_{HCl^+}}{J_{Cl^+}}$ mit Anwachsen der Elektronenenergie.

Tabelle 24-7

Die Abhängigkeit des Intensitätsverhältnisses der Ionenströme einiger sich aus Halogenalkylen bildenden Ionen von der Änderung der Elektronenenergie

CCl_4

Elektronenenergie E_e in V	20	30	40	60	110	160	1100
$J_{Cl_3^+}/J_{Cl^+}$	0,28	0,14	0,11	0,078	0,083	0,082	0,097

CH_3J

Elektronenenergie E_e in V	20	70	120	300	420
J_{HJ^+}/J_{J^+}	0,885	0,0965	0,0825	0,084	0,096

CH_3Br

Elektronenenergie E_e in V	30	70	120
J_{HBr^+}/J_{Br^+}	0,81	0,0184	0,154

$C_2H_2Cl_4$

Elektronenenergie E_e in V	30	70	100	120	720
$J_{Cl_2^+}/J_{Cl^+}$	0,1	0,069	0,059	0,074	0,07
J_{HCl^+}/J_{Cl^+}	4,3	0,387	0,42	0,41	0,35

CH_3Cl

Elektronenenergie E_e in V	40	60	100	165	340	460	640	760	940	1100
J_{HCl^+}/J_{Cl^+}	1,02	0,59	0,56	0,57	0,85	0,93	1,2	1,11	1,35	1,38

$CHCl_3$

Elektronenenergie E_e in V	20	22	30	60	110	160
$J_{Cl_2^+}/J_{Cl^+}$	0,75	0,53	0,11	0,056	0,053	0,0545
J_{HCl^+}/J_{Cl^+}	5,5	5,22	0,47	0,105	0,109	0,112

Aus den Daten der Tabellen 24-3, 24-5, 24-6 könnte man schließen, daß bei Anwachsen der Elektronenenergie über einen bestimmten Wert hinaus die Massenspektren der untersuchten Stoffe an Splitter- (dissoziativen) Ionen verarmen. Dies würde bei diesen Energien ein Überwiegen der Ionisation über die Dissoziation unter Ionenbildung bedeuten. Andererseits ist zu bedenken, daß die Massenspektren durch Einwirkung von Feldern auf die Ionenquelle und eine Reihe anderer Effekte verzerrt werden können [24-28] bis [24-31].

Die Massenspektren können durch die kinetische Energie, welche die Ionen bei ihrer Dissoziation erhalten, beeinflußt werden [24-28], [24-32]. Außerdem entspricht das registrierte Spektrum nicht genau dem „wahren" Spektrum, da nicht sämtliche gebildeten Ionen die Quelle verlassen. Es ist bekannt, daß das elektrische Feld die leichten Ionen leichter als die schweren beschleunigt, und daß das Feld in der Quelle nicht homogen ist. Weiterhin ist zu berücksichtigen, daß die Ionen nicht in einem Punkte gebildet werden.

Um den Einfluß der Streueffekte aufzuklären, ist es nötig, das Massenspektrum in Abhängigkeit von E am Beispiel eines ionenbildenden Stoffes zu untersuchen. Die Masse dieser Ionen sollte sich möglichst wenig voneinander unterscheiden. Mit diesem Ziel wurden Untersuchungen am Massenspektrum des CH_3Cl durchgeführt (Tabelle 24-8). Diese Tabelle enthält die Mittelwerte von 2 bis 3 Messungen, wobei das Spektrum für jede Elektronenenergie mit einem Fehler von $\pm$ 0,5 % reproduziert wurde. Man sieht, daß mit Vergrößerung der Elektronenenergie das Massenspektrum von CH_3Cl an Splitterionen verarmt. Abb. 24-8 zeigt die Abnahme der Intensität der Splitterionen mit wachsender Elektronenenergie.

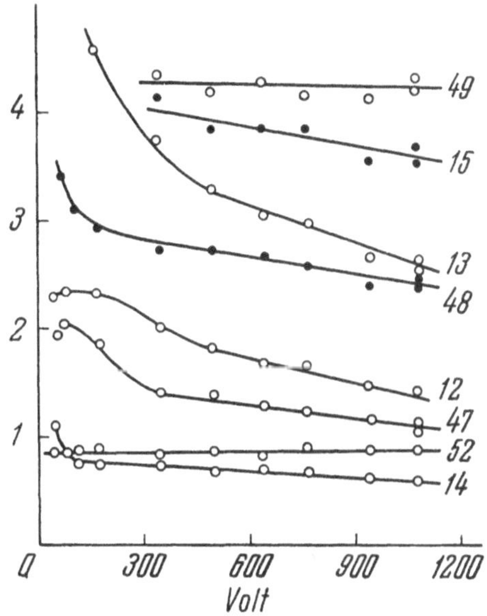

Abb. 24-8. Das Intensitätsverhältnis der Splitterionen zu den molekularen Ionen in Abhängigkeit von der Elektronenenergie im Massenspektrum von Methylchlorid

Auf der Ordinate ist in willkürlichen Einheiten das Intensitätsverhältnis der

Tabelle 24-8

Monoisotopes Massenspektrum von CH_3Cl *bei verschiedenen Elektronenenergien*

Ionen	Elektronenenergie E_e in V									
	40	60	100	165	340	460	640	760	940	1060
C^+ . . .	0,622	0,805	0,81	0,795	0,593	0,532	0,475	0,484	0,426	0,416
CH^+ . .	1,66	1,66	1,54	1,44	1,11	0,98	0,883	0,870	0,77	0,755
CH_2^+ . .	3,25	2,38	2,23	2,23	2,15	2,02	1,98	1,95	1,77	1,80
CH_3^+ . .	31,6	26,4	26,2	30,2	30,9	29,0	28,9	28,9	27,0	27,3
CCl^+ . .	5,77	6,36	6,05	5,55	4,18	3,96	3,71	3,51	3,30	3,28
$CHCl^+$.	3,05	2,65	2,81	2,64	2,40	2,43	2,37	2,27	2,12	2,29
CH_2Cl^+ .	6,08	6,87	6,60	6,50	6,10	6,10	6,02	5,72	5,70	5,90
CH_3Cl^+ .	100,0	100,0	100,0	100,0	100,0	100,0	100,0	100,0	100,0	100,0
C^+ . . .	2,73	4,38	4,42	4,20	3,18	3,08	2,45	2,53	2,09	2,11
HCl^+ . .	2,80	2,57	2,45	2,38	2,71	2,87	2,94	2,80	2,84	2,92
Cl^+. . .	—	0,044	0,087	0,111	0,130	—	0,109	—	—	0,132

Ionen C^{2+} (12), CH^+ (13), CH_2^+ (14), CH_3^+ (15), CCl^+ (47), $CHCl^+$ (48), CH_2Cl^+ (49) und CH_3Cl^{37+} (52) zur Intensität von CH_3Cl^{35+} aufgetragen, auf der Abszisse die Elektronenenergie. In diesem Falle ist es nicht möglich, den Verlauf der Kurven durch Streueffekte zu erklären. Sie zeigen vielmehr, daß das Verhältnis der Ionenströme $J_{CH_3Cl^{37+}}$ zu $J_{CH_3Cl^{35+}}$ nicht von der Elektronenenergie abhängt, obwohl sich die Ionen um zwei Masseneinheiten unterscheiden. Dagegen vermindert sich mit wachsender Elektronenenergie die Intensität der Linie 49, deren Masse sich nur um eine Einheit von 50 unterscheidet. Die Intensität der Linie 48 vermindert sich ebenfalls deutlich bei Vergrößerung der Elektronenenergie, obwohl auch in diesem Falle die Massendifferenz gleich zwei ist. Interessant sind die Linien „15" und „49". Beide Linien werden durch Abspaltung eines Atoms, einmal eines Cl-Atoms, und zum anderen eines H-Atoms, von derselben Molekel gebildet.

Zuletzt sei noch auf den möglichen Einfluß einer Verzerrung des Spektrums durch die kinetische Energie der Ionen eingegangen. Letztere kann von der Elektronenenergie abhängen. Wenn die kinetische Energie eines Ions mit Vergrößerung der Elektronenenergie wesentlich wachsen würde, so müßte durch Streuung eine Verkürzung bzw. Verzerrung der Linie zu beobachten sein; eine solche ist jedoch bei Erhöhung der Elektronenenergie nicht feststellbar. Außerdem ist anzunehmen, daß mit Änderung der Elektronenenergie die Verteilung der kinetischen Energie der verschiedenen Ionen erhalten bleibt. Die Streueffekte hängen somit nicht von der Elektronenenergie ab, ein weiterer Beweis gegen eine Erklärung der Versuchsergebnisse durch Nebenerscheinungen.

Man kommt daher zu dem Schluß, daß sich bei Erhöhung der Elektronenenergie der Teil der zur Ionisation benötigten Energie im Vergleich zu der Energie vergrößert, welche für die Dissoziation verbraucht wird. Dies hängt vermutlich von der Verminderung der Reaktionszeit zwischen Elektron und Molekel bei Vergrößerung der Elektronenenergie ab.

Es ist anzunehmen, daß unter dem Einfluß von β-Teilchen die Ionisation bei den primären Radiolyseprozessen überwiegt. Aus der Vielzahl der bei Elektronenenergie von 70 bis 100 V in den üblichen Massenspektrometern beobachteten Dissoziationsprozesse zeigen sich nur wenige unter Einwirkung von β-Teilchen.

Zusammenfassung

a) Das Ziel der vorliegenden Arbeit war die Untersuchung der Ionisation und Dissoziation von Methan und einer Reihe halogensubstituierter Kohlenwasserstoffe. Dabei konnten einige Gesetzmäßigkeiten über den Einfluß von Zahl und Natur der in einer Molekel enthaltenen Halogenatome auf die Ionisations- und Dissoziationsprozesse festgestellt werden.

b) Es wurden das Auftreten anomaler Ionen und einige sekundäre Prozesse bei der Ionisation und Dissoziation untersucht. Besonders konnte die Bildung von H_2X^+ in den Massenspektren einiger halogenierter Kohlenwasserstoffe und eine Reihe anomaler Linien im Massenspektrum von 1,1-Dichloräthan beobachtet werden.

c) Eine weitere Versuchsreihe wurde zur Aufklärung der Abhängigkeit der Ionisation und Dissoziation der Molekeln CH_3J, $C_2H_2Cl_4$, CH_3Br und CH_3Cl von der Elektronenenergie bis zu Energien von 1100 V durchgeführt. Dabei ergab sich eine Verarmung der Spektren an Splitterionen bei Vergrößerung der Energie der ionisierenden Elektronen.

LITERATURVERZEICHNIS

[24-1] Сб. Радиационная Химия. (Sammlung „Strahlungschemie"), ИЛ, Moskau 1953.

[24-2] Химическое дествие идлучений большой енергии. (Die chemische Wirkung von Strahlung hoher Energie), ИЛ, Moskau 1949.

[24-3] Масс-спектромеры и их применение для химических исследований. (Massenspektrometer und ihre Anwendung für chemische Untersuchungen), ИЛ, Moskau 1952.

[24-4] Mohler, F. L., Dibeler, V. H. und Reese, R. M., J. Res. nat. Bur. Standards, **49**, 343 (1952); C. **1953**, 5631.

[24-5] Baker, R. F. und Tate, I. T., Physic. Rev., **53** 683 (1938).

[24-6] Dibeler, V. H., Reese, R. M. und Mohler, F. L., J. chem. Physics, **20**, 761 (1952); C. **1953**, 2250.

[24-7] Bernstein, R. B., Semeluk und Arends, Analytic. Chem., **25**, 139 (1953); C. **1954**, 8177.

[24-8] Dibeler, V. H. und Mohler, F., J. Rest. nat. Bur. Standards, **40**, 25 (1948).

[24-9] Branson, H. und Smith, C., J. chem. Physics, **20**, 1047 (1952); C. **1954**, 1679.

[24-10] McDowell, A. und Smith, C., J. Amer. chem. Soc., **74**, 1496 (1952).

[24-11] Branson, H. und Smith, C., J. Amer. chem. Soc., **75**, 4133 (1953); C. **1954**, 277.

[24-12] Mohler, F. L., Bloom, E. G., Lengel, J. H. und Wise, C. E., J. Amer. chem. Soc., **71**, 337 (1949); C. **1950**, I, 962.

[24-13] Bauer, N. und Beach, J. Y., J. chem. Physics, **15**, 150 (1947); C. **1947** E, 1210.

[24-14] Stevenson, D. P., J. chem. Physics, **15**, 409 (1947); C. **1949**, I, 654.

[24-15] Mohler, F. L., Dibeler, V. H., Williamson, L. und Dean, H., J. Res. nat. Bur. Standards, **48**, 188 (1952); C. **1953**, 827.

[24-16] Evans, M., Bauer, N. und Beach, J. Y., J. chem. Physics, **14**, 701 (1946); C. **1948**, I, 1092.

[24-17] Bleakney, W., Condon, E. U. und Smith, L. G., J. physic. Chem., **41**, 197 (1937); C. **1937**, II, 2129.

[24-18] Warren, J. W., Marriott, J. und Craggs, J. D., Nature (London), **171**, 514 (1953); C. **1955**, 8787.

[24-19] Craggs, J. D., McDowell, C. A. und Warren, J. W., Trans. Faraday Soc., **48**, 1093 (1952); C. **1954**, 711.

[24-20] Gutbier, H., Z. Naturforsch., **9a**, 348 (1954); C. **1955**, 4069.

[24-21] Smith, L. G., Physic. Rev., **51**, 263 (1937).

[24-22] Mattauch und Lichtblau, Physik. Z., **40**, 16 (1939).

[24–23] EWALD, H. und HENGLEIN, A., Z. Naturforsch., **6a**, 463 (1951); C. **1952**, 1283.

[24–24] Колотыркин В. М., Тихомиров М. В. и Туницкий Н. Н., Доклады Академии Наук СССР. (KOLOTYRKIN, W. M., TICHOMIROW, M. W. und TUNITZKI, N. N., Ber. Akad. Wiss. UdSSR), (N. S.), **92**, 1193 (1953); C. **1954**, 8770.

[24–25] Тальрозе В. Л. и Любимова А. К., Доклады Академии Наук СССР. (TALROSE, W. Z. und LJUBIMOWA, A. K., Ber. Akad. Wiss. UdSSR), (N. S.), **86**, 909 (1952); C. **1953**, 2571.

[24–26] NORTON, F. J., Nature (London), **169**, 542 (1952); C. **1953**, 650.

[24–27] ANSLOW, G. A. und WATSON, M. D., Physic. Rev., **50**, 162 (1936).

[24–28] BERRY, C. E., Physic. Rev., (2), **78**, 597 (1950); C. **1951**, I, 822.

[24–29] GARERI, G. und NENCINI, G., J. chem., Physics, **18**, 897 (1950); C. **1951**, I, 2395.

[24–30] WASHBURN, H. W. und BERRY, C. E., Physic. Rev., **70**, 559 (1946).

[24–31] COGGESHALL, N. O., J. chem. Physics, **12**, 19 (1944).

[24–32] TATE, I. T. und LOZIER, W. W., Physic. Rev., **39**, 2544 (1932).

25. A. W. SIMIN und S. S. JEGOROWA

Die Einwirkung radioaktiver Strahlung auf CCl_4 und Gemische von $CCl_4 + C_2Cl_6$ und $CCl_4 + CBr_4$

Die Bedeutung allgemeiner Gesetzmäßigkeiten und grundlegender Faktoren auf die Endzusammensetzung der Radiolyseprodukte ist von großem praktischen Interesse. In der vorliegenden Arbeit wird versucht, an reinem CCl_4 und an Gemischen von $CCl_4 + C_2Cl_6$ und $CCl_4 + CBr_4$ den Einfluß der Dosisleistung, der Gesamtdosis, des Aggregatzustandes, der Größe und der Struktur der Molekeln sowie der Masse der Atome auf die Ausbeute festzustellen.

Experimenteller Teil

1. Reinigung von CCl_4 und CBr_4

CCl_4 wurde von Schwefelkohlenstoff und Chloroform nach [24–1] befreit. Die Reindarstellung von CBr_4, besonders die Entfernung von freiem Brom, welches sich bei langem Aufbewahren am Tageslicht bildet, erfolgte durch Umkristallisation. C_2Cl_6 und C_6Cl_6 (Kahlbaum) wurden nicht weiter gereinigt.

2. Bestrahlung der halogenierten Kohlenwasserstoffe

Die Bestrahlung erfolgte mit α-Teilchen (Radon) und mit Elektronen, die bis 410 keV beschleunigt waren, und mit γ-Strahlen (^{60}Co).

Die Versuche mit α-Teilchen wurden in Glasampullen (Volumen von 7 bis 10 cm^3) durchgeführt, die mit Radon und 5 bis 8 ml CCl_4 oder einem CCl_4+ CBr-Gemisch gefüllt waren. Zur Bestrahlung des CBr_4 mit α-Teilchen wurden die gleichen Ampullen verwendet. Um eine maximale Energieausnutzung der α-Teilchen zu erreichen, war die Probe gleichmäßig an den Wänden der Ampulle verteilt. In beiden Fällen wurden die Ampullen vor der Füllung mit Radon evakuiert, nach der Füllung abgeschmolzen und im Dunkeln bei konstanter Temperatur aufbewahrt.

Für die Bestrahlung von CCl_4 mit γ-Strahlen wurden ebenfalls zugeschmolzene und evakuierte Ampullen (Volumen 10 bis 12 ml) verwendet.

Die Bestrahlung mit energiereichen Elektronen wurde in einem mit der Substanz gefüllten Glasgefäß (*2*) durchgeführt (Abb. 25–1), welches vakuumdicht mit einer Elektronen liefernden Röhre (*3*) verbunden war. Um die gasförmigen Produkte der Radiolyse auffangen zu können, und außerdem die Stabilität der Röhre (*3*) zu erhalten, war die zu bestrahlende Probe durch eine 7 bis 9 μ dicke Aluminiumfolie (*1*) von der Röhre abgetrennt. Durch die Folie trat ein Energieverlust der Elektronen von 2 bis 3% ein. Bei der Elektronenbestrahlung war der Druck über der bestrahlten Probe größer als 10 Torr.

Zwischen Gefäß (*2*) und Vakuumpumpe wurde eine mit flüssiger Luft gekühlte Falle (*4*) geschaltet; sie enthielt eine 3- bis 5%ige wäßrige Ammoniaklösung.

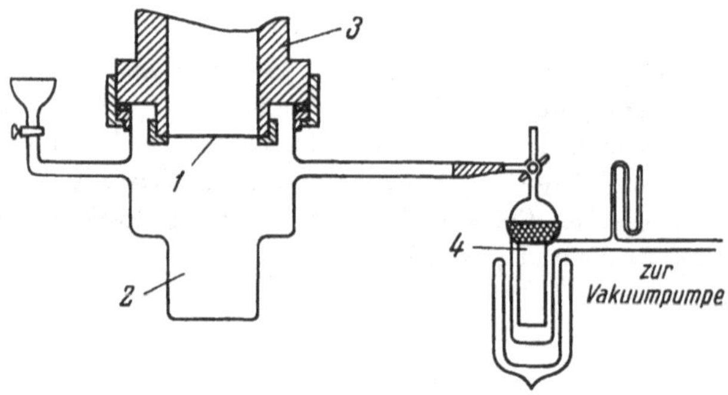

Abb. 25–1. Vorrichtung zur Bestrahlung mit beschleunigten Elektronen

Bei den Bestrahlungsversuchen der flüssigen Stoffe mit γ- und α-Strahlung wird die Energie von der gesamten Probe absorbiert. Man kann daher leicht die Gesamtdosis pro 1 g berechnen. Bei der Bestrahlung mit energiereichen Elektronen wird die Energie in der Oberflächenschicht absorbiert. Durch Aufschäumen tritt eine Durchmischung der Flüssigkeit ein. Es ist deshalb schwer, die Gesamtdosis pro 1 g bestrahlter Flüssigkeit genau zu bestimmen. Das gleiche gilt für die Bestrahlung von festen Stoffen mit energiereichen Elektronen und α-Teilchen. Aus diesen Gründen enthalten die Tabellen nur die Gesamtmenge der absorbierten Energie und der gebildeten freien Halogene.

Die Dosisleistung wurde aus der pro Sekunde absorbierten Energiemenge für 1 g Substanz errechnet.

3. Quantitative Bestimmung der freien Halogene

Bei der Bestrahlung von CCl_4 mit γ-Strahlen [25–2] und mit Röntgenstrahlen [25–3] wurde gefunden, daß freies Chlor eines der Hauptradiolyseprodukte ist. In Vorversuchen zur Bestrahlung von CCl_4 mit beschleunigten Elektronen und α-Teilchen entstand ebenfalls freies Chlor. Die Menge freien Chlors läßt vermuten, daß es in allen Fällen eines der Hauptprodukte der Radiolyse ist. Seine Ausbeute gibt Aufschluß über den Einfluß der Dosisleistung, der Gesamtdosis sowie der Größe und Struktur der Molekeln auf die zugrunde liegenden radiolytischen Prozesse. In der vorliegenden Arbeit wurde deshalb nur die Ausbeute an freiem Chlor bzw. Brom quantitativ bestimmt.

Die freien Halogene wurden wie folgt quantitativ bestimmt: Nach der Bestrahlung mit energiereichen Elektronen wurde die Probe mit einer 3- bis 5%igen wäßrigen Ammoniaklösung geschüttelt, die halogenierten Kohlenwasserstoffe abgetrennt und die Lösung mit dem in Falle (*4*) (Abb. 25–1) befindlichen Ammoniak vereinigt. Bei α- und γ-Bestrahlung wurde die Ampulle mit der bestrahlten Probe mit flüssiger Luft eingefroren, geöffnet und in eine 3- bis 5%ige wäßrige Ammoniaklösung gebracht. Nach dem Ausschütteln trennte man die wäßrige Lösung von der Probe und erhitzte diese zur Vervollständigung der Reaktion bzw. zur Entfernung des Ammoniaküberschusses zum Sieden.

Die Reaktion verläuft nach folgender Gleichung:

$$3\,Cl_2 + 6\,NH_4OH + 2\,NH_3 \rightarrow 6\,NH_4Cl + 6\,H_2O + N_2. \qquad (25\text{–}1)$$

Die Bestimmung der Halogenionen erfolgte durch potentiometrische Titration mit 0,1 n $AgNO_3$-Lösung.

4. Versuchsresultate

Der Einfluß der Gesamtdosis auf die Ausbeute an freiem Chlor wurde durch Bestrahlung von CCl_4 mit energiereichen Elektronen und α-Teilchen untersucht. Tabelle 25–1 enthält die Resultate der Versuche, nach denen sich die mittlere Ausbeute an freiem Chlor bei Vergrößerung der Gesamtdosis vermindert.

Tabelle 25–1

Der Einfluß der Gesamtdosis auf die Ausbeute an freiem Chlor bei Bestrahlung von CCl_4 *mit energiereichen Elektronen und α-Teilchen*

Strahlungsart	Gesamtenergiemenge in 10^{21} eV	Dosisleistung in eV/g · s	Menge an freiem Chlor in 10^{-4} mol	Mittlere Ausbeute an Cl_2-Molekeln in Molekeln/100 eV	Temperatur und Druck während der Bestrahlung
Beschleunigte Elektronen	15,4	$8{,}6 \cdot 10^{19}$	4,40	1,70	$-20°C$
	30,8	$8{,}6 \cdot 10^{19}$	4,75	0,93	$p = 10$ Torr
	61,6	$8{,}6 \cdot 10^{19}$	5,55	0,54	
α-Teilchen	5,1	$1{,}07 \cdot 10^{16}$	2,70	3,19	18°C
	17,7	$3{,}72 \cdot 10^{16}$	6,50	2,21	$p = 20$ Torr
	31,1	$6{,}53 \cdot 10^{16}$	10,55	2,04	

Zur Klärung der Abhängigkeit der Chlorausbeute von der Art der Strahlung wurde CCl_4 mit α-Teilchen und γ-Strahlen mit nahezu gleicher Gesamtdosis bestrahlt. Die Versuchsresultate sind in Tabelle 25–2 zusammengestellt.

Tabelle 25–2

Der Einfluß der Strahlungsart auf die Ausbeute an freiem Chlor

Strahlungsart	Gesamtenergiemenge in 10^{21} eV	Dosisleistung in eV/g · s	Mittlere Ausbeute an Cl_2-Molekeln in Molekeln/100 eV	Bestrahlungstemperatur in °C
α-Teilchen	5,1	$1{,}07 \cdot 10^{16}$ (Anfangsdosisleistung)	3,12	18
γ-Strahlung	7,7	$2{,}12 \cdot 10^{15}$	7,1	18

Aus den Tabellen 25–1 und 25–2 ist ersichtlich, daß Strahlungsart und Dosisleistung die Ausbeute an freiem Chlorwert mehr als die Gesamtdosis beeinflussen. Zur Prüfung dieser Befunde wurde CCl_4 mit beschleunigten Elektronen bei verschiedener Dosisleistung bestrahlt; Tabelle 25–3 gibt die diesbezüglichen Versuchswerte wieder.

Tabelle 25–3

Der Einfluß der Dosisleistung auf die Chlorausbeute bei Bestrahlung von CCl_4 mit energiereichen Elektronen im Zeitraum von 10 Min bei $t = -20°$ und $p = 10$ Torr

Gesamtenergiemenge in 10^{21} eV	Dosisleistung in 10^{16} eV/g · s	Menge an freiem Chlor in 10^{-4} mol	Mittlere Ausbeute an Cl_2-Molekeln in Molekeln/100 eV
1,16	0,41	1,35	7,00
3,1	1,92	1,85	3,59
7,7	4,30	3,00	2,35
15,4	8,6	4,15	1,62
30,8	17,2	5,25	1,03
69,8	38,7	5,40	0,47

Danach vermindert sich die Chlorausbeute bei Vergrößerung der Dosisleistung. Es bestätigt sich damit, daß die Menge der Primärprodukte der Radiolyse bei Vergrößerung der Dosisleistung wächst. Diese treten miteinander in Reaktion und setzen dadurch die Chlorausbeute herab.

Um den Einfluß des Aggregatzustandes und der Temperatur auf die Ausbeute an freiem Chlor zu klären, wurden Bestrahlungsversuche an festem CCl_4 mit α-Teilchen und mit beschleunigten Elektronen durchgeführt (Tabelle 25–4).

Ein Vergleich der Werte der Tabelle 25–4, 25–2 und 25–3 ergibt, daß die Chlorausbeute bei der Bestrahlung von festem CCl_4 mit α-Teilchen und energiereichen Elektronen in geringerem Maße von der Dosisleistung und der Gesamtdosis abhängt, als bei der Bestrahlung von flüssigem CCl_4.

Tabelle 25-4

Der Einfluß des Aggregatzustandes auf die Chlorausbeute bei Bestrahlung von CCl_4 mit energiereichen Elektronen und α-Teilchen bei t = —187° und p = 0,1 Torr

Strahlungsart	Gesamtenergiemenge in 10^{21} eV	Dosisleistung in eV/g · s	Menge an freiem Chlor in 10^{-4} mol	Mittlere Ausbeute an Cl_2-Molekeln in Molekeln/100 eV
α-Teilchen	11,4	$2{,}39 \cdot 10^{16}$	2,20	1,16
	16,5	$3{,}47 \cdot 10^{16}$	3,05	1,13
	29,2	$6{,}13 \cdot 10^{16}$	4,80	0,99
Beschleunigte	7,7	$4{,}3 \cdot 10^{19}$	2,00	1,56
Elektronen	15,4	$8{,}6 \cdot 10^{19}$	2,45	0,96
	30,8	$17{,}2 \cdot 10^{19}$	5,05	0,98
	61,6	$34{,}4 \cdot 10^{19}$	8,70	0,85

Ebenfalls von Bedeutung sind Größe und Struktur der Molekeln auf die Ausbeute an freiem Halogen. Es wurden daher spezielle Bestrahlungsversuche von C_2Cl_6, C_6Cl_6 und CBr_4 vorgenommen (Tabelle 25-5).

Tabelle 25-5

Der Einfluß von Größe und Struktur der Molekeln auf die Halogenausbeute bei Bestrahlung mit energiereichen Elektronen

Bestrahlte Verbindung	Bestrahlungstemperatur in °C	Gesamtenergiemenge in 10^{21} eV	Menge an freiem Halogen in 10^{-4} mol	Halogenausbeute in Molekeln/100 eV
CCl_4	—187	15,4	2,45	0,96
CBr_4	+ 18	15,4	0,35	0,14
C_2Cl_6	—187	6,2	0,075	0,07
	+ 18	6,2	0,075	0,07
C_6Cl_6	+ 18	7,7	0,025	0,02

Die Ergebnisse dieser Versuche zeigen, daß C_6Cl_6-Molekeln die größte Stabilität besitzen. C_6Cl_6 hat zyklische Struktur. Weiterhin zeigte sich, daß die CBr_4-Molekeln stabiler als die CCl_4-Molekeln sind, obwohl beide sehr ähnliche Struktur aufweisen. Die Werte über die Bestrahlung von C_2Cl_6 bei verschiedenen Temperaturen lassen vermuten, daß eine Temperaturveränderung von +18° auf —187° die Ausbeute an freiem Chlor nicht wesentlich beeinflußt. Zur Feststellung der Halogenausbeute bei der Bestrahlung eines Gemisches, in dem eine der Komponenten stabiler ist, wurden die Gemische $CCl_4 + C_2Cl_6$ und $CBr_4 + CCl_4$ bestrahlt (Tabelle 25-6).

Tabelle 25-6

Die Ausbeute an freiem Halogen in Abhängigkeit vom molaren Verhältnis der Komponenten

Bestrahltes Gemisch	Molekelverhältnis	Gesamtenergiemenge in 10^{21} eV	Menge an freiem Halogen in 10^{-4} mol		Mittlere Ausbeute an freiem Halogen in Molekeln/100 eV ($Cl_2 + Br_2$)	Strahlungsart	Temperatur in °C
			Chlor	Brom			
$CCl_4 + C_2Cl_6$	10 : 1	15,4	2,45	–	0,96	Energiereiche Elektronen	−20
	2 : 1	15,4	2,05	–	0,80		
$CCl_4 + CBr_4$	20 : 1	16,8	1,95	0,95	1,04	α-Teilchen	+18
	10 : 1	16,1	4,55	3,22	2,91		
	5 : 1	18,7	4,46	5,41	3,18		
	2 : 1	21,0	1,72	8,98	3,07		

5. Besprechung der Resultate

Bei Bestrahlung mit verschiedenen Strahlenarten zeigt ein Vergleich der Ausbeute an freiem Chlor, daß diese bei gleicher Gesamtdosis bei γ-Strahlung 2,5mal größer ist als bei Bestrahlung mit α-Teilchen. Dies ist verständlich, da die α-Teilchen auf ihrem Wege eine größere Dichte an Radiolyseprimärprodukten erzeugen (ionisierte Molekeln, freie Radikale und Atome, angeregte Molekeln). Die Reaktionen dieser Primärteilchen setzen die zu erwartende Chlorausbeute herab.

Bei γ-Bestrahlung mit einer Dosisleistung bis $2{,}11 \cdot 10^{15}$ eV/g · s ist die Dichte der primären Radiolyseprodukte wesentlich kleiner als bei α-Bestrahlung. Eine Reaktion der Primärprodukte der Radiolyse untereinander wird daher seltener eintreten als mit den umgebenden CCl_4-Molekeln. Dies kann durch folgende Gleichungen dargestellt werden:

$$CCl_4 \rightsquigarrow CCl_3^{\cdot} + Cl^{*} \tag{25-2}$$

$$CCl_4 + Cl^{*} \rightarrow Cl + CCl_3^{\cdot} \tag{25-3}$$

$$2\,CCl_3^{\cdot} \rightarrow C_2Cl_6 . \tag{25-4}$$

Abb. 25-2 zeigt den Einfluß der Dosisleistung und der Gesamtdosis auf die Chlorausbeute bei der Bestrahlung von CCl_4.

Bei der Elektronenbestrahlung von CCl_4 mit einer Dosisleistung von $4{,}1 \cdot 10^{18}$ eV/g · s ist die Konzentration der primären Radiolyseprodukte klein. Die Neigung der Kurve (*1*) entspricht der Ausbeute an freiem Chlor bei Fehlen einer Rückreaktion. Bei Elektronenbestrahlung beobachtet man bei zehnfacher Vergrößerung der Dosisleistung mit Zunahme der Gesamtdosis eine Verminderung der Chlorausbeute, was auf Rückreaktionen hinweist.

Kurve *2* (α-Teilchen) unterscheidet sich wenig von Kurve *1* (Elektronen). Eine kleinere Dosisleistung wird bei α-Teilchen scheinbar durch eine größere Ionisationsdichte kompensiert, wodurch eine größere örtliche Konzentration an primären Radiolyseprodukten eintritt.

Die Versuchswerte (vgl. auch Abb. 25–3) zeigen, daß die Chlorausbeute bei Bestrahlung von festem CCl_4 bei $-187°$ weder durch die Dosisleistung noch durch die Strahlenart wesentlich beeinflußt wird.

Nach Tabelle 25–4 bzw. Abb. 25–3 ist die Chlormenge bei Bestrahlung mit α-Teilchen und mit beschleunigten Elektronen nahezu gleich. Dies deutet darauf hin, daß im festen CCl_4 die primären Radiolyseprodukte unabhängig von der Strahlenart, der Dosisleistung und der Gesamtdosis nur wenig miteinander reagieren.

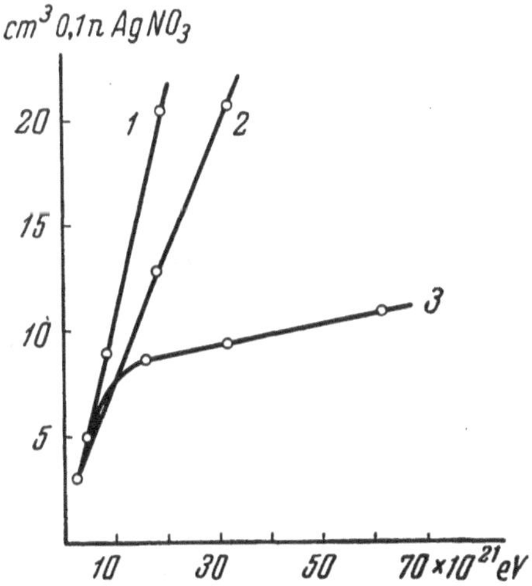

Abb. 25–2. Die Bildung von Chlor bei Bestrahlung von flüssigem CCl_4

1: Elektronen (Dosisleistung · $4{,}1 \cdot 10^{18}$ eV/g·s); *2*: α-Teilchen; *3*: Elektronen (Dosisleistung $4{,}3 \cdot 10^{19}$ eV/g·s)

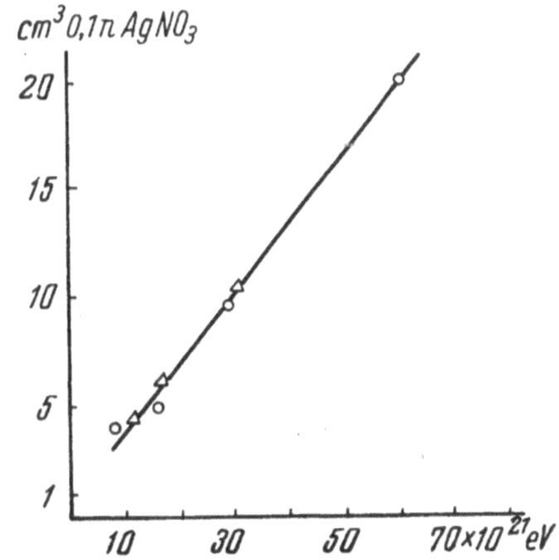

Abb. 25–3. Die Bildung von Chlor bei Bestrahlung von festem CCl_4

△ α-Teilchen; ○ Elektronen

Den experimentellen Werten entsprechend ist die Ausbeute an freiem Halogen bei der Bestrahlung von C_2Cl_6, C_6Cl_6 und CBr_4 mit beschleunigten Elektronen bedeutend kleiner als bei der Bestrahlung von CCl_4. Diese Tatsache ist vermutlich durch die Massen- und Strukturunterschiede der Molekeln bedingt. Die Struktur einer Molekel übt dabei einen größeren Einfluß auf die Chlorausbeute aus als seine Masse. Zum Beispiel ist nach Tabelle 25–5 die Masse der Molekel C_6Cl_6 um 20% größer als die Masse der Molekel C_2Cl_6, während die Chlorausbeute $\sim$3,5mal kleiner ist. Andererseits ist ungeachtet der Gleichheit der Struktur der Molekeln CCl_4 und CBr_4 die Ausbeute an Chlor größer als an Brom. Bei der Bildung der primären Radiolyseprodukte übt die Masse eines Bromatoms scheinbar einen größeren Einfluß auf die Bildung freien Broms aus als die Bindungsenergie.

Die Reaktionen der primären Radiolyseprodukte sind verschiedenartig. Bei großer Dosisleistung reagieren z. B. die Primärprodukte der Radiolyse von reinem CCl_4 vorzugsweise miteinander, bei kleiner Dosisleistung dagegen größtenteils mit den CCl_4-Molekeln. Im ersten Fall muß die Chlormenge in den Endprodukten der

Tabelle
Einfluß des Mol-Verhältnisses der

Strahlungsart	Bestrahlter Stoff	Molekelverhältnis	Gesamtenergiemenge	Teil der Gesamtenergie, der auf CCl_4 und CBr_4 im Gemisch entfällt in 10^{21} eV		Menge an freiem Brom im Gemisch nach Bestrahlung
		$CCl_4 : CBr_4$	in 10^{21} eV	CCl_4	CBr_4	in 10^{-4} mol
		20 : 1	16,7	15,12	1,68	0,95
α-Teilchen	$CCl_4 + CBr_4$	10 : 1	16,1	13,22	2,88	3,22
		5 : 1	18,7	13,09	5,61	5,41
		2 : 1	21,0	10,14	10,86	8,98
γ-Strahlung	CCl_4	—	7,7	7,7	—	—

[1]) Die Ausbeute an freiem Brom aus CBr_4 ist mit 0,14 Molekeln/100 eV angenommen.

Radiolyse bedeutend kleiner sein als im zweiten Falle. Bei der Bestrahlung des Gemisches $CCl_4 + C_2Cl_6$ entstehen Primärprodukte jeder Komponente. Die Wahrscheinlichkeit einer Reaktion der Primärprodukte von CCl_4 mit den Molekeln und den Radiolyseprodukten von C_2Cl_6 ist um so größer, je öfter sie zusammenstoßen. Jedoch zeigen die Versuchswerte des Gemisches $CCl_4 + C_2Cl_6$, daß die Gesamtausbeute an freiem Chlor der Summe der Chlormengen gleich ist, die bei der Bestrahlung jeder einzelnen Verbindung entstehen würden, bzw. die der Energiemenge entspricht, die jede Komponente des Gemisches für sich absorbieren würde.

Die Bestrahlung des Gemisches $CCl_4 + CBr_4$ zeigt sehr deutlich die Reaktion des freien Chlors als primäres Radiolyseprodukt des CCl_4 mit der CBr_4-Molekel (Tabelle 25–6). Bei Änderung des Mengenverhältnisses von 90% CCl_4 + 10% CBr_4 auf 48,3% CCl_4 + 51,7% CBr_4 änderte sich die Chlorausbeute praktisch nicht, während die Bromausbeute um das Neunfache anstieg. Die Gesamtdosis war dabei im zweiten Falle nur um 25% größer als im ersten. Freies Brom kann nach folgenden Gleichungen entstehen:

$$CCl_4 \rightsquigarrow CCl_3^{\cdot} + Cl^* \qquad (25-2)$$

$$CBr_4 + Cl^* \rightarrow CBr_3Cl + Br \qquad (25-5)$$

$$2\,Br \rightarrow Br_2 . \qquad (25-6)$$

Demnach ist eine um so größere Brommenge in den Radiolyseprodukten festzustellen, je größer die Wahrscheinlichkeit des Stoßes zwischen freiem Chlor und CBr_4-Molekeln ist. Gleichzeitig verringert sich die Wahrscheinlichkeit der Reaktion des freien Chlors mit den anderen primären Radiolyseprodukten von CCl_4. Diese Vermutung wird durch die umgerechneten Werte der Tabelle 25–7 bestätigt. Die Umrechnung geht von der Annahme aus, daß für die Radiolyse einer CBr_4-Molekel, unabhängig vom Aggregatzustand, die gleiche Energie verbraucht wird. Außerdem wird vorausgesetzt, daß die von den CBr_4-Molekeln absorbierte Energie nicht in dem

25-7
Komponenten auf die Chlorausbeute

Menge an freiem Brom, errechnet nach Energie (für CBr_4) und Ausbeute in 10^{-4}mol[1])	Überschuß an freiem Brom gegenüber der errechneten Menge in 10^{-4}mol	Menge an freiem Chlor im Gemisch nach Bestrahlung in 10^{-4} mol	Menge an freiem, mit CBr_4 reagierendem Chlor in 10^{-4} mol	Gesamtmenge an Chlor in 10^{-4} mol	Mittlere Ausbeute an Chlormolekeln, berechnet aus der Gesamtmenge an Chlor und der Energie für CCl_4 in Molekeln/100 eV
0,04	0,91	1,95	0,91	2,86	1,13
0,07	3,15	4,55	3,15	7,70	3,49
0,13	5,28	4,46	5,28	9,74	4,46
0,25	8,74	1,72	8,74	10,46	6,19
—	—	9,08	—	9,08	7,1

Maße auf die CCl_4-Molekeln übertragen wird, daß eine Dissoziation der CCl_4-Molekeln nach Gleichung (25-2) stattfindet.

Die Versuchergebnisse und deren Deutung geben Grund zu der Annahme, daß bei der Bestrahlung von CCl_4, C_2Cl_6, C_6Cl_6 und CBr_4 die Menge der primären Radiolyseprodukte — gemessen an der Ausbeute an freiem Halogen — vor allem von der Dosisleistung, der Gesamtdosis sowie von Masse und Struktur der Molekel abhängt.

Die Endzusammensetzung der Radiolyseprodukte dagegen hängt nicht nur von der Dosisleistung und der Gesamtdosis ab, sondern auch vom Aggregatzustand des bestrahlten Stoffes, von der Größe der Bindungsenergie zwischen den Atomen der Molekel, sowie vom Verhältnis der Komponenten der Ausgangsstoffe und den während der Bestrahlung entstehenden Zwischenprodukten.

Zusammenfassung

a) Bei der Bestrahlung von CCl_4, C_2Cl_6, C_6Cl_6 und CBr_4 bildet sich freies Halogen, welches eines der hauptsächlichsten Primärprodukte der Radiolyse ist.

b) Die Ausbeute an freiem Halogen hängt wesentlich von der Dosisleistung und der Gesamtdosis der Strahlungsquelle sowie von der Strahlungsart und dem Aggregatzustand des bestrahlten Stoffes ab.

c) Die erhöhte Stabilität von C_2Cl_6, C_6Cl_6 und CBr_4 gegenüber Strahlungseinwirkung ist vermutlich durch Masse und Struktur der Molekeln bedingt.

d) Bei der Bestrahlung eines Gemisches von $CCl_4 + CBr_4$ hängt die Ausbeute an freiem Chlor und Brom von dem Verhältnis der Komponenten ab.

LITERATURVERZEICHNIS

[25-1] WEISSBERGER, A. und PROSKAUER, E., Organic solvents. Oxford **1935**, S. 156.
[25-2] KAILAN, A., Mh. Chem., **38**, 537 (1917).
[25-3] GÜNTHER, P., Z. Elektrochem., **34**, 616 (1928).

26. A. W. SIMIN, S. W. TSCHURMANTEJEW und A. D. WERINA

Die Wirkung von γ-Strahlung auf Gemische von $NH_3 + C_6H_6$ und $CCl_4 + C_6H_6$

Einführung

In der vorangehenden Arbeit [26–1], d. h. bei der Untersuchung der Wirkung ionisierender Strahlen auf ein Gemisch von $CCl_4 + CBr_4$, wurde festgestellt, daß in diesem Gemisch die Menge an freiem Brom unter den Radiolyseendprodukten wesentlich größer ist, als bei Bestrahlung von reinem CBr_4. Dagegen ist die Menge an freiem Chlor im Gemisch kleiner als bei Bestrahlung von reinem CCl_4. Letztere Tatsache ist vermutlich durch sekundäre Prozesse bedingt, die bei der Reaktion der primären Radiolyseprodukte sowohl untereinander, als auch mit den umgebenden Molekeln eintreten können.

Die Reaktionsfähigkeit der Primärprodukte der Radiolyse gegenüber den umgebenden Molekeln ist verschieden. So ist z. B. die Reaktion zwischen freiem Chlor und CBr_4 wesentlich stärker als die Reaktion von freiem Brom mit CCl_4. Die Gesamtbrommenge in den Endprodukten der Radiolyse setzt sich daher aus den primären Radiolyseprodukten und den Bromatomen zusammen, welche im CBr_4 durch Chloratome verdrängt werden. Umgekehrt ergibt sich die Gesamtchlormenge als Endprodukt der Radiolyse aus der Differenz des als Primärprodukt der Radiolyse entstehenden Chlors und der Menge, welche für die Verdrängung der Bromatome aus den CBr_4-Molekeln verbraucht wird.

In den Radiolyseendprodukten sind daher neben freiem Chlor und Brom neue Verbindungen vorhanden, die durch die Wechselwirkung des Chlors mit CBr_4-Molekeln entstehen. Art und Menge dieser Verbindungen wurden wegen der damit verbundenen zusätzlichen umfangreichen analytischen Arbeiten nicht festgestellt.

Die Bildung neuer Verbindungen bei der Reaktion der primären Radiolyseprodukte der einen Komponente mit den Molekeln und Primärprodukten der Radiolyse der anderen Komponente wurde mit Testgemischen von $NH_3 + C_6H_6$ und $CCl_4 + C_6H_6$ untersucht. Die eine Komponente, das Benzol, ist sehr stabil gegen Strahlungseinwirkung [26–2], es ist aber genügend aktiv bei Reaktionen mit den primären Radiolyseprodukten von NH_3 und CCl_4. Außerdem sind die zu erwartenden Verbindungen, insbesondere $C_6H_5NH_2$ und $C_6H_5CCl_3$ noch in sehr kleinen Mengen mit genügender Genauigkeit analytisch bestimmbar.

In der Literatur gibt es bisher keine Arbeiten über die Einwirkung radioaktiver Strahlung auf Gemische von $NH_3 + C_6H_6$ und $CCl_4 + C_6H_6$. Bisher wurde nur die Wirkung elektrischer Entladungen auf $NH_3 + C_6H_6$-Gemische untersucht. So stellte

z. B. RASUMOW [26–3] fest, daß sich bei Einwirkung hochfrequenter Entladungen auf das Gemisch $NH_3 + C_6H_6$ sowohl im flüssigen als auch im gasförmigen Zustand $C_6H_5NH_2$ und $C_{12}H_{10}NH$ bilden. PRILESHAJEWA [26–4] zeigte spektrophotometrisch, daß $C_6H_5NH_2$ sogar dann auftritt, wenn die Hochfrequenzentladung nur auf eine der Komponenten des Gemisches einwirkt. Die Ausbeute an $C_6H_5NH_2$ wächst jedoch bei Einwirkung der elektrischen Entladung auf beide Komponenten. STEWART [26–5] beobachtete ebenfalls die Bildung von $C_6H_5NH_2$ bei der Einwirkung hochfrequenter Entladungen auf eine der Komponenten des Gemisches, insbesondere auf NH_3. Später zeigten SUJINO, INOUE und ODO [26–6, 7], daß $C_6H_5NH_2$ auch bei der Einwirkung stiller elektrischer Endladungen auf ein gasförmiges $NH_3 + C_6H_6$-Gemisch entsteht.

In den erwähnten Arbeiten wurde die Wirkung elektrischer Entladungen auf das Gemisch $NH_3 + C_6H_6$ hauptsächlich in der Gasphase erforscht. Sie enthalten jedoch wenig Angaben über Ausbeute und Energieaufwand zur Bildung eines Molekels $C_6H_5NH_2$.

In Vorversuchen zur Bestrahlung der Gemische $NH_3 + C_6H_6$ und $CCl_4 + C_6H_6$ wurden in den Radiolyseendprodukten $C_6H_5NH_2$ und $C_6H_5CCl_3$ festgestellt, was die Vermutung über eine Reaktion der Primärprodukte der Radiolyse der ersten Komponente mit den Molekeln und primären Radiolyseprodukten der zweiten Komponente zu bestätigen scheint.

Weitere Vorversuche ergaben, daß die Ausbeute an $C_6H_5NH_2$ und $C_6H_5CCl_3$ stark von der Gegenwart verschiedener Beimengungen in sehr kleinen Konzentrationen abhängt. Die Ausgangsstoffe wurden daher für die Reproduzierbarkeit der Ergebnisse sorgfältig gereinigt.

In der vorliegenden Arbeit wurde die Ausbeute an $C_6H_5NH_2$ und $C_6H_5CCl_3$ in Abhängigkeit von der Gesamtdosis bei konstanter Dosisleistung und vom Mengenverhältnis der Komponenten sowie der Einfluß verschiedener Zusätze untersucht.

Experimenteller Teil

a) Reinigung des Benzols

Benzol wurde vor allem von Thiophen und ungesättigten Kohlenwasserstoffen gereinigt [26–8], anschließend 3- bis 4mal ausgefroren und über metallischem Natrium destilliert. Die Aufbewahrung erfolgte in Flaschen mit eingeschliffenem Stopfen über metallischem Natrium. Der Reinheitsgrad wurde refraktometrisch und kryoskopisch überprüft. Der Brechnungskoeffizient des Benzols lag zwischen 1,513 und 1,517, der Gefrierpunkt zwischen 5,48 und 5,50°.

b) Reinigung des Ammoniaks

Ammoniak wurde über metallischem Kalium von Wasser und Sauerstoff befreit. In ein reines trockenes Stahlgefäß (Volumen 600 ml) wurde frisch geschnittenes, sorgfältig mit Äther gewaschenes metallisches Kalium eingebracht. Nach Evakuierung und

Kühlen mit Trockeneis wurde Ammoniak aus einem großen Ballon eingefüllt. Aus der Gewichtsdifferenz vor und nach der Füllung konnte die Ammoniakmenge im Stahlgefäß bestimmt werden. Zur besseren Lösung des metallischen Kaliums im Ammoniak und zur besseren Reaktion mit H_2O und O_2 wurde das Stahlgefäß auf Zimmertemperatur erwärmt und 3 bis 5 Minuten geschüttelt. Nach 12 bis 15 Stunden wurde das Gefäß geöffnet und 7 bis 10% der Ammoniakmenge abgeblasen, um im Ammoniak gelöste Wasserstoff- und Stickstoffreste zu entfernen. Zur vollständigen Reinigung wurde diese Operation 2- bis 3mal wiederholt. Dann wurde das gereinigte Ammoniak in eine evakuierte, mit flüssiger Luft gekühlte Glasampulle überführt. Um Reste an gelösten Gasen zu entfernen, wurde die festen Ammoniak enthaltende Meßampulle mit einer Vorvakuumpumpe ausgepumpt.

Die Reinigung des CCl_4 und CBr_4 erfolgt nach der in der vorangehenden Arbeit beschriebenen Methode [26–1], diejenige der Luft hinsichtlich H_2O und CO_2 durch Ausfrieren mittels flüssiger Luft in einer geeigneten Falle.

c) *Füllen der Ampullen und Bestrahlung der Gemische*

Zur Bestrahlung der Gemische wurden Glasampullen mit 0,2 ml Graduierung verwendet.

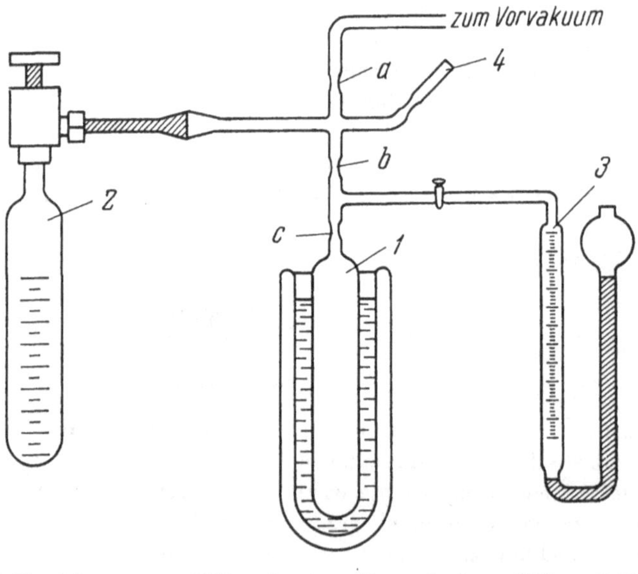

Abb. 26–1. Vorrichtung zum Füllen der Ampullen mit einem $NH_3 + C_6H_6$-Gemisch

Die Füllung der Ampullen mit dem $NH_3 + C_6H_6$-Gemisch geschah in folgender Weise: Ampulle *1*, Abb. 26–1, wurde mit Meßampulle *2* (Inhalt: flüssiges Ammoniak) und Gasbürette *3* (Inhalt: Luft) sowie mit einer Vorvakuumpumpe verbunden. Nach Prüfung des ganzen Systems auf Dichtigkeit wurde Benzol durch Ansatz *4* in Ampulle *1* eingefüllt. Danach wurde Ansatz *4* abgeschmolzen und die gelösten Gase aus dem Benzol abgepumpt. Da bei der Entfernung der Gase ein Verlust an Benzol eintritt, ist ein genügend großer Überschuß notwendig. Nach Ausfrieren der Ampulle *1* mit flüssigem Stickstoff wurde die Verbindung zur Pumpe bei *a* abgeschmolzen. Nun wurde Ammoniak aus Meßampulle *2* in Ampulle *1* überführt und die abgefüllte Ammoniakmenge nach Abnahme der Meßampulle *2* durch Auswägen bestimmt. Nach dem Füllen mit Ammoniak wurde Ampulle *1* von Meßampulle *2* bei *b* abgeschmolzen, die notwendige Luftmenge aus Gasbürette *3* zugefügt und bei *c* ebenfalls abgeschmolzen. Nach dem Auftauen wurde Ampulle *1* sorgfältig geschüttelt. Bei Bestrahlung des Gemisches $NH_3 + C_6H_6$ ohne Zugabe von Luft erfolgte das Abschmelzen der Ampulle bei *c* nach dem Abfüllen des Ammoniaks. Eventuelle

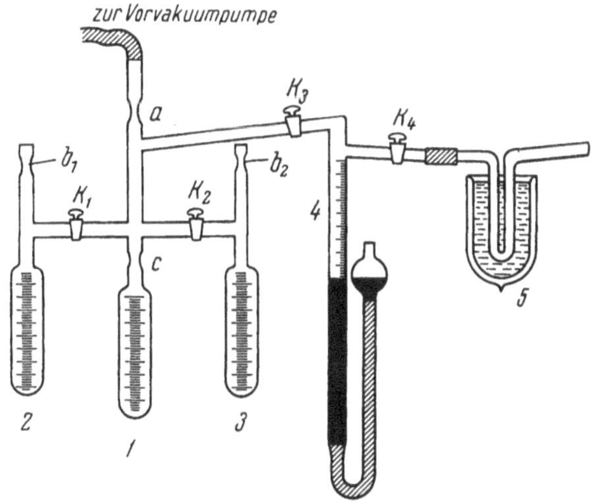

Abb. 26-2. Vorrichtung zum Füllen der Ampullen mit einem $CCl_4 + C_6H_6$-Gemisch

flüssige oder feste Zusätze zu dem $NH_3 + C_6H_6$-Gemisch wurden vor oder mit dem Einbringen des Benzols eingeführt. Zur Füllung der Ampulle mit dem Gemisch $CCl_4 + C_6H_6$ (Abb. 26-2) wurde Ampulle *1* mit zwei Meßampullen (*2*, *3*) und der Vorvakuumpumpe verbunden. Nachdem das ganze System vakuumdicht war, wurden die Meßampullen *2* und *3* mit je einer der Komponenten gefüllt. Nach kurzem Evakuieren wurde bei b_1 bzw. b_2 abgeschmolzen. Die Ampullen *2* und *3* wurden nun einzeln evakuiert. Nach Entfernung der Gase wurde das ganze System bei *a* abgeschmolzen. Durch Öffnen des Hahnes K_1 erfolgte die Überführung der einen Komponente in die mit flüssigem Stickstoff gekühlte Ampulle *1*. Die abgefüllte Menge wurde nach Abnahme der Meßampulle bestimmt. Die zweite Komponente wurde auf gleiche Weise in Ampulle *1* überführt. Danach erfolgte das Einfüllen der notwendigen Luft- oder Sauerstoffmenge und das Abschmelzen. Wenn kein Gas benötigt wurde, erfolgte das Abschmelzen unmittelbar nach Einbringen der Komponenten des Gemisches.

Die Bestrahlung der Gemische wurde mit γ-Strahlung (^{60}Co) mit einer Aktivität von 85 g-Äquivalent durchgeführt. Bei jedem Versuch konnten gleichzeitig sechs Ampullen bestrahlt werden, die im Kreis um die Quelle angeordnet waren (Abb. 26–3). Die Bestrahlungszeit wurde von 1 bis 107 Std. variiert.

d) *Quantitative Bestimmung von* $C_6H_5NH_2$ *und* $C_6H_5CCl_3$

Nach der Bestrahlung wurde die Ampulle ($NH_3 + C_6H_6$) ausgefroren, geöffnet und das Ammoniak verdampft. Das verbleibende Benzol und die nichtflüchtigen Radiolyseprodukte wurden in einen Scheidetrichter mit 10 ml 1 n H_2SO_4 gegeben; die Ampulle wurde dreimal mit je 5 ml 1 n H_2SO_4 ausgespült und diese Mengen

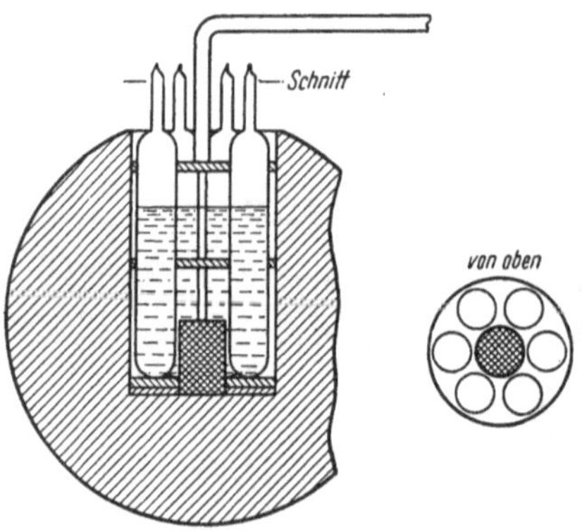

Abb. 26–3. Anordnung der Ampullen bei γ-Bestrahlung

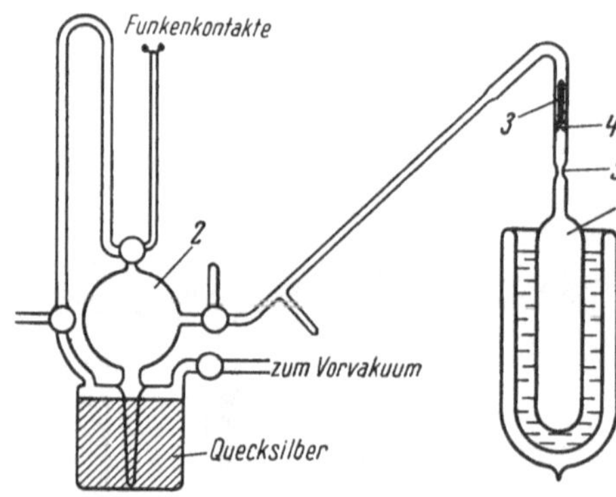

Abb. 26–4. Vorrichtung zur Bestimmung der Wasserstoff- und Stickstoffmenge

1: Ampulle mit bestrahltem Gemisch; *2*: Gas-Mikrobürette; *3*: Metallstift zum Zerschlagen des Verschlusses; *4*: Abschmelzstelle; *5*: Verengung

ebenfalls in den Scheidetrichter gebracht. Nach 2- bis 3minütigem Durchschütteln und 30- bis 45minütigem Absetzen wurde die untere Schicht, d. h. die verdünnte H_2SO_4, mit den in ihr gelösten Radiolyseprodukten in ein Kölbchen mit eingeschliffenem Stopfen abgezogen. Zur Analyse des gebildeten Anilins wurden 10 bis 20 ml dieser Lösung entnommen; die quantitative Bestimmung erfolgte colorimetrisch [26–8] mit einem Spektrophotometer CΦ-4 bei 487 mμ.

Zur Bestimmung von H_2 und N_2 in dem bestrahlten $NH_3 + C_6H_6$-Gemisch wurde Ampulle *1* (Abb. 26–4) mit flüssiger Luft ausgefroren und an die graduierte Gas-Mikrobürette *2* (Einteilung 0,01 ml) angeschmolzen. Nach dem Evakuieren wurde die Abschmelzstelle zerschlagen und die Gase aus der Ampulle in die Mikrobürette abgesaugt. Das Abpumpen der Gase erfolgte 4- bis 5mal, wonach die Ampulle bei 5 wieder abgeschmolzen wurde. Nach der Messung der Gasmenge wurde eine entsprechende Sauerstoffmenge zugefügt und das Gemisch durch eine elektrische Entladung zur Reaktion gebracht. Die Abnahme des Gasvolumens ergab die Wasserstoff- bzw. die Stickstoffmenge.

Das bestrahlte $CCl_4 + C_6H_6$-Gemisch wurde nach Öffnen der Ampulle in eine Porzellanschale gegossen. Nach vollständiger Entfernung des CCl_4 und C_6H_6 auf dem Wasserbad wurde der nichtflüchtige Rückstand auf $C_6H_5CCl_3$ analysiert. Bekanntlich bildet sich beim Erwärmen von $C_6H_5CCl_3$ mit Dimethylanilin und $ZnCl_2$ der Farbstoff Malachitgrün [26–9]. Da diese Reaktion zum Nachweis von $C_6H_5CCl_3$-Spuren sehr empfindlich ist, wurde sie zur quantitativen Bestimmung angewendet.

1. Ergebnisse

Die Versuche wurden zur Feststellung der Abhängigkeit der Ausbeute an $C_6H_5NH_2$ und $C_6H_5CCl_3$ vom molaren Verhältnis der Komponenten durchgeführt.

Tabelle 26–1

Einfluß des Mengenverhältnisses von NH_3 zu C_6H_6 auf die Ausbeute an $C_6H_5NH_2$ und N_2 unter Einwirkung von γ-Strahlen bei Zimmertemperatur und einem Druck von ~7 Atm.

Gesamtdosis $16{,}3 \cdot 10^{19}$ e/Vg

Gehalt der Komponenten im Gemisch in Gew.-%		Molekulares Verhältnis der Komponenten	Mittlere Ausbeute in Molekeln/100 eV		
NH_3	C_6H_6	$NH_3 : C_6H_6$	$C_6H_5NH_2$	H_2	N_2
91,6	8,4	50 : 1	0,02	0,76	—
73,3	26,7	12,6 : 1	0,16	0,64	0,16
51,3	48,7	4,8 : 1	0,28	0,46	0,10
18,1	81,9	1 : 1	0,36	0,22	0,06
7,8	92,2	1 : 2,6	0,28	0,12	0,03
1,8	98,2	1 : 11,9	0,11	0,06	0,002

Wie aus den Versuchswerten ersichtlich ist, ergibt sich bei einem Molekelverhältnis von 1 : 1 eine maximale Ausbeute von 0,5 Molekeln pro 100 eV.

Tabelle 26–2

Einfluß des Mengenverhältnisses von CCl_4 zu C_6H_6 auf die Ausbeute an $C_6H_5CCl_3$ bei Einwirkung von γ-Strahlung bei Zimmertemperatur und einem Druck von ~ 200 Torr

Gesamtdosis $8{,}75 \cdot 10^{19}$ eV/g

Gehalt der Komponenten im Gemisch in Gew.-%		Molares Verhältnis der Komponenten	Mittlere Ausbeute an $C_6H_5CCl_3$ pro Gramm des bestrahlten Gemisches	Mittlere Ausbeute an $C_6H_5CCl_3$
CCl_4	C_6H_6	$C_6H_6 : CCl_4$	in 10^{-4}/g	in Molekeln/100 eV
96,8	3,2	15 : 1	0,690	0,243
88,8	11,2	4 : 1	0,800	0,280
66,4	33,6	1 : 1	1,280	0,452
50,0	50,0	1 : 2	1,060	0,374
33,0	67,0	1 : 4	0,500	0,176
7,3	92,7	1 : 25	0,400	0,138

Die niedrige Ausbeute an $C_6H_5NH_2$ und $C_6H_5CCl_3$ wäre damit zu erklären, daß die primären Radiolyseprodukte der Komponenten des Gemisches bei einer Reaktion untereinander und mit den umgebenen Molekeln nicht nur $C_6H_5NH_2$ und $C_6H_5CCl_3$, sondern auch andere Verbindungen bilden. So ist z. B. bei Bestrahlung des Gemisches $NH_3 + C_6H_6$ die Bildung folgender Verbindungen möglich:

$$2\,NH_3 \rightarrow 3\,H_2 + N_2 \qquad (26-1)$$

$$2\,NH_3 \rightarrow N_2H_4 + H_2 \qquad (26-2)$$

$$NH_3 + C_6H_6 \rightarrow C_6H_5NH_2 + H_2 \qquad (26-3)$$

$$2\,C_6H_6 \rightarrow C_{12}H_{10} + H_2 \qquad (26-4)$$

$$C_6H_6 + N_2H_4 \rightarrow C_6H_5N_2H_3 + H_2 \qquad (26-5)$$

$$C_6H_5NH_2 + C_6H_6 \rightarrow C_{12}H_{10}NH + H_2. \qquad (26-6)$$

Die angeführten Gleichungen stellen nur ein Schema der möglichen Reaktionen der primären Radiolyseprodukte dar. Alle Reaktionen, mit Ausnahme der Gleichung (26–1), ergaben jedoch, daß bei der Bildung einer Molekel einer neuen Verbindung eine Molekel freien Wasserstoffs entsteht. Man kann daher annehmen, daß bei Bestrahlung des Gemisches $NH_3 + C_6H_6$ die Menge des gebildeten freien Wasserstoffs Aufschluß über die Gesamtmenge der neugebildeten Stoffe gibt. Dies gilt unter der Voraussetzung, daß keine Hydrierung von C_6H_6 zu C_6H_8 oder zu C_6H_{12} eintritt.

Wie bereits erwähnt, wird die Ausbeute an $C_6H_5NH_2$ und $C_6H_5CCl_3$ in einem Gemisch stark von Zusätzen beeinflußt. Zur quantitativen Feststellung einer solchen Abhängigkeit wurden Versuche zur Bestrahlung der Gemische in Gegenwart von Luft, CBr_4 und C_2Cl_4 durchgeführt.

Tabelle 26–3

Einfluß der CBr_4-Menge auf die Ausbeute an $C_6H_5NH_2$ bei Einwirkung von γ-Strahlen auf ein Gemisch $NH_3 + C_6H_6 + CBr_4$ bei Zimmertemperatur und einem Druck von ~7 Atm.

Gesamtdosis $3{,}36 \cdot 10^{19}$ eV/g

Gehalt der Komponenten im Gemisch in Gew.-%			Verhältnis der Zahl der Molekeln	Mittlere Ausbeute an $C_6H_5NH_2$ in Molekeln/100 eV
NH_3	C_6H_6	CBr_4	$NH_3 : C_6H_6 : CBr_4$	
6,61	52,67	40,72	1 : 1,74 : 0,18	1,545
19,25	68,93	11,82	1,28 : 1 : 0,043	1,541
23,29	74,18	2,53	1,44 : 1 : 0,0083	1,560
21,1	78,43	0,47	1,28 : 1 : 0,00017	1,508

Die in Tabelle 26–3 angeführten Versuchswerte zeigen, daß die Ausbeute an $C_6H_5NH_2$ schon durch Gegenwart von kleinen CBr_4-Mengen erhöht wird. Andererseits war zu beobachten, daß das bestrahlte Gemisch eine gelbbraune Färbung aufwies, was bei kleinen CBr_4-Mengen nicht der Fall war. Außerdem entstand bei der Aufarbeitung des bestrahlten Gemisches mit verdünnter H_2SO_4 an der Phasengrenze

Benzol-verdünnte H_2SO_4 ein grauer, flockiger in Benzol unlöslicher Niederschlag. Bei kleinen CBr_4-Mengen fehlte dieser Niederschlag.

Wie aus Tabelle 26–4 hervorgeht, wird die Ausbeute an $C_6H_5NH_2$ durch Anwesenheit von C_2Cl_4 ebenfalls, jedoch in geringerem Maße als durch CBr_4, erhöht. Sehr interessant ist der Einfluß von Luft bei der Bestrahlung des Gemisches NH_3- C_6H_6; in Tabelle 26–5 und 26–6 sind die hierfür ermittelten Versuchswerte zusammengestellt.

Tabelle 26–4

Einfluß der C_2Cl_4-Menge auf die Ausbeute an $C_6H_5NH_2$ bei Einwirkung von γ-Strahlen auf ein Gemisch $NH_3 + C_6H_6 + C_2Cl_4$ bei Zimmertemperatur und einem Druck von ~7 Atm.

Gesamtdosis $2,68 \cdot 10^{19}$ eV/g

Gehalt der Komponenten im Gemisch in Gew.-%			Verhältnis der Zahl der Molekeln	Mittlere Ausbeute an $C_6H_5NH_2$ in Molekeln/100 eV
NH_3	C_6H_6	C_2Cl_4	$NH_3 : C_6H_6 : C_2Cl_4$	
22,46	77,02	0,52	1,33 : 1 : 0,0035	0,68
24,84	73,47	1,69	1,55 : 1 : 0,0105	0,73
18,08	76,70	5,22	1,08 : 1 : 0,0315	0,82
12,23	76,50	11,27	0,73 : 1 : 0,068	0,85

Die maximale Ausbeute der $C_6H_5NH_2$-Molekeln pro 100 eV entspricht nach Tabelle 26–5 einer Luftmenge von 0,12% im bestrahlten Gemisch bei einem Molekelverhältnis von 1 : 1 und einem Volumenverhältnis der gasförmigen zur flüssigen Phase von 1 : 2.

Tabelle 26–5

Einfluß verschiedener Luftmengen auf die Ausbeute an $C_6H_5NH_2$ bei Bestrahlung des Gemisches $NH_3 + C_6H_6$ + Luft mit γ-Strahlen bei Zimmertemperatur und einem Druck von ~7 bis 10 Atm.

Gesamtdosis $3,71 \cdot 10^{19}$ eV/g

Gehalt der Komponenten im Gemisch in Gew.-%			Verhältnis der Zahl der Molekeln	Mittlere Ausbeute an $C_6H_5NH_2$ in Molekeln/100 eV
NH_3	C_6H_6	Luft[1])	NH_3: C_6H_6: Luft	
18,36	81,64	0,004	1 : 1 : $0,13-10^{-3}$	0,33
17,11	82,87	0,02	1,1 : 1 : $0,70-10^{-3}$	0,57
16,96	83,00	0,04	1,1 : 1 : $1,41-10^{-3}$	0,73
17,56	82,32	0,12	1 : 1 : $4,04-10^{-3}$	1,00
17,53	82,15	0,32	1 : 1 : $10,9-10^{-3}$	0,85

[1]) Der Luftgehalt in Gew. % im Gemisch ist als Gesamtluftmenge in der flüssigen und der Gasphase angegeben.

Aus Tabelle 26–6 ergibt sich, daß die maximale Ausbeute an $C_6H_5NH_2$ bei Bestrahlung des Gemisches $NH_3 + C_6H_6$ in Gegenwart von Luft nicht bei einem Verhältnis von 1 : 1, sondern bei einem Molekelverhältnis Benzol-Ammoniak von 2 : 1 erreicht wird.

Tabelle 26-6

Einfluß der Luft auf die Ausbeute an $C_6H_5NH_2$ in Abhängigkeit vom Mengenverhältnis NH_3 zu C_6H_6 bei Einwirkung von γ-Strahlen bei Zimmertemperatur und einem Druck von ~10 Atm.

Gesamtdosis in 10^{19} eV/g	Gehalt der Komponenten im Gemisch in Gew.-% NH_3	C_6H_6	Luft	Verhältnis der Zahl der Molekeln NH_3 : C_6H_6 : Luft	Mittlere Ausbeute an $C_6H_5NH_2$ in Molekeln/100 eV
2,77	91,00	8,82	0,18	$47 : 1 : 1{,}13 \cdot 10^{-3}$	0,07
2,77	75,00	24,83	0,17	$14{,}8 : 1 : 1{,}33 \cdot 10^{-3}$	0,27
2,77	52,04	47,80	0,16	$5 : 1 : 1{,}02 \cdot 10^{-3}$	0,52
2,77	19,30	80,56	0,14	$1 : 0{,}9 : 4{,}13 \cdot 10^{-3}$	1,01
2,77	7,95	91,92	0,13	$1 : 2{,}5 : 4{,}13 \cdot 10^{-3}$	1,14
2,77	5,37	94,49	0,14	$1 : 3{,}8 : 4{,}13 \cdot 10^{-3}$	1,09
2,88	9,71	90,16	0,13	$1 : 2{,}0 : 9{,}2 \cdot 10^{-3}$	1,89
2,88	8,16	91,71	0,13	$1 : 2{,}5 : 9{,}2 \cdot 10^{-3}$	1,89
2,88	8,98	90,89	0,13	$1 : 2{,}2 : 8{,}2 \cdot 10^{-3}$	1,86

Interessant ist der Einfluß der Gesamtdosis auf die Ausbeute an $C_6H_5NH_2$ (Tabelle 26-7).

Danach verringert sich bei Vergrößerung der Gesamtdosis die Ausbeute der $C_6H_5NH_2$-Molekeln pro 100 eV.

Tabelle 26-7

Einfluß der Gesamtdosis auf die Ausbeute von $C_6H_5NH_2$ bei Einwirkung von γ-Strahlen auf $NH_3 + C_6H_6$-Gemische in Gegenwart von Luft bei Zimmertemperatur und einem Druck von ~10 Atm.

Gesamtdosis in 10^{19} eV/g	Gehalt der Komponenten im Gemisch in Gew.-% NH_3	C_6H_6	Luft	Verhältnis der Zahl der Molekeln NH_3 : C_6H_6 : Luft	Mittlere Ausbeute an $C_6H_5NH_2$ in Molekeln/100 eV
0,22	16,90	82,95	0,15	$1{,}1 : 1 : 4{,}13 \cdot 10^{-3}$	1,29
0,67	18,81	81,05	0,14	$1 : 1 : 4{,}29 \cdot 10^{-3}$	1,22
2,77	19,30	80,53	0,14	$1 : 1 : 4{,}13 \cdot 10^{-3}$	1,01
3,71	17,56	82,32	0,12	$1 : 1 : 4{,}04 \cdot 10^{-3}$	0,97
8,98	17,41	82,43	0,14	$1 : 1 : 4{,}69 \cdot 10^{-3}$	0,93
2,88	9,71	90,16	0,13	$1 : 2{,}0 : 9{,}2 \cdot 10^{-3}$	1,89
8,98	8,21	91,66	0,14	$1 : 2{,}4 : 9{,}7 \cdot 10^{-3}$	1,11
18,52	8,75	91,11	0,14	$1 : 2{,}1 : 9{,}7 \cdot 10^{-3}$	0,81

Die bestrahlten Gemische von $NH_3 + C_6H_6 +$ Luft sind gefärbt. Bei kleinen Luftmengen und kleiner Gesamtdosis hat das Gemisch eine blaßgelbe Farbe, bei Vergrößerung der Luftmenge und der Gesamtdosis entsteht eine hellbraune Verfärbung. Diese Farbbildung kann zwei Ursachen haben: Einmal kann eine Oxydation des Anilins durch den Luftsauerstoff bei Bestrahlung des Gemisches eintreten, andererseits ist die Bildung verschiedener Sauerstoffverbindungen des Benzols in Gegenwart von Luft möglich, wie von M. A. PROSKURNIN und E. W. BARELKO [26–10] bei der Bestrahlung eines Gemisches von $H_2O + C_6H_6 +$ Luft beobachtet wurde. Die unterschiedliche Oxydationsgeschwindigkeit des $C_6H_5NH_2$ bei Bestrahlung und ohne Bestrahlung wurde in speziellen Versuchen untersucht (Tabelle 26–8).

Tabelle 26–8

Veränderung der $C_6H_5NH_2$-Konzentration im Gemisch $NH_3 + C_6H_5NH_2 +$ Luft ohne Bestrahlung und bei Einwirkung von γ-Strahlung bei Zimmertemperatur und einem Druck von ~10 Atm.

Ausgangsmenge an $C_6H_5NH_2$ im Gemisch in g	$C_6H_5NH_2$-Menge in abgeschmolzener Ampulle nach 83 Std. Lichteinwirkung in g	Verlust an $C_6H_5NH_2$ in g	$C_6H_5NH_2$-Menge nach 83 Std. Bestrahlung in g	$C_6H_5NH_2$-Menge ohne Verlust nach Bestrahlung in g	Menge des gebildeten $C_6H_5NH_2$ berechnet auf die Ausgangsmenge in g	$C_6H_5NH_2$-Menge, welche sich bei Bestrahlung des Gemisches in Abwesenheit von $C_6H_5NH_2$ im Ausgangsgemisch bildet in g
0,0565	0,0540	0,0025	0,0575	0,0600	0,0035	0,0036 } 0,0035 0,0034 }

Tabelle 26–9

Gesamtdosis in 10^{19} eV/g	Gehalt der Komponenten in Gew.-%				Verhältnis der Zahl der Molekeln	Ausbeute an $C_6H_5NH_2$ in Molekeln/100 eV
	NH_3	C_6H_6	$C_6H_5NH_2$	Luft	$NH_3 : C_6H_6 : C_6H_5$: Luft	
18,52	9,64	90,23	0	0,13	$1 : 2{,}0 : 7{,}7 \cdot 10^{-3}$	0,89 } 0,85
18,52	8,75	91,11	0	0,14	$1 : 2{,}1 : 9{,}7 \cdot 10^{-3}$	0,81 }
18,52	10,50	89,00	0,37	0,13	$1 : 1{,}8 : 6{,}8 \cdot 10^{-3} : 7{,}3 \cdot 10^{-3}$	0,84

2. Besprechung der Ergebnisse

Die Versuchsergebnisse zeigen, daß bei der Einwirkung von γ-Strahlen auf ein Gemisch von $NH_3 + C_6H_6$ in flüssiger Phase $C_6H_5NH_2$ entsteht, analog der Einwirkung elektrischer Entladungen auf ein gasförmiges Gemisch. Nach N. PRILESHAJEWA [26–4] bildet sich $C_6H_5NH_2$ sogar dann, wenn eine hochfrequente Entladung nur auf eine der Komponenten einwirkt. Diese Angaben werden durch die Bestrahlung von $NH_3 + C_6H_6$-Gemischen, die einen großen Prozentsatz einer der Komponenten enthalten, bestätigt. Die gesamte Energie wird praktisch von einer Komponente absorbiert, wobei hauptsächlich primäre Radiolyseprodukte dieser Komponente entstehen.

Bei Bestrahlung der $NH_3 + C_6H_6$-Gemische in Abwesenheit von Fremdstoffen wurde festgestellt, daß bei Erhöhung der Ammoniakkonzentration die Mengen an freiem Wasserstoff und Stickstoff unter den Radiolyseendprodukten ansteigen. Die Versuche zeigen, daß γ-Strahlen bei einem Molekelverhältnis von $NH_3 : C_6H_6$ wie 20 : 1 und mehr vor allem einen Radiolyseprozeß des NH_3 unter Bildung von freiem Wasserstoff und Stickstoff bewirken. Es entsteht nur eine kleine Menge anderer primärer Radiolyseprodukte, die durch Reaktion mit den Benzolmolekeln $C_6H_5NH_2$ bilden.

Bei einem Molekelverhältnis $NH_3 : C_6H_6$ von 2,0 : 1 ist die Ausbeute an molekularem Wasserstoff nahezu gleich der $C_6H_5NH_2$-Ausbeute. Bei größeren Benzolmengen ist die $C_6H_5NH_2$-Menge in den Radiolyseendprodukten größer als die Menge an freiem Wasserstoff (Abb. 26–5).

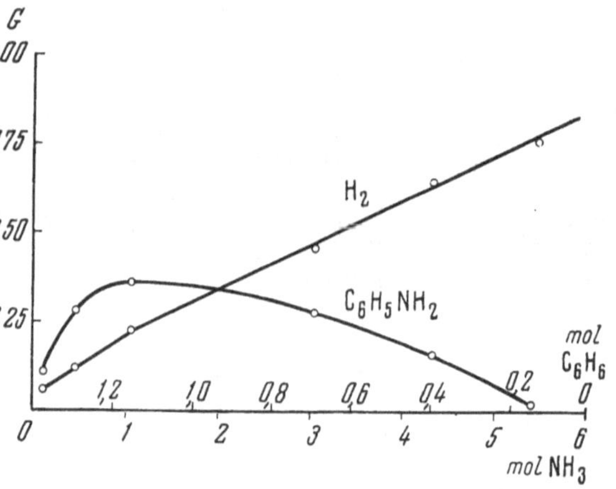

Abb. 26–5. Abhängigkeit der Ausbeute an $C_6H_5NH_2$ und H_2 vom Verhältnis der Komponenten im Gemisch

Ein Vergleich der $C_6H_5NH_2$-Ausbeute bei den Versuchen von PRILESHAJEWA [26–4] und RASUMOW [26–3] ergibt, daß letzterer eine größere $C_6H_5NH_2$-Ausbeute erhielt als PRILESHAJEWA. Dies ist damit zu erklären, daß RASUMOW mit einer Hochfrequenzentladung ($NH_3 + C_6H_6$-Gasgemisch) in Gegenwart von trockener Luft arbeitete. In der vorliegenden Arbeit wird nicht nur der positive Einfluß der Luft auf die $C_6H_5NH_2$-Ausbeute bestätigt, sondern auch eine quantitative Abhängigkeit der $C_6H_5NH_2$-Ausbeute von der Luftmenge im Gemisch und von der Gesamtdosis nachgewiesen (Abb. 26–6).

Nach Kurve *1*, Abb. 26–6, wächst die Ausbeute bei Vergrößerung der Luftmenge zwischen 0,005 und 0,14 % vom Gesamtgewicht des Gemisches. Bei weiterer Vergrößerung der Luftmenge verringert sich die $C_6H_5NH_2$-Ausbeute. Es ist charakteristisch, daß eine 16fache Vergrößerung der Gesamtdosis das Maximum der $C_6H_5NH_2$-Ausbeute nicht wesentlich verändert, während die Ausbeutewerte nach Kurve *1* z. B. geringer sind als die entsprechenden der Kurve *2*. Dies liegt daran, daß bei Vergrößerung der Bestrahlungsdauer eine Konzentrierung der primären Radiolyseprodukte eintritt, wodurch die Reaktion mit Luft und die Bildung anderer Verbindungen gefördert wird. Die Erhöhung der Luftmenge hat offensichtlich eine analoge Wirkung. Eine Reaktion der Ausgangsstoffe NH_3 und C_6H_6 mit dem gebildeten $C_6H_5NH_2$ erscheint möglich; da aber die $C_6H_5NH_2$-Menge sehr klein ist, ist die Wahrscheinlichkeit hierfür sehr gering. Es kann dadurch nur ein geringfügiger Verlust an $C_6H_5NH_2$ eintreten. Eine Bestrahlung des Gemisches ($NH_3 + C_6H_6 + C_6H_5NH_2 +$ Luft) ergab, daß sich die durch den Luftsauerstoff oxydierte Menge $C_6H_5NH_2$ nicht wesentlich von der Menge des ohne Bestrahlung oxydierten $C_6H_5NH_2$ unterscheidet. Folglich ist die Verminderung der $C_6H_5NH_2$-Ausbeute bei Vergrößerung der Luftmenge im Gemisch bzw. der Bestrahlungsdauer durch Reaktionen

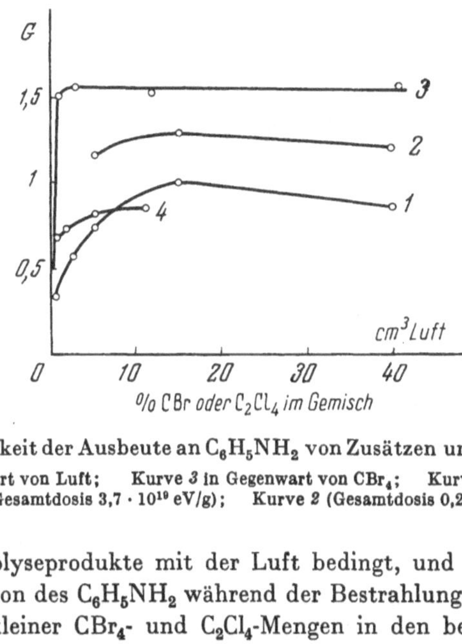

Abb. 26–6. Abhängigkeit der Ausbeute an $C_6H_5NH_2$ von Zusätzen und von der Gesamtdosis
Kurve *1* und *2* in Gegenwart von Luft; Kurve *3* in Gegenwart von CBr_4; Kurve *4* in Gegenwart von C_2Cl_4; Kurve *1* (Gesamtdosis $3{,}7 \cdot 10^{19}$ eV/g); Kurve *2* (Gesamtdosis $0{,}22 \cdot 10^{19}$ eV/g)

der primären Radiolyseprodukte mit der Luft bedingt, und nicht durch eine beschleunigte Oxydation des $C_6H_5NH_2$ während der Bestrahlung.

Die Gegenwart kleiner CBr_4- und C_2Cl_4-Mengen in den bestrahlten Gemischen fördert ebenfalls die Erhöhung der $C_6H_5NH_2$-Ausbeute, wie Abb. 26–6 sehr deutlich zeigt; Kurve *3* entspricht dem Gemisch ($NH_3 + C_6H_6 + CBr_4$) und Kurve *4* dem Gemisch ($NH_3 + C_6H_6 + C_2Cl_4$). Danach wächst die $C_6H_5NH_2$-Ausbeute bei Vergrößerung der CBr_4-Konzentration im Gemisch schnell bis zu einem Maximum und bleibt dann bei weiterer Erhöhung der Konzentration praktisch konstant. Gleichzeitig wächst die Menge einiger von uns nicht identifizierter Produkte proportional der CBr_4-Menge. Dies ergibt sich aus der bei der Aufarbeitung des bestrahlten Gemisches mit verdünnter H_2SO_4 entstehenden Niederschlagsmenge. C_2Cl_4 übt auf die $C_6H_5NH_2$-Ausbeute einen geringeren Einfluß aus als CBr_4, jedoch gibt es ebenfalls eine optimale C_2Cl_4-Konzentration, oberhalb derer die Ausbeute konstant bleibt.

Somit erhöhen die sich im bestrahlten Gemisch befindenden Beimengungen die $C_6H_5NH_2$-Ausbeute. Vermutlich ist dies damit zu erklären, daß einige der primären

Radiolyseprodukte bevorzugt mit den Beimengungen reagieren, was zu einer ständigen Abnahme eines der primären Radiolyseprodukte bzw. zur Anreicherung der übrigen führt, die wiederum ihrerseits mit den umgebenden Molekeln und den Radiolyseprodukten unter $C_6H_5NH_2$-Bildung reagieren können. Die $C_6H_5NH_2$-Ausbeute schwankt in Abhängigkeit von der Konzentration und Reaktionsfähigkeit der Beimengungen gegenüber den primären Radiolyseprodukten von NH_3 und C_6H_6 von 0,2 bis 2 Molekeln pro 100 eV. Bei großer Reaktionsfähigkeit der Beimengungen beobachtet man ein Maximum der $C_6H_5NH_2$-Ausbeute bei kleinen Konzentrationen dieser Stoffe. Im Gegensatz dazu sind bei geringer Reaktionsfähigkeit der Beimengungen große Mengen davon erforderlich, um die maximale $C_6H_5NH_2$-Ausbeute zu erreichen. Zum Beispiel wurde für C_2Cl_2 das Maximum der $C_6H_5NH_2$-Ausbeute bei Bestrahlung eines Gemisches von ($NH_3 + C_6H_6 + C_2Cl_4$) bei einem Gehalt von 11,2% des Gesamtgewichtes des Gemisches festgestellt.

Zusammenfassung

a) Bei Einwirkung von γ-Strahlen auf $NH_3 + C_6H_6$-Gemische in flüssiger Phase bildet sich, wie bei der Einwirkung elektrischer Entladungen auf gasförmige Gemische, $C_6H_5NH_2$, dessen Konzentration durch das Mengenverhältnis der Komponenten bedingt ist. Das Maximum der Ausbeute von 0,36 Molekeln pro 100 eV entspricht einem Molekelverhältnis zwischen NH_3 und C_6H_6 von 1 : 1.

b) Bei Einwirkung von γ-Strahlen auf flüssige $CCl_4 + C_6H_6$-Gemische entsteht $C_6H_5CCl_3$. Die größte $C_6H_5CCl_3$-Ausbeute, 0,45 Molekeln pro 100 eV, wurde bei einem Molekelverhältnis $CCl_4 : C_6H_6$ von 1 : 1 beobachtet.

c) Die Gegenwart von Luft im Gemisch erhöht ähnlich wie bei der Einwirkung einer hochfrequenten Entladung auf das Gasgemisch $NH_3 + C_6H_6$ die $C_6H_5NH_2$-Ausbeute. Bei kleinen Gesamtdosen findet man in Gegenwart von Luft (0,12 bis 0,14 Gew.-% des Gemisches) eine maximale $C_6H_5NH_2$-Ausbeute von 2 Molekeln pro 100 eV.

d) CBr_4 bewirkt bei einer Konzentration von 2,5 Gew.-% ein Maximum der $C_6H_5NH_2$-Ausbeute von $\sim$1,6 Molekeln pro 100 eV, während die Gegenwart von 11,2 Gew.-% C_2Cl_4 eine maximale $C_6H_5NH_2$-Ausbeute von $\sim$0,85 Molekeln pro 100 eV ergibt.

Eine weitere Vergrößerung der CBr_4- und der C_2Cl_4-Konzentration erhöht die $C_6H_5NH_2$-Ausbeute nicht mehr.

e) Bei Vergrößerung der Gesamtdosis von $2{,}9 \cdot 10^{19}$ eV pro 1 g ($NH_3 + C_6H_6$ + Luft) — Gemisch auf $18{,}5 \cdot 10^{19}$ eV/g verringert sich die $C_6H_5NH_2$-Ausbeute von 1,9 auf 0,81 Molekeln pro 100 eV.

* * *

Wir danken besonders Herrn M. A. PROSKURNIN für die Auswahl der Versuchsobjekte und für wertvolle Hinweise bei der Durchführung dieser Arbeit.

LITERATURVERZEICHNIS

[26-1] SIMIN, A. W. und JEGOROWA, S. S., Vorliegender Sammelband, Kapitel 25, S. 240.

[26-2] SCHOEPFLE, C. S. und FELLOWS, C. H., Ind. Engng. Chem., **23**, 1936 (1931). BURTON, M., J. physic. Colloid. Chem., **52**, 564 (1948).

[26-3] Разумов В. К. и Украинская А. Н., Записки Института Химии. (RASUMOW, W. K. und UKRAINSKAJA, A. N., Schr. Inst. Chem.), **2**, 261 (1935).

[26-4] Прилежаева Н. (PRILESHAJEWA, N., Actaphysicochim. UdSSR, **7**, 871 (1937); (J. physik. Chem.), **11**, 245 (1938).

[26-5] STEWART, K., Trans. Faraday Soc., **41**, 663 (1945).

[26-6] SUGINO, K., INOUE, E. und ODO, K., J. chem. Soc. Japan; ind. Chem. sect., **71**, 343 (1950).

[26-7] SUDINO, K. und INOUE, E., Bull. chem. Soc. Japan, **24**, 93 (1951).

[26-8] Минаев В. И., Светляков К. и Фролов С., Журнал Химической Промышленности. (MINAJEW, W. I., SWETLJAKOW, K. und FROLOW, S., J. chem. Ind.) **4**, 840 (1927).

[26-9] BEILSTEINS Handbuch der organischen Chemie. V, 300, 1922.

[26-10] PROSKURNIN, M. A. und BARELKO, E. W., Vorliegender Sammelband, Kapitel 11, S. 99.